V&R unipress

Heinz Fassmann / Thomas Glade (Hg.)

Geographie für eine Welt im Wandel

57. Deutscher Geographentag 2009 in Wien

Mit 140 Abbildungen

V&R unipress

Vienna University Press

universität
wien

MIX
Papier aus verantwortungsvollen Quellen
FSC
www.fsc.org
FSC® C003147

Bibliografische Information der Deutschen Nationalbibliothek

Die Deutsche Nationalbibliothek verzeichnet diese Publikation in der Deutschen Nationalbibliografie; detaillierte bibliografische Daten sind im Internet über http://dnb.d-nb.de abrufbar.

ISBN 978-3-89971-912-3
ISBN 978-3-86234-912-8 (E-Book)

Veröffentlichungen der Vienna University Press erscheinen im Verlag V&R unipress GmbH.

Printed in Germany.
Druck und Bindung: CPI Buch Bücher.de GmbH, Birkach

Gedruckt auf alterungsbeständigem Papier.

Inhalt

Grußworte und Einleitung

Thematisch übergreifende Vorträge

Die in den Bildunterschriften mit einem * gekennzeichneten Abbildungen stehen zum Download bereit unter: http://www.v-r.de/data/files/389971912/Farbabbildungen.pdf.

Grußworte und Einleitung

Grußwort des Ortsausschusses

Geographentage sind immer etwas Besonderes. Sie sind Leistungsschau, Diskussionsforum und Ort der kollegialen Begegnung zugleich. Sie ermöglichen den gesamthaften Dialog und sie übernehmen die Funktion einer institutionalisierten Schnittstelle zwischen den fachinternen Orientierungen einerseits und der Begegnung mit der fachexternen Öffentlichkeit andererseits. Geographentage sind eine der strukturellen Klammern, die ein breites, etabliertes, aber auch ausdifferenziertes Fach zusammenhalten.

Geographentage sind etwas Besonderes, insbesondere auch dann, wenn sie außerhalb Deutschlands stattfinden. Sie bedeuten nicht nur eine längere Anreise für die Teilnehmerinnen und Teilnehmer, sondern auch erhöhten Erklärungsbedarf für die Organisation, die immer wieder darstellen muss, dass ein Deutscher Geographentag in Wien nichts mit der Reaktivierung historischer Denkmuster zu tun hat. Der Geographentag in Wien 2009 ist nach alter „Zeitrechnung“ der 57. Geographentag und er ist der siebente, der außerhalb Deutschlands veranstaltet wird, sowie der vierte in Österreich. 1912 und 1975 fanden Geographentage jeweils in Innsbruck statt, 1891 bereits einmal in Wien.

Der Geographentag in Wien 2009 folgt den strukturellen Leitlinien des Geographentages in Bayreuth. Er ist abermals eine Gesamtveranstaltung aller Teilverbände und damit auch ein Kongress für Wissenschaft, Schule und Praxis. Er enthält Überblickreferate zu Leitthemen (Keynote-Referate), Überblicksreferate zu Teilgebieten der Geographie (State-of-the-Art-Vorträge), Leitthemensitzungen, Fachsitzungen, Arbeitskreissitzungen, politische Vorträge, Podiumsdiskussionen und Exkursionen. Dazu kommen Verlags- und Institutsausstellungen und ausgewählte Sonderveranstaltungen. Das Programm ist eingebettet in eine feierliche Eröffnungsveranstaltung im Wiener Konzerthaus und in eine Abschlussveranstaltung in der Universität Wien. Ein Empfang im Wiener Rathaus und ein Arkadenhof-Fest in der Universität Wien ermöglichen Begegnung und Austausch außerhalb des formellen wissenschaftlichen Rahmens.

Der Ortsausschuss ist überzeugt davon, ein attraktives und ausgesprochen umfassendes Programm vorlegen zu können. Kein anderer Kongress kann in vergleichbarer Form die Breite des Faches in dieser Qualität abdecken wie es das Programm erwarten lässt. Dazu kommt die Attraktivität der Stadt Wien selbst, die immer wieder eine Reise wert ist. Der Ortsausschuss hofft auf einen erfolgreichen Ablauf der Tagung, auf eine hohe Teilnehmerzahl und freut sich sehr, Sie in Wien mit einem persönlichen und herzlichen „Servus" begrüßen zu dürfen.

Heinz Fassmann, Thomas Glade, Wolfgang Kainz, Karel Kritz, Helmut Wohlschlägl, Elisabeth Gruber und Michael Heuberger

Grußwort der Deutschen Gesellschaft für Geographie

Angewandte Geographen, Schulgeographen und Hochschulgeographen veranstalteten über Jahrzehnte regelmäßig erfolgreiche geographische Tagungen. Vor wenigen Jahren beschloss die Deutsche Gesellschaft für Geographie (DGfG) mit ihren Teilverbänden

- DVAG (Deutscher Verband für Angewandte Geographie),
- VDSG (Verband Deutscher Schulgeographen),
- HGD (Hochschulverband für Geographie und ihre Didaktik),
- VGDH (Verband der Geographen an Deutschen Hochschulen) und den
- Geographischen Gesellschaften

eine bedeutende, dem einzigartig integrativen Fach gerecht werdende Innovation: Die bis dahin teilverbandsspezifischen Aktivitäten wurden gebündelt. Im Jahr 2007 trafen sich die Geographinnen und Geographen aus dem deutschsprachigen Raum in Bayreuth erstmals zu einem gemeinsamen „Deutschen Geographentag – Kongress für Wissenschaft, Schule und Praxis". Aufgrund des großen Erfolges wird die neue Veranstaltungsform fortgeführt. Nun endlich ist die zweijährige Wartezeit vorüber. Wir freuen uns auf das Großereignis in der Hauptstadt Österreichs, in Wien!

„Geographie für eine Welt im Wandel – Umwelt, Gesellschaft, Geokommunikation", das Thema des Wiener Kongresses, verdeutlicht den hohen Anspruch des Faches Geographie. In einer Zeit komplexer und vielfältiger, lokaler, regionaler und kontinentaler Brüche und Umbrüche erhöhen viele nicht-geographische Fächer den Grad ihrer Spezialisierung. Selbst nationale und internationale gesellschaftliche Diskussionen fokussieren sich immer stärker auf wenige, fragwürdig enge Themen (wie die Reduktion des CO_2-Ausstoßes), die entscheidenden Zusammenhänge nicht selten ignorierend. Dagegen verknüpfen und vertiefen Geographinnen und Geographen verstärkt besonders breite Themenfelder. Komplexe räumliche und zeitliche Wechselwirkungen werden fundiert untersucht. Modelle werden generiert und validiert, um räumliche Strukturen und Systemzustände zu verstehen und erwartbare Entwicklungen zu analysieren. Geographinnen und Geographen begleiten aktiv die Umsetzung geographischer Erkenntnisse in Wirtschaft, Verwaltung und Politik. Lehrerinnen und Lehrer der Geographie integrieren neue geographische Methoden und faszinierendes neues geographisches Wissen in ihren Fachunterricht. Geographische Gesellschaften besitzen einen vorzüglichen Zugang zur breiten geographisch interessierten Öffentlichkeit. In Wien wird der aktuelle Methoden-, Kenntnis- und Umsetzungsstand vorgestellt und diskutiert.

Im Namen des Wiener Ortsausschusses und der Deutschen Gesellschaft für Geographie wünsche ich Ihnen einen ertragreichen Geographentag sowie viele nachhaltige gute Gespräche und Eindrücke in Wien!

Ihr
Prof. Dr. Hans-Rudolf Bork, Präsident der Deutschen Gesellschaft für Geographie

Grußwort des Bundespräsidenten von Österreich

Es freut mich sehr, dass der Deutsche Geographentag 2009 in Wien stattfindet, und heiße alle Teilnehmerinnen und Teilnehmer aus dem In- und Ausland sehr herzlich in der Bundeshauptstadt willkommen.

Wissenschaftliche Forschung bringt in der Regel neue Erkenntnisse und ein vertieftes Detailwissen, das angesichts der Komplexität des menschlichen Zusammenlebens und aus vielen anderen Gründen immer wichtiger wird.

Neben der Spezialisierung benötigen wir aber auch eine wissenschaftliche Forschung, die integrierend wirkt und den Blick auf die großen Zusammenhänge eröffnet.

Damit ist die besondere Aufgabe der Geographen angesprochen, nämlich das Bewusstsein für globale Entwicklungen und gegenseitige Abhängigkeiten zu schaffen. Dazu gehört es auch, das Gefühl der globalen Verantwortung für die Umwelt zu unterstützen bzw. den Blick für eine faire und gerechte Nutzung der vorhandenen Ressourcen zu schärfen. Das macht die Geographie als Wissenschaft so interessant und ihre Erkenntnisse für den öffentlichen Diskurs so wichtig und wertvoll.

Das Thema des Deutschen Geographentages 2009 „Geographie für eine Welt im Wandel" signalisiert die Bereitschaft des Faches, sich intensiv mit den drängenden Fragen in Wirtschaft, Gesellschaft und Umwelt auseinanderzusetzen.

Ein Blick in das eindrucksvolle Programm zeigt, dass im Rahmen dieses Kongresses herausfordernde Themen wie globale Migration oder der weltweite Klimawandel mit seinen Auswirkungen ebenso behandelt werden wie innovative Lehr- und Lernformen im Geographieunterricht in den Schulen.

Ich wünsche den Organisatoren einen allen Anforderungen gerecht werdenden Ablauf des Kongresses und den Teilnehmerinnen und Teilnehmern ertragreiche Vorträge und spannende Diskussionen.

Alles Gute und viel Erfolg!

Dr. Heinz Fischer

Grußwort der Bundesministerin für Unterricht, Kunst und Kultur

Dem Unterrichtsgegenstand Geographie und Wirtschaftskunde kommt in der modernen Welt besondere Bedeutung zu. Er gibt jungen Menschen Orientierung, nicht nur im unmittelbaren geographischen Sinn: In seiner Brückenfunktion zwischen den Naturwissenschaften und den Geisteswissenschaften trägt er auch bei zur sozialen, wirtschaftlichen und beruflichen Orientierung in einer globalen Welt. Dem trägt die Themenwahl „Geographie für eine Welt im Wandel" Rechnung – und das Ausmaß des Wandels ist derzeit in der Tat beträchtlich.

Ich freue mich, dass der Deutsche Geographentag heuer in Wien stattfindet und wünsche dem Kongress einen erfolgreichen Verlauf und den Teilnehmerinnen und Teilnehmern viel Erfolg in der Umsetzung in Lehre und Unterricht.

Dr. Claudia Schmied

Grußwort des Bundesministers für Wissenschaft und Forschung

Es freut mich sehr, dass die Fachvertreterinnen und -vertreter der Geographie der Universität Wien diese Verantwortung übernommen haben und eine Großveranstaltung organisieren. Mit über 2.500 erwarteten Teilnehmerinnen und Teilnehmern ist der Geographentag die größte facheinschlägige Veranstaltung im deutschsprachigen Raum. Im Rahmen von über 500 Vorträgen, rund 30 Exkursionen, zahlreichen Workshops und Arbeitsgruppensitzungen sowie einer großen Verlagsausstellung werden Erkenntnisse transportiert und die Kommunikation zwischen der Wissenschaft, der Praxis und den Lehrerinnen und Lehrern intensiviert. Und es freut mich auch, dass dabei inhaltlich relevante Themen aufgegriffen werden: globale Migrationen und lokale Konsequenzen, die Konsequenzen einer globalisierten Wirtschaft, die Analyse von Umweltveränderungen und neue Erkenntnisse der fachdidaktischen Vermittlung. Die Geographie will sich als eine relevante Wissenschaft positionieren. Das Thema des Kongresses „Geographie für eine Welt im Wandel" signalisiert diesen positiv zu verstehenden Nützlichkeitsanspruch: Keine Wissenschaft zu sein, die nur für sich da ist, sondern eine, die zum Erkennen und zum Lösen der globalen Probleme einen Beitrag leisten möchte. Ich wünsche den Fachvertreterinnen und -vertretern dabei Erfolg und Ihnen, liebe Teilnehmerinnen und Teilnehmer des Deutschen Geographentages, eine produktive Zeit in Wien.

Dr. Johannes Hahn

Grußwort des Bürgermeisters und Landeshauptmanns von Wien

Ob es die Wirtschaft ist, die Migration oder die Auswirkungen unseres Umganges mit der Umwelt: Wir alle leben in einer globalisierten Welt insofern, als wir die Konsequenzen unseres Handelns nicht abgeschottet betrachten dürfen – und insofern, als die Konsequenzen des Handelns anderer, seien dies Menschen, Konzerne oder Staaten, auch unmittelbare Auswirkungen auf unseren lokalen Lebensraum haben.

Die Themen des Deutschen Geographentages, der im September 2009 unter dem Motto "Geographie für eine Welt im Wandel" steht, könnten daher nicht aktueller sein. Städte im Stress, globale Migration und lokale Konsequenzen oder auch Risiko – Natur im Wandel sind Thematiken, die sich mit sozialen, ökologischen und natürlich auch wirtschaftlichen Konsequenzen beschäftigen müssen.

Es freut mich daher als Wiener Bürgermeister besonders, in der ausgewiesenen Kongress- und Forschungsstadt Wien mehr als 2.500 Teilnehmerinnen und Teilnehmer begrüßen zu dürfen, die sich auf hohem wissenschaftlichen Niveau mit jener Agenda beschäftigen, die unser aller Zukunft prägt. In diesem Sinne wünsche ich dem Deutschen Geographentag nicht nur spannende Diskurse, sondern auch inhaltlich viel Erfolg und die Möglichkeit, erarbeitete Lösungsansätze in die gesellschaftliche Diskussion einzubringen.

Dr. Michael Häupl

Grußwort des Vorsitzenden des Ortsausschusses

Willkommen zum 57. Deutschen Geographentag, willkommen zum 2. Geographentag im neuen Format als gemeinsame Veranstaltung der Schulgeographie, der Angewandten Geographie und der Hochschulgeographie, willkommen zum 4. Deutschen Geographentag mit Veranstaltungsort Österreich und willkommen zum 2. Mal in Wien nach 1891. Ich hoffe, Sie fühlen sich wohl und hatten heute bereits einen anregenden Kongresstag.

Grußworte sind eine undankbare Textkategorie. Man darf nichts Ernsthaftes sagen, außer einer freundlichen Begrüßung, vielleicht einem Wort der Erleichterung, dass die langwierigen Vorbereitungsarbeiten nun zu Ende sind, und einem Wort des Dankes an jene, die mit dem Ortsausschuss ein Stück des Weges gegangen sind. Sonst ist aber nichts vorgesehen: Grußworte sind langweilig und kaum haben sie begonnen, sehnt sich das Publikum bereits nach ihrem Ende.

Ich schiebe daher die Konvention zur Seite und erlaube mir, drei Gedanken zu präsentieren:

Erstens: Der hier und heute zu eröffnende Geographentag ist quantitativ und qualitativ sicherlich die bedeutendste Veranstaltung eines etablierten Faches im deutschen Sprachraum. Geographentage sind dabei Leistungsschau, Diskussionsforum und Ort der kollegialen Begegnung zugleich. Sie ermöglichen den gesamthaften Dialog und sie übernehmen die Funktion einer institutionalisierten Schnittstelle zwischen den fachinternen und fachexternen Öffentlichkeiten. Geographentage sind eine der strukturellen Klammern, die für unser Fach, welches immer wieder auseinanderstrebt, wichtig sind. Es gibt im Laufe eines Jahres unzählige thematische Veranstaltungen, große und kleine, relevante und irrelevante, aber es gibt – bei aller Bescheidenheit – nur einen Geographentag, und darauf kann die Geographie stolz sein.

Ich weiß, dass die Frage nach der institutionellen Klammer eines Faches nicht alle Kollegen und Kolleginnen interessiert. Ich kenne viele, die sagen, ich mache meine Forschung, ich absolviere meine Lehre, ich publiziere und der Rest geht mich nichts an. Ich habe große Sympathie für diese Einstellung, aber nicht allzu viel Verständnis, denn sie geht an der Realität des universitären und akademischen Alltags vorbei. Fächer müssen sich mit ihren Fragestellungen inszenieren, sie müssen sich wichtigmachen und in öffentliche Diskurse einklinken, und das alles geschieht nicht von alleine, sondern erfordert ein hohes Ausmaß an institutioneller Arbeit. Ohne ein institutionelles Grundgerüst ist der Einzelne in der Regel schwach und den wenigsten gelingt es als Einzelperson, stark genug zu sein, um im Vorbeigehen öffentliche Gelder oder zusätzliche Schulstunden loseisen zu können.

Wir brauchen starke Institutionen, die für die Geographie, aber auch für den Bildungssektor und die Wissenschaft insgesamt einen gesellschaftlichen Stellenwert erkämpfen, und das schließt die Geographischen Gesellschaften, die Verbände und Interessensvertretungen ebenso mit ein wie die Akademien oder unsere Universitäten. „Ehret Eure Funktionäre", wäre ich fast geneigt zu sagen, wenn ich nicht selbst ein mittelständischer Funktionär des Faches und der Universität wäre. „Ehret Eure Präsidenten, Rektoren, Subeinheitsleiter und Interessensvertreter, denn sie sind mindestens ebenso wichtig wie ein klug geschriebener Aufsatz."

Ich kehre zurück: Nach der Übernahme der Verpflichtung, den Deutschen Geographentag in Wien zu organisieren, vor gut 2 Jahren, musste der Ortsausschuss, der mit Thomas Glade, Elisabeth Gruber, Michael Heuberger, Wolfgang Kainz, Karel Kriz und Helmut Wohlschlägl ausgezeichnet besetzt war, ein Motto aussuchen. Ein solches war rasch gefunden, nachdem wir uns auf eine grundsätzliche Botschaft geeinigt hatten. Mit „Geographie für eine Welt im Wandel" wollen wir auf die historische Umbruchphase aufmerksam machen, in der wir leben und für die die Historiker in 50 oder 100 Jahren vielleicht den passenden Namen finden werden. Und wir wollen auch auf die Nützlichkeit des Faches hinweisen, für eine Welt im Wandel relevantes politisches, wirtschaftliches, soziales und ökologisches Orientierungswissen bereitzustellen. Wir gehen nicht immer ins Detail und wir untersuchen auch nicht mit großem finanziellen Aufwand immer spezialisierter werdende Fragen, aber wir führen Dinge wieder zusammen und wir greifen Fragestellungen auf, die Relevanz besitzen.

In dem Punkt bin ich mir sicher: wir brauchen eine relevante Geographie – oder allgemein – wir brauchen relevante Wissenschaften, die nicht nur autistisch für sich da sind, sondern sich mit den Problemen der Zeit und der Welt auseinandersetzen. Das sind wir den Steuerzahlern schuldig. Wir brauchen Wissenschaften mit Wirkung, eben mit Impact, aber nicht mit dem Impact, den die Hochschulleitungen messen wollen und der immer nur einen auf sich selbst bezogenen Impact darstellt. Je kleiner und je abgeschotteter eine Disziplin ist, desto stärker konzentriert sich deren Veröffentlichungspraxis auf die internen Journale. Nur diese werden in dem abgeschotteten Fach zitiert und erlangen damit einen hohen Impactfaktor. Das ist nicht das, was ich meine. Wir brauchen

Wissenschaften mit gesellschaftlicher Bedeutung, die sich an der Kraft ihres öffentlichen Votums messen lassen können.

Diese Herausforderung muss die Geographie annehmen und sie kann das, denn ihre grundsätzlichen Fragestellungen besitzen diese angesprochene Relevanz. Ich bin daher auch geneigt zu sagen „Ehret Euer Fach" und besonders „Ehret Eure Schulgeographie", denn sie offeriert wesentliches Orientierungswissen für die heranwachsende Generation. Der Jugend das Woher und das Wohin unserer Gesellschaft und die fragile Differenziertheit unserer Welt zu vermitteln, ist ein zentraler Bildungsauftrag. Aber was hat unsere Bildungspolitik dazu beigetragen? Sie hat – ich zitiere die Salzburger Nachrichten vom 13. 05. 2009 – „Geschichts- und Geographiestunden eingespart, als handle es sich bei diesen Disziplinen um läppische Nebenfächer und nicht um den zentralen Wissensfundus unserer Welt. Politische Bildung in den Schulen findet – trotz Senkung des Wahlalters – nur per Zufall statt. Google ersetzt die Recherche, der Internetblog den politischen Diskurs". Wir können diese Beispiele locker fortsetzen. Wir wundern uns über defizitäres ökonomisches Wissen bei den Erwachsenen, über einen Mangel an europapolitischem Bewusstsein oder über fremdenskeptische Attitüden in der Gesellschaft und betreiben gleichzeitig eine Bildungspolitik, die auf Einsparung und medial vermittelte Demotivierung setzt. Das passt nicht zusammen.

Ich kehre abermals zurück: Nach der Definition des Mottos des Geographentages haben wir diverse Calls veröffentlicht: Calls for Papers, Calls for Posters und Calls for Fachsitzungen. Wir waren von der Resonanz überwältigt. Unglaublich viele Vorschläge erreichten uns mit neuen Themen und frischen Ideen. Und viele jüngere Kollegen und Kolleginnen offerierten ihre Mitarbeit, sehr viel intensiver als die Älteren, Arrivierten und manchmal auch schon etwas müde Gewordenen. Unser Fach hat ganz offensichtlich kein Reproduktionsproblem, denn am engagierten wissenschaftlichen Nachwuchs mangelt es uns nicht. Gleiches können wir auch von den Studierendenzahlen berichten. Die Geographie ist ein attraktives Fach und es wäre zu kurz argumentiert, das mit einer curricularen Anspruchslosigkeit begründen zu wollen.

Ich bin daher fast schon geneigt, den jüngeren Kollegen und Kolleginnen zu sagen, „Ehret mir die Älteren", schiebt deren Wissensstand nicht beiseite, sucht den Dialog, profitiert von deren Erfahrungen und vermeidet einen generationalen Wissensbruch. Das setzt klarerweise aber auch die Bereitschaft der Älteren voraus, sich diesem Dialog auszusetzen, geduldig zu sein, zuzuhören und gemeinsam für den Transfer zu sorgen.

Meine Damen und Herrn, ich kehre zur Textkategorie „Eröffnung und Grußwort" zurück. Der Ortsausschuss freut sich, Sie hier begrüßen zu dürfen. Wir danken allen, die uns bisher so tatkräftig und auch finanziell unterstützt haben. Wir wünsche uns einen reibungslosen Ablauf des Geographentages und

Ihnen gute Gespräche, interessante Vorträge und insgesamt einen nützlichen Kongress.

Herzlich willkommen!

Heinz Fassmann

Grußwort des Rektors der Universität Wien

„Es ist nichts beständig als die Unbeständigkeit."

Mit diesen Worten von Immanuel Kant darf ich Sie beim Deutschen Geographentag an der Universität Wien begrüßen.

Als Rektor der Universität Wien ist es mir eine besondere Freude, dass die diesjährige Veranstaltung in Kooperation mit unserem Haus organisiert wird. Entsprechend dem Generalthema der Tagung „Geographie für eine Welt im Wandel" versteht sich die Universität Wien insgesamt als eine Institution, welche mit ihren verschiedenen Fachdisziplinen Veränderungen analysiert und gestaltet. Schließlich war die Universität Wien mit heute rund 8.600 Mitarbeiterinnen und Mitarbeitern und über 74.000 Studierenden seit jeher selbst auch Bestandteil steter Veränderungen unseres Kontinents.

Der Geographentag 2009 ist ein wichtiger Beitrag dazu, das Bewusstsein für globale Entwicklungen und gegenseitige Abhängigkeiten zu schärfen und wissenschaftliche Erkenntnisse als Basis für den öffentlichen Diskurs bereitzustellen. Dies ist nicht nur das wesentliche Ziel dieser Veranstaltung, sondern auch die Aufgabe der Wissenschaft in ihrer Funktion als Wegbereiter kommender Generationen. In diesem Sinne wünsche ich Ihnen viel Erfolg und Freude beim Deutschen Geographentag 2009 und einen schönen Aufenthalt an der Universität Wien!

o.Univ.-Prof. Dr. Georg Winckler

Schlussworte – Resümee Wien 2009

Mit der heutigen Schlussveranstaltung gibt der Ortsausschuss die Staffel der Verantwortung weiter. Ich tue das abermals im Namen des Ortsausschusses, mit einer gewissen Erleichterung und auch mit Zufriedenheit.

1. Der Geographentag ist inhaltlich und organisatorisch sehr gut verlaufen. Wir hatten 2048 registrierte Anmeldungen (Stand Dienstag 13 00), davon zwei Drittel für den gesamten Kongress und ein Drittel für zwei, seltener für einen Tag. Etwa 45 % waren Studierende, weitere 40 % Mitglieder eines der Teilverbände und der Rest Vollzahler oder selten Begleitpersonen. Von allen Teilnehmern und Teilnehmerinnen stammten rund 72 % aus Deutschland, 20 % aus Österreich, 4 % aus der Schweiz und weitere 4 % aus 25 europäischen und außereuropäischen Staaten. Die Zahl der Anmeldungen hat unsere ursprüngliche Budgetkalkulation übertroffen, und der hohe Anteil von Studierenden hat uns überrascht. Ich weiß schon: Manche Assistenten in Ausbildung mutierten bei der Anmeldung wieder zu Studenten, aber ökonomisch rationales Verhalten ist durchaus zu begrüßen.

Wir haben in Wien eine Mischung aus einem traditionellen Deutschen Geographentag und einem Amerikanischen Geographentag realisiert. Die Leitthemen waren top-down bestimmt, die Fachsitzungen bottom-up. Das hat zu 100 Fachsitzungen geführt, zu einem Programmheft mit fast 300 Seiten, zu einer gewissen Unübersichtlichkeit, aber auch zu einem sehr lebendigen und kreativen Geographentag. Ich bin mir nicht sicher, ob ich der Deutschen Gesellschaft diese Wiener Melange aus AAG und DGT empfehlen soll, denn sie hat klarerweise auch Nachteile. Dennoch ist sie auch für andere Veranstaltungsorte in Erwägung zu ziehen.

Der Geographentag hat natürlich auch Pannen erlebt. Die Bauarbeiten am Gang zum Rektorat setzten zu einem falschen Zeitpunkt ein und das mediale Interesse war insgesamt nicht schlecht, aber auch nicht proportional zur Größe der Veranstaltung. Und dazu kommen jene unzähligen Ärgernisse, von denen ich nichts erfahren habe. Aber insgesamt war das räumliche Setting in der Universität hervorragend: mit den Arkaden als Begegnungsort, einer gut untergebrachten Verlagsausstellung und dem bestellten Sonnenschein für alle Kongresstage.

2. Das bringt mich zum zweiten Punkt der Zufriedenheit. Die Geographie, als ein Fach mit einer gewissen sozialen Kohäsion, war präsent und erkennbar. Wann immer ich durch die Arkaden ging, waren dort Kollegen und Kolleginnen, die miteinander gesprochen haben. Dabei wird es hoffentlich nicht nur ums Wetter gegangen sein, sondern auch um Zukunft, um Forschung, um Projekte oder um den inhaltlichen Diskurs. Ich habe viele Bekannte und manche Freunde getroffen und wir haben Gedanken ausgetauscht über die Entwicklung des Faches oder geplante Projekte. Und mindestens ebenso habe ich mich über neue persönliche Eindrücke und Begegnungen gefreut. Das Fach hat kein Reproduktionsproblem. Ich konnte viele junge Kollegen und Kolleginnen kennenlernen, ihre substanziellen Beiträge verfolgen und eine beobachtbare Loyalität zum Fach erkennen.

3. Mein dritter Punkt der Zufriedenheit betrifft das eigene Haus. Die Skepsis im Institut für Geographie bei der Übernahme der Organisationsverpflichtung war vorhanden. Wozu, weshalb und warum überhaupt, war ab und zu hören. Mit der zunehmenden Realisierung des Geographentages wuchs aber das Engagement, bei den Jüngeren früher als bei den älteren Kollegen, aber zum Schluss waren alle in der einen oder anderen Form ernsthaft und engagiert beteiligt. Diese Form von Passion, von Leidenschaft in einem sonst abgeklärten Institut hat mich gefreut. Dazu kam die sehr schöne Fach- und Verlagsausstellung genau gegenüber dem Rektorat und dem Senatssaal, in dem gleichzeitig die Universitätsräte Europäischer Hochschulen tagten, die unseren Kongress zwangsläufig zur Kenntnis nehmen mussten. Es ist gut, wenn Rektoren und Universitätsräte sehen, dass ein Fach so etwas auf die Beine stellen kann, denn ich kenne ja auch deren Vorbehalte. Irgendetwas muss doch dran sein an dieser Geographie, hat vielleicht der eine oder andere gedacht und damit begonnen, sein Bild von der traditionsreichen Disziplin „Geographie“ zu überdenken.

Zurück zu den Dankesworten: Ich bedanke mich bei meinen Kollegen im Ortsausschuss für die gute Zusammenarbeit, die auch in Stresssituationen kollegial blieb, bei den wissenschaftlichen und besonders bei dem nichtwissenschaftlichen Personal für ihr großes Engagement, für ihre Loyalität und ihre Zuneigung zum Fach und bei den studentischen Hilfskräften, ohne deren Mithilfe der geordnete Ablauf nicht möglich gewesen wäre. Bedanken möchte ich mit bei Michael Heuberger, Geographentagsmanager und Besitzer aller Fäden, die bei ihm zusammenliefen, der auch in Stressphasen ruhig und umsichtig gehandelt hat. Und schließlich möchte ich mich bei Ihnen bedanken, meine

Damen und Herren. Denn Sie waren die raison d'etre des Geographentages und Sie haben die Lebendigkeit und das intellektuelle Niveau des Geographentages 2009 bestimmt. Haben Sie dafür Dank und behalten Sie Wien in guter Erinnerung!

Heinz Fassmann

Vorwort

Der Tagungsband des 57. Deutschen Geographentages ist fertig. Zwei Jahre nach Durchführung des Geographentages Wien 2009 liegt er nun in Ihren Händen. Hätte es keine Unklarheiten gegeben, wer nun den Band redaktionell betreut – die Deutsche Gesellschaft für Geographie (DGfG) oder der Ortsausschuss – wäre die Produktionszeit vielleicht etwas kürzer gewesen. Aber das spielt im Nachhinein auch keine Rolle mehr. Ein erfolgreich organisierter, stark besuchter und wissenschaftlich ertragreicher Geographentag mit vielen Facetten zu wissenschaftlichen, fachdidaktischen und schulgeographischen Schwerpunkten im Kontext des Rahmenthemas „Globaler Wandel" erhält damit auch einen dokumentarischen Schlussstrich.

Der Tagungsband dokumentiert die Breite und die Qualität der dargebotenen Vorträge in einer exemplarischen Auswahl. Die Wiedergabe aller Vorträge hätte zu einem sehr umfangreichen und wohl auch unübersichtlichen Werk geführt. Die Herausgeber haben daher entschieden, nur die Vorträge der Leitthemensitzungen in Betracht zu ziehen und natürlich auch alle übergreifenden Referate (State of the Art-Vorträge, Keynotes, Festvorträge). Die Publikation der Fachsitzungsbeiträge oblag den jeweiligen Vorsitzenden. Die Herausgeber nahmen in weiterer Folge mit den Leiterinnen und Leitern der Leitthemensitzung Kontakt auf, um Vorschläge von Beiträgen einzuholen, die potenziell für eine Veröffentlichung bereitstehen würden. Das Kriterium der Qualität und Originalität der Beiträge stand hierbei an oberster Stelle. Aufgrund der Rückmeldungen wurden die Autoren und Autorinnen angeschrieben und zur Mitarbeit eingeladen. Die Korrespondenz mit den ausgewählten und interessierten Autoren und Autorinnen bzw. den Autorengemeinschaften übernahmen zentral die Herausgeber persönlich. Die kartographischen Vorträge wurden dabei nicht berücksichtigt, denn diese waren bereits vor Beginn des Kongresses publiziert worden.

Der Tagungsband umfasst 20 Beiträge sowie die Grußworte des Präsidenten der Republik Österreich, der Bundesministerin für Unterricht, Kunst und Kultur, des Bundesministers für Wissenschaft und Forschung, des Bürgermeisters und Landeshauptmannes von Wien, des Rektors der Universität Wien, des

Präsidenten der Deutschen Gesellschaft für Geographie sowie des Vorsitzenden des Ortsausschusses. Die Beiträge sind zu fünf großen Blöcken zusammengefasst: der erste Block beinhaltet Grußworte, der zweite Block thematisch übergreifende Vorträge, der dritte Block fokussiert auf Vorträge zu Standorten, Mobilität und Planung, der vierte Block umfasst Beiträge zu Gebirgsräumen, zum Klimawandel und zu ökologischen Fragestellungen und schließlich adressiert der fünfte Block fachdidaktische oder methodische Konzepte und Ansätze.

Der Tagungsband richtet sich in erster Linie an die an der Thematik interessierten Studierenden, an die einschlägig Lehrenden und Forschenden, die wissen möchten, wo nun der Forschungsstand in der einen oder anderen Subdisziplin liegt, und schließlich auch an ein breiteres Publikum, welches erfahren möchte, womit sich die Geographie gegenwärtig wissenschaftlich befasst. Neben diesen Forschungsschwerpunkten werden auch Fragen der Hochschuldidaktik und der Schulgeographie abgebildet. Der Tagungsband ist somit ein Schaufenster der Geographie, die darin diejenigen ihrer Beiträge ausbreitet, die es wert sind, bemerkt zu werden.

Vorworte stellen immer auch eine Gelegenheit dar, den Personen zu danken, die am Zustandekommen eines Werkes maßgeblich beteiligt waren. Im vorliegenden Fall sind das in erster Linie die Autoren und Autorinnen, die uns ihre Beiträge zur Verfügung gestellt haben und die auch geduldig blieben, als immer neue Anforderungen an ihre Manuskripte gestellt wurden und weitere Zeitverzögerungen die Publikation hinzogen. Die Manuskripte selbst wurden von Alexandra Frangenheim und den Herausgebern (Institut für Geographie und Regionalforschung Universität Wien) durchgesehen und von Ruth Vachek lektoriert. Die Betreuung durch den Verlag (Vienna University Press bei V&R unipress) oblag Susanne Franzkeit. Wir danken allen beteiligten Personen für ihre aktive Mitarbeit, der Vienna University Press für die Aufnahme des Bandes und der Universität Wien für die Schaffung der notwendigen personellen und materiellen Rahmenbedingungen.

Heinz Fassmann Thomas Glade

Thematisch übergreifende Vorträge

Heather A. Viles

Physical Geography in a Changing World: Helping to Integrate Conservation of Cultural Heritage, Geodiversity and Biodiversity

1 Introduction – Definitions and Scope

Heritage conservation is a portfolio term which can apply to the conservation of any physical, biological or cultural entity of some value to humans. A range of different definitions of heritage have been proposed in recent years. For example, English Heritage define heritage as "[a]ll inherited resources which people value for reasons beyond mere utility" (English Heritage 2008, 71). A fuller definition is provided by the UNESCO World Heritage Centre who note that "[h]eritage is our legacy from the past, what we live with today, and what we pass on to future generations. Our cultural and natural heritage are both irreplaceable sources of life and inspiration" (World Heritage Centre 2010). Whilst we mainly think of heritage as being tangible things that we can see and visit, heritage also has intangible aspects. As UMass ACHS puts it "heritage is the full range of our inherited traditions, monuments, objects and culture. Most important, it is the range of contemporary activities, meanings and behaviours that we draw from them [...]. It is both tangible and intangible" (UMass ACHS 2010).

In general, whilst acknowledging through definitions and charters the diversity of heritage, conservation and research effort has become split into discrete parts. In broad terms we recognise two key areas, i.e. cultural heritage and natural heritage. Conservation of cultural heritage involves identifying, protecting and managing both tangible (e.g. monuments, buildings and sites) and intangible (e.g. dance, tradition, cuisine) forms. Conversely, conservation of natural heritage focuses on identifying, protecting and managing what English Heritage refers to as "[i]nherited habitats, species, ecosystems, geology and landforms, including those under water, to which people attach value" (English Heritage 2008, 71). Natural heritage is often further categorised into bioconservation (which aims to conserve species diversity for ecosystem health and sustainable development) and earth heritage whose conservation can be defined as being concerned with "[...] sustaining the part of the physical resources of the

Earth that represents our cultural heritage, including our geological understanding, and the inspirational response to the resource" (Stevens 1994, 499). Clearly, there is much overlap – both between the different individual facets of cultural and natural heritage – and also between cultural and natural heritage. Recent acknowledgement of such overlap came with the identification of cultural landscapes ('the combined works of nature and man' according to Rössler 2003, 10) as a unique entity in need of conservation at the global scale by UNESCO in 1992. The concept of cultural landscapes arose from the geographical scholarship of Carl O. Sauer in the 1920 s, and as he explained it "[t]he cultural landscape is fashioned from a natural landscape by a culture group. Culture is the agent, the natural area the medium, the cultural landscape the result" (Sauer 1925, 63).

Underpinning heritage conservation is science. Indeed, at least in the UK, a new field of hybrid science is emerging, called 'heritage science'. This is defined in simple terms as "[…] all technological and scientific work that can benefit the heritage sector" by the UK National Heritage Science Strategy (Williams 2009, 5). Recent funding initiatives, such as the UK AHRC / EPSRC Science and Heritage Programme, have on the one hand restricted the meaning of heritage science to a focus on material cultural heritage, whilst on the other hand acknowledging it as being a hybrid area of knowledge, requiring the integration of science, social science and humanities approaches. Heritage science projects often bring together a wide range of people such as those working on environmental conditions, archaeology, building science and historians in order to help conserve monuments, buildings and sites. Natural heritage conservation is equally underpinned by science, although the name 'heritage' is not often prefixed to such sciences, which fall solidly into the areas of geology, geomorphology, environmental science, biology and ecology.

In the rest of this paper, I outline the major approaches to the different types of heritage conservation outlined above, before examining the utility of landscape as an underpinning and integrating concept. I then review recent work by geographers which is contributing to bioconservation, geoconservation and cultural heritage conservation, before considering in detail how geographers might, through a landscape-based approach, contribute more broadly to reintegrating heritage conservation and science.

2 Approaches and Challenges to Heritage Conservation

At the global level, the UNESCO World Heritage List provides the major vehicle for the conservation of outstanding examples of natural and cultural heritage agreed to have 'universal value'. As well as being of outstanding universal value, sites on the list must meet at least one of ten criteria (table 1). As of September 2011, the list contains 936 properties, of which 725 are listed for cultural heritage value, 183 for natural heritage and 28 for their mixed value. Sixty-six of the properties are defined as cultural landscapes – some of which are classified as cultural and some as mixed. These properties stretch across 151 states, with some being transboundary sites. Looking at the global cultural heritage list, there is a preponderance of sites within the developed world, especially Europe. Cultural heritage properties include individual monuments, buildings, groups of buildings and sites, such as the Cologne Cathedral, Venice and its lagoon, the Great Wall of China, the Roman site of Dougga in Tunisia and the rock art of the Tadrart Acacus, Libya (figure 1). Natural heritage properties include natural features, geological and geomorphological formations and natural sites, such as Aldabra Atoll, Seychelles, the Jurassic Coast, UK, Guilin Karst, China, the German and Dutch sections of the Wadden Sea and Surtsey, Iceland (figure 1). Mixed sites, which are deemed to have universal value in both cultural and natural terms, include St Kilda, UK, the Drakensberg Moutains, South Africa, Machu Picchu, Peru, and Cappadocia, Turkey (figure 1). UNESCO identify properties 'in danger' from human and natural processes and events, which are particularly in need of urgent conservation and management. As of September 2011, some 35 sites are on this list, including the Belize barrier reef, the cultural landscape of Bamiyan, Afghanistan, Virunga National Park, Democratic Republic of Congo, and Abu Mena in Egypt.

Whilst the World Heritage List represents the most outstanding global heritage, there are many other designations at international, national and local level which help conserve other examples of heritage. For instance, UNESCO recognises a number of biosphere reserves under its 'Man and Biosphere' project which provide innovative approaches to conservation and sustainable development. These include Vienna Woods and the Swabian Alb. Further, UNESCO co-ordinates the global network of geoparks which includes some 66 parks (in 20 states). China has by far the largest number of geoparks (22) of any country (figure 2), including Zhangjiajie (Yang et al., 2011), whilst Europe contains geoparks such as Kamptal in Austria and the Swabian Alb, Germany. Many other sites are protected at the national level, such as Dartmoor and the New Forest in England, Joshua Tree and Yellowstone in the USA. Such conservation sites often include smaller cultural heritage sites such as ruined abbeys, rock art and other archaeological sites, although these often have their own designation without reference to the surrounding landscape.

Heritage conservation faces many challenges. Firstly, the huge number and wide variety of conservation sites makes it very hard to quantify and map heritage assets as well as to interpret the interplay between cultural and natural heritage types. Much highly valuable heritage may not be designated as a

Figure 1*: Examples of world heritage sites, a) Tadrart Acacus, Libya, b) Dougga, Tunisia, c) part of the Jurassic Coast, UK, d) Drakensberg Mountains, South Africa

Figure 2*: Spectacular sandstone scenery in the Zhangjiajie Geopark, Hunan province, China

'conservation site' and may thus be, as ecologists call it, 'beyond the reserve'. Thus fragmentation and diversification of conservation threatens our heritage as a whole. Heritage conservation is also challenged by a range of stresses, both natural and human-induced, which affect the integrity and authenticity of protected sites. For example, economic development, wars and other conflicts can all cause damage to conserved areas, as can natural events such as hurricanes and earthquakes, and climate change (Prosser et al. 2010). Lack of scientific knowledge clearly underpinning heritage conservation is also a key problem, as without this it is hard to come to appropriate management decisions when faced with deteriorating or threatened sites. A more holistic perspective on heritage conservation and science would have many advantages.

3 Landscape as an Integrating Concept for Heritage Conservation

Landscape is a core geographical concept, albeit one that is both highly debated and multifaceted. Whilst Carl O. Sauer and others have attempted to define and interpret landscapes in cultural terms, geomorphologists and geologists see landscape as the essential physical scenery of the earth (Goudie & Viles 2010). A simple portrayal of the landscape concept is shown in figure 3, where geomorphology and geology provide the underlying structure of the landscape within which biology and culture exist. However, biology and culture are not purely passive dwellers on the physical landscape, but also shape and alter it (and each other). For example, a huge range of biogeomorphic interactions exist whereby plant and animal communities influence geomorphology and vice versa. Whilst there are several drawbacks with this simple view of landscape (e. g. where do we draw the boundaries?, how integrated are the different components?, what is the appropriate scale at which to recognise landscapes?), it provides us with a useful geographical concept with which to revitalise heritage conservation and science. Clearly, all heritage conservation sites are either landscapes or are located within landscapes. Even the most developed of urban heritage site has links to geomorphology and geology and a characteristic ecology. Might conservation succeed better in the face of the many threats and challenges if it acknowledges such inherent interlinkages? Before we pursue these ideas in more detail, I will now review some of the key contributions that physical geographers are already making to different sectors of heritage conservation. I use the term 'physical geographer' to refer to any scientist working within geography departments and / or with geography somewhere in their job title, whilst acknowledging that there are very permeable boundaries between geography and other cognate disciplines.

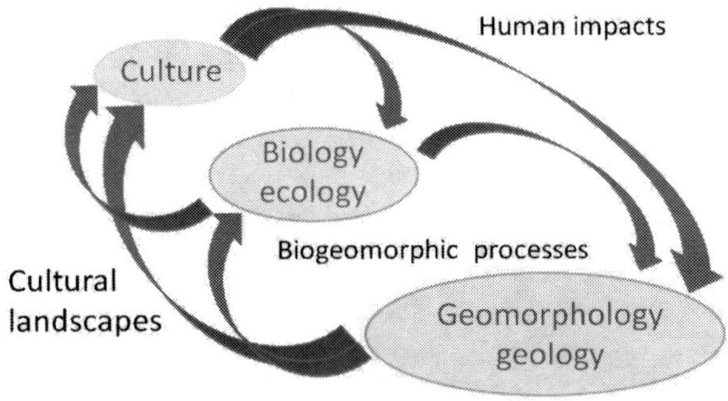

Figure 3*: A simple visualisation of the concept of landscape

4 Physical Geographers and Bioconservation, Geoconservation and the Conservation of Cultural Heritage

Physical geographers have had a long and distinguished history of contributing to biodiversity conservation, encompassing four main lines of research. Firstly, there have been many geographical contributions to the identification of species, sites and habitats which require conservation. For example, David Stoddart, a physical geographer from the University of Cambridge, played a key role in producing an inventory of habitats at risk from the proposals to build an air base on Aldabra Atoll in the western Indian Ocean in the late 1960 s (then part of the British Indian Ocean Territory, now part of the Seychelles and listed as a World Heritage Site in 1982). Secondly, physical geographers with palaeoecological expertise have played a key role in recent debates over what is the natural 'baseline' towards which conservation should be working (Willis & Birks 2006). Thirdly, geographers have been active in debates over applying biogeographical theory to biodiversity conservation, such as the 'hotspots' idea of Norman Myers. Finally, geographers have contributed to monitoring studies evaluating the success of conservation schemes, using ground-based monitoring, remote sensing and historical ecology methods. As an example, Lalley and Viles (2008) looked at the recovery of lichen-dominated ecosystems using field observations in the hyper-arid Namib Desert, Namibia, following disturbance. Vehicle tracks criss-cross parts of the desert, which have now been designated as conserved areas, and can have a dramatic effect on the lichen communities which are a key part of Namibia's biodiversity (figure 4).

Physical geographers have made valuable contributions to the developing field of geoconservation, which can broadly be summarised under four main headings. Firstly, physical geographers have carried out much research aimed at identifying the landforms, sites and geodynamic systems worthy of con-

Figure 4*: Notice warning of the threats that driving pose to the lichen fields of the coastal Namib Desert, Namibia

servation. For example, the International Association of Geomorphologists advises IUCN on potential World Heritage Sites nominated on geomorphic criteria (usually vii and viii on the list in table 1). Secondly, physical geographers have been involved in understanding the dynamics (both past and present) of conserved sites. For example, work by Smith et al. (2011) on the dynamics of mass movements at the Giants Causeway World Heritage Site in Northern Ireland has been critical to explaining geomorphic change here (figure 5). Such work also contributes to the third area, which is aiding management of sites in the face of threats such as climate change – a key component of much geomorphological work as summarised by Prosser et al. (2010). Finally, physical geographers, alongside geologists and others assist with interpretation and public understanding of the landscape (figure 6).

Physical geographers (mainly, in fact, geomorphologists) are also contributing fully to cultural heritage conservation, working in tandem with specialists from many other scientific, social science and humanities fields. Four main types of contribution can be identified. Firstly, physical geographers have made strong contributions to understanding the environmental context of many cultural heritage sites. For example, geomorphologists have produced many geoarchaeological investigations around the world, such as in the Arabian Gulf (Parker & Goudie 2008), which contribute to prospecting for new sites as well as interpreting the history of known sites. Secondly, physical geographers are engaged in a wide variety of studies on the deterioration of cultural heritage, especially that made from natural stone. For example, Sass and Viles (2010)

Figure 5*: The dynamic geomorphology of the Giants Causeway World Heritage Site, Northern Ireland. (left)
Figure 6*: Geomorphological interpretation boards from the Zhangjiajie Geopark, China. (right)

applied 2D resistivity survey methods to deteriorating historic limestone walls within the centre of Oxford in an attempt to determine the causes of decay. In relation to this, physical geographers also contribute increasingly to a third area, i.e. identifying cultural heritage 'hotspots' at risk from environmental threats, such as future climate change. Finally, an under-utilised but very important contribution of physical geographers is the application of geomorphic theory to cultural heritage conservation. For example, work on non-linearity in the production of small scale geomorphic features may help to inform the management of deteriorating surfaces by illustrating the complexity of links between process and form (Viles 2005).

There are several similarities, and many differences, between the nature and status of physical geographical contributions to these different areas of heritage conservation. It is evident that bioconservation is the most advanced area of heritage conservation and that physical geographers have already made major contributions to this. It is also clear that these contributions have often involved research at a very large spatial and temporal scale, whereas those aimed at geoconservation have been smaller in scale and those aimed at cultural heritage conservation often at even smaller scales. Similar ideas have been applied to all three areas, including issues relating to the fundamental non linearity in response to applied stresses, such as climate change. In all fields physical geographers have played an important role in enhancing public understanding, often through explanations of the scientific methods applied to mapping, monitoring and modelling change.

5 Towards a More Integrated Approach to Heritage Conservation

The potential contribution of geographers to heritage conservation extends way beyond the discrete areas of research and practice outlined above. Perhaps the greatest thing that geographers have to offer is a more integrated approach, based on landscape as an integrating concept. Much geographical research today is truly cross-cutting, both in terms of topics and in terms of the scale of analysis and the approaches used. In the next four paragraphs I outline some examples of the more integrative contributions that geographers are making to heritage conservation.

Looking first at the links between bioconservation and cultural heritage conservation, there are several recent studies which exemplify the sorts of questions worth considering and the types of approaches used to address them. For example, English Heritage recently commissioned a programme of research on the value of soft capping as a conservation strategy for ruined monuments (Viles & Wood 2007). Essentially, soft capping involves placing vegetation on the tops of ruined walls in order to protect them from further deterioration (figure 7). The research, which is still ongoing, evaluates the merit of this approach in comparison with the more conventionally used hard capping strategy (which protects wall heads with a stone and mortar capping). To date, the research has shown the value of soft capping in providing a thermal blanket, reducing the threat of freeze-thaw damage, whilst the influence of soft capping on moisture regimes within the walls is, as yet, less clear. Soft capping, and other approaches to the 'greening' of cultural heritage buildings and structures, also has the potential benefit of enhancing biodiversity conservation. Many ancient walls within lowland Europe, for example, provide bare rock habitats for many species of plants and invertebrates which otherwise have few suitable refuges in a soil-dominated and highly disturbed landscape (Jurickova & Kucera 2003). Thus, nurturing and expanding vegetation growth on walls may enhance biodiversity. But what are the limits to integrating bioconservation and cultural heritage conservation, when they may have very different aims? To what extent are the species most suitable for 'greening' of monument conservation, also the ones vital to biodiversity conservation? Does 'greening' of ruined monuments also affect the integrity and authenticity of a site?

There are many interesting links between bioconservation and geo-conservation which require more research from physical geographers. Several authors have reviewed the importance that geology and geomorphology have to biodiversity conservation and bemoan the lack of attention paid by researchers and environmental managers to this (e.g. Brilha 2002). Geodiversity has often

Figure 7*: Soft wall capping on the ruined walls of Hailes Abbey, Gloucestershire, UK.

been seen as a key factor underpinning biodiversity, especially at intermediate scales at which topographical complexity has been theorised to exert a major control on species diversity. In the Cairngorms, Scotland, for example, Gordon et al. (1998) exemplify the ways in which the ecological diversity is related to the underlying geomorphological diversity. Geomorphologists have been active in developing methods to quantify geodiversity in the shape of topographical diversity measures (e. g. the work of Lyew-Ayee et al. (2007) in using remotely sensed data and GIS to calculate measures of topographical diversity in the Cockpit Karst in Jamaica). Such approaches might easily be linked with biodiversity measures to test hypotheses about the importance of geomorphology in underpinning biodiversity.

The interrelationship between ecology and geomorphology may be highly active and thus pose a considerable challenge to conservation. For example, biogeomorphological research in recent years has highlighted many ways in which ecological and geomorphological systems are integrated, which may have important ramifications for conservation effort. For example, Gurnell et al. (2008) produced a report for Natural England evaluating the feasibility of reintroducing the European beaver (*Castor fiber*) to England and concluded that it could have benefits for both biodiversity conservation and also the health and geodiversity of river systems. Beavers are creative ecosystem engineers whose dam building activity can have major impacts on floodplain hydrology and geomorphology. In recent years, much progress has been made in understanding ecological and geomorphological dynamics and the links between them, which is vital for any future attempts to make better links between the conservation of biodiversity and geodiversity.

Geoconservation and cultural heritage conservation also have many important links, some of which have been explored via studies on geoarchaeology and contributions of weathering geomorphologists to understanding stone deterioration. Cultural heritage buildings, monuments and sites are, in many cases, strongly affected in nature and location by the geomorphological landscape in which they are located. Geology exerts a strong control over indigenous building materials. Geodiversity has as yet under-researched links with cultural heritage. Geomorphic landforms in some cases can be culturally important, such as Uluru in Australia, or they may host rock art and other human additions to natural rock surfaces. Geomorphic dynamism may provide a threat to the integrity and authenticity of such cultural heritage, whilst being a natural part of the geodiversity of the area. In the Drakensberg Mountains in South Africa, for instance, many examples of painted San rock art are found in sandstone rock shelters. These rock shelters are of both cultural heritage value and also a key component of the geodiversity of this area, whilst also providing valuable habitats for biodiversity. In many cases the rock art is experiencing considerable damage through the natural weathering of the rock surfaces on which it is painted. Investigations of the causes and rates of weathering can aid management decisions about how to conserve the rock art and will also contribute to our understanding of the dynamism of these landscapes (Mol & Viles 2010).

6 Conclusions

Geographers may provide some effective linkages between the different branches of heritage conservation through their integrated research on the science that underpins bioconservation, geoconservation and cultural heritage conservation. As the preceding paragraphs have illustrated, much interesting work is already going on at the interface of these different strands of heritage conservation research. We can learn a lot from looking at work within one area of heritage conservation and trying to apply it to the others. For example, within bioconservation research the idea of ecosystem services is well established and powerful, and we should examine whether geodiversity and cultural heritage also can provide ecosystem services. If so, this gives additional reasons for their conservation. The concept of landscape provides a potential way of consolidating these linkages, because it enables the integration of different scales and types of processes and interactions within an over-arching framework. Some challenges remain. In some circumstances, integrating heritage conservation may pose more problems than it solves, if the methods and goals are very different they may potentially be in conflict. However, the potential benefits of a more integrated heritage conservation effort are likely to far outweigh any disadvantages, especially in today's changing world where global challenges require integrated and effective solutions. Physical geographers should be at the heart of integrated heritage science research and practical conservation effort in the future.

References

Brilha J. (2002): Comment: Geoconservation and protected areas. In: Environmental Conservation 29: 273 – 276.

English Heritage (2008): Conservation principles policies and guidance for the sustainable management of the historic environment. London.

Gordon J. E., Thompson D. B. A., Haynes V. M., Brazier V. & MacDonald R. (1998): Environmental Sensitivity and Conservation Management in the Cairngorm Mountains, Scotland. In: Ambio, 27: 335 – 344.

Goudie A. S. & Viles H. A. (2010): Landscapes and geomorphology: A very short introduction. Oxford.

Gurnell J., Gurnell A. M., Demeritt D., Lurz P. W. W., Shirley M. D. F., Rushton S. P., Faulkes C. G., Nobert A. & Hare E. J. (2008): The feasibility and acceptability of reintroducing the European beaver into England. Natural England Commissioned Report NECR002.

Jurickova L. & Kucera T. (2003): Ruins of medieval castles as refuges of interesting land snails in the landscape. In: Contributions to Soil Zoology in Central Europe I: 41 – 46.

Lalley J., & Viles H. A. (2008): Recovery of lichen-dominated soil crusts in a hyper-arid desert. In: Biodiversity and Conservation 17: 1 – 20.

Lyew-Ayee P., Viles H. A. & Tucker G. E. (2007): The use of GIS-based digital morphometric techniques in the study of cockpit karst. In: Earth Surface Processes and Landforms 32: 165 – 179.

Mol L. & Viles H. A. (2010): Geoelectric investigations into sandstone moisture regimes: Implications for rock weathering and the deterioration of San Rock Art in the Golden Gate Reserve, South Africa. In: Geomorphology, 118: 280 – 287.

Parker A.G. & Goudie A. S. (2008): Geomorphological and palaeoenvironmental investigations in the southeastern Arabian Gulf region and their implication for the archaeology of the region. In: Geomorphology, 101: 248 – 470.

Prosser C. D., Burek C. V., Evans D. H., Gordon J. E., Kirkbride V. B., Rennie A. F. & Walmsley C. A. (2010): Conserving Geodiversity Sites in a Changing Climate: Management Challenges and Responses. In: Geoheritage 2, 123 – 136.

Rössler M. (2003): Linking Nature and Culture: World Heritage Cultural Landscapes. In: UNESCO World Heritage Center (ed.): Cultural Landscapes: the Challenges of Conservation. Paris, 10 – 15.

Sass O. & Viles H. A. (2010): Two-dimensional resistivity surveys of the moisture contents of historic limestone walls in Oxford, UK: implications for understanding catastrophic stone deterioration. In: Smith B. J., Gomez-Heras M., Viles H.A. & Cassar J. (eds.): Limestone in the Built Environment: Present-Day Challenges for the Preservation of the Past, 237 – 250. (= Geological Society, Special Pub. 331)

Sauer C. O. (1925): The Morphology of Landscape. In: University of California Publications in Geography, 2.2: 19 – 53.

Smith B. J., Pellitero Ondicol R. & Alexander G. (2011): Mapping Slope Instability at the Giant's Causeway and Causeway Coast World Heritage Site: Implications for site management. In: Geoheritage 3, 253 – 266.

STEVENS C. (1994): Defining geological conservation. In: O'Halloran D., Green C., Harley M., Stanley M. & Knill J. (eds.) Geological and Landscape Conservation. London, 499 - 501.

UMASS ACHS: http://www.amherst.umass.edu/chs/about/whatisheritage.html (10. 12. 2010)

VILES H. A. (2005): Can stone decay be chaotic? In: Turkington A. V. (ed.): Stone Decay in the Architectural Environment. Colorado, 11 - 16. (= GSA Special Paper 390)

VILES H. A. & WOOD C. (2007): Green walls? Integrated laboratory and field testing for the effectiveness of soft wall capping in conserving ruins. In: Prikryl R. & Smith B. J. (eds.): Building stone decay: from diagnosis to conservation. London, 309 - 322. (= Geological Society Special Publication 271)

WILLIAMS J. (2009): The role of science in the management of the UK's heritage. National Heritage Science Strategy Report 1, 39pp.

WILLIS K. J. & BIRKS H. J. B. (2006): What is natural? The need for a long-term perspective in biodiversity conservation. In: Science 314: 1261 - 5.

WORLD HERITAGE CENTRE: http://whc.unesco.org/en.about/ (10. 12. 2010)

YANG G., YANG Z., ZHANG X., TIAN M., CHEN A., GE Z., PING Y., NI Z. (2011): RS-based geomorphic analysis of Zhangjiajie Sandstone Peak Forest Geopark, China. In: Journal of Cultural Heritage 12(1): 88 - 97.

Table 1: The 10 criteria used in the selection of sites on the World Heritage List.

Criterion	Description
i	to reprto represent a masterpiece of human creative genius;
ii	to exhibit an important interchange of human values, over a span of time or within a cultural area of the world, on developments in architecture or technology, monumental arts, town-planning or landscape design;
iii	to bear a unique or at least exceptional testimony to a cultural tradition or to a civilization which is living or which has disappeared;
iv	to be an outstanding example of a type of building, architectural or technological ensemble or landscape which illustrates (a) significant stage(s) in human history;
v	to be an outstanding example of a traditional human settlement, land-use, or sea-use which is representative of a culture (or cultures), or human interaction with the environment especially when it has become vulnerable under the impact of irreversible change;
vi	to be directly or tangibly associated with events or living traditions, with ideas, or with beliefs, with artistic and literary works of outstanding universal significance. (The Committee considers that this criterion should preferably be used in conjunction with other criteria);
vii	to contain superlative natural phenomena or areas of exceptional natural beauty and aesthetic importance;
viii	to be outstanding examples representing major stages of earth's history, including the record of life, significant on-going geological processes in the development of landforms, or significant geomorphic or physiographic features;
ix	to be outstanding examples representing significant on-going ecological and biological processes in the evolution and development of terrestrial, fresh water, coastal and marine ecosystems and communities of plants and animals;
x	to contain the most important and significant natural habitats for in-situ conservation of biological diversity, including those containing threatened species of outstanding universal value from the point of view of science or conservation.

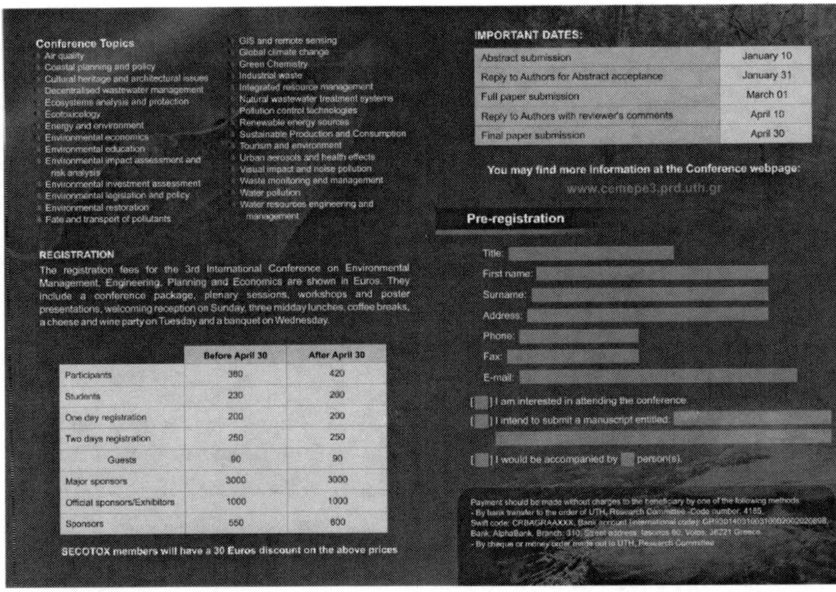

Conference Topics

- Air quality
- Coastal planning and policy
- Cultural heritage and architectural issues
- Decentralised wastewater management
- Ecosystems analysis and protection
- Ecotoxicology
- Energy and environment
- Environmental economics
- Environmental education
- Environmental impact assessment and risk analysis
- Environmental investment assessment
- Environmental legislation and policy
- Environmental restoration
- Fate and transport of pollutants
- GIS and remote sensing
- Global climate change
- Green Chemistry
- Industrial waste
- Integrated resource management
- Natural wastewater treatment systems
- Pollution control technologies
- Renewable energy sources
- Sustainable Production and Consumption
- Tourism and environment
- Urban aerosols and health effects
- Visual impact and noise pollution
- Waste monitoring and management
- Water pollution
- Water resources engineering and management

REGISTRATION

The registration fees for the 3rd International Conference on Environmental Management, Engineering, Planning and Economics are shown in Euros. They include a conference package, plenary sessions, workshops and poster presentations, welcoming reception on Sunday, three midday lunches, coffee breaks, a cheese and wine party on Tuesday and a banquet on Wednesday.

	Before April 30	After April 30
Participants	380	420
Students	230	260
One day registration	200	200
Two days registration	250	250
Guests	90	90
Major sponsors	3000	3000
Official sponsors/Exhibitors	1000	1000
Sponsors	550	600

SECOTOX members will have a 30 Euros discount on the above prices

IMPORTANT DATES:

Abstract submission	January 10
Reply to Authors for Abstract acceptance	January 31
Full paper submission	March 01
Reply to Authors with reviewer's comments	April 10
Final paper submission	April 30

You may find more information at the Conference webpage:

www.cemepe3.prd.uth.gr

Pre-registration

Title:

First name:

Surname:

Address:

Phone:

Fax:

E-mail:

[ ] I am interested in attending the conference.

[ ] I intend to submit a manuscript entitled:

[ ] I would be accompanied by person(s).

Payment should be made without charges to the beneficiary by one of the following methods:
- By bank transfer to the order of UTH, Research Committee -Code number: 4185,
Swift code: CRBAGRAAXXX, Bank account (international code):
Bank: AlphaBank, Branch: 310, Street address: Iasonos 60, Volos, 38221 Greece.
- By cheque or money order made out to UTH, Research Committee

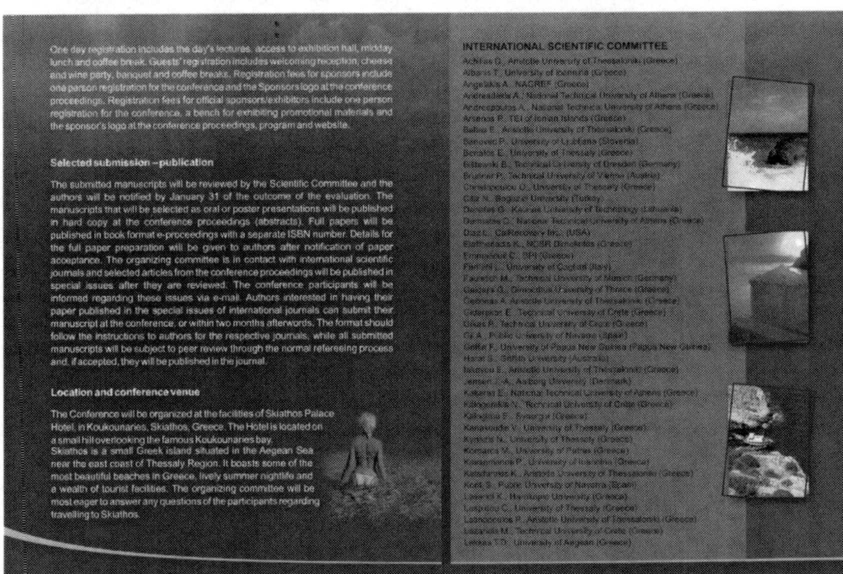

One day registration includes the day's lectures, access to exhibition hall, midday lunch and coffee break. Guests' registration includes welcoming reception, cheese and wine party, banquet and coffee breaks. Registration fees for sponsors include one person registration for the conference and the Sponsors logo at the conference proceedings. Registration fees for official sponsors/exhibitors include one person registration for the conference, a bench for exhibiting promotional materials and the sponsor's logo at the conference proceedings, program and website.

Selected submission – publication

The submitted manuscripts will be reviewed by the Scientific Committee and the authors will be notified by January 31 of the outcome of the evaluation. The manuscripts that will be selected as oral or poster presentations will be published in hard copy at the conference proceedings (abstracts). Full papers will be published in book format e-proceedings with a separate ISBN number. Details for the full paper preparation will be given to authors after notification of paper acceptance. The organizing committee is in contact with international scientific journals and selected articles from the conference proceedings will be published in special issues after they are reviewed. The conference participants will be informed regarding these issues via e-mail. Authors interested in having their paper published in the special issues of international journals can submit their manuscript at the conference, or within two months afterwords. The format should follow the instructions to authors for the respective journals, while all submitted manuscripts will be subject to peer review through the normal refereeing process and, if accepted, they will be published in the journal.

Location and conference venue

The Conference will be organized at the facilities of Skiathos Palace Hotel, in Koukounaries, Skiathos, Greece. The Hotel is located on a small hill overlooking the famous Koukounaries bay.
Skiathos is a small Greek island situated in the Aegean Sea near the east coast of Thessaly Region. It boasts some of the most beautiful beaches in Greece, lively summer nightlife and a wealth of tourist facilities. The organizing committee will be most eager to answer any questions of the participants regarding travelling to Skiathos.

INTERNATIONAL SCIENTIFIC COMMITTEE

CALL FOR PAPERS
Third International Conference on Environmental Management, Engineering, Planning and Economics (CEMEPE 2011)
&
SECOTOX Conference
Skiathos Palace Hotel,
Skiathos, Greece
19 - 24 June, 2011
Organized by
• Department of Planning and Regional Development, University of Thessaly, Greece
• Department of Mechanical Engineering, Aristotle University of Thessaloniki, Greece
• Society of Ecotoxicology and Environmental Safety (SECOTOX)
In collaboration with:
• Sector of Industrial Management and Operations Research, School of Mechanical Engineering, National Technical University of Athens, Greece
• Food Technology Department, Technological Educational Institute of Thessaloniki, Greece
• Technical Chamber of Greece
Under the aegis of:
Ministry of Environment, Energy and Climate Change
Municipality of Skiathos
The Society of Ecotoxicology and Environmental Safety (SECOTOX) as well as the Department of Planning and Regional Development, University of Thessaly, the Department of Mechanical Engineering, Aristotle University of Thessaloniki, the Technical Chamber of Greece, the Sector of Industrial Management and Operations Research, School of Mechanical Engineering, National Technical University of Athens, and the Food Technology Department, Technological Educational Institute of Thessaloniki, are pleased to invite you to the Third International Conference on Environmental Management, Engineering, Planning, and Economics and to the SECOTOX Conference which will be jointly held in Skiathos island, Greece, from June 19 to 24, 2011.
ORGANIZING COMMITTEE
Karagiannidis A., (Chairman), Aristotle Univ. of Thessaloniki
Kungolos A., (Chairman), University of Thessaly
Aravossis K., (Vice-Chairman), National Technical University of Athens
Samaras P., (Vice-Chairman), Technological Educational Institute of Thessaloniki
Anagnostou S., Technical Chamber of Greece
Emmanouil C., University of Thessaly
Kaltsogianni K., Technical Chamber of Greece
Kipouros S., University of Thessaly
Manakou V., University of Thessaly
Papaoikonomou K., University of Thessaly
Theochari Ch., Technical Chamber of Greece
Tryfona-Panagopoulou V., University of Thessaly
Honorary Chairman
George Tchobanoglous, University of California at Davis (USA)
Conference Secretariat
Stavros Sakellariou and Vicky Manakou
Department of Planning and Regional Development
School of Engineering
University of Thessaly
Pedion Areos, 38334 Volos, Greece
Tel: +30 24210 74282, 74276, Fax: +30 24210 74276
Mobile: +30 6946284199, +30 6973326909
E-mail: stasakel@uth.gr, vmanak@uth.gr & cemepe@uth.gr
Website: www.cemepe3.prd.uth.gr

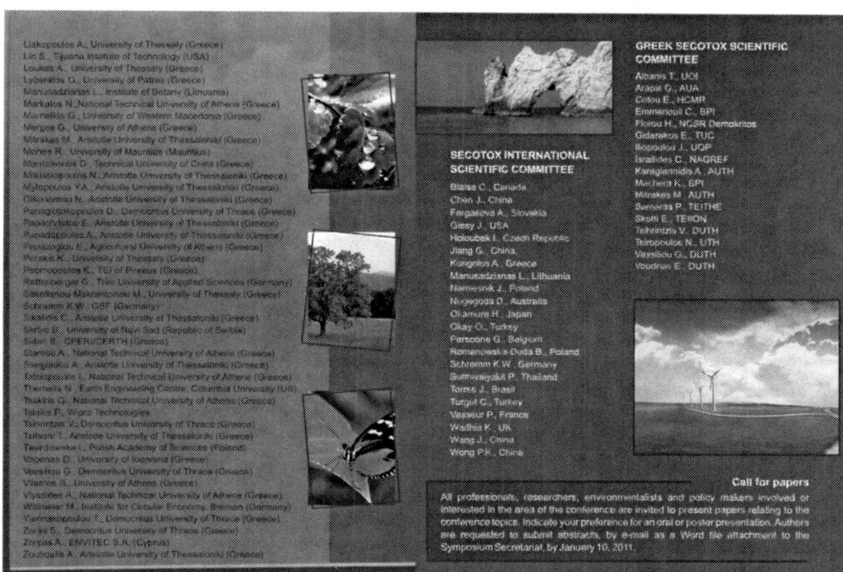
Liakopoulos A., University of Thessaly (Greece)
Lin S., Tijuana Institute of Technology (USA)
Loukas A., University of Thessaly (Greece)
Lyberatos G., University of Patras (Greece)
Markatos N., National Technical University of Athens (Greece)
Mohee R., University of Mauritius (Mauritius)
Zorpas A., ENVITEC S.A. (Cyprus)
GREEK SECOTOX SCIENTIFIC COMMITTEE
Albanis T., UOI
Arapis G., AUA
Cotou E., HCMR
Emmanouil C., BPI
Florou H., NCSR Demokritos
Gidarakos E., TUC
Iliopoulou J., UOP
Israilides C., NAGREF
Karagiannidis A., AUTH
Machera K., BPI
Mitrakas M., AUTH
Samaras P., TEITHE
Skotti E., TEIION
Tsihrintzis V., DUTH
Tsiropoulos N., UTH
Vassiliou G., DUTH
Voudrias E., DUTH
SECOTOX INTERNATIONAL SCIENTIFIC COMMITTEE
Blaise C., Canada
Chen J., China
Fargasova A., Slovakia
Giesy J., USA
Holoubek I., Czech Republic
Jiang G., China
Kungolos A., Greece
Manusadzianas L., Lithuania
Namiesnik J., Poland
Nugegoda D., Australia
Okamura H., Japan
Okay O., Turkey
Persoone G., Belgium
Romanowska-Duda B., Poland
Schramm K.W., Germany
Suthivaiyakit P., Thailand
Torres J., Brasil
Turgut C., Turkey
Vasseur P., France
Wadhia K., UK
Wang J., China
Wong P.K., China
Call for papers
All professionals, researchers, environmentalists and policy makers involved or interested in the area of the conference are invited to present papers relating to the conference topics. Indicate your preference for an oral or poster presentation. Authors are requested to submit abstracts, by e-mail as a Word file attachment to the Symposium Secretariat, by January 10, 2011.

Peter Weichhart

Wie „funktioniert" ein Paradigma?

Der Begriff „Paradigma" wird seit dem späten 18. Jahrhundert als erkenntnistheoretischer Terminus verwendet und bezeichnet eine spezifische wissenschaftliche Denkweise beziehungsweise eine bestimmte Art der Weltanschauung. „Paradigma" findet sich auch als spezifischer Fachbegriff in der Linguistik, in der Verhaltenswissenschaft, in der Psychosomatischen Medizin, der Entwicklungspsychologie und verschiedenen anderen Disziplinen. Die gebräuchlichste Verwendungsweise geht jedoch auf den Wissenschaftstheoretiker Thomas Samuel KUHN zurück. Er hat diesen Begriff in seinem Buch „The Structure of Scientific Revolutions" (1962) als wissenschaftstheoretischen Terminus eingeführt, dort aber nicht klar definiert, ihn selbst in verschiedenen Bedeutungen verwendet und später schließlich sogar wieder verworfen. In späteren Arbeiten spricht er von „disziplinärer Matrix", wenn er inhaltlich jene Phänomenkonstellation meint, die er früher als „Paradigma" bezeichnet hat. Die von Kuhn entwickelte Begrifflichkeit (Paradigma, Paradigmenwandel) drang nach einer intensiven Rezeption durch die Fachwelt schließlich auch in alltagsweltliche Diskurse ein, wurde in unterschiedlichste nichtwissenschaftstheoretische Kontexte übertragen, popularisiert und verkam zu einem unspezifischen Allerweltsbegriff („Paradigmenwandel der Knödelküche").

In der Wissenschaftstheorie wird die Theorie von Kuhn jedoch bis heute sehr intensiv, kritisch und kontrovers diskutiert und in zahlreichen Publikationen prominenter Autoren weiterentwickelt und präzisiert (vgl. z. B. HOYNINGEN-HUENE 1989, SCHURZ 1998 oder NICKLES 2003). Die folgenden Überlegungen beziehen sich auf diese post-kuhnsche Diskussion, in der zahlreiche Thesen der Primärtheorie verworfen oder erheblich modifiziert wurden.

Das Paradigmenkonzept stellt eine *hybride Theorie* dar. Im Gegensatz zu vielen anderen wissenschaftstheoretischen Theorien und Konzepten werden nicht ausschließlich die Logik des Erkenntnisprozesses und die kognitive Struktur wissenschaftlichen Denkens berücksichtigt, sondern ausdrücklich auch soziale Prozesse und historische Hintergründe thematisiert.[1] Kuhn konzipierte die Paradigmentheorie als eine Art „*Evolutionstheorie*“ von Wissenschaft. Mithilfe dieses Konzepts soll erklärt werden, wie sich wissenschaftliche Disziplinen im Zeitverlauf verändern. Dabei wird aufgezeigt, dass dieser Entwicklungsprozess nicht durch einen kumulativen Wissens- und Erkenntniszuwachs, sondern durch fundamentale *Krisen und Brüche* gekennzeichnet ist.

Die Primärtheorie von Kuhn war übrigens nicht völlig neu. Einige Aussagen und Konzepte der Theorie finden sich in ähnlicher Form bereits in einer Arbeit des polnischen Mediziners Ludwick Fleck (1980 [1935]), dessen Konzept des *Denkstils* große Ähnlichkeit mit dem Paradigmenbegriff besitzt, was Kuhn im Vorwort seines Buches auch ausdrücklich würdigte. Kuhns Konzept war in seiner radikalen Lesart durch einige extreme Positionen und Übertreibungen gekennzeichnet, die in der folgenden Diskussion abgemildert und erheblich modifiziert wurden. Seine Theorie enthielt auch einige blinde Flecken, die auch in der sogenannten „Kuhn-Kontroverse“ unbeachtet blieben und erst im „Salzburger Paradigmenprojekt“[2] ausdrücklich thematisiert wurden.

Der Begriff „Paradigma“ verweist – abstrakt formuliert – auf ein *Modell* der Wissenschaftstheorie, mit dessen Hilfe *sowohl die kognitiven als auch die sozialen Dimensionen* der Entwicklung wissenschaftlicher Disziplinen dargestellt werden können. Unter einem Paradigma versteht man eine forschungsleitende Perspektive oder Sichtweise, die für eine bestimmte Zeit und eine bestimmte Gruppe von Wissenschaftlern konsensbildend ist. Paradigmen bieten wissenschaftliche Weltbilder, in deren Rahmen konkrete Problemformulierungen und Problemlösungen möglich sind, die von der Fachwelt unhinterfragt akzeptiert werden. In extremer Verkürzung lässt sich der Entwicklungsprozess von Wissenschaft nach dem Modell von Kuhn auf folgende Weise darstellen: Am Beginn steht die *protowissenschaftliche* oder *vorparadigmatische Phase.* Sie ist durch eine mühsame und noch unsystematische Suche nach Fakten gekennzeichnet. Es liegen noch keine Selektionskriterien der Datenerhebung in Form von Hypothesen und Theorien vor. Es handelt sich gleichsam um ein „Jäger-und-Sammler-Stadium“ der betreffenden Wissenschaft, wobei mehrere konkurrierende Schulen existieren, die miteinander im Wettstreit stehen. Eine dieser Forschergruppen setzt sich schließlich durch und beginnt, ein kohärentes Set

1 Andere hybride Theorien sind etwa die Regulationstheorie oder neuere Varianten der Handlungstheorie, wie die Symbolische Handlungstheorie von Ernst E. Boesch (1991). Gemeinsam ist ihnen allen, dass sie auf unterschiedliche Sach- oder Phänomenbereiche Bezug nehmen (etwa Ökonomie, Politik und Soziales in der Regulationstheorie).

2 Nach langjährigen Vorarbeiten wurde an der Universität Salzburg ab Ende der 1990er-Jahre ein interdisziplinär angelegter Spezialforschungsbereich (SFB 12 „Konkurrierende Theorien und Paradigmen in den Wissenschaften“) unter der Leitung der Wissenschaftstheoretiker Paul Weingartner und Gerhard Schurz etabliert.

von Beschreibungsdimensionen, Begriffen und Konzepten zur Erfassung des Forschungsgegenstandes zu entwickeln. Sobald dieser Prozess zu einem einigermaßen konsistenten und als brauchbar angesehenen Denkgebäude geführt hat, tritt die Disziplin in die *normalwissenschaftliche Phase* ein: Sie hat ihr Paradigma gefunden. Es existieren nun verbindliche und als adäquat angesehene Konzepte und Beschreibungskategorien zur Darstellung, Erklärung und Deutung der „Realität“. Man verfügt jetzt über bewährte Strategien und Algorithmen zur Lösung fachlicher Probleme.

In der normalwissenschaftlichen Phase können die Vertreter einer bestimmten Fachrichtung auf der Grundlage eines *allseits akzeptierten und im wesentlichen unhinterfragten gemeinsamen Weltbildes* arbeiten. Die gemeinsame Akzeptanz eines Paradigmas ermöglicht in dieser Phase kontinuierlichen Wissensfortschritt. Falls sich gewisse Daten oder Phänomene einer Erklärung im Rahmen des Paradigmas widersetzen, werden solche Konflikte durch ad hoc vorgenommene Modifikationen des Paradigmas „bereinigt“. Häufen sich nun derartige Anomalien, so beginnen jüngere Wissenschaftler nach einem neuen fachspezifischen Deutungsmuster der Welt zu suchen. Es finden vermehrt Grundlagendiskussionen und kritische Reflexionen statt, die Bühne für eine Revolution wird aufgebaut. Sobald ein neues Paradigma gefunden ist, tritt die Wissenschaftsentwicklung für eine gewisse Zeit in eine revolutionäre Phase ein, in der zwei Paradigmen um die Vorherrschaft kämpfen. Die Auseinandersetzung findet in Form eines wissenschafts*politischen Machtkampfes* statt. Die Vertreter des alten Paradigmas sterben aus, das konkurrierende setzt sich durch und geht in eine neue normalwissenschaftliche Phase über (vgl. Abb. 1).

In dieser radikalen Lesart kann sich nach Kuhn immer nur ein Paradigma in der normalwissenschaftlichen Phase befinden. Er geht davon aus, dass die beiden konkurrierenden Paradigmen *inkommensurabel* seien, P1 und P2 seien also rational unvergleichbar. Die Entwicklung in der Geographie wird meist nach dieser radikalen Lesart Kuhns interpretiert. Mit P 1 ist dabei die „klassische Geographie“ der Landschafts- und Länderkunde gemeint, P 2 kennzeichnet den „Spatial Approach“ der neuen quantitativen Geographie auf der Grundlage der Philosophy of Science, der Geographentag in Kiel wird dabei als Symbol der Revolution angesehen.

Die in der radikalen Lesart postulierte Entwicklung lässt sich jedoch empirisch nicht bestätigen. Faktum ist, dass ältere Paradigmen nicht „aussterben“ und die Entwicklung einer Disziplin mit dem Aufkommen eines neuen Paradigmas auch nicht abgeschlossen ist. Die post-kuhnsche Lesart geht auf die wissenschaftsgeschichtlich evidente Tatsache ein, dass in einem bestimmten Zeitraum mehrere Paradigmen in der normalwissenschaftlichen Phase koexistieren und miteinander konkurrieren können. Dies stellt für die meisten Disziplinen den empirisch belegbaren Normalzustand dar (vgl. Abb. 2). Für die

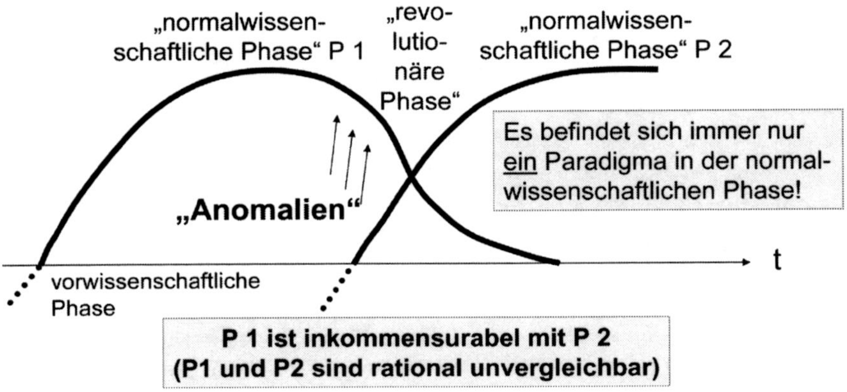

Abb. 1*: Paradigmenwandel: die radikale Lesart Kuhns

einzelnen Paradigmen können dabei gleichsam Konjunkturzyklen beobachtet werden. Sie verlieren weitgehend an Bedeutung, können aber nach einiger Zeit gleichsam wiederentdeckt werden und einen neuen Höhepunkt erreichen. In der post-kuhnschen Lesart wird auch die Inkommensurabilitätsthese abgemildert. Auch sehr unterschiedliche Paradigmen verfügen über eine beschränkte gemeinsame Beobachtungs- und „Alltagssprache“, welche zumindest in gewissem Umfang einen rationalen Vergleich ermöglicht. Direkte „Übersetzungen“ beziehungsweise Übertragungen von Grundbegriffen, Konzepten und Theorien aus einem Paradigma in ein anderes sind jedoch *nicht* möglich.

Abb. 2: Paradigmenwandel: die post-kuhnsche Lesart

Ein Paradigma bietet für eine wissenschaftliche Community eine ganze Reihe wichtiger und ausgesprochen „gruppenkohäsiver“ Leistungen bzw. Funktionen. Sie ermöglichen gleichsam eine axiomatische Grundlegung der Forschungspraxis. Es kommt zur Ausbildung von dogmatischen Überzeugungen, die gegen alle Einwände gesichert erscheinen. Basiskonzepte werden dadurch gleichsam „außer Streit“ gestellt, sie werden von allen Vertretern des Paradigmas akzeptiert. Paradigmen haben somit eine hohe soziale Bedeutsamkeit. Das Erlernen des Paradigmas ist ein Sozialisationsprozess, der zu einem „gemeinsamen Weltbild“ führt. Parallel zur *kognitiven Struktur* des Weltbildes entwickelt sich die *soziale Struktur* einer Scientific Community. Grundlagendiskussionen und konzeptionelle Reflexionen können als entbehrlich angesehen werden, die Forschung kann sich auf die „eigentliche Arbeit“ konzentrieren. Trotz innerfachlicher Kontroversen werden die theoretischen und konzeptionellen Grundlagen der Forschungspraxis nicht infrage gestellt.

Paradigmen sind durch eine Reihe von Minimalbestandteilen gekennzeichnet. Sie beinhalten symbolische Verallgemeinerungen oder abgekürzte Redeweisen, mit deren Hilfe Phänomenkomplexe der für das Fach relevanten „Realität“ gekennzeichnet werden können (Geofaktoren, Kompartimente). Mit jedem Paradigma werden auch ontologische Modelle postuliert. Es existieren also paradigmenspezifische Vorstellungen über die Strukturen und Elemente der „Realität“ (Landschaft, Siedlung, Kar, Moräne etc.). Besonders bedeutsame Elemente von Paradigmen sind spezifische Theorien. Dabei handelt es sich um verallgemeinernde Behauptungen über Kausalzusammenhänge zwischen bestimmten Phänomenen der „Realität“. Hinter dem Landschaftskonzept der klassischen Einheitsgeographie stand etwa die Integrationsstufenlehre, welche die stufenweise Integration der Geofaktoren zu den höherrangigen Komplexen der Landschaft im Sinne einer geosphärischen Kausalität postulierte. Als weiterer Minimalbestandteil eines Paradigmas sind heuristische Modelle anzusehen. Sie bieten „Rezepte“ und Algorithmen für die Bearbeitung spezifischer Probleme an und liefern konkrete Problemlösungen, die von der Fachwelt akzeptiert sind.

Als weitere Minimalbestandteile sind Werte und normative Festlegungen zu nennen. Jedes Paradigma weist spezifische ethische Standards, Genauigkeitsforderungen und Bedingungen für die Gültigkeit und Akzeptanz von Beweisführungen auf. Besonders bedeutsam ist hier auch die Frage, ob für das betreffende Paradigma das Postulat der Werturteilsfreiheit gültig ist oder abgelehnt wird. Jedes Paradigma bezieht sich auch auf spezifische erkenntnistheoretische Grundpositionen. Diese werden in manchen Fällen ausdrücklich reflektiert (beim „Spatial Approach“ etwa die neopositivistische Philosophy of Science), können aber auch als epistemologische „Kryptotheorie“ nur implizit wirksam werden (Idealismus in der klassischen Geographie).

Die zentrale Pointe des Paradigmenkonzepts besteht darin, dass man Paradigmen nicht begründen oder als wahr deklarieren kann. Denn die grundlegenden Bestandteile eines Paradigmas stellen *axiomatische Setzungen* dar. Sie können weder bewiesen noch durch Letztbegründungen abgesichert werden. Dies gilt auch für die erkenntnistheoretischen Grundpositionen und ontologischen Modelle. Die zentralen Forschungsfragen und Erkenntnisobjekte, die im Rahmen von Paradigmen konstituiert werden, lassen sich deshalb auch *nicht aus der Natur des Gegenstandes ableiten*, sondern bestenfalls auf subjektive oder gesellschaftliche Interessen beziehen („pragmatisches Obligat der Erkenntnis“, vgl. LEINFELLNER 1967). Genau dies ist der Grund, warum es die „Revolutionäre“, die ein neues Paradigma propagieren, so schwer haben, die Verheißungen ihres Programms plausibel zu machen und die Gegner zu überzeugen. Deshalb hat ein Paradigmenwandel in der Regel den Charakter eines Glaubenskrieges oder einer weltanschaulichen Auseinandersetzung.

Es ist also *nicht möglich*, mit rationalen Argumenten eine objektive und endgültige vergleichende Bewertung von Paradigmen zu begründen. Ein wie immer konzipierter Wahrheitsbegriff ist auf Paradigmen *nicht* anwendbar. Paradigmen sind nicht wahr oder falsch, sondern akzeptiert oder nicht akzeptiert. Demgegenüber lässt sich als Beurteilungskriterium von Paradigmen das im Radikalen Konstruktivismus entwickelte Konzept der Viabilität (Nützlichkeit, GLASERSFELD 1997) einsetzen. Ein Paradigma ist dann viabel, wenn es hilft, ein bestimmtes Problem darzustellen und zu lösen.

Die Inkommensurabilitätsthese Kuhns wurde in der neueren Diskussion zwar erheblich entschärft, es bleibt aber das Faktum bestehen, dass zentrale Elemente der Konstitution von konkurrierenden Paradigmen einander grundlegend widersprechen. Deshalb kann man sie nicht direkt miteinander in Beziehung setzen oder miteinander verknüpfen. Dies wird exemplarisch an zwei aktuellen Paradigmen der Humangeographie demonstriert, dem handlungstheoretischen und dem poststrukturalistischen Paradigma (vgl. Tab. 1).

	Poststrukturalismus	Handlungstheorie
Subjekt	„Idee“ des Subjekts wird verworfen	Gilt als „Motor“ des Geschehens
Welt	„Entsteht im Diskurs“	Wird im Handeln umgebaut
Sprache	„Gleiten des Sinns“, unendlicher Regress der Zeichen	Ausdruck subjektiver Rationalität
Materie	Widersprüchlich: von bedeutungslos bis „Agency“ (ANT)	Wird im Handeln verändert

Tab. 1: Inkommensurabiltät von Paradigmen am Beispiel von Handlungstheorie und Poststrukturalismus
(Quelle: Weichhart 2008, 85, Tab. 1)

In der gegenwärtigen Humangeographie finden sich zahlreiche Arbeiten, die ausdrücklich auf den Poststrukturalismus Bezug nehmen und die konzeptionellen Vorstellungen dieses Paradigmas übernehmen (vgl. WEICHHART 2008, Kapitel 11). Als konkurrierendes Paradigma finden wir gleichzeitig die von Benno Werlen begründete handlungstheoretische Sozialgeographie (vgl. WEICHHART 2008, Kapitel 10). Obwohl die Proponenten beider Weltbilder ernsthaft miteinander diskutieren und sich in der wechselseitigen Kritik und Auseinandersetzung wohl auch gegenseitig befruchten und inspirieren, ist eine Annäherung oder gar Verschmelzung der beiden Ansätze aus logischen Gründen völlig undenkbar. Denn ihre Basiskonzepte sind fundamental unterschiedlich und widersprechen einander (vgl. Abb. 3). In der Handlungstheorie gilt das menschliche *Subjekt* – der zur freien Willensentscheidung fähige, reflexive und Intentionalität entwerfende Kern des menschlichen Ego – als der entscheidende Motor des Geschehens und des Ablaufes des Geschichtsprozesses. Im Poststrukturalismus wird demgegenüber das menschliche Subjekt dezentriert und als bloßes Konstrukt völlig verworfen. Diese beiden Auffassungen sind tatsächlich inkommensurabel und können unter keinen Umständen miteinander verknüpft oder verschmolzen werden. Nach den Vorstellungen des Poststrukturalismus „entsteht“ die Welt im Diskurs. Menschliche Egos sind dabei weitgehend bedeutungslos, sie werden als „Knoten im Netz“ diskursiver Prozesse angesehen. Aus der Sicht der Handlungstheorie wird die Welt im Handeln gestaltet und umgebaut. Entscheidende Steuergrößen sind dabei die Intentionen der handelnden Akteure. Sprache ist hier Medium und Ausdruck subjektiver Rationalität. Für den Poststrukturalismus ist Sprache dagegen ein eigenständiger Prozess, der unabhängig von den Sprechern seine Sinnkonstitutionen entfaltet. Die physisch-materielle Welt wird in der Handlungstheorie ausdrücklich berücksichtigt, denn es wird davon ausgegangen, dass die Akteure die Fähigkeit besitzen, durch ihr intentionales Tun sowohl in der sozialen als auch in der materiellen Welt intendierte und nicht intendierte Folgen zu bewirken. Demgegenüber erscheint die materielle Welt für den Poststrukturalismus weitgehend bedeutungslos. Eine Ausnahme bietet die Akteur-Netzwerk-Theorie von Bruno LATOUR (vgl. z. B. 2007), die ebenfalls zum Poststrukturalismus gerechnet wird. Hier wird materiellen Dingen („Aktanten“) sogar eine eigenständige Wirk- und Handlungsfähigkeit in der sozialen Welt zugeschrieben. Dies steht aber natürlich ebenfalls in schroffem Gegensatz zur Handlungstheorie, nach deren Auffassung ausschließlich menschliche Subjekte die Fähigkeit zum Handeln besitzen.

Aus dieser (sehr) knappen Skizze der Paradigmentheorie lassen sich einige wichtige Folgerungen ableiten. Zunächst sollte klar geworden sein, dass eine „Synthese“ konkurrierender Paradigmen wegen der Inkommensurabilität ihrer axiomatischen Vorannahmen *nicht* möglich ist. Es ist auch *nicht* entscheidbar, welches das „bessere" Paradigma ist, weil es aufgrund ihrer axiomatischen Struktur keinen rational begründbaren objektiven Vergleichsmaßstab für ein derartiges Urteil geben kann. Die Kriterien „wahr" oder „fasch" sind für Paradigmen demnach nicht anwendbar. Allerdings lassen sich Urteile über ihre Viabilität im Kontext einer spezifischen wissenschaftlichen Fragestellung abgeben. Aufgrund dieser Sachlage ist auch nicht mit einer „erkenntnisdarwinistischen" Entscheidungsmöglichkeit zu rechnen („Warten wir einmal ab, das bessere Paradigma wird sich schon durchsetzen"). Besonders dramatische (und leider noch weitgehend unreflektierte) Konsequenzen hat die gegenwärtige Koexistenz rivalisierender Paradigmen für unser Verständnis von Validität und die Praxis der Forschungsförderung. Ein Forschungsergebnis, das aus der Sicht eines bestimmten Paradigmas ausgesprochen valide erscheint, wird aus der Perspektive eines konkurrierenden Paradigmas als völlig bedeutungslos und ungültig anzusehen sein. Ein Forschungsprojekt mit einer poststrukturalistischen Grundkonzeption wird für einen Gutachter, der sich der Handlungstheorie verbunden fühlt, wohl kaum förderungswürdig erscheinen. Wenn man bedenkt, dass in der deutschsprachigen Sozialgeographie derzeit mindestens acht Paradigmen koexistieren (vgl. Abb. 3), wird deutlich, dass dieses Problem höchst unangenehme Auswirkungen für jede Art von Gutachtertätigkeit und Evaluierung haben muss (vgl. WEICHHART 2009).

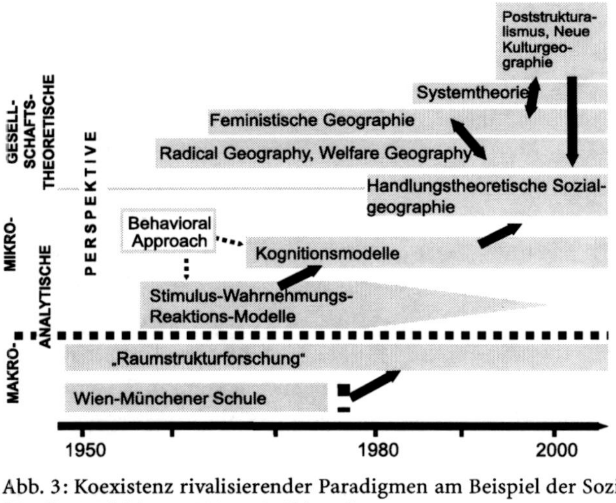

Abb. 3: Koexistenz rivalisierender Paradigmen am Beispiel der Sozialgeographie (Quelle: Weichhart 2008, 107, Abb. 11)

Im bereits erwähnten Salzburger Paradigmenprojekt wurde der Begriff der „*thematischen Fokussierungswerte*" (TF) eingeführt. Damit werden jene Schlüsselbegriffe bezeichnet, die für den Theoriekern eines Paradigmas charakteristisch sind und von denen angenommen wird, dass sie für die Erklärung des Gegenstandsbereichs eine besondere Relevanz besitzen. Sie haben in einem konkurrierenden Paradigma jedoch *keine* signifikante Bedeutung. Die thematischen Fokussierungswerte eignen sich besonders gut dazu, eine sehr knappe Charakterisierung eines bestimmten Paradigmas zu ermöglichen. Für das raumwissenschaftliche Paradigma stellen etwa Distanz, Richtung, Konnektivität, Choristik und Chorologie zentrale thematische Fokussierungswerte dar. Das verhaltenswissenschaftliche Paradigma (Wahrnehmungsgeographie) stützt sich demgegenüber auf die TF Individuum, Wahrnehmung, Bewertung, Verhalten oder Mental Map. Subjekt, Intentionalität, Handlung[3] oder alltägliche Regionalisierungen sind Schlüsselkonzepte im Paradigma der handlungszentrierten Sozialgeographie. Als TF des feministischen Paradigmas in der Sozialgeographie sind Gender, Patriarchat, Reproduktion, Androzentrismus oder Gewalt anzusehen. Es ist klar, dass die thematischen Fokussierungswerte nicht austauschbar sind und in einem jeweils anderen Paradigma nicht vorkommen und dort auch völlig unbrauchbar wären.

Gibt es auch in der gegenwärtigen Physischen Geographie konkurrierende Paradigmen? Diese Frage müssten natürlich Physiogeographen beantworten. Der Autor ist als Humangeograph dafür gewiss nicht kompetent. Wenn ich dennoch in knapper Form einige Mutmaßungen dazu äußere, begebe ich mich natürlich auf sehr dünnes Eis. Ich versuche es vor allem deshalb, um die KollegInnen der Physischen Geographie zu Stellungnahmen und zu einer Befassung mit dem Thema „Paradigmen" anzuregen (und vielleicht sogar zu provozieren).

Aus meiner (eher bescheidenen) Kenntnis der Physischen Geographie vermute ich, dass in diesem Fach (mindestens und ohne jeden Anspruch auf Vollständigkeit) folgende konkurrierende Paradigmen koexistieren bzw. als spezifische Entwicklungslinien des Faches angesehen werden können[4]. Eine ältere Entwicklungsstufe stellt das tektonische Paradigma dar. Als thematische Fokussierungswerte wären hier etwa folgende Konzepte zu nennen: Orogenese, Hebung mit wachsender Phase, korrelates Sediment, Gipfelflur. Einen völlig anderen Blick auf die geomorphologische Realität der Erdoberfläche bietet das Paradigma der Klimageomorphologie. Zentrale TF sind hier unter anderem Reliefgeneration, doppelte Einebnungsfläche oder Paläoboden. Beim aktuellen

3 „Verhalten" und „Handeln" sind Begriffe, die bedauerlicherweise oft synonym verwendet werden. Als Fachbegriffe aus zwei konkurrierenden Paradigmen unterscheiden sie sich in ihrer inhaltlichen Auslegung jedoch fundamental voneinander.

4 Auf Literaturhinweise möchte ich an dieser Stelle verzichten.

Paradigma der Landschaftsökologie sind als TF etwa Ökotop, Klimax, Landschafts-Sukzession, Naturhaushalt oder ökologische Varianz anzuführen. Bei der systemtheoretischen Physiogeographie lassen sich zwei eigenständige Paradigmen unterscheiden. Die „klassische" Orientierung stützt sich auf Systemtheorien erster Ordnung und befasst sich mit allopoietischen Systemen[5]. Hier sind als TF vor allem Gleichgewicht, Homöostase, Selbstregulierung, Feedback, Kaskaden, Interface oder Resilienz zu nennen. Eine neuere Orientierung, die zur älteren in einem klaren Widerspruch steht, bezieht sich auf Systemtheorien zweiter Ordnung und sieht die geosphärische „Realität" aus der Perspektive autopoietischer Systeme[6]. Als TF können hier die Konzepte Nichtlinearität, Emergenz, Selbstorganisation oder Komplexität angeführt werden.

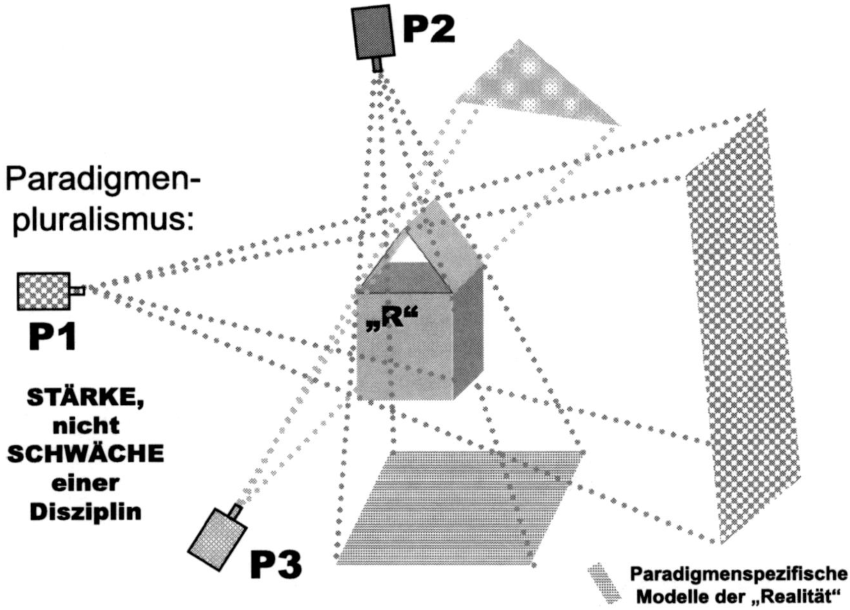

Abb. 4*: Paradigmen als „Komplementoren" (Quelle: Weichhart 2000, 488)

5 Darunter versteht man Systeme, deren Abgrenzung durch einen außenstehenden Beobachter durchgeführt wird. Es handelt sich gleichsam um ein ontologisch neutrales Konzept, denn die Form der Abgrenzung hängt vom Interesse der Forschung ab.

6 Hierbei handelt es sich um Systeme, welche die Grenzen zu ihrer Umwelt durch ihre spezifische Operationsweise *selbst* festlegen.

Die multiparadigmatische Struktur gegenwärtiger Wissenschaft wird häufig als Problem oder Defizit angesehen, weil sie dem Vereinheitlichungsideal der Erkenntnis widerspricht. Aus der Sicht eines „Komplementaritäts-Idealismus"[7] muss diese Situation jedoch als ausdrückliche Stärke der gegenwärtigen Wissenschaftspraxis gesehen werden (vgl. Abb. 4).

Die in Abbildung 4 mit „R" (wie „Realität") gekennzeichnete Figur sei ein wissenschaftlich relevantes Phänomen, das es zu erforschen gilt. Aus der Perspektive von Paradigma 1 (P1) lässt sich dieses Phänomen auf eine ganz bestimmte Art abbilden. Es stellt sich uns als eine ganz bestimmte Projektion dar, die der Sicht dieses Paradigmas entspricht. Die hinter R gelegene Fläche symbolisiert das paradigmenspezifische Modell der Realität. Aus der völlig unterschiedlichen Perspektive der beiden anderen Paradigmen P2 und P3 sieht diese Realität aber ganz anders aus. „Erst wenn wir im Stande sind, die verschiedenen paradigmenspezifischen Modelle der ‚Realität' wahrzunehmen, sie – auch wenn sie nicht unmittelbar miteinander vergleichbar oder wechselseitig ‚übersetzbar' sind – als komplementäre Weltbeschreibungen miteinander in Beziehung zu setzen, kommen wir dem Ziel, eine möglichst umfassende Darstellung der [...] Welt zu formulieren, einen kleinen Schritt näher." (Weichhart 2008, 396)

Literatur

Boesch E. E. (1991): Symbolic Action Theory and Cultural Psychology. Berlin u.a. (= Recent Research in Psychology)

Fleck L. (1980): Entstehung und Entwicklung einer wissenschaftlichen Tatsache. Frankfurt am Main (Reihe Suhrkamp Wissenschaft, stw 312), Original auf Deutsch 1935.

Glasersfeld E. von (1997): Radikaler Konstruktivismus. Ideen, Ergebnisse, Probleme. Frankfurt am Main (= suhrkamp taschenbuch wissenschaft, 1326).

Hoyningen-Huene P. (1989): Die Wissenschaftsphilosophie Thomas S. Kuhns. Rekonstruktion und Grundlagenprobleme. Braunschweig.

Kuhn Th. S. (1962): The Structure of Scientific Revolutions. Chicago.

Latour B. (2007): Eine neue Soziologie für eine neue Gesellschaft. Einführung in die Akteur-Netzwerk-Theorie. Frankfurt a. M.

Leinfellner W. (1967): Einführung in die Erkenntnis- und Wissenschaftstheorie. Mannheim u.a. (= B.I. Hochschultaschenbücher 41/41a).

Nickles T. (Hrsg.) (2003): Thomas Kuhn (Contemporary Philosophy in Focus). Cambridge.

Schurz G. (1998): Koexistenzweisen rivalisierender Paradigmen. Eine begriffsklärende und problemtypologisierende Studie. In: Schurz G. und Weingartner P. (Hrsg.): Ko-

7 Vgl. Weichhart 2001.

existenz rivalisierender Paradigmen. Eine post-kuhnsche Bestandsaufnahme zur Struktur gegenwärtiger Wissenschaft. Opladen, 1–51.

Weichhart P. (2000): Geographie als Multi-Paradigmen-Spiel. Eine post-kuhnsche Perspektive. In: Blotevogel H. H., Ossenbrücke J. & Wood G. (Hrsg.): Lokal verankert – weltweit vernetzt. 52. Deutscher Geographentag Hamburg, Tagungsbericht und wissenschaftliche Abhandlungen. Stuttgart, 479–488.

Weichhart P. (2001): Humangeographische Forschungsansätze. In: Sitte W. & Wohlschlägl H. (Hrsg.): Beiträge zur Didaktik des „Geographie- und Wirtschaftskunde"-Unterrichts. Wien, 182–198. (= Materialien zur Didaktik der Geographie und Wirtschaftskunde, Band 16)

Weichhart P. (2008): Entwicklungslinien der Sozialgeographie. Von Hans Bobek bis Benno Werlen. Stuttgart. (= Sozialgeographie kompakt)

Weichhart P. (2009): Humangeographie – quo vadis? In: Musil R. & Staudacher Chr. (Hrsg.): Mensch.Raum.Umwelt. Entwicklungen und Perspektiven der Geographie in Österreich. Wien, 63–77.

Karl W. Hoffmann

Schulgeographie – quo vadis? Zur Gesellschaftsrelevanz eines standardbasierten Geographieunterrichts

1 Hintergrund

Das Bestehen in der modernen Wissensgesellschaft erfordert Können in Verbindung mit nachhaltig gesichertem Wissen in variablen Situationen. Für den Geographieunterricht ist damit ein Paradigmenwechsel verbunden, der mit dem Schlagwort „kompetenzorientierter Unterricht" umschrieben wird. Wenn Schule auf das Leben und Handeln in einer durch demokratische Entscheidungen geprägten Gesellschaft vorbereiten soll und sich einer übergeordneten Demokratiekompetenz verpflichtet, dann ist die Einbeziehung des Politischen auch für den Geographieunterricht unvermeidlich. Welche Anforderungen werden an einen standardbasierten Geographieunterricht gestellt? Um es vorweg zu sagen: Was die uns anvertrauten Schülerinnen und Schüler lernen *sollen*, muss auch gelernt und erworben werden *können*. Die nationalen Bildungsstandards samt Aufgabenbeispielen liegen für das Fach Geographie nunmehr vor. Wenn Kompetenzorientierung ein wichtiges Fundament der Bildungsstandards ist, dann ist aktuell danach zu fragen, woran sich ein Unterricht im Sinne der Bildungsstandards erkennen lässt.

2 Von der klassischen Wissensorientierung zur „1-4-6-Regel" der Kompetenzorientierung

Bis PISA war scheinbar klar, dass Schülerinnen und Schüler das wissen mussten, was die Lehrpläne festschrieben und Schulbücher anboten. Die Ergebnisse der PISA-Studie ließen dann aufhorchen, zeigten sie doch, dass das im Unterricht vermittelte Wissen zu wenig angewendet werden konnte.

Das der PISA-Studie zugrunde liegende Literacy-Konzept stellte die klassische Inhaltsorientierung grundlegend infrage, denn es geht nicht mehr allein um die Wissensaneignung, sondern um die Fähigkeit, erworbenes Wissen anzuwenden und auf dieser Basis Fragen zu erkennen, aus Belegen Schlussfolgerungen zu ziehen sowie begründet angemessene Entscheidungen in komplexen Zusammenhängen zu treffen.

Vor diesem Hintergrund wird seitdem in der geographischen Fachdidaktik die Diskussion um die sechs Kompetenzbereiche im Rahmen einer umfassenden geographischen Gesamtbildung geführt. Für jeden der einander ergänzenden geographischen Kompetenzbereiche wurden Standards formuliert, mit denen sich die Förderung einer geographischen Gesamtbildung planen und auch überprüfen lässt. Aufgabenbeispiele für die Hand des Lehrers konkretisieren dies. Sie dienen primär der Visualisierung der Könnensleistungen der Schüler, sind also keine direkt im Unterricht einsetzbaren Aufgaben oder gar Testaufgaben. Weil sie veranschaulichen, sind sie eher Übersetzungsbeispiele der 77 Einzelstandards. Sie stellen keine finalen Endprodukte dar, sondern dienen der Weiterentwicklung und bilden Elemente zukünftigen Geographieunterrichts ab. Wenngleich noch viel Entwicklungsarbeit hinsichtlich der Konzeption von Aufgaben zur Ausbildung von Können notwendig ist, sind alle 14 Aufgabenbeispiele zugleich Instrument der Reflexion der eigenen Aufgabenkultur und des eigenen Unterrichts.

Grundsätzlich kann kompetenzorientierter, standardbasierter Geographieunterricht dann gut realisiert werden, wenn man einem Orientierungsrahmen, der „1-4-6-Regel“ (HOFFMANN 2009a) folgt: *ein* Unterrichtsthema zwischen *vier* Raumkonzepten und *sechs* Kompetenzbereichen.

3 *Ein* Unterrichtsthema

Ausgangspunkt eines Unterrichtsthemas, einer Unterrichtsstunde bzw. -reihe oder einer Aufgabe bildet *eine* lohnende Fragestellung in einer problemorientiert gestalteten Lernumgebung. Der Begriff „Lernumgebung“ kennzeichnet eine Lernsituation, die nicht den besonders effektiven Wissenstransfer zum Ziel hat, sondern herausfordernde und lernprozessinitiierende Situationen für die konstruktiv-aktiven Schülerinnen und Schüler schaffen soll. Lernen findet im Kontext eines handelnden Umgangs mit Wissen statt. Grundsätzlich gilt für einen standardbasierten Geographieunterricht: Kompetenzen werden an ausgewählten problemgeladenen und gehaltvollen Inhalten im handelnden Umgang mit diesen Inhalten erworben. Das Leitkonzept der Problemorientierung geht davon aus, dass Lernen allgemein ein aktiv-konstruktiver Prozess ist. Eine Lernumgebung ist dann problemorientiert, wenn die Schülerinnen und Schüler hinterher sagen können: *„Das Gelernte hat mit mir etwas zu tun. Wir haben Neues erfahren und Antworten auf unsere Fragen gefunden.“* Über die Aufgabenbeispiele der Nationalen Bildungsstandards für Geographie hinaus geben verschiedene Autoren dafür lernwirksame Anregungen. So gehen HERZIG, TULODZIECKI und BLÖMEKE (2004) in „Gestaltung von Unterricht" von vier Typen lernprozessanregender Aufgaben aus (Abb. 1). Sie differenzieren zwischen komplexen Problemstellungen, komplexen Gestaltungsaufgaben, komplexen Entscheidungsaufgaben und komplexen Beurteilungsaufgaben und stellen sechs Forderungen an lernprozessanregende Aufgaben:

Vier Typen lernprozessanregender Aufgabenstellungen			
komplexe Probleme	komplexe Entscheidungsfälle	komplexe Gestaltungsaufgaben	komplexe Beurteilungen
Kennzeichen: → Unbefriedigender Ausgangszustand ist gegeben; → Informationsgrundlage muss erarbeitet werden; → Lösungswege und Lösungen bzw. Handlungsmöglichkeiten sollen erarbeitet werden.	Kennzeichen: → unter verschiedenen Handlungsmöglichkeiten ist eine auszuwählen, → unter Berücksichtigung verschiedener Kriterien sind Handlungsmöglichkeiten zu beurteilen und eine begründete Entscheidung zu treffen; → Entscheidungen können sich auf vergangene, gegenwärtige oder zukünftige Situationen beziehen.	Kennzeichen: → gefordert sind die Gestaltung einer Situation, eines Verfahrens oder eines Produkts, → ebenfalls ist eine sorgfältige Planung der Einzelbeiträge im Gesamtzusammenhang gefordert; → und dabei müssen gedanklich erarbeitete Handlungsmöglichkeiten bzw. Entscheidungen in angemessener Form umgesetzt werden.	Kennzeichen: → eine bereits vorhandene Problemlösung, Entscheidung oder Gestaltung soll bewertet werden; → Beurteilungskriterien sollen entwickelt werden; → schließlich soll eine Beurteilung durchgeführt werden.
→ Es geht um eine inhaltlich basierte Problemlösung.	→ Es geht um Abwägung und eine begründete Entscheidung.	→ Es geht darum, dass etwas gedanklich entworfen, ausgestaltet und produziert werden muss.	→ Es geht darum, verschiedene Problemlösungen, Entscheidungen oder Gestaltungsergebnisse zu beurteilen und Bewertungskriterien anzuwenden.

Abb. 1: Lernprozessanregende Aufgabenstellungen (zusammengestellt nach TULODZIECKI, 2004, Kap. 4; entn. aus: KlettMagazin Terrasse)

- Die Aufgabe soll auf die Erfahrungs- und Vorstellungswelt der Kinder und Jugendlichen bezogen sein, weil sie nur so adäquat verstanden werden kann.
- Die Aufgabe soll hinreichend komplexe Situationen widerspiegeln, weil nur so anwendungsfähiges Wissen entsteht.
- Die Aufgabe soll ein Bedürfnis und inhaltliche Interessen bei den Kindern und Jugendlichen ansprechen, weil sie nur dann Bedeutsamkeit erhält und zu dem Handlungsziel führt, sie lernend zu bewältigen.
- Die Lösung der Aufgabe muss Kenntnisse, Fähigkeiten oder Fertigkeiten erfordern, über die die Kinder und Jugendlichen noch nicht verfügen, weil nur dann eine Weiterentwicklung möglich ist.
- Die Aufgabe selbst und der unterrichtliche Zusammenhang müssen die Chance auf ihre Bewältigung zulassen, d.h. die Aufgabe muss einen angemessenen Schwierigkeitsgrad haben, weil sonst demotivierende Wirkungen zu erwarten sind.
- Die Aufgabe muss geeignet sein, die zu erwerbenden Inhalte in exemplarischer Weise zu erschließen, wobei die Inhalte den schulischen bzw. gesellschaftlichen Anforderungen gerecht werden sollen.

Vankan et al. (2007, 165) entwickeln ebenfalls Leitlinien, die sie für die Gestaltung problemorientierter Lernumgebungen lernwirksam eingebunden wissen wollen. Anknüpfend an die genannten Gütekriterien lernprozessanregender Aufgabentypen wird darüber hinaus ein Lernen unter multiplen Perspektiven, in einem sozialen Kontext und mit instruktionaler Unterstützung gefordert. Ganz bewusst wird hier die Balance zwischen Instruktion und Konstruktion eingefordert.

Lernumgebungen müssen eine Reihe von Kriterien und Leitlinien erfüllen, damit sie die Lernprozesse der Schülerinnen und Schüler ermöglichen bzw. unterstützen. Sie dienen als Reflexionsrahmen der Unterrichtsplanung und der Überprüfung von Themen und Gegenständen im Geographieunterricht. Die konstruktivistische Lernmodellierung geht davon aus, dass Lernen keine passive Aufnahme von Wissen ist. Lernen wird vielmehr verstanden als ein...

... aktiver Prozess, der nur über die aktive Beteiligung der Lernenden möglich ist,

... selbstgesteuerter Prozess; letztlich ist der Lernende immer selbst für die Steuerung und Kontrolle seines Lernens verantwortlich,

... konstruktiver Prozess, der auf bereits vorhandenen Kenntnissen, Fähigkeiten und Einstellungen aufbaut,

... emotionaler Prozess, bei dem leistungsbezogene und soziale Emotionen einen starken Einfluss haben, insbesondere für die Motivation des Lernens,

... situativer Prozess, d.h. Lernen erfolgt stets im spezifischen Kontext der Lernsituation und dieser Kontext ist wichtig als Interpretationshintergrund für die Bewertung der Lerninhalte,

... sozialer Prozess, der von soziokulturellen Einflüssen und dem interaktiven Geschehen beim Lernen beeinflusst wird (vgl. Reinfried 2006, 74; Vankan 2007, 162).

Schließlich muss für Schüler ersichtlich sein, dass sich mit dem Lernen ein Sinn, Gewinn und Nutzen verbindet. Sinn ist gegeben,

- wenn Menschen etwas subjektiv für wichtig halten bzw. wenn der Schüler in etwas verwickelt ist, das ihm selbst wichtig ist,
- wenn das, was gefühlsmäßig besetzt ist, auch im Unterricht eine Rolle spielt,
- wenn es als existenznotwendig erkannt wird,
- wenn man sich mit etwas befassen kann, was einem als gesellschaftliches Problem deutlich (geworden) ist,
- wenn Inhalte auf die menschliche Existenz, auf Lebensformen und Lebensverhältnisse anderer bezogen werden (vgl. Bönsch 2002, 8 – 11).

Ist ein Lerngegenstand und -kontext für Schüler persönlich bedeutsam und besitzt Alltagsbezug, finden besonders wirkungsvolle Lern- und Wissensbildungsprozesse statt. Ausgehend davon, dass Lehren und Lernen immer in Verbindung mit relevanten Inhalten und Themen stattfindet und Lernen als ein aktiver „Prozess der Bedeutungserzeugung" (ROTH 2004) verstanden wird, sei an dieser Stelle kurz auf die neurowissenschaftlichen Grundlagen und Begründungen (Abb. 2) einer kompetenzfördernden Lernumgebung hingewiesen. „Seit über zweitausend Jahren beeinflussen gute Lehrerinnen und Lehrer wissentlich oder unwissentlich [diese] wesentlichen Determinanten des Lernens" (FRITZ 2009, 3).

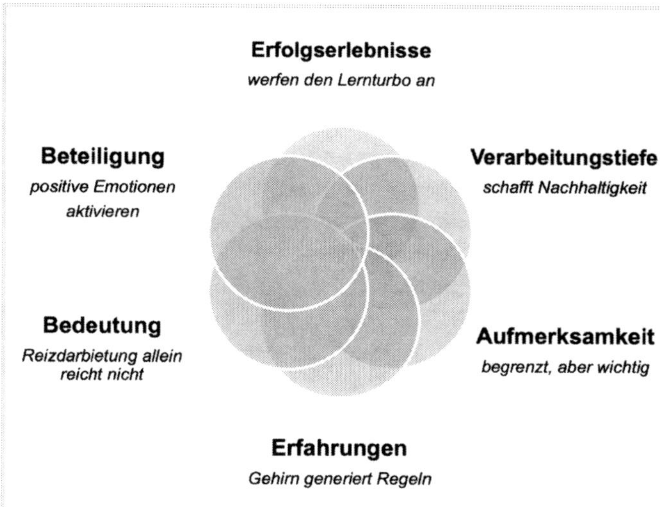

Abb. 2: Neurowissenschaftliche Binsenweisheiten in der Zusammenschau (verändert nach FRITZ 2009)

4 *Vier* Raumkonzepte und *sechs* Kompetenzbereiche

Die Nationalen Bildungsstandards für Geographie integrieren vier verschiedene Raumbegriffe, die in der Fachwissenschaft Geographie derzeit diskutiert werden (konkret-dinglich, thematisch geordnet, individuell wahrgenommen, sozial konstruiert (vgl. Curriculum 2000+, WARDENGA 2002 und DGFG 2007, 6). Sie können oder sollten konkret in Unterrichtsplanung eingebunden werden, schließlich bestimmen sie das didaktische Denken der Lehrenden und beeinflussen die didaktische Inszenierung. Worin liegt das didaktische Potenzial, der Mehrwert für den Geographieunterricht begründet?

Es gilt, die verschiedenen Dimensionen von Räumlichkeit in den Blick zu bekommen, konkret ein Problem sowohl anhand objektiver Daten zu analysieren als auch in seiner subjektiven Bedeutsamkeit zu beschreiben. Die klassische objektive Sicht auf den Raum im Sinne des Containers und des Systems der Lagebeziehungen (= Ordnung der Dinge) wird so um eine subjektive Sicht auf den Raum als Kategorie der Sinneswahrnehmung und der Konstruktion (= Ordnung der Blicke) ergänzt und je nach didaktischer Schwerpunktsetzung neu bestimmt werden (vgl. Anmerkungen zu Abb. 8).

Dabei soll Vielperspektivität grundlegend akzeptiert und für die didaktische Inszenierung von Lehrinhalten genutzt werden. Lernen Schülerinnen und Schüler unter multiplen Perspektiven, beleuchten sie Inhalte und Probleme aus verschiedenen Blickwinkeln. Hier öffnet sich der Geographieunterricht in besonderer Weise für die Kompetenzbereiche Kommunikation und Beurteilung und erfordert deren Integration. So gelingt es, die geographische Wirklichkeit im Plural zu erzählen und zu einem komplexen Verständnis von Welt zu gelangen (vgl. GÖTZ et al. 2008). Schüler lernen so die „Sache zu durchschauen“, werden aufgefordert Stellung zu beziehen und schließlich eine gute und vielfältig argumentativ abgesicherte eigene Position einzunehmen und zu vertreten.

Beispielhaft seien hier die Themen „Die Elbeflut 2002“ und „Müll – Umweltrisiken durch die Deponierung zivilisatorischer Abfälle“ (Abb. 3) genannt (vgl. auch HOFFMANN 2009b, die Übertragung der 1-4-6-Regel auf das Beispiel „Skifahren statt Safari in einem der ärmsten Länder Afrikas?“).

Raumkonzepte im Geographieunterricht		
Raumdefinitionen	Beispiele	
	„Elbeflut in Dresden 2002“	„Müll“ – Umweltrisiken durch die Deponierung zivilisatorischer Abfälle
Raum als Container	Wie wirken bestimmte (Geo-)faktoren auf die Entstehung des Hochwasserereignisses?	Welche Wechselwirkungen von (Geo-)faktoren bestimmen den Risikoraum Mülldeponie?
Raum als System von Lagebeziehungen	Wie ist die Raumstruktur im Hochwassergebiet objektiv beschaffen? Welche regionalen Zusammenhänge verursachen das Hochwasserereignis?	Wie ist die Raumstruktur im Bereich von Mülldeponien objektiv beschaffen (z. B. die Verteilung von Wirtschaftsstandorten, privaten Haushalten? Welche regionalen Zusammenhänge verursachen die Entstehung des Risikoraums Mülldeponie?
Raum als Kategorie der Sinneswahrnehmung	Wie werden das Hochwasserrisiko und -ereignis wahrgenommen und bewertet?	Wie wird das „Müllproblem“ subjektiv verschieden wahrgenommen und bewertet?
Raum als Konstruktion	Wie und durch wen und mit welchen Folgen wird das Hochwasserereignis an der Elbe zur Katastrophe gemacht?	Wer ist wie in das Müllproblem involviert? Was bedeutet das für das individuelle „Müll“-Handeln? Welche Folgen sind damit für die (Re-)Produktion von Risikoräumen verbunden?

Abb.3: Raumkonzepte im Geographieunterricht – ein Überblick (vgl. www.klett.de)

Alle Stationen auf dem Weg zu einem guten Geographieunterricht werden sich weiterhin an der Fragestellung orientieren müssen, wie sich Themen und Raumkonzepte mit den sechs geographischen Kompetenzbereichen zu einer neuen Lernkultur zusammenführen lassen. Wie können in einem von einer lohnenden Fragestellung ausgehenden und verschiedene Raumkonzepte gestaltenden Geographieunterricht die verschiedenen Kompetenzen einer umfassenden geographischen Gesamtbildung realisiert werden und zu weiteren Lernfortschritten führen?

Hierbei muss grundsätzlich deutlich sein, dass die sechs Kompetenzbereiche der nationalen Bildungsstandards zusammenwirken, um eine geographische Gesamtkompetenz zu generieren. Die Bereiche sind nicht überschneidungsfrei. Eine direkte Hierarchie der Bereiche liegt nicht vor. Gleichwohl haben die Bereiche Fachwissen und Räumliche Orientierung eine gewisse grundlegende Funktion. Der Kompetenzbereich Handlung stellt in gewisser Weise einen übergeordneten Bereich dar und schließt an das Leitziel des Geographieunterrichts, die raumbezogene Handlungskompetenz zu fördern, an (DGFG 2007, 5). Ein erstes gutes Instrument, um die in der geplanten Unterrichtsstunde verwendeten Aufgaben in Bezug auf die zu fördernden Kompetenzbereiche einzuordnen und zu überprüfen und die Vernetzung der Kompetenzbereiche zu verdeutlichen, ist die sogenannte Analysespinne (DGFG 2007, 34).

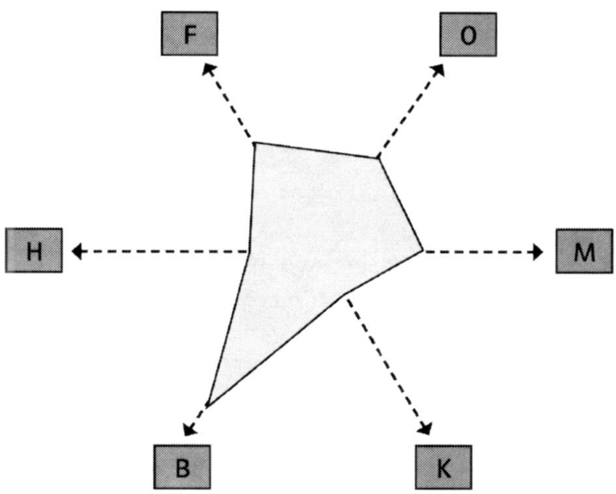

Abb. 4: Analysespinne zur Einordnung und Überprüfung kompetenzorientierter Aufgaben im Geographieunterricht

Mit ihrer Hilfe lassen sich Unterrichtsziele und Aufgaben planen, analysieren und reflektieren.

5 Gute Aufgaben

Der Zusammenhang zwischen guten Aufgaben und gutem Unterricht ist unbestreitbar. Die 14 Aufgaben der Nationalen Bildungsstandards sind keine kopierfähigen Testaufgaben und stellen auch keine Endprodukte dar, sondern sie sind Instrument zur Reflexion und Weiterentwicklung des eigenen Geographieunterrichts, sie sind Ideensammlung und zielen primär auf die Visualisierung der Kompetenzerwartungen bzw. der Standards. Insgesamt ergeben sich vor diesem Hintergrund einige grundlegende Kriterien für gute Aufgaben. Diese sind:

- Orientierung der Aufgabe an einer geographischen Problem- oder Fragestellung,
- Einbindung des Themas in einen lebensbedeutsamen, sinnstiftenden Kontext,
- Orientierung am Niveau des mittleren Schulabschlusses,
- Anknüpfen an Vorwissen (kumulativer Ausbau strukturierten Wissens),
- schrittweise Erörterung des Problems (über aufeinander aufbauende Teilaufgaben und Materialien),
- Formulierung der Aufgabenstellung als Arbeitsaufträge mithilfe eindeutiger Operatoren,
- Berücksichtigung aller drei Anforderungsbereiche,
- Nutzung verschiedener Aufgabentypen,
- aber vor allem die Forderung und Förderung verschiedener Kompetenzen entlang der sechs Kompetenzbereiche geographischer Bildung (Fachwissen, Räumliche Orientierung, Erkenntnisgewinnung / Methoden, Kommunikation, Beurteilung / Bewertung, Handlung).

Die Funktion der Analysespinne (Abb. 4) zur Einordnung und Überprüfung kompetenzorientierter Aufgaben ist eine doppelte. Zum einen verdeutlicht sie, dass, obwohl eine betonte Fokussierung auf ganz bestimmte Kompetenzen erfolgt, in jeder Aufgabe im Regelfall eine Vernetzung mit den Standards anderer Kompetenzbereiche gegeben ist. Zum anderen stellt sie für die Lehrkräfte eine Strukturierungshilfe bei der Entwicklung kompetenzorientierter Unterrichtsreihen dar, indem sie den ordnenden Überblick bei der Unterrichtsplanung unterstützt, da sich mithilfe der Analysespinne der jeweilige Schwerpunkt einer Stunde gut reflektieren und visualisieren lässt.

Mit der Planungshilfe in Abbildung 5 liegt ein zweites Planungsinstrument eines kompetenzorientierten Geographieunterrichts vor.

Hier werden die verschiedenen Raumkonzepte und die Kompetenzausrichtung mithilfe der Analysespinne in die Unterrichtsreihenplanung ergänzend integriert. Diese kann den Lehrenden auf allen Ebenen der Planung vergegen-

Blickwinkel der Unterrichtsplanung	Thema der Unterrichtsreihe	Stundenthema 1	Stundenthema 2	Stundenthema 3	…
Grundfragen: **Was?** (– soll behandelt, unterrichtet werden?) **Wie?** (– sollen Schüler lernen?) **Womit?** (– soll gelernt werden?)					
Didaktisches Dreieck: **Wozu?** 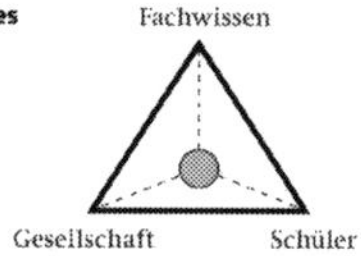					
Vier Raumkonzepte: 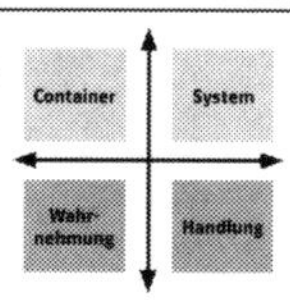					
Nach Kompetenzbereichen ausrichten: "Analysespinne" 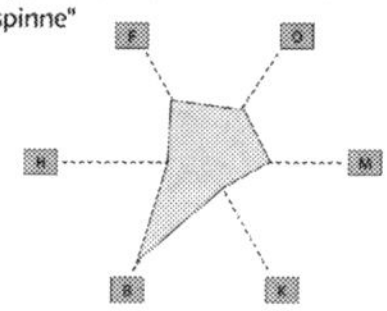					
Anforderungsbereiche: Operatoren! · **Nenne!** (Reproduktion) · **Erkläre!** (Reorganisation und Transfer) · **Beurteile!** (Reflexion und Problemlösung)					

Abb. 5: Planungsraster eines kompetenzorientierten Geographieunterrichts (vgl. www.klett.de)

wärtigen, welcher Kompetenzbereich im Mittelpunkt des jeweiligen Unterrichtsabschnittes steht. Doch immer ist dabei die Frage zu stellen, was Kompetenzorientierung konkret bedeutet (MATTES 2006). Mit der Festlegung des neuen Stoffgebietes erfolgt eine Beschreibung der Kompetenz(en), die aus diesem Rohstoff heraus entwickelt werden soll(en). Bei der Kompetenzerwartung erfolgt eine Schwerpunktbildung, die sich an Standardformulierungen orientiert. Und als Lehrer beantworte ich mit Blick auf die notwendige Outputorientierung die Frage: „Was sollen meine Schülerinnen und Schüler am Ende der Unterrichtsreihe besser können als vorher?“ Oder: „Was sollen meine Schüler auf der Wissensebene, im methodischen Bereich, in ihren kommunikativen Fähigkeiten, bezüglich ihrer Orientierungs-, Beurteilungs- und Handlungskompetenz lernen und zeigen können?“

6 Vom Didaktischen Dreieck zum Didaktischen Sechseck der Unterrichtsplanung und -auswertung

In der Didaktischen Analyse, dem „Kern der Unterrichtsvorbereitung“, geht es nach KLAFKI (1999) im Wesentlichen um Grundfragen wie: Was ist der Inhalt, für wen und wozu wird der Inhalt ausgewählt, welchen Schwerpunkt setze ich, was reduziere ich, welche Voraussetzungen gibt es, wo gibt es mögliche Schwierigkeiten z. B. in der Zugänglichkeit?

Praxisnah und realistisch lassen sich unterrichtsrelevante Lerngegenstände auf der Grundlage des sogenannten Didaktischen Dreiecks (Abb. 6) bestimmen. Diese erhalten, je nach Akzentuierung und Schwerpunktsetzung, eine unterschiedliche Ausprägung in den Bereichen Fachrelevanz, Schülerrelevanz und Gesellschaftsrelevanz. Das Denken im Didaktischen Dreieck beeinflusst die didaktische Inszenierung von Unterrichtsinhalten und die Vernetzungen und Einbettung von Aufgaben im Unterrichtsgeschehen. Je nach Gewichtung innerhalb des Didaktischen Dreiecks verändern sich die konkreten Unterrichtsstunden und -reihen.

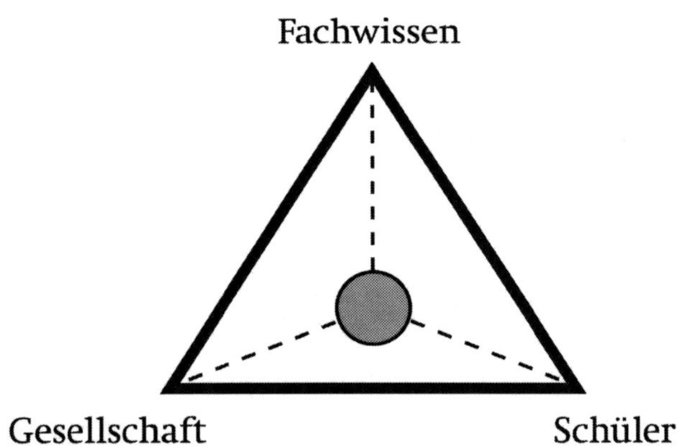

Abb. 6: Didaktisches Dreieck

Die Forderung nach kompetenzorientierten Aufgaben in einem standardbasierten Geographieunterricht verstärkt den in der Didaktischen Analyse zu leistenden didaktischen Aufwand noch angesichts folgender Fragen: Wie lassen sich Raumkonzepte und Kompetenzen verbinden, wie lässt sich isoliertes Wissen in Können verwandeln und wie lässt sich der zu bearbeitende Unterrichtsstoff in die Förderung fachlicher und überfachlicher Kompetenzen integrieren? Welcher Art und Qualität sollen diese Lernaufgaben entsprechen?

Das in vielen Fächern neue und durch die Bildungsstandards geförderte und in den Aufgabenbeispielen veranschaulichte Konzept einer Aufgabenorientierung zielt auf die „Herstellung von komplexen Lernarrangements mittels einer komplexen Aufgabe (*task*, auch als ‚Lernaufgabe' übersetzt), in deren Mittelpunkt die selbstständige Problembearbeitung der Lernenden in interaktionalen Formen steht" (Hallet 2006, 51). Lernaufgaben sind Triaden aus komplexen Themen, intensiven Lernakten und lebensweltlichen Bezügen. Sie sind gekennzeichnet durch „die Bereitstellung von Materialien und Ressourcen, die Formulierung einer Problemstellung, die Initiierung von problemlösender Interaktion und die Vorgabe eines Produktes als *outcome* der Aufgabenbearbeitung, [orientieren sich an] lebensweltlichen Problemstellungen [...] und steuern den Lernprozess über eine Rahmenvorgabe" (Hallet 2006, 51).

Als Gütekriterien einer diesem Konzept folgenden Unterrichtsplanung und der Idee eines so konstruierten und den Kriterien guter Aufgaben verpflichteten Aufgabencurriculums haben sich sechs Faktoren bewährt:

- Aufgabenstellung, d.h. Lernen an Komplexität entlang regionaler und authentischer Fallbeispiele mithilfe eines Entscheidungsfalls, einer Beurteilungs- oder Gestaltungsaufgabe eingebunden im Konzept der Problemorientierung;
- Bedeutsamkeit, d.h. die Beziehung zu den Lerninhalten mit Blick auf Gegenwarts- und Zukunftsbedeutung des Themas für die Schülerinnen und Schüler;
- Basiskonzepte, d.h. eine sich an die Basiskonzepte (Struktur, Funktion, Prozess) anlehnende Entscheidung für zentrale Aspekte des Hauptbasiskonzeptes des Mensch-Umwelt-Systems; Raumkonzepte, d.h. die verschiedenen Dimensionen von Räumlichkeit in den Blick nehmen, die klassische objektive Sicht um eine subjektive Sicht auf den Raum ergänzen und weiterführen;
- Kompetenzbereiche, d.h. eine nachhaltige Förderung, Schulung und Forderung aller Kompetenzbereiche;
- Schülerperspektiven, d.h. Anknüpfung an und Berücksichtigung von Vorwissen, Alltagsvorstellungen, Lebenswelten und Interessen der Lernenden.

Im Didaktischen Sechseck (Abb. 7) können diese sechs Faktoren visualisiert werden. Die Verwendung der Analysespinne, des Planungsrasters für Unterrichtsreihen und des Didaktischen Sechseckes verdeutlichen, wie im Geographieunterricht alle Kompetenzbereiche noch stärker gefördert werden können. All diese Planungswerkzeuge sind Elemente des Orientierungsrahmens der 1-4-6-Regel und konkretisieren diese. Ihre Hauptkennzeichen sind die große Wiedererkennung klassischer und die Übersetzung moderner Elemente in praxisnahe unterrichtliche Planungsarbeit. Sie bieten vielfältige Anschlussmöglichkeiten und laden ein Geographieunterricht mehrdimensionaler zu planen und durchzuführen.

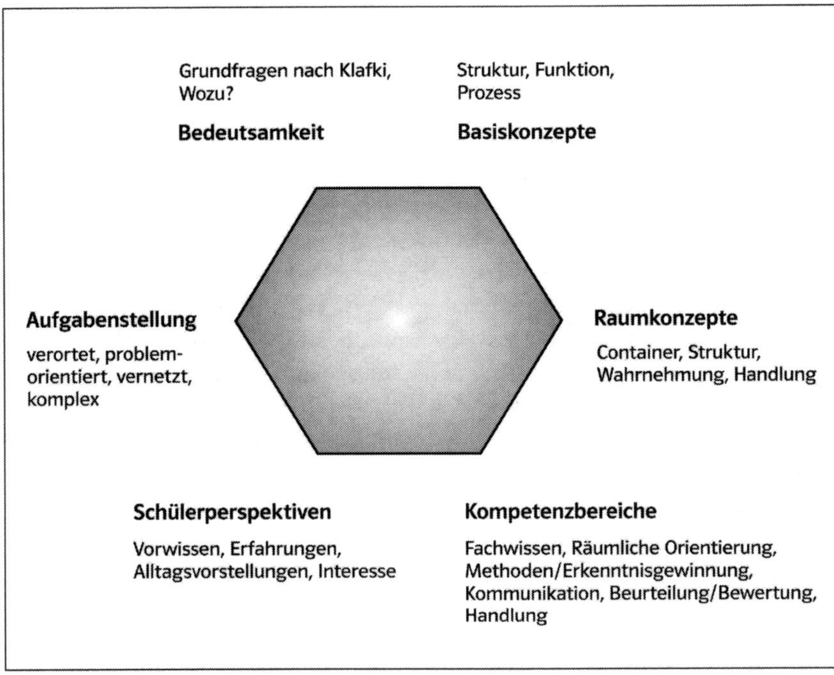

Abb. 7: Didaktisches Sechseck der Unterrichtsplanung

7 Das Unterrichtsbeispiel „Mumbai – Slumbai" im Kontext der 1-4-6-Regel

Wie lassen sich vor dem Hintergrund eines solchen Orientierungsrahmens Lehr- und Lernprozesse in einem standardbasierten Geographieunterricht gestalten? Wie gelangen Lehrerinnen und Lehrer entlang der Vorgabe „Städtische Räume – Probleme und Ansätze nachhaltiger Stadtentwicklung: Das Fallbeispiel Mumbai" zu lohnenden Fragestellungen? Was sollen die uns anvertrauten Schülerinnen und Schüler nach dieser Unterrichtsreihe besser können als vorher?

Lohnende Fragestellungen entstehen über Fragwürdiges, Unstimmiges, Widersprüchliches, Unerklärliches, Rätselhaftes, Zweifelhaftes, Bedeutsames. Sie erzeugen Motivation, Neugierde, tragfähige Spannung, innere Notwendigkeit, Fachwissen aufzubauen, und das Bedürfnis, Stellung zu beziehen und sich auszutauschen und mitzuteilen.

Die konkrete unterrichtliche Umsetzung orientierte sich an der sachanalytischen Grundlegung entlang eines Videos „Hochhäuser statt Hütten" (vgl.

http://www.dw-world.de/dw/article/0,,3631388,00.html) und an den folgenden didaktisierten Materialien:

Koch M. & Meeh H. (2007): Leben in Ballungsräumen – die Beispiele Mumbai und Stuttgart. In: Politik & Unterricht 3: Baustein C, 9–13; 35–47.
Ohl U. (2007): Bombay, Vom Leben in der Megastadt. In: PG 6: 10–15.
Petersen B. (2007): Mumbai, Die Slum-Schlacht. In: fluter Nr. 24: 38–43.
Wamser J. & Müller-Bittner A. (2004): Bombay, Indiens Wirtschaftsmetropole unter internationalem Einfluss. In: gh, Sammelband Entwicklungs- und Schwellenländer, 100–105.

All diesen Basismaterialien ist gemeinsam, dass sie als Dreh- und Angelpunkte im Unterricht stets Lebensgeschichten wählen, von Akteuren und Machtstrukturen handeln, Raumwahrnehmungen und -konstruktionen bewusst thematisieren und Lebenswelten vergleichen. Motivierend für Schüler kommt hinzu, dass der Dharavi-Slum in Mumbai der Schauplatz des mit acht Oscars gekrönten Filmes „Slumdog Millionär" ist („Armut, Missbrauch, Gewalt – und die ganz große Liebe: Danny Boyle erzählt die Geschichte des indischen Jungen Jamal als rasantes Sozial-, Bruder- und Liebesdrama": www.fluter.de). Neben den zwischenzeitlich publizierten Unterrichtsmaterialien zum genannten Kinofilm formulierten Schüler der gymnasialen Oberstufe bei der Erprobung dieser Unterrichtsreihe zusammengefasst folgende lohnende Fragestellung:

Dharavi, mit etwa einer Million Bewohnern der größte Slum Asiens, erstreckt sich auf einer Fläche von etwa 1,75 km², eingeklemmt zwischen den zwei wichtigsten Eisenbahnlinien Mumbais. Dharavi liegt mitten in der Stadt – ist Heimat und Arbeitsplatz, für andere eine Geschäftsidee. Der Architekt Mukesh Metha will den Slum sanieren und ihn in einen lebenswerten Stadtteil verwandeln. Der größte Slum wird zum Verkauf angeboten. Aber machen die Bewohner von Dharavi auch mit? Will die Stadt in die Wirtschaft oder in die Menschen investieren, die Armut bekämpfen oder die Armen loswerden?

Nach Tulodziecki lässt sich diese Unterrichtsreihe vierfach eröffnen. Die Lernprozessanregung (Abb. 1) kann wahlweise erfolgen über...

... ein komplexes Problem (Wie ist es zu erklären, dass aus dem größten Slum das erste ökologische Stadtviertel wird? Wie ist es möglich, eine Stadt innerhalb einer Stadt umzusiedeln?),

... eine komplexe Entscheidung (Drei Slumsanierungskonzepte, wie z. B. Site and Service-Areale, Low-Cost Housing Programme, Upgrading Programmes zur Verbesserung der Verhältnisse in Dharavi werden verglichen, geprüft und befragt: Welche Vorgaben und Setzungen von „Verbesserung" und „gutem Leben" enthalten die Konzepte? Welches Konzept sollte realisiert werden? Welche alternativen Zugänge werden nicht mitgedacht?),

... eine komplexe Gestaltung (Wie lassen sich die Lebensbedingungen in Dharavi verbessern? Welche Maßnahmen sollten zuerst durchgeführt werden? Auf der Grundlage einer Umrissskizze bzw. eines Lageplans planen, entscheiden und gestalten die Schüler eine eigene Karte mit Verbesserungsvorschlägen und -maßnahmen.),

... eine komplexe Beurteilung (Ist der Masterplan von M. Mehta förderungswürdig, ein nachhaltiges Konzept mit Vorbildfunktion? Oder weiterführend „Der Blick des Westlers“: Hinterfrage abschließend, mit welcher Absicht Dharavi im Kinofilm auf diese Weise medial vermittelt wird.).

Die Fragen haben gesellschaftliche Relevanz, es sind Fragen, die die Handlungsweisen und Konzeptionen betreffen. Je nach didaktisch-methodischer Ausrichtung und Schwerpunktsetzung ist nach dem Ausgangspunkt von Unterricht zu fragen. Orientieren sich die Lehrenden an lohnenden gesellschaftlichen Schlüsselproblemen und subjektiven Problemfragen und Interessenslagen von Schülern oder an räumlichen Strukturen und materiellen Raumbedingungen? Kurz: Raumaspekte und/oder Gesellschaftsrelevanz?

Um zu begründeten Antworten auf diese Fragen zu gelangen, muss die klassische objektive Sicht auf Dharavi im Sinne des „Containers“ und des „Systems der Lagebeziehungen“ um die subjektive Sicht auf Dharavi als „Kategorie der Sinneswahrnehmung“ und der „Konstruktion“ ergänzt, weitergeführt werden. Diese Perspektiven müssen je nach Zielsetzung miteinander verknüpft, gewichtet und vertieft werden (Abb. 8). Bestimmend hierbei ist die Passung zur jeweils angestrebten Kompetenz. So können Aufgaben, die Fachwissen, Räumliche Orientierung und Erkenntnisgewinnung/Methoden fördern, eher aus den objektiven Raumkonzepten heraus abgeleitet, Aufgaben, die Kommunikation, Beurteilung/Bewertung und Handlung fördern, dagegen eher aus den subjektiven Raumkonzepten heraus entwickelt und didaktisiert werden (Abb. 9).

Die Raumfragen haben hier weiterhin einen Stellenwert, aber in veränderter Perspektive und Bedeutung. Kurz: Es geht nicht mehr um die Raum-Perspektive *an sich*, sondern um den Zweck der Perspektive, der darin besteht, diese Fragen beantworten zu können. Für die konkrete Gestaltung von Lehr- und Lernprozessen muss der Stellenwert der klassischen Raumfragen von Mal zu Mal neu bestimmt werden und zwar im Hinblick auf die – den Lernprozess tragende und lohnende – Frage. Unterrichtsplanung erfordert je nach Zielsetzung ein Ausbalancieren zwischen objektiven und subjektiven Raumkonzepten, zwischen physisch-materieller Raumgliederung und subjektiven und gesellschaftlichen Problemfeldern. Bisherige Inhalts- und Raumfragen sollen auf ihre Zukunftsausrichtung hin befragt werden. Sie sollen nicht über Bord geworfen, sondern neu verortet und didaktisch in Beziehung zueinander gesetzt werden. Eine solche Re-Orientierung der vier Raumkonzepte im Geographieunterricht kann anhand konkreter Arbeitsaufträge und Aufgaben verdeutlicht werden.

Mumbai/Dharavi **wird erfasst...**	Dharavi **wird in Beziehung gesetzt...**
tropische Zone; Küste des Arabischen Meeres; morphologische Form einer Halbinsel; Teile unter dem Meeresspiegel; Dahravi, 1,75 km² entlang des Flusses Mahim; Krankheitsbilder" (Syndrome) als Folgen der Urbanisierung; Landgewinnung; Kolonialzeit; Industrialisierung; Wirtschaftsmetropole; z.B. Landflucht; Push-/Pull-Faktoren; Globalisierung; Slumsanierung;	im Norden am Rand der Kernstadt; Bahnlinien; Nähe Flughafen; zentral; Kaufpreise von Wohnungen; Standortfaktoren für ausländische Investoren; Megastädte; Verwaltungsgliederung und Bevölkerungsverteilung; Export nach Deutschland; ... machen Dharavi zu einem ausbaufähigen Immobilienkomplex, Slumsanierungsprojekt mit Zukunft (?)
Anwendung der vier geographischen Raumbegriffe auf Dharavi	
„Ein Wasserhahn für 100 Familien", „Mein Vater verdient als Tagelöhner 160 Rupien/28 Euro im Monat" (Indira) *„Meine Formel funktioniert..."* (M. Mehta) *„Wenn Sie uns diese Struktur nehmen, dann stehen wir vor dem Nichts."* (R. Singh) *„Es ist immer noch besser, in einer selbst gebauten Hütte zu wohnen als auf der Straße."* (Sheela Patel)	*Mumbai ist „Slumbay"* (Koch 2007); *„... die reinigende Leber der Stadt"* (U. Woltron) *„Ein Traum von Hoffnung"; „Pornographie der Armut";„Britisches Produkt, indisches Problem"* (Slumdog Millionär) *„Der Slum als Kampfzone";„best city for business"* (J. Wamser) *„Wollt ihr die Armut los werden oder doch nur die Armen?"* (Anwohner, Kunz 2007)
Dharavi **wird wahrgenommen...**	Dharavi **wird in Diskursen „gemacht"...**

Abb. 8: Dharavi im Kontext der vier Raumkonzepte

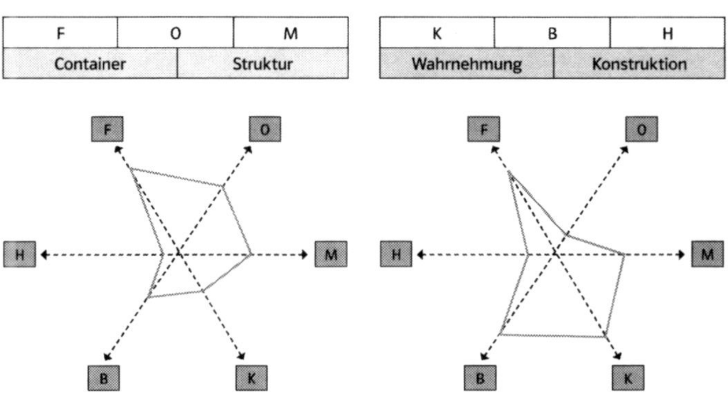

Abb. 9: Einordnung kompetenzorientierter Aufgaben

Aufgaben, die eher aus den objektiven Raumkonzepten heraus entwickelt werden können:

- Stelle die Bevölkerungsentwicklung Mumbais in einem Kurvendiagramm dar.
- Mumbai ist die bedeutendste Metropole Indiens. Begründe und erkläre dies.

- Vergleiche die Megacities Indiens hinsichtlich ihrer Lage und Bevölkerungsentwicklung.
- Wie beurteilt ihr den geringen Verstädterungsgrad Indiens?
- Welche Eigenschaften muss ein Standort wie Bombay haben, um für ausländische Investoren attraktiv zu sein? Erarbeite fünf Standortfaktoren, die dir am wichtigsten erscheinen. In Mumbai leben etwa sechzig Prozent der Einwohner in 1.200 Slums oder sind obdachlos.
- Errechne mithilfe der Daten (Einwohner der Region in Millionen), wie viele Menschen in Mumbais Elendsvierteln leben.
- Vergleiche die Einwohnerzahl der Elendsviertel in Mumbai mit der Einwohnerzahl von Rheinland-Pfalz.
- Wie viele Menschen leben in Dharavi auf einem Quadratkilometer? Vergleiche mit deiner Heimatstadt.
- Textilstadt Bombay und Suezkanal. Erkläre den Zusammenhang.
- Erstelle ein Beziehungsgeflecht, das die Auswirkungen veranschaulicht. Benutze dabei die Vorlage mit den neun Analysebereichen (Biosphäre, Atmosphäre, Pedosphäre, Bevölkerung, Wirtschaft, Hydrosphäre, psychosoziale Sphäre, gesellschaftliche Organisation und Technik / Wissenschaft). Zeichne Beziehungspfeile ein.

Aufgaben, die eher aus den subjektiven Raumkonzepten heraus entwickelt werden können:
- Vergleiche die Lebensläufe von Herrn Broacha und Herrn Pathkar. Inwieweit haben Globalisierungsprozesse auf die beiden Lebensläufe Einfluss gehabt? Welche Auswirkung haben Globalisierungsprozesse auf die Raumstruktur Bombays?
- Vergleiche die drei Lebensbeschreibungen von Indira, Atal und Simon. Haben alle drei gleiche Chancen? Welche Lebenswege haben die drei vermutlich vor sich?
- Erarbeitet in Partnerarbeit ein Gespräch zwischen einem Slumbewohner und einem Bauern, der gerade mit seiner Familie in Dharavi angekommen ist. Spielt das Gespräch in der Klasse nach.
- In Mumbai werden in den nächsten Jahren Milliarden von US-Dollar investiert. Wenn es darum ginge, in den Bau einer U-Bahn-Linie zu investieren oder stattdessen in neue Wasserleitungen für die Slums, wie würdest du entscheiden? Diskutiert in der Klasse.

Die Vielfalt einer solchen Aufgabensammlung verdeutlicht, dass das Raumbeispiel Dharavi als „Klassiker“ unterrichtet, aber auch zum „TatOrt“ (Dickel 2006) im Geographieunterricht werden kann. Alle Aufgaben beruhen auf einer Wissensbasis, dem grundlegenden Kompetenzbereich des Fachwissens, von dem aus weitere Kompetenzbereiche eingebunden und vereinigt werden. Die Entwicklung und der Einsatz solcher Aufgabentypen ist nicht unbedingt neu, verlangt jedoch eine bewusstere Sicht auf die Lernprozesse der Schüler und rückt deutlicher als bisher neben den Lernangeboten die Lerngelegenheiten in den Fokus. Formelhaft ausgedrückt: Geographieunterricht bewegt sich von der Angebotsqualität zur Anwendungsqualität, vom Input zum Output, von der Instruktion zur Konstruktion. Kompetenzorientierung ist dem Kern nach Schülerorientierung und geleitet von der Doppelfrage für die Kompetenzexegese: „Was können Schülerinnen und Schüler, die über diese Kompetenz verfügen?, und: Wann können sie dies hinreichend, wann können sie es ‚ordentlich', und wann können sie es ‚gut'?" (Ziener 2006, 36). Dies erfordert ein „Neues Lernen", das neben didaktisch reduzierten Vorgaben im Sinne einer Sachorientierung eher komplexe Aufgabenstellungen und authentische Handlungssituationen im Sinne einer Kompetenzorientierung als Ausgangspunkt von Lehr- und Lernprozessen verlangt. Im Zentrum des Lernprozesses stehen das Wissen und der handelnde Umgang mit Wissen, das Können. Es bleibt immer wichtig, Wissen aufzubauen, aber gleichwertig gesellt sich der Aspekt des „Wie wende ich dieses Wissen an?" hinzu. Nur durch die Anwendung von Wissen kann neues Wissen erst aufgebaut werden. Der „Rohstoff" Wissen soll in Können verwandelt werden, und das zu Lernende soll als bedeutsam für die eigene Welterschließung und -deutung erkannt und erfahren werden. Will man die Wirksamkeit guter Wissensangebote erhöhen, muss man den Anwendungsbezug, die Nutzungsqualität steigern und noch deutlicher als bisher Wissen ins Leben setzen.

8 Objektorientierung *und* Subjektorientierung

Die Erweiterung subjektorientierter Raumkonzeptionen rückt das Subjekt, die jeweils einzelne Lebensgeschichte, den Akteur in das Zentrum des Unterrichts. Damit wird eine grundlegende (Planungs-)Voraussetzung für die Ausrichtung von Aufgaben an den Kompetenzbereichen Kommunikation, Beurteilung/Bewertung und Handlung geschaffen, weil viel leichter an subjektiven Erfahrungs- und Erlebniswelten angeknüpft und persönliche Sinnstiftungen und Bedeutungszuweisungen in den Blick genommen werden können. Kurz: Ohne Subjektorientierung keine Beurteilungskompetenz!

Mit welchen Methoden und Arbeitswerkzeugen für Schüler lassen sich Aufgaben lernwirksamer an den Kompetenzbereichen Kommunikation und Beurteilung/Bewertung ausrichten? Wichtige Lernmethoden während dieser Unterrichtsreihe stellen der „Meinungsstrahl" und das „Wertequadrat" (Vankan et al. 2007) dar, mit denen Lernende zuerst Expertenmeinungen analysieren, ihre eigene Meinung formulieren und begründet zuordnen, um schließlich auf einer Metaebene die Fähigkeit zu erlernen, das eigene Bewerten selbst zu reflektieren. Verschiedene Statements mehrerer Experten zur geplanten Slumsanierung (vgl. hierzu das Interview mit Mukesh Mehta: „Meine Formel funktioniert. [...] Von allen Lösungsvorschlägen, wie man das Problem mit Slums lösen könnte, ist dieser einfach der beste" (Prange 2007)) werden neu sortiert und nach verschiedenen Wertmaßstäben eingeteilt. Interpretieren und Reflektieren werden geübt und die Fähigkeit und die Bereitschaft zum Bewerten und Beurteilen werden im Unterricht ausgelöst. Gilt es den Kompetenzbereich der Kommunikation zu stärken, so bietet die Anwendung eines „Argumentationsbaumes" (Budke & Wienecke 2008) wesentliche Lernmöglichkeiten und Hilfestellungen. Auch die vom Autor entwickelten Arbeitswerkzeuge für Schüler (Abb. 10 und 11) zur Förderung der Kommunikations- und Beurteilungskompetenz wurden in der Unterrichtsreihe zu „Mumbai-Slumbai – Oder möchten Sie in einen Slum investieren?" erprobt. So kann mithilfe der „Fünf-Satz-Methode" (Abb. 10) das strategische Reden entlang eines Argumentationsschemas geübt und verschiedene Perspektiven der jeweiligen Akteure („Wer sagt was, wann, wo und mit welcher Absicht?") können berücksichtigt werden. Auch die Analyse- und Beurteilungsmatrix (Abb. 11) fordert und fördert die Reflexionskultur im Geographieunterricht. Eine mögliche unterrichtliche Umsetzung zeigt Zeitler (2008) auf und schlägt vor das Thema „Für wen strahlt Mumbai? Syndromverknüpfungen am Beispiel der Entwicklung Mumbais" im Gruppenpuzzleverfahren zu behandeln. Eingangs entscheiden sich die Schüler, ob sie als Experte entweder das Suburbia-Syndrom (Landschaftsschädigung durch geplante Expansion von Stadt- und Infrastrukturen), das Kleine Tiger-Syndrom (Vernachlässigung ökologischer Standards im Zuge hochdynamischen Wirtschaftswachstums) oder das Favela-Syndrom (ungeregelte Urbanisierung, Umweltgefährdung und Verelendung menschlicher Siedlungen) bearbeiten wollen. Zunächst muss zwischen Symptomen und Syndromen unterschieden werden und verschiedene Argumente und Aussagen zur geplanten Slumsanierung den neun Bereichen (Sphären) zugeordnet werden. Evtl. kann bei dieser Zuordnung auch schon zwischen positiven und negativen Auswirkungen unterschieden werden. Mehrfachnennungen sind möglich und sinnvoll. Die Entwicklung hin zu einem eigenen „Krankheitsbild" (vgl. Favela-Syndrom versus nachhaltige Slumsanierung) kann nach der Analyse und Zuordnung durch die Schüler kritisch beleuchtet werden. Ziel ist es, nicht nur die Ursachen und Wechselwirkungen von Umwelt- und Entwicklungsproblemen zu erkennen, sondern auch Maßnahmen zur Minderung oder Vermeidung aufzuzeigen und im Geographieunterricht ein zukunftsorientiertes Denken zu fördern. Für die Gestaltung derartiger Lehr- und Lernprozesse zur Stärkung der Beurteilungs-

und Bewertungskompetenz ist eine Grundhaltung erforderlich, „die weltkundig *und* reflexiv ist" (RHODE-JÜCHTERN 2004b, 57).

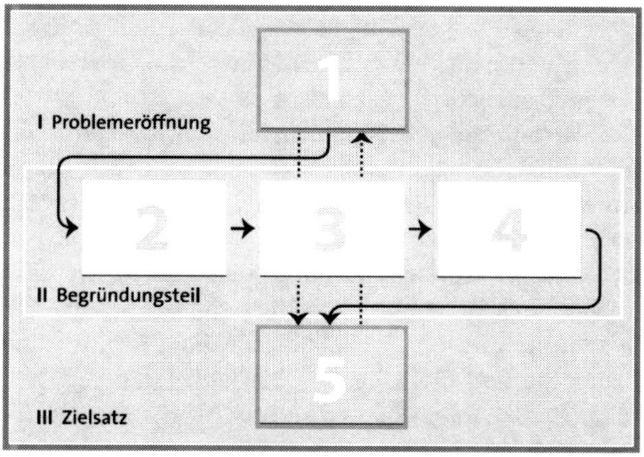

Abb. 10: Redeablauf bei der Fünfsatzmethode (leicht verändert und entn. aus: KlettMagazin Terrasse)

Natur (Pflanzen, Tiere)	Luft; Klima	Boden
(+) (–)	(+) (–)	(+) (–)
Bevölkerung	**Wirtschaft**	**Wasser**
(+) (–)	(+) (–)	(+) (–)
Verhalten; Gefühle	**Politik; Gesellschaft**	**Technik; Wissenschaft**
(+) (–)	(+) (–)	(+) (–)

Abb. 11: Analyse- und Beurteilungsmatrix für Schüler auf der Grundlage des Syndrom-Ansatzes

9 Raumbezogene und wertorientierte Handlungskompetenz

Eine kleine Umfrage entlang eines Selbsteinschätzungsbogens zu den 77 Standards der DGFG, durchgeführt an der Universität Mainz, an der 90 Geographiestudenten des Lehramtes im 2. Semester mit Blick auf den selbst erlebten vergangenen Geographieunterricht:

Die geringsten Könnensleistungen wurden im Kompetenzbereich Räumliche Orientierung (O3, Standard 10) ermittelt. Knapp 70 % der Studierenden können nicht „einfache Karten mit WebGIS erstellen" (DGFG 2008, 18). Sicherlich kann dies ein Hinweis sein auf den unterschiedlichen Stellenwert und die Einsatzmöglichkeiten der neuen Medien im Schulfach Geographie. Nur ein Viertel der Befragten kann „mögliche ökologisch, sozial und/oder ökonomisch sinnvolle Maßnahmen zur Entwicklung und zum Schutz von Räumen (z.B. Tourismusförderung, Aufforstung, Biotopvernetzung, Geotopschutz) erläutern" (DGFG 2008, 15, hier: F4, S20). Dies lässt die Frage aufkommen, mit wie vielen positiven Beispielen und gelungenen Maßnahmen zur Entwicklung von Räumen Schüler im Laufe ihrer Schulzeit konfrontiert werden. Knapp die Hälfte der Befragten konnte keine „geographisch relevanten Werte und Normen (z.B. Menschenrechte, Naturschutz, Nachhaltigkeit) nennen", und „geographisch relevante Sachverhalte und Prozesse (z.B. Flussregulierung, Tourismus, Entwicklungshilfe/wirtschaftliche Zusammenarbeit, Ressourcennutzung) in Hinblick auf diese Normen und Werte bewerten" (DGFG 2008, 26, hier: B4, S7 und S8). Auch dies kann nur dazu anregen, die Reflexionskultur im Geographieunterricht zu stärken.

Warum sollen Lehrer wertorientiert unterrichten? Welchen Stellenwert hat das „Denken und Handeln in raumethischen Kategorien" (Köck 1993)? Wie lässt sich „geographisches Wissen" in der Schule aus einer wertorientierten Perspektive befragen?

Zunächst ist zwischen der „Sachebene" und der „Beziehungsebene" im Unterricht zu unterscheiden. Werden Schülerinnen und Schüler nach Kennzeichen guten Unterrichts gefragt, so werden sehr oft das fachlich relevante Thema *(„Das hat mit mir etwas zu tun/mir etwas gebracht!")* und der rote Faden, das Engagement und der Humor des Lehrers, das Interesse des Lehrers an seinen Schülern und die Lernatmosphäre genannt. Zwei Schlüsselwörter für die Erzeugung einer konstruktiven Arbeitsatmosphäre lauten: Vertrauen und Verantwortung. Schüler vertrauen ihren Lehrern und wissen sehr wohl, wie sie agieren und sich fachlich engagieren. Sie spüren sehr genau, wie sie mit Schülerbeiträgen umgehen und loben. Die gemeinsame Lernzeit in der Schule soll sinnstiftend sein und in einem Klima gegenseitigen Respekts stattfinden. Der Lehrer soll nicht der reine Stoffvermittler sein, sondern „Chef" *und* „Coach". Auch Lehrer sind Lernpartner der Schüler. Dieses im Klassenraum geknüpfte Beziehungsnetz schließt den Austausch mit anderen und deren Argumenten ein, fördert *mit* (Menschen) zu entscheiden, schafft Lerngelegenheiten und bietet Handlungsfreiräume an. Die Gestaltung solcher Lernumgebungen erzeugt ein „gesellschaftliches" Klima, in dem sich Lehrende und Lernende als Lehr- und Lerngemeinschaft in gemeinsamer Verantwortung stehend erkennen können. Auf diesem sozialen Weg wird Gelerntes über Partizipation, Auseinandersetzung und Kooperation zur Grundlage eines (zukünftigen) verantworteten raumbezogenen und gesellschaftlichen Handelns. Schule, verstanden als Lebensraum der Lehrenden und Lernenden, ist der Ort, wo täglich Partizipation geübt und realisiert werden kann.

Das Schulfach Geographie, das sich dem Lebensraum des Menschen in seiner vielgestaltigen und immer wieder neuen und schwierigen Komplexität im Spannungsfeld Mensch – Umwelt widmet, verpflichtet sich zum Aufdecken der Maßstäbe und Kriterien für Entscheidungen im komplexen Mensch-Umwelt-Gefüge und zielt nach Erarbeitung eines soliden Fachwissens auf transparente und bewusste Urteilsfindung und Bewertung (Coen & Hoffmann 2010). Ein reflektiertes Urteil erfordert analytisches und mehrperspektivisches Denken. Daraus lassen sich folgende Konsequenzen für den Geographieunterricht ableiten: „Wertbezogener Unterricht ist nur dann bildend, wenn er auf solidem Sachverstand fußt. Ohne Sachverstand wird wertorientierter Unterricht zum Gesinnungsunterricht, zur Manipulation" (Ladenthin 2010, 5). Geographisches Schulwissen kann aus einer wertorientierten Perspektive befragt und bewertet werden: Was können Schüler mit dem erkannten Wissen (oder Können) machen? Welchen Zweck kann es (heute oder später) haben? Inwiefern trägt das erkannte Wissen (oder Können) zur Conditio Humana, das heißt zur Gestaltung einer menschenwürdigen Welt bei? Welche ethischen Implikationen hat das gelernte Wissen – oder der lebensweltliche Umgang mit dem Wissen? Und schließlich: Welchen Sinn könnte das erkannte Wissen für die Gestaltung eines gelingenden Lebens eröffnen? Für die Lehrenden gilt es, das Beurteilen und Bewerten im Unterricht zu üben und ganz bewusst die Fragen „Welche Natur / Umwelt wollen wir?", „Welches Menschenbild vermitteln wir?" und „Wie stellen wir die Mensch-Umwelt-Beziehungen dar?" zuzulassen. Für die Gestaltung einer menschenwürdigen Zukunft braucht Wissen ein menschliches Maß. Kompetenzorientierter Geographieunterricht zielt sowohl auf eine raumbezogene als auch werteorientierte Handlungskompetenz. Formelhaft ausgedrückt: Es geht um erdgerechtes und menschengerechtes Handeln, um Raumbezogenheit und Gesellschaftsrelevanz. So kann Ladenthin (2010, 5) die Geographie als „Wissenschaft von den räumlichen und sozialen Bedingungen der Conditio Humana" beschreiben. Für die Lernenden soll deutlich werden, dass hinter Handlungen stets Wertentscheidungen stehen. Sie sollen diese herausfinden und kritisch fragen, auf welcher Grundlage ein Urteil gefällt wurde und welcher Wert realisiert werden soll. Sie sollen eine kritische Haltung entwickeln und verborgene Wahrheiten aufdecken. „Geographie ist (...) die Kunst, die Welt zu enthüllen, verborgene Tendenzen und verdeckte Veränderungen fassbar zu machen" (Ramonet 2003, 5). Fest steht, dass reines raumbezogenes Fachwissen alleine nicht ausreicht für kompetentes raumverantwortliches Handeln. Kompetente Lebensraumgestaltung verlangt Wissen und Können, Haltung und Handlung.

10 Thesenartige Zusammenfassung

Kompetenzorientierter Geographieunterricht...

... folgt der „1-4-6-Regel“, ein Unterrichtsthema zwischen vier Raumkonzepten und sechs Kompetenzbereichen,

... orientiert sich an Schlüsselproblemen und Syndromen;

... öffnet und erweitert das „Didaktische Dreieck“ hin zum „Didaktischen Sechseck“,

... verpflichtet sich in besonderer Weise einem konstruktivistischen Lernbegriff,

... erkennt den „Kern der Geographie“, die Mensch-Umwelt-Beziehungen, als durchgängiges Unterrichtsprinzip an,

... zielt sowohl auf eine raumbezogene als auch auf eine wertorientierte Handlungskompetenz ab,

... fördert und fordert die Verknüpfung von natur- und gesellschaftswissenschaftlicher Bildung und betont so einen besonderen Fokus des Schulfaches Geographie,

... braucht kompetente Lehrerinnen und Lehrer.

11 Kompetenzorientierung und Gesellschaftsrelevanz

Die Geographie ist voll von gesellschaftlichen und politisch relevanten Fragen und Problemen. Im Geographieunterricht können der Bezug zur täglichen Lebenswelt der Lernenden, wirtschaftliche und gesellschaftliche Themen gar nicht außer Acht gelassen werden, baut dieser doch „auf der Überzeugung auf, dass geographische Kenntnisse und Fähigkeiten zu *persönlichem Weltverstehen sowie zu individueller und gesellschaftlicher Lebensbewältigung* beitragen“ (Kirchberg 2005, 9). Ein kompetenzorientierter Geographieunterricht ist per se persönlich und gesellschaftlich relevant, steht dieser doch für den Anspruch, dass die Resultate schulischen Lehrens und Lernens handlungsrelevant und praktisch anwendbar sein sollen. Ein Geographieunterricht, der die „Kernideen“ und die „Weltsicht“ des Faches berücksichtigt und auf raumverantwortliches Handeln abzielt, beschäftigt sich mit der schwierigen Komplexität im Spannungsfeld Mensch – Umwelt, den Wechselbeziehungen zwischen Politik und Raum, und stellt sich der Frage, welche Möglichkeiten die Lehrenden haben, den Lernenden Haltungen und Handlungsoptionen offenzulegen und anzubieten, die zukunftsweisend sind. Bedingt durch seine Inhalte und Funktionen ist der Geographieunterricht der Bildung für nachhaltige Entwicklung sowie dem Globalen Lernen besonders verpflichtet. Für die unsere Gegenwart prägenden Herausforderungen kommt dem 1992 in Rio de Janeiro verabschiedeten Nachhaltigkeitsprinzip als universelle Lösungsstrategie und Wertmaßstab eine zentrale Bedeutung zu. Ein Blick in die gängigen Lehrpläne verdeutlicht die

Berücksichtigung „epochaltypischer Schlüsselprobleme“ und die Orientierung an den wichtigsten zukünftigen Problembereichen (hier in alphabetischer Reihenfolge) wie Ausbildung, Bevölkerung und Migration, Hunger und Ernährung, Hygiene und Wasser, Instabilität der Finanzmärkte, Klimawandel, militärische Konflikte, politische Führung und Korruption, Protektionismus und Seuchen (Birkenhauer et al. 2009). Lehrplaninhalte und besonders die Themen der Oberstufengeographie spiegeln die zentralen Probleme unseres Jahrhunderts wider „und das Interesse an ihnen ist Grundlage für politische Partizipation und der Bewusstwerdung der Notwendigkeit einer Verhaltensänderung z. B. in Bezug auf nachhaltiges Wirtschaften“ (Lössner & Lüdemann 2009, 5). Diese Einschätzungen und Forderungen nach geographischer Bildung sollen im Folgenden durch eine Auswahl an Zitaten namhafter Politiker – „anonymer Geographen“ – verdeutlicht werden:

„*Der Geographieunterricht trägt dazu bei, die Entwicklungen in der Welt genauer wahrzunehmen und besser zu verstehen. Ob Umweltprobleme, Verstädterung, Minderheitenkonflikte oder Rohstoffmangel – das sind Themen, die uns alle angehen. Je früher Menschen dafür sensibilisiert werden, desto differenzierter und verantwortungsvoller können sie handeln.*“ (Wolfgang Thierse, Bundestagspräsident)

„*Im Zeitalter der Globalisierung rückt die Welt zusammen. Die Auswirkungen globaler Veränderungen beeinflussen unser Leben unmittelbar. Das gilt besonders augenfällig für die Folgen der Klimaveränderung und wirtschaftlicher Prozesse. Wenn im Amazonas der Urwald abgeholzt wird, hat dies Auswirkungen auf das Klima insgesamt. Wenn Arbeitsleistungen in Asien zu einem sehr viel geringeren Preis angeboten werden als in Deutschland, bleibt dies nicht ohne Folgen für die Arbeitsbedingungen auch in diesem Land. Wer über solche Zusammenhänge nichts weiß, wird heute Schwierigkeiten haben, die Welt um sich herum zu begreifen. Wer gar nicht in solchen Zusammenhängen denken kann, ist auf das Leben unzulänglich vorbereitet und wird sich kaum gestaltend einmischen können.*“ (Senator Prof. Dr. E. Zöllner, 2007)

An die Lehrerinnen und Lehrer: Ziel ist es, „*den Menschen das Wissen zu vermitteln, das sie brauchen, um den globalen Herausforderungen zu begegnen. Wer versteht, dass wir in einer Welt leben, in der alles zusammenhängt und keiner auf Dauer sein Glück auf Kosten der anderen machen kann, der wird auch bereit sein, Verantwortung für die Eine Welt zu übernehmen.*“ (Horst Köhler, Bundespräsident 2009)

Der Präsident der Deutschen UNESCO-Kommission, Walter Hirche, erklärte:
„*Das Ziel der UN-Dekade ‚Bildung für nachhaltige Entwicklung' ist es, jedem Einzelnen die Kompetenzen und Werte zu vermitteln, die für die Gestaltung einer menschenwürdigen Zukunft erforderlich sind.*“

Die Kultusministerkonferenz und die Deutsche UNESCO-Kommission (Gemeinsame Empfehlung zur „Bildung für nachhaltige Entwicklung in der Schule“): “*Ziel ist es, das Verständnis junger Menschen für die komplexen Zusammenhänge zwischen Globalisierung, wirtschaftlicher Entwicklung, Konsum, Umweltbelastungen, Bevölkerungsentwicklung, Gesundheit und sozialen Verhältnissen im Unterricht zu fördern.*“

Mit all diesen Aussagen lassen sich die Forderung nach den sechs geographischen Kompetenzbereichen und die Konkretion des Beitrages des Faches Geographie zur Bildung legitimieren. Indirekt wird hierbei das Hauptbasiskonzept, das Mensch-Umwelt-System, erläutert und aktuelle Herausforderungen im Wechselspiel der Auswirkungen der menschlichen Aktivitäten auf die Umwelt und deren Rückwirkungen dieser Veränderungen auf die Gesellschaft werden auf sämtlichen Maßstabsebenen thematisiert. Solche Fragestellungen und Themen repräsentieren den Kern geographischer Bildung.

Gesellschaftlich bedeutsam und politisch bildend ist Geographieunterricht, wenn vier Dimensionen (Abb. 12) berücksichtigt und aktiviert werden.

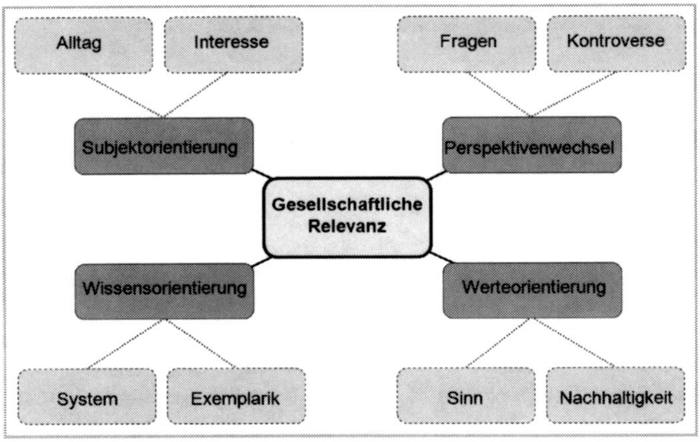

Abb. 12: Dimensionen eines gesellschaftlich bedeutsamen und politisch bildenden Geographieunterrichts

Wissensorientierung (System und Exemplarik): Die Basiskonzepte im Geographieunterricht bilden die Grundlagen eines systematischen Wissensaufbaus unter fachlicher und gleichzeitig lebensweltlicher Perspektive. Die Lernenden können z. B. in nachfolgenden Unterrichtsreihen dem exemplarischen Prinzip folgend ähnliche Strukturen und Prozesse in anderen Räumen und Zusammenhängen entdecken.

Subjektorientierung (Alltag und Interesse): Auf die Interessenslage und die lebensweltliche Situation der Lernenden und die Anbindung an Alltagswissen ist Rücksicht zu nehmen. Schülerinnen und Schüler mit ihren Alltagsvorstellungen sind nicht *Objekte* des Lehrens, sondern *Subjekte* des persönlichen Lernens. Sie werden als selbstbestimmte Individuen und „von Natur aus" als neugierig und interessiert und als soziale Wesen gesehen, die die Herausforderungen ihrer alltäglichen Lebensführung selbst bestimmen. Sie entwickeln eine Haltung gegenüber ihrer Zukunft und erkennen, dass es sich für jeden Einzelnen lohnt, an deren Gestaltung mitzuarbeiten.

Perspektivenwechsel (Frage und Kontroverse): Kontroverse Inhalte und komplexe Fragestellungen sollen auch im Unterricht kontrovers dargestellt werden. Probleme sollen aus multiplen Perspektiven betrachtet und die weiterführende, eine neue Perspektive schaffende Frage nach dem möglichen Gegenentwurf, der „Gegen-Sicht" ganz bewusst zugelassen und lernwirksam eingebunden werden.

Wertorientierung (Sinn und Nachhaltigkeit): Geographieunterricht trägt dazu bei, dass Schülerinnen und Schüler die Fähigkeit aufbauen, Eingriffe des Menschen in die Natur und Umwelt nach ihrer ökologischen, sozialen/politischen und wirtschaftlichen Verträglichkeit zu bewerten. All dies mündet ein in die Prinzipien, das Leitbild der Nachhaltigkeit. Ohne Antworten auf die Frage nach der künftigen Entwicklung Dharavis und darauf, was denn menschliche Lebensbedingungen sind, kann man auch die Frage nicht beantworten, ob/wie man einen Slum sanieren soll. Geographische Sachthemen im komplexen Spannungsfeld der Mensch-Umwelt-Beziehung sind stets wertebeladen und bergen also stets die Grundfrage, wie die Menschen leben sollten, damit sie menschlich – sinnvoll – leben können.

12 Schulgeographie – quo vadis?

Kompetenzfördernder Geographieunterricht zielt auf eine raumbezogene *und* wertorientierte Handlungskompetenz. Noch bewusster als es bereits im bisherigen Geographieunterricht lernwirksam umgesetzt wurde, geht es künftig neben der Vermittlung anspruchsvoller Inhalte auch um die absichtsvolle Berücksichtigung subjektorientierter Raumkonzepte, die Ausbildung einer noch kapitaleren geographischen Beurteilungs- und Reflexionskultur und die Stärkung der Kommunikation in einem zeitgemäßen Unterricht. Lohnende Fragen, die dem Alltag entspringen, führen zum Aufbau eines Relevanzwissens. Das Fachwissen im Schulfach Geographie und die Basiskonzepte der Geographie gelten sowohl für die humangeographischen als auch für die naturgeographischen und regionalgeographischen Bereiche sowie für das Gesamtsystem Mensch – Erde auf sämtlichen Maßstabsebenen. Die Zusammenführung der vier Raumkonzepte, die eine Multiperspektive auf die Eine Welt und eine ganzheitliche Bewertung politischer Strategien ermöglicht, trägt so wesentlich dazu bei, die gesellschaftliche Bedeutung des Faches Geographie zu erhöhen. Das didaktische Potenzial der sechs Kompetenzbereiche gilt es zu aktivieren, bauen diese doch eine Gesamtkompetenz auf, die elementare Grundlagen für weitsichtiges politisches Handeln liefert, die Kompetenz, mit Geographie die Welt enthüllen und mit offenen Augen sich orientieren zu können.

Literatur

Birkenhauer J., Brucker A. & Dress G. (2009): Denkschrift für eine zukunftsfähige Bildung. Regensburg, 16 S. (Hrsg.: Landesverband Bayern im VDSG).

Bönsch M. (2002): Begründung und Konzipierung einer Didaktik selbstverantworteten und selbstbestimmten Lernens. In: Bönsch M. (Hrsg.): Selbstgesteuertes Lernen in der Schule, 1 – 17.

Budke A. & Wienecke M. (2008): Wasserkonflikte an Euphrat und Tigris. In: Praxis Geographie, Heft 3, Jahrgang 38: 37 – 43.

Coen A. & Hoffmann K. W. (2008): „Wir können sie noch nicht einmal besuchen" – Interkulturelle Bildung und szenisches Arbeiten im Rahmen der Lehrerausbildung. In: Budke A. (Hrsg.) (2008): Interkulturelles Lernen im Geographieunterricht. Potsdamer Geographische Forschungen. Bd. 27. Magdeburg, 151 – 170. (Online-Version abrufbar unter: HTTP://OPUS.KOBV.DE/UBP/VOLLTEXTE/2008/2451/)

Coen A. & Hoffmann K. W. (2010): Beurteilen und Bewerten, in: PG 5: 10 – 11.

DGFG (Hrsg.) ([5]2008): Bildungsstandards im Fach Geographie für den Mittleren Schulabschluss – mit Aufgabenbeispielen, Berlin. (Download: WWW.GEOGRAPHIE.DE)

Dickel M. (2006): TatOrte – zur Implementation neuer Raumkonzepte im Geographieunterricht. In: Dickel M. & Kanwischer D. (Hrsg.) (2006): TatOrte, Neue Raumkonzepte didaktisch inszeniert. Berlin, 7 – 20. (= Praxis Kulturgeographie 3)

Fritz M. (2009): Neurowissenschaftliche Grundlagen des Lernens – Wie lernt das Gehirn und was heißt das für die Schule? Vortrag abrufbar unter: www.klett.de

Götz C., Meerbach K., Müller S., Nehrdich T., Paul T., Petersheim C., Rülicke B., Schneider A., Sroka K. & Vogler R. (2008): Raumkonzepte im Geographieunterricht. Ein- und Ausblicke – Raumkonzepte praktisch im Dialog. In: Der Thüringer Schulgeograph, H. 44. (HTTP://WWW.SCHULGEOGRAPHEN-THUERINGEN.DE/RAUMKONZEPTE.PDF)

Hallet W. (2006): Didaktische Kompetenzen, Lehr- und Lernprozesse erfolgreich gestalten. Stuttgart.

Hoffmann K. W. (2009a): Mit den Nationalen Bildungsstandards Geographieunterricht planen und auswerten. In: GuiD 3: 105 – 119.

Hoffmann K. W. (2009b): Mit Bildungsstandards Geographieunterricht planen – aber wie? In: KlettMagazin Terrasse, 1. Hj.: 2 – 6. (Download: HTTP://WWW.KLETT.DE)

Kirchberg G. (2005): Die Geographielehrpläne in Deutschland heute. Bestandsaufnahme und Ausblick. In: GS 27, H. 156: 2 – 9.

Klafki W. ([10]1999): Die bildungstheoretische Didaktik im Rahmen kritisch-konstruktiver Erziehungswissenschaft. In: Gudjons H. & Winkel R. (Hrsg.): Didaktische Theorien. Hamburg, 13 – 34.

Koch M. & Meeh H. (2007): Leben in Ballungsräumen – die Beispiele Mumbai und Stuttgart. In: Politik & Unterricht 3, Baustein C: 9 – 13; 35 – 47. (Download unter: WWW. POLITIKUNTERRICHT.DE3_07/FAECHERVERBUND.HTM)

Köck H. (1993): Raumbezogene Schlüsselqualifikationen. In: Geographie und Schule. H. 84: 14 – 22.

Ladenthin V. (2010): Werteerziehung im Geographieunterricht. In: PG 5: 4 – 6.

Ladenthin V. & Rekus J. (Hrsg.) (2008): Werterziehung als Qualitätsdimension von Schule und Unterricht. Münster.

Mattes W. (2006): Routiniert planen – effizient unterrichten. Braunschweig.
Ohl U. (2007): Bombay, Vom Leben in der Megastadt. In: PG 6: 10–15.
Petersen B. (2007): Mumbai, Die Slum-Schlacht. In: fluter Nr. 24: 38–43. (Download unter: WWW.BPB.DE/MEGASTAEDTE)
Ramonet I. (2003): Im Labyrinth der Gegenwart. In: LEMONDE diplomatique (Hrsg.). Atlas der Globalisierung. Berlin, 5.
Reinfried S. (2006): Berücksichtigung von Interessen, Kenntnissen, Fähigkeiten und Einstellungen. In: Haubrich H. (Hrsg.): Geographie unterrichten lernen. München, 74–75.
Rinschede G. (2003): Geographiedidaktik. Paderborn.
Rhode-Jüchtern T. (2004a): „Klima ist doch auch nur eine Konstruktion!". In: PG 9: 55–57
Rhode-Jüchtern T. (2004b): Derselbe Himmel, verschiedene Horizonte. Zehn Werkstücke zu einer Geographiedidaktik der Unterscheidung. Wien.
Rhode-Jüchtern T. (2009a): Eckpunkte einer modernen Geographiedidaktik. Seelze-Velber.
Rhode-Jüchtern T. (2009b): „Global Warming Ready": Ein postmodernes Sprachspiel. (Download: WWW.UNI-JENA.DE), 1–8.
Rhode-Jüchtern T. (2010): Wissen – Nichtwissen – Nicht-weiter-Wissen? Sieben Versuche zu einem angestrengten Begriff. In: zdg, H. 1: 11–41.
Roth G. (2004): Warum sind Lehren und Lernen so schwierig? In: Zeitschrift für Pädagogik Heft 4: 496–506.
Tulodziecki G., Herzig B. & Blömeke S. (2004): Gestaltung von Unterricht, Eine Einführung in die Didaktik. Bad Heilbrunn.
Vankan L., Rohwer G. & Schuler S. (2007): Diercke Methoden – Denken lernen mit Geographie. Braunschweig.
Wamser J. & Müller-Bittner A.: Bombay, Indiens Wirtschaftsmetropole unter internationalem Einfluss. In: gh, Sammelband Entwicklungs- und Schwellenländer, 100–105.
Wardenga U. (2002): Räume der Geographie – zu Raumbegriffen im Geographieunterricht. In: Geographie heute 200, 23: 8–10.
Ziener G. (2006): Bildungsstandards in der Praxis. Seelze.
Zeitler H. (2008): Für wen strahlt Mumbai?, Syndromverknüpfungen am Beispiel der Entwicklung Mumbais. In: PG 6: 28–35.

Internet (Februar 2011):

http://www1.ku-eichstaett.de/hp/ („Bildungsstandards Geographie power point")
http://www.uni-jena.de/didaktik_geo.html
http://geo.uni-mainz.de
http://homepage.univie.ac.at/Christian.Sitte/FD/artikel/ute_wardenga_raeume.htm)
http://geographie.de
http://politikunterricht.de
http://klett.de
http://bpb.de

Standorte, Mobilität, Planung

Hans-Martin Zademach

Kapital – Wissen – Standortentwicklung. Branchenübergreifende Beobachtungen aus München

1 Ausgangslage und Motivation

Wissen und Kreativität gelten heute gemeinhin als erfolgskritische Faktoren für die Wettbewerbsfähigkeit von Unternehmen und Regionen. Auch ist unstrittig, dass ein funktionierendes regionales Finanz- bzw. Bankensystem entscheidend zur Entwicklung von Wirtschaftszweigen und Standorten beiträgt; die politische Diskussion um die sogenannte „Systemrelevanz" von Banken während der gegenwärtigen Finanz- und Wirtschaftskrise verdeutlicht dies in besonderem Maße. Die aktuelle Krise führt uns aber auch vor, wie gering unsere Kenntnis über die Verbindungen zwischen der Finanzwirtschaft – hierzu zählen alle Wirtschaftssubjekte, die auf irgendeine Art und Weise finanzielle Leistungen erbringen, also z. B. Börsen, Banken, Versicherungsgesellschaften, Kapitalanlagegesellschaften – einerseits und der „Realwirtschaft" – damit bezeichnet die neoklassische Wirtschaftstheorie den Teil der Gesamtwirtschaft, der nicht zum monetären Sektor zählt – andererseits ist, also über das Verhältnis, in dem die beiden Elemente in modernen Volkswirtschaften zueinander stehen.

In der traditionellen Sichtweise werden finanzwirtschaftliche Prozesse lediglich als Hilfsfunktion betrachtet. Der Finanzwirtschaft wird also nur eine untergeordnete Funktion für das reibungslose Funktionieren der Realwirtschaft zugebilligt. Das „Durchschlagen der Finanzkrise auf die Realwirtschaft", von dem in den Medien in den letzten Monaten vielfach die Rede war, veranschaulicht, wie unzulänglich diese Sichtweise ist. Denn dieses Durchschlagen bedeutet nicht nur, dass die Finanzmärkte ihre ursprüngliche Funktion innerhalb des Wirtschaftskreislaufs – d. h. Liquidität zur Verfügung zu stellen, Fristen zu transformieren und Risiken zu übernehmen und zu verteilen – nur noch unzureichend erfüllten. Vielmehr ist dieses Durchschlagen Ausdruck dessen, dass die Finanzwirtschaft vor Ausbrechen der Krise, also in der „Hochphase des finanzialisierten Kapitalismus" (vgl. Hall & Appleyard 2009), die Vorgänge in der Realwirtschaft klar dominierte: Durch Geldtransferleistungen und Spekulationen ließen sich oftmals sehr viel höhere Erträge erzielen als durch die

Produktion und den Handel von realen Gütern oder durch die Bereitstellung und Nutzung von Dienstleistungen. Diese Fokussierung auf den Finanzsektor führte weltweit zu ökonomischen Fehlentwicklungen, die bis heute bei Weitem nicht überwunden sind.

Es ist Ziel des vorliegenden Beitrags, die wie aufgezeigt kontroversen Sichtweisen auf den Finanzsektor und dessen unterschiedliche Rollen für die wirtschaftliche Entwicklung eines Standorts empirisch näher zu durchdringen. Hierzu wird ein Lösungsansatz gewählt, der Kapitalbeziehungen mit der anerkannten Bedeutung von Wissen und Wissensaustausch für regionale Entwicklungspfade in Beziehung setzt. Denn Finanzbeziehungen sind eng mit der Entstehung, Nutzung und Mobilität von Wissen verknüpft. So beruhen Entscheidungen über den Einsatz von Kapital einerseits auf Wissen über – in der Regel standortgebundene – Investitionsgelegenheiten und ihre Renditeerwartungen. Andererseits ist mit Finanzflüssen auch die Entstehung neuen Wissens und der Wissenstransfer zwischen Regionen verbunden. Aus Sicht der regionalen Wirtschaftsentwicklung stellt sich damit auch die Frage, welches Wissen an welchen Orten welche Impulsen für die regionale Entwicklung geben kann, also welche Bündel an Wissen und Austausch- bzw. Lernmöglichkeiten besonders vorteilhaft sind. In anderen Worten: Sollen sich Standorte auf einen bestimmten Wissensbereich spezialisieren, um hier den erhofften Spill-Over-Effekt zwischen Unternehmen der gleichen Branchen zu erzielen (Externalitäten nach MARSHALL, ARROW und ROMER), oder ist Branchenvielfalt im Sinne von JACOBS ‚*economies of diversity*' erstrebenswert – eine in den Regionalwissenschaften seit Langem geführte und zuletzt wieder intensiv aufgegriffene Diskussion (z. B. DURANTON & PUGA 2000; BEAUDRY & SCHIFFAUEROVA 2009).

Als Kontext der Untersuchung dient die bayerische Landeshauptstadt München. Dieser Standort zeichnet sich durch eine stark diversifizierte Wirtschaftsstruktur und eine hohe Dichte an wissensintensiven Branchen aus. So weist die im Jahr 2005 vom Referat für Arbeit und Wirtschaft der Stadt veröffentlichte Broschüre „München – Stadt des Wissens" insgesamt elf sogenannte Wissenscluster aus (Abb. 1); Branchen wie die Medizintechnik, die Biotechnologie, die Informations- und Kommunikationstechnologie, die Umwelttechnologie, die Medienwirtschaft und die Finanzdienstleistungen werden hier als die „Motoren der wissensintensiven Stadtökonomie" bezeichnet (LH MÜNCHEN 2005, 4 f.). Der vorliegende Beitrag zeichnet die Entstehung einer Auswahl dieser Wissenscluster nach und zeigt unter Rückgriff auf empirische Ergebnisse aus drei kürzlich abgeschlossenen Forschungsprojekten[1] auf, welchen Beitrag die

1 Die hier wiedergegebenen empirischen Aussagen sind im Wesentlichen erstens einer vergleichenden Studie über Biotechnologiecluster in Deutschland (HÄUSSLER & ZADEMACH 2007), zweitens einer Untersuchung des Dienstleistungsstandorts Bayern (GLÜCKLER et

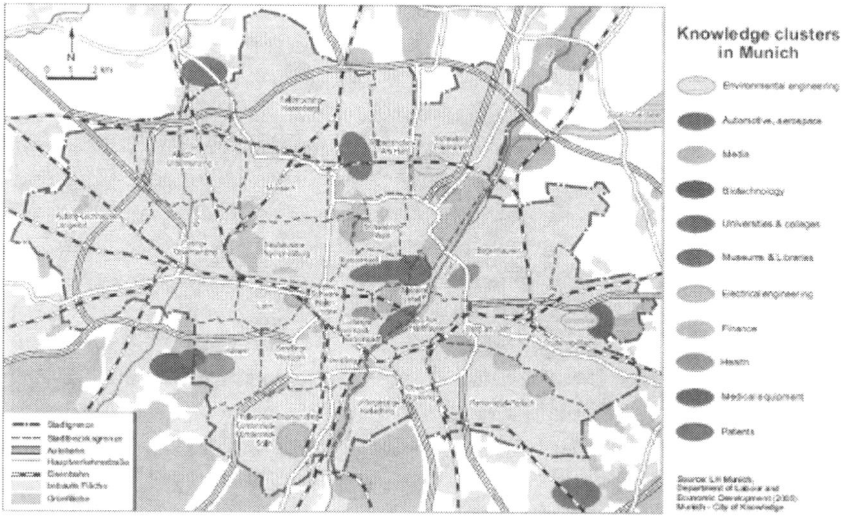

Abb. 1*: Wissenscluster in München (Quelle: LH München (2005), geringfügig verändert)

(Nicht-)Verfügbarkeit von Finanzmitteln und die Akteure der Finanzindustrie – darunter fallen sowohl klassische Finanzdienstleister wie Banken und Versicherungen als auch neuere Spielarten (Kapitalbeteiligungsgesellschaften, Venture Capital-Geber, Business Angels) – für die Ausdifferenzierung von Münchens Branchenstruktur geleistet haben.

Im Gesamtbild macht die Fallstudie deutlich, dass Kapitalbeziehungen, also Beteiligungen und Kreditverflechtungen, im Zusammenspiel mit politischer Einflussnahme und technologischer Konvergenz eine zwischen verschiedenen Branchen vermittelnde Funktion einnehmen und damit einen wesentlichen Beitrag zum Entstehen diversifizierter regionaler Ökonomien leisten. Die folgenden Ausführungen legen dies in einem ersten Schritt für die drei Wirtschaftszweige Finanzwirtschaft, Biotechnologie und Medien im Einzelnen dar, anschließend im Entwurf einer Synthese, in die auch die Genealogien weiterer Branchen einbezogen werden. Dem gehen im nächsten Abschnitt einige grundsätzliche Überlegungen zum Zusammenspiel von Finanzbeziehungen und Standortentwicklung vor dem Hintergrund der Herausforderungen der ‚Finanzialisierung' voraus.

---

al. 2008) und drittens einer Arbeit über die Film- und Fernsehwirtschaft in München (Zademach 2009) entnommen. Vgl. die genannten Quellen auch für nähere Auskünfte über die den Forschungen jeweils zugrunde liegenden Erhebungsmethoden und Daten.

2 Kapitalbeziehungen, Standortentwicklung und Herausforderungen der Finanzialisierung

Regionale und sektorale Entwicklungspfade unterliegen einer Vielzahl von Einflussfaktoren. Diese Faktoren lassen sich in eine Gruppe von exogenen und eine Gruppe von endogenen Größen unterteilen. Unter die exogenen Faktoren, d.h. diejenigen Einflüsse, die von außen vorgegebenen und nur indirekt (z.B. durch Lobbyarbeit) von einer Region / einer Branche beeinflusst werden können, fallen v.a. politische Rahmenbedingungen und Interventionen sowie die Bereitstellung von Infrastruktur. Das von SCHMUPETER in diesem Zusammenhang geschaffene Bild der *railroadization* ist hier sehr eingängig. Zu den endogenen Größen der Standortentwicklung können kumulative und pfadabhängige Verursachungsprozesse (z.B. MYRDAL 1957; HIRSCHMAN 1958; MARTIN 2006) gezählt werden. In diesem Kontext hat sich die wissenschaftliche Forschung zuletzt verstärkt mit den Einflüssen von technischen Neuentwicklungen einerseits und der Rolle von Finanzmitteln bzw. Kapitalgebern andererseits auseinandergesetzt. Im Folgenden werden Argumente aus beiden Forschungssträngen in die Betrachtung einbezogen.

2.1 Kapital und Wissen als Parameter der Standortentwicklung

In Wirtschaftsgeographie und Evolutionsökonomik hat sich inzwischen die Erkenntnis gefestigt, dass die Entwicklung von Wirtschaftszweigen entscheidend von technologischer Konvergenz, d.h. der Ausbreitung einer Basistechnologie in verschiedene Branchen[2], bestimmt wird. So legt z.B. COOKE (2008) offen, wie die *Cleantech*-Cluster in Nordjütland und Wales – Wertschöpfungsschwerpunkte sind in beiden Fällen regenerative Energien, d.h. Windenergie und Biogas – aus jeweils verwandten Technologiebereichen entstanden sind (in Nordjütland handelt es sich hierbei um das Schiffbauwesen, aus dem das Wissen zur Konstruktion für Windturbinen stammt; in Wales konnte auf Kompetenzen aus der Futtermittel- / Gentechnik zurückgegriffen werden). Eine Voraussetzung und Triebkraft für die Entwicklung der neuen Branchen erkennt COOKE in der sogenannten *,related variety'*, d.h. dem Vorhandensein einer Bandbreite un-

2 Von der technologischen lassen sich die angebots- und die nachfrageseitige Konvergenz unterscheiden. Die technologische Konvergenz beschreibt die Ausbreitung einer Basistechnologie in verschiedenen Branchen. Die Konvergenz der Anbieterseite spiegelt sich maßgeblich in der Verschmelzung traditionell disjunkter Produkte und Produktfunktionen bzw. der dahinterstehenden Technologien in sogenannten Systemprodukten wider, die Synergien bei der Produktion erzeugen. Die Konvergenz der Nachfrageseite ist durch die Integration unterschiedlicher Bedürfnisgruppen gekennzeichnet (vgl. KEUPER 2002).

terschiedlicher Technologiefelder mit gewissen inhaltlichen Bezügen zueinander (z. B. bei den Kompetenzen der Ingenieure) und damit entsprechender Absorptionsfähigkeit der beteiligten Unternehmen.

Die Auseinandersetzung mit der Entstehung neuer Wirtschaftszweige kann mit den bislang noch weitgehend losgelöst stehenden Ergebnissen aus der wachsenden Zahl von Arbeiten, die sich mit dem Austausch von Finanzmitteln in Innovationsprozessen befassen, sinnvoll erweitert und analytisch geschärft werden. Warum ist ein (funktionierendes) Finanzsystem wichtig für Innovationen und die Wettbewerbsfähigkeit von Regionen? In entwickelten Volkswirtschaften übernehmen Finanzdienstleister eine wichtige Intermediärfunktion, indem sie zwischen Überschusseinheiten und Defiziteinheiten vermitteln und Kapitalangebot und -nachfrage bündeln. Haushalte, Unternehmen und der Staat können dabei sowohl die Rolle von Überschuss- als auch die Rolle von Defiziteinheiten einnehmen. Dabei erzielen Finanzdienstleister aus der Verarbeitung von Informationen und dem Handel mit Risiken Erträge. Informationen sind also der Rohstoff von Entscheidungen im Finanzsektor, sie dienen dazu, Unsicherheit in berechenbares Risiko umzuwandeln. Somit stellt Risikomanagement einen Output des Finanzsektors dar. Risiko wird dabei konstruiert und in Kooperation mit anderen Finanzdienstleistern kontrolliert, so z. B. über syndizierte Produkte oder Verträge mit (Rück-)Versicherern (vgl. ausführlicher auch Glückler et al. 2008, 87 ff.; Klagge 2009).

Ein funktionierendes Finanzsystem kann den Unternehmen an einem Standort zudem auch Zugang zu neuen Wissensquellen ermöglichen. Zahlreiche Konzepte sehen im steten Zufluss neuen Wissens durch Vernetzung mit ausländischen Geschäftspartnern – d. h. den Aufbau sogenannter ‚*pipelines*' – einen entscheidenden Faktor dafür, ob eine Region in der globalen Wissensökonomie bestehen kann. Auf diese Überlegung greift z. B. der wissensbasierte Clusteransatz nach Bathelt, Malmberg und Maskell (2004) zurück. Dieser Ansatz erkennt im lokalen ‚Rauschen' einerseits und im translokalen ‚Pfeifen' andererseits zwei wesentliche Prozesse für das Wachstum und die dauerhafte Wettbewerbsfähigkeit erfolgreicher Standorte oder Unternehmenscluster. Wissenspipelines sind hierbei das Ergebnis von strategischen Partnerschaften mit internationaler Reichweite, die meist hohe Investitionen, also im Auslandsstandort gebundene Finanzmittel, voraussetzen (vgl. ausführlicher Zademach & Haas 2008, 16 f.). Das Vorhandensein oder die Verfügbarkeit von Kapital ist diesem Ansatz zufolge eine zentrale Voraussetzung für den Zugang zu externen Wissensquellen.

Kapitalverfügbarkeit und Wissenstransfer finden jedoch nicht nach einer einfachen Global-lokal-Logik statt. Sowohl Wissen als auch Finanzmittel sind für Unternehmen heute in einem breiten Spektrum zwischen lokaler Persistenz und globaler Verfügbarkeit zugänglich (vgl. Ibert 2007). Wesentliche Gründe für diese Entwicklung sind in der weltweiten Vernetzung der Finanzmärkte zu sehen, die mit der Deregulierung und damit einhergehend einer ausgeprägten Intensivierung des Wettbewerbs sowie mit einer massiven Ausweitung des Angebots an Finanzprodukten und Finanzierungslösungen entstanden ist. In Verbindung damit steht ein immer höherer Renditedruck, der nicht nur in die Wirtschaft, sondern auch in weite Teile unserer Gesellschaft vorgedrungen ist. Diese Beobachtung wird in der akademischen Literatur unter dem Schlagwort ‚Finanzialisierung' diskutiert. Dieser Terminus bezeichnet in den Worten des politischen Ökonoms EPSTEIN (2005, 2) einen Prozess,

> „in which financial markets, agents, and objectives take on an ever-increasing role in the sum of economic, cultural, and political activities within and beyond a national economy".

Finanzialisierung findet also auf sehr unterschiedliche Art und Weise Eingang und Ausdruck in unseren Alltagskulturen. In einer engen Auslegung reflektiert Finanzialisierung die Tatsache, dass zahlreiche Unternehmen inzwischen einen größeren Teil ihrer Erträge mit Spekulationen auf den Finanzmärkten erwirtschaften als mit der Produktion und dem Handel von Waren und Dienstleistungen – Stichwort Porsche. Das weitere Verständnis von Finanzialisierung bezieht sich auf die immer umfassendere Rolle, die Agenten und Institutionen des Finanzwesens im Alltag eines jeden von uns einnehmen. Ausdruck dieser „financialisation of everything" (vgl. z. B. LEYSHON & THRIFT 2007) sind ebenso die täglichen Börsennachrichten vor der Tageschau wie das Ausmaß, in dem die Märkte für Kunst und Musik oder auch das Gesundheitswesen heute von finanziellen Motiven durchdrungen sind.

2.2 Herausforderungen der Finanzialisierung

Mit Blick auf das hier beleuchtete Zusammenspiel von Finanzbeziehungen und Standortentwicklung seien hier zwei Feststellungen aus dem Finanzialisierungsdiskurs herausgehoben. Die erste bezieht sich auf die zunehmende Machtfülle einer Gruppe von neuen Akteuren der Finanzindustrie, die zweite betrifft die zunehmende Selbstreferenzialität der Branche.

Getrieben u. a. von der flächendeckenden Ausbreitung des Internets und regulatorischen Entwicklungen (insbesondere den Baseler Akkorden) haben in Deutschland in den vergangenen Jahren zwei neue Akteursgruppen stark an Bedeutung gegenüber den klassischen Finanzdienstleistern gewonnen, d. h. gegenüber Geschäfts- und Genossenschaftsbanken, Sparkassen sowie Versicherungsgesellschaften. Zum einen sind dies Direktbanken und Kreditinstitute, die von vormals nicht im Finanzbereich tätigen Unternehmen gegründet wurden

(z. B. GE Money Bank, BMW Bank), zum anderen institutionelle Investoren, also Pensionsfonds, Hedgefonds oder Kapitalbeteiligungsgesellschaften (auch als Risiko- / Venture Capital- bzw. Private Equity-Gesellschaften bezeichnet). In der letztgenannten Gruppe ist die Mehrheit der Institutionen angloamerikanischen Ursprungs. Zumindest ein Teil dieser Gesellschaften kokettiert ganz offen mit einer neuen, gesellschaftlich wenig anerkannten Dimension der Profitgier: *‚greed is good.'* Dabei legen diese Investoren Geschäftspraktiken an den Tag, die für Außenstehende nur schwer durchschaubar sind – in einem Artikel der Neuen Züricher Zeitung werden sie entsprechend als „die neuen Dunkelmänner" (NZZ 2006) bezeichnet, in Deutschland ist das Bild der „Heuschrecke" geläufig.

Allein zwischen 2005 und 2007 hat sich das Volumen des weltweit von Private Equity-Gesellschaften investierten Beteiligungskapitals verdoppelt, nämlich auf insgesamt 680 Mrd. US-Dollar (PE Online 2008). PE-Gesellschaften kaufen Beteiligungen an Unternehmen, um diese zu einem späteren Zeitpunkt im Ganzen oder in Teilen mit möglichst hohem Gewinn wieder zu veräußern. Dies beinhaltet die Verschiebung von Machtverhältnissen und führt zu veränderten Leitungsbefugnissen innerhalb der Investitionsobjekte. Dabei geht die Beteiligung von Finanzinvestoren gewöhnlich mit einer stärkeren Orientierung an Renditevorgaben und Shareholder Value einher (vgl. auch Froud & Williams 2007). Zu den üblichen Praktiken, mit denen die Investoren Einfluss auf ihre Investitionsobjekte nehmen, zählen Kostenkürzungen, Arbeitsplatzabbau und das Ausschütten von im Verhältnis zu den Erträgen enorm hohen Dividenden, meist über Neuverschuldung der Investitionsobjekte finanziert. Beschreibungen der möglichen negativen Wirkungen der Einflussnahme einer Beteiligungsgesellschaft auf die Entwicklung eines Unternehmens – z. B. hinsichtlich Loyalität, Motivation und Kreativität der Mitarbeiter – finden sich zahlreich in der Literatur (z. B. Pike 2005; Zademach 2009).

Der zweite Kritikpunkt bezieht sich auf die selbstreferenzielle Praxis der Akteure aus dem Finanzsektor (z. B. Engelen et al. 2008). Denn die Finanzindustrie – diesmal sind alle Gruppen eingeschlossen, also auch die klassischen Finanzdienstleister – kam nach einhelliger Meinung zuletzt immer weniger ihrer ursprünglichen Funktion nach, Liquidität für Haushalte, Staat und ‚normale' Unternehmen, also Unternehmen aus anderen Wirtschaftszweigen als dem Finanzsektor, bereitzustellen. Stattdessen wurden immer mehr Investitionen innerhalb der Branche selbst getätigt, sprich Banken nutzten die Einlagen ihrer Sparer vorwiegend zu Spekulationen mit eigenen oder fremden, v. a. auch ausländischen Finanzprodukten (z. B. verbrieften Kreditforderungen oder Kreditausfallgarantien). Für die eigentliche Kernaufgabe des Finanzwesens, dem effizienten Vermitteln zwischen Überschuss- und Defiziteinheiten im Heimmarkt, standen dadurch immer weniger Finanzmittel zur Verfügung, mit entsprechend negativen Folgen für die Investitions- und Produktionstätigkeit der Wirtschaft insgesamt.

Finanzierungsform	Auswirkungen auf die Standortentwicklung
(überregionale) Kreditfinanzierung	Neue Marktangebote aufgrund höherer Wettbewerbsintensität Vermehrt markt- anstelle vertrauensbasierter Bankbeziehungen Aufbrechen regionaler Netzwerke
Risikokapital (Venture Capital)	Unterstützung von Unternehmensgründungen und Innovationen Förderung neuer Technologien und Marktnischen Intermediation (‚smart money') Größere Kapitalmarktorientierung
Beteiligungsfinanzierung	Restrukturierungen und Effizienzorientierung (‚hand-on') Veränderte Leitungsbefugnisse Marktstrukturwirkung (einschl. bewahrender Funktion) Erschließen neuer Netzwerke

Tab. 1: Neue Finanzakteure / -praktiken und ihre Auswirkungen auf die Standortentwicklung (Quelle: eigene Zusammenstellung)

Aus Sicht der regionalen Entwicklung lassen sich die Auswüchse der Finanzialisierung trotz alledem nicht einseitig negativ beurteilen. Eine Zusammenschau der unterschiedlichen, teils gegenläufigen Wirkungen, die von den oben bezeichneten neuen Finanzmarktakteuren und ihren Praktiken auf die Standorte ihres Investitionsobjekts ausgehen können, findet sich in Tabelle 1. Die Zusammenstellung macht deutlich, dass bis zu einem gewissen Grad größere internationale Orientierung, neue Impulse für das Management einer Unternehmung, Effizienzorientierung und intensiverer Wettbewerb im regionalen Kontext auch positive Wirkungen entfalten können. Dies ist insbesondere dann der Fall, wenn Finanzinvestoren angeschlagene Unternehmen übernehmen und so vor der Insolvenz bewahren. Ähnlich ist die Gruppe der Venture Capital- oder Risikokapitalgeber auf Nischen in der Unternehmensfinanzierung spezialisiert, die von den klassischen Finanzdienstleistern nicht oder nur in einem sehr geringen Maß bedient werden. Indem sie in junge Unternehmen aus Wachstumsfeldern investieren, füllen diese Investoren eine Finanzierungsfunktion aus, die sowohl für Innovationsprozesse als auch das Gründungsgeschehen in einer Region sehr förderlich sein kann.

2.3 Finanzbeziehungen und Branchenentwicklung

Der eben angesprochene Themenkomplex Venture-Finanzierung lieferte bereits Hinweise darauf, dass eine Betrachtung, die nach unterschiedlichen Stufen im Entwicklungspfad eines Wirtschaftszweigs differenziert, unser Verständnis des Verhältnisses von Finanzbeziehungen und Standortentwicklung schärfen kann. Dabei sind die positiven Wirkungen, die von einer *‚co-location of science and* *capital*', also von der räumlichen Nähe von (Risiko-) Kapital und Ideen v.a. auf junge Industrien ausgehen können, bereits ausführlich in einer Reihe von Untersuchungen dokumentiert, z.B. über die Biotechnologieindustrie in den USA (POWELL et al. 2002; OWEN-SMITH & POWELL 2004) oder die Medienindustrie in Köln (MOSSIG 2004a; GLASSMANN 2008). Der in diesem Kontext verwendete Begriff ‚*smart money*' stellt darauf ab, dass im Rahmen von Venture-Finanzierungen bereitgestellte Finanzmittel nicht lediglich notwendige Liquidität sichern, sondern auch mit dem Transfer von Beratungsleistungen seitens des Finanziers einhergehen. MARTINS (1999, 11) Feststellung, „Money is not just an economic entity ... it is also a social relation", ist für diese Verbindung sehr treffend.

Einschlägigen Arbeiten zufolge lässt sich der Lebenszyklus einer Branche ebenso wie der eines Clusters in Einführungs-, Wachstums-, Reife- und Schrumpfungsphase untergliedern (z.B. MENZEL & FORNAHL 2007). Jüngere Forschungen (z.B. KLAGGE & PETER 2009; WALLISCH 2009) haben gezeigt, dass Unternehmen während dieser Entwicklungsstufen jeweils auf unterschiedliche Finanzierungsquellen zurückgreifen. Vereinfacht lassen sich folgende Muster regelmäßig erkennen:

- In der ersten Entwicklungsstufe, der Einführungsphase, sind v.a. Eigenmittel der Gründer oder private Darlehen (meist von Verwandten) zentrale Kapitalquellen. Dazu kommen öffentliche Förderungen. In Technologiebereichen, die grundsätzlich ein hohes Wachstumspotenzial haben, ergeben sich zusätzliche Finanzierungsmöglichkeiten durch sogenannte Business Angels, d.h. vermögende Privatpersonen mit einschlägigem Branchenhintergrund, und Risikokapitalgesellschaften, die für diese Gruppe spezielle Lösungen (Seed-, Start-up- oder Early stage-Finanzierungen) erarbeiten.
- In der Wachstumsphase einer Branche, d.h. nach dem Take-off der ersten Unternehmen des neuen Technologiefelds, nimmt der Bedarf an externen Finanzmitteln zu. Im deutschen Finanzsystem wird dieser Bedarf üblicherweise mit klassischen Kreditfinanzierungen über die Hausbank gedeckt. Gleichzeitig stellen stark wachsende Unternehmen auch besonders attraktive Objekte im – wie gezeigt ja sehr dynamischen – Private Equity-/Beteiligungskapitalmarkt dar (First- und Second stage-Finanzierungen).
- In der Schrumpfungsphase werden eingegangene Beteiligungen im Rahmen von Desinvestitionen, auch *Exit* oder *Buy out* genannt, wieder gelöst. Eine gängige Exit-Strategie von Beteiligungsgesellschaften ist der Börsengang. Alternativ können die von ihnen gehaltenen Anteile an einen oder mehrere Manager aus dem Unternehmen oder eine andere Kapitalbeteiligungsgesellschaft veräußert werden. Im Rahmen eines solchen Eigentümerwechsels erfolgen oft weitgehende Restrukturierungsmaßnahmen, daher wird hier auch von Turnaround-Investitionen gesprochen.

Größere externe Finanzierungen werden heute meist in Form von Syndizierungen geleistet, d.h. es kommt zu einem Zusammenschluss von mindestens zwei Parteien, die sich gegenseitig unterstützen und Gewinn, Risiken, Kosten etc. teilen. Das Ausarbeiten von syndizierten Finanzierungslösungen setzt stets eine enge Kooperation der involvierten Partner voraus. Innerhalb der Konsortien findet Wissensaustausch statt, im Lauf der Zeit können enge Vertrauensverhältnissen entstehen.

Schließlich tätigen Beteiligungsgesellschaften ebenso wie Unternehmen, die in ihrem Lebenszyklus nach erfolgreichem Wachstum einen entsprechenden Kapitalstock aufgebaut haben, auch Portfolioinvestitionen. Mit solchen Investitionen zielen die Unternehmen auf eine Diversifikation ihres Tätigkeitsfelds und damit Streuung ihrer Risiken von Konjunkturverläufen in einzelnen Märkten ab. Erfahrungen der Manager und Wissen aus verschiedenen Technologiefeldern werden hier besonders gut kombiniert und genutzt. Wie auch das Fallbeispiel München illustrieren wird, können Portfolioinvestitionen als eine weitere Triebkraft für das Aufkeimen von neuen Wachstumsfeldern angesehen werden.

An diversifizierten Wirtschaftsstandorten bündelt sich eine Vielzahl unterschiedlicher lokaler und translokaler Investitions-, Syndizierungs- und Diversifizierungsmöglichkeiten für Unternehmen und Beteiligungsgesellschaften. Dabei eröffnen sich in regionalen Entwicklungsprozessen immer wieder neue Wege und Kreuzungen, z.B. wenn Unternehmen mit einmal eingeschlagenen Pfaden brechen, sich neuen Technologiefeldern zuwenden und entsprechend auf neue Partner zugehen. Regionale Entwicklung ist folglich nicht eindimensional, sondern zeichnet sich vielmehr durch das gleichzeitige Vorhandensein einer Bandbreite von verschiedenen, sich überlagernden Unternehmenspfaden, Investitionsangeboten und Kapitalbeziehungen aus. Diese Gleichzeitigkeit und Überlagerung in die Betrachtung einzubeziehen, ist Ausgangspunkt der nun wiedergegebenen empirischen Beobachtungen.

3 Empirische Beobachtungen aus München

Nachfolgend wird zunächst die Entwicklung des Finanzsektors, der Biotechnologieindustrie und der Medienwirtschaft bzw. genauer des Film und Fernsehclusters in München dargestellt. Die Ausführungen zeigen auf, wie und zu welchen Zeitpunkten Finanzbeziehungen im Allgemeinen und bestimmte Praktiken einzelner Finanzmarktakteure im Besonderen zur Entstehung neuer Technologiefelder und damit auch zur Ausdifferenzierung von Münchens Wirtschaftsstruktur beigetragen haben. Im Anschluss folgt der Entwurf einer Synthese, in der auch die Genealogien weiterer für den Standort heute bedeutender Branchen Berücksichtigung finden.

3.1 Zur Entwicklung des Finanzsektors in München

München ist kein klassischer von Banken dominierter Finanzplatz. Davon zeugt bereits das gemessen an anderen Finanzzentren, allen voran Frankfurt, untypische architektonische Erscheinungsbild, das u. a. auf den bewussten Verzicht auf weithin leuchtende Bankentürme zurückzuführen ist (Foto 1). Auch bleibt der Standort bis heute oftmals von der Karte der wichtigen Finanzplätze Europas ausgeblendet (z. B. KARREMANN 2009). Die Gründe hierfür sind in der historischen Entwicklung angelegt, denn Münchens Aufstieg als Finanzplatz begann spät. Vom Mittelalter bis ins 18. Jahrhundert war München zwar ein regionales Handels- und Gewerbezentrum, die Reichsstädte Augsburg, Nürnberg und Regensburg hatten zu dieser Zeit jedoch eine wirtschaftlich bedeutendere Stellung. So wurde die erste Börse in Bayern 1540 in Augsburg gegründet, im selben Jahr entstand auch in Nürnberg ein Wertpapierhandelsplatz. Die Bayerische Börse mit Sitz in München ging erst im Jahr 1935 aus einer Fusion der Münchener und der Augsburger Börse hervor.

Sofern Finanzdienstleistungen in München existierten, dienten diese zur Deckung des Bedarfs des Hofes. Entsprechend herrschte bis in die Mitte des 19. Jahrhunderts die interne Selbstfinanzierung vor: Kleine Gewerbetreibende, vor allem Handwerker, erweiterten ihre traditionellen Betriebe und Werkstätten zu industriellen Fabriken überwiegend aus laufenden Einnahmen. Externe Finanzierungsmöglichkeiten beschränkten sich für Unternehmer in der Regel auf Einlagen oder Kredite von Verwandten, Freunden oder aus Kleinstkrediten (WAGNER-BRAUN 2007). Erst mit der Gründung von Privatbanken (z. B. die des Bankhauses Merck Finck im Jahr 1870) in der zweiten Hälfte des 19. Jahrhunderts verbesserten sich die externen Finanzierungsmöglichkeiten der Unternehmen:

> „Das was die Privatbanken früher gemacht haben, nennt man heute Private Equity. Also man hat sich damals an jungen Unternehmen beteiligt. Man stand denen als persönlich haftender Bankier mit Kapital zur Verfügung. Das hat man damals gemacht, man stand den Firmen mit unternehmerischem Wissen und Kapital zur Verfügung. Und das war eine erfolgreiche Geschichte." (Niederlassungsleiter einer Privatbank im Herbst 2009)

Mit der einsetzenden Industrialisierung, in deren Rahmen es zu einer intensiven Ausweitung des Wohnungsbaus und damit zu einer kontinuierlichen Bedeutungszunahme des Hypothekengeschäftes kam, erfuhr die Bankenindustrie deutliche Wachstumsimpulse (JUNGMANN-STADLER 1988).

In den Jahren nach dem Zweiten Weltkrieg etablierten sich in München moderne Wachstumsbranchen und Forschungseinrichtungen. Unternehmen aus den Bereichen der Mikroelektronik oder der Luft- und Raumfahrttechnik

Foto 1*: Die Briennerstraße in München, wichtiger Standort des Finanzsektors in Bayern (Quelle: Eigene Aufnahme)

beschäftigten überdurchschnittlich viele qualifizierte Arbeitnehmer. Gerade der hohen Wissenschaftskonzentration wurde eine entscheidende Bedeutung für die ökonomische Modernisierung des Freistaats beigemessen (Deutinger 2001; vgl. auch Haas 1991). Auf politischer Ebene war man sich der Bedeutung des Ausbaus der wissenschaftlich-technischen Infrastruktur bewusst. Diese besondere Ausprägung des Verhältnisses von Wirtschaft und Politik wird auch als „Isar-Kapitalismus" tituliert (vgl. LFA 2001, 69). Bezeichnend hierfür waren die politisch unterstützten Umsiedlungen großer deutscher Industrie- und Versicherungsbetriebe nach München. 1954 verlegte die Allianz aus Motiven der Rechtssicherheit und aufgrund langjähriger Beziehungen zur Münchener Rückversicherungsgesellschaft ihren Sitz von Berlin nach München. Ähnliche Rahmenbedingungen führten dazu, dass sich die meisten deutschen Banken und Zentralinstitute in Frankfurt am Main ansiedelten. Dort dienten die Gründungen der Kreditanstalt für Wiederaufbau (KfW) und der Bank deutscher Länder als Kristallisationspunkt für die Entwicklung der Bankenbranche (Holtfrerich 1999; vgl. auch Grote 2008). Demnach ist die Herausbildung eines starken Versicherungsstandortes in München und eines nationalen Bankenplatzes in Frankfurt vor dem Hintergrund der politischen Umbrüche nach dem Zweiten Weltkrieg zu sehen.

Insgesamt betrachtet macht die Entwicklung der Finanzindustrie in München den wechselseitigen Zusammenhang zwischen Finanzplatzentwicklung und wirtschaftlichem Wachstum in der Region deutlich. Zunächst stellten die ersten Bankhäuser einen Standortvorteil in der dynamisch wachsenden Großstadt dar. Später gab die dynamische Münchener Wirtschaft der Finanzindustrie Impulse und erzeugte Nachfrage nach immer differenzierteren Finanzdienstleistungen. So ist auch die Intensivierung der Auslandsaktivitäten des Münchener Kreditwesens eng an die wachsende Exporttätigkeit der bayerischen Wirtschaft gekoppelt: Um die Auslandsengagements der inländischen Firmenkundschaft zu begleiten und neue Märkte zu erschließen wurden internationale Niederlassungen aufgebaut. Die regionalen Banken sahen sich in erster Linie als Partner der einheimischen Wirtschaft (Reuss 1994).

Zu ersten Brüchen dieser Kohärenz zwischen dem Münchener Bank- und Kreditgewerbe und der ortsansässigen Wirtschaft kam es in den 1970er-Jahren. Mit Ende des Bretton-Woods-Systems wurden verstärkt Kurssicherungsgeschäfte notwendig (sogenannte *Futures* oder *Forwards*). Dadurch angestoßen entwickelten sich weitere derivative Finanzprodukte. Es etablierten sich wertpapierunterlegte Finanzierungsformen, die eine Alternative zum klassischen Bankkredit darstellten. Indessen führte die Ölkrise zu einem Rückgang des inländischen Kreditgeschäftes. Dies erforderte eine stärkere Expansion im Ausland, um den Wachstumskurs fortsetzen zu können. Insbesondere die privaten Geschäftsbanken reduzierten in der Folge ihre Kreditvergabe in Bayern. Gleichzeit stiegen Darlehen, die von den Filialen ausländischer Banken vergeben wurden, rapide an (LZB 2001). In der gleichen Zeit profilierte sich München auch als Deutschlands bevorzugter Standort von Beteiligungs- und Risikokapitalgesellschaften (Zademach & Haas 2008; Klagge & Peter 2009).

3.2 Zur Entwicklung der Biotechnologieindustrie in München

Im Vergleich zu dem etwas zögerlichen Aufstieg als Finanzstandort kann die Entwicklung der Biotechnologieindustrie in München als Erfolgsgeschichte für diesen Wirtschaftszweig in den letzten zwanzig Jahren in Deutschland insgesamt angesehen werden. Am Standort Martinsried im Münchener Süden (Foto 2) konzentriert sich ein Großteil der in München ansässigen Unternehmen der Branche. Der Ursprung dieses Clusters ist in der Zusammenlegung von drei Forschungsinstituten der Max-Planck-Gesellschaft zu einem biowissenschaftlichen Zentrum und der Eröffnung des Universitätsklinikums Großhadern in der ersten Hälfte der 1970er-Jahre zu suchen. Die Bündelung von Forschungseinrichtungen und klinischer Expertise zogen 1984 die Ansiedlung des Genzentrums, des Max-Planck-Instituts für Neurobiologie und in den Folgejahren der Fakultäten für Chemie, Pharmazie und Biologie der Ludwig-Maximilians-Universität München (LMU) nach sich. Mittlerweile konzentriert die Region über 50 KMUs und Forschungsinstitute. Knapp die Hälfte spezialisierte sich auf die Entwicklung medizinischer Therapeutika und Diagnostika. Daneben finden sich Hersteller biotechnologischer Geräte und Reagenzien sowie Unternehmen aus den Bereichen DNA- / Protein (Zademach & Rimkus 2009, 422).

Wie eigene Untersuchungen zeigen, erfuhren die Standorte Berlin und München seit 1996 – also dem Jahr, in dem erstmals Standorte im Rahmen des vom Bundesministerium für Bildung und Forschung (BMBF) ausgelobten Bio-Regio-Wettbewerb ausgezeichnet wurden – die an der Zahl der Unternehmen

Foto 2*: Martinsried, Biotechnologiecluster im Süden Münchens
(Quelle: Gemeinde Planegg)

gemessene größte Wachstumsdynamik aller Biotechnologiecluster in Deutschland. Die dynamische Entwicklung der Biotechnologie in München fußt dabei zunächst vor allem auf Impulsen der öffentlichen Hand: Der Förderdatenbank des BMBFs zufolge entfielen auf den Standort München bis 2003 insgesamt 24,4 Mio. Euro und damit mehr als ein Drittel aller Zuschüsse, die seitens des Bundes an private Biotech-Unternehmen ausgeschüttet wurden; hinzu kommen Fördermittel, die in Forschungseinrichtungen und staatliche bzw. halbstaatliche Einrichtungen flossen. So heben befragte Experten vor allem die in München ansässige Max-Planck-Innovation GmbH (MPI) als ein Erfolgsmodell hervor – der Haushalt der Max-Planck-Gesellschaft wird zu über 80 % aus Mitteln von Bund und Ländern finanziert. Diese Gesellschaft ist für den Technologietransfer der deutschlandweit derzeit 78 Institute der Grundlagenforschung, darunter die Max-Planck-Institute für Biochemie und Neurobiologie in Martinsried, verantwortlich. Mithilfe des sogenannten *Scoutings*[3] von Forschungsleistungen auf deren kommerzielle Verwertbarkeit schafft die MPI einen fließenden Übergang zwischen der autonomen Grundlagenforschung und der anwendungsorientierten Entwicklung marktfähiger Leistungen.

Ähnlich wurde bereits 1997, nach erfolgreicher Teilnahme Münchens am BioRegio-Wettbewerb, die BioM AG für eine aktive Vernetzung der Biotechnologieakteure gegründet. Sie (bzw. ab 2006 die BioM Biotech Cluster Development GmbH) bietet Veranstaltungen wie Fachvorträge, Stammtische, Crash-Kurse für betriebswirtschaftliches und biotechnologisches Basiswissen an bzw. dient als zentrale Anlaufstelle bei der Vermittlung geeigneter Kooperationspartner sowie Fragen rund um die BioTech-Region München. Zudem nimmt die BioM die Rolle eines zentralen Vermittlers zwischen Biotechnologieunternehmen und externen Kapitalgebern ein. Aufgrund des hohen Risikos in der Vermarktung der Ergebnisse biotechnologischer Forschung stehen in der Branche eigenka-

3 In diesem Verfahren sichern wissenschaftliche Fachbeiräte, bestehend aus internationalen Experten, die sinnvolle Verwendung öffentlicher Fördergelder. Führt das Scouting zum Erfolg, werden Lizenzeinnahmen zwischen der Max-Planck-Gesellschaft, dem involvierten Institut und dem Erfinder paritätisch aufgeteilt.

pitalbasierte Finanzierung, also Venture Capital, Private Equity oder Mezzanine Capital, gegenüber Fremdkapital (z. B. Bankkredite) im Vordergrund.

Laut einschlägigen Quellen – hierbei handelt es sich in erster Linie um die BioCom-Datenbank, vervollständigt und ergänzt mit Informationen aus Branchenmagazinen (z. B. Venture Capital, Transkript oder Going Public), anderen Datenbanken (Venture Economics) und Pressemitteilungen – wurden im gleichen Betrachtungszeitraum wie zuvor (1996 – 2003) Beteiligungen im Höhe von insgesamt 1,17 Mrd. Euro mit Biotechnologieunternehmen aus München eingegangen. Dieser Betrag entspricht 54 % der insgesamt von Investoren an den neun wichtigsten Biotechnologiestandorten in Deutschland investierten Mittel, an der Zahl der Transaktionen gemessen 49 % (vgl. HÄUSSLER & ZADEMACH 2007, 272). Zahl und Höhe der Beteiligungen liegen damit drei- bis fünfmal so hoch wie an den anderen führenden deutschen Biotechnologiestandorten (neben Berlin sind dies die Regionen Rhein-Ruhr und Heidelberg), die Höhe der Fördermittel des Bundes wird damit sogar fast um das Fünfzigfache übertroffen.

Insgesamt veranschaulicht die Entstehung der Biotechnologieindustrie in München damit sehr deutlich, wie eng staatliche Initiativen und von Finanzinvestoren getragene Entwicklungsprozesse miteinander verknüpft sind. Wie auch in Abschnitt 4 unten noch ausführlicher diskutiert, waren am Standort vorhandene Kompetenzen aus verwandten Technologiefeldern, die z. B. bei den Qualifikationserfordernissen der Mitarbeiter ausgeprägte Bezüge zur Biotechnologie aufweisen (v. a. Medizintechnik sowie Nahrungsmittel- und feinmechanische Industrie) mit ausschlaggebend für die erfolgreiche Entwicklung der Branche und das Engagement der Investoren.

3.3 Zur Entwicklung der Film- und Fernsehwirtschaft in München

In der Entwicklung Münchens zu einer mit Hamburg, Köln und Berlin führenden Medienstadt in Deutschland ist zunächst erneut staatlichen Einflüssen ein maßgeblicher Beitrag zuzusprechen. Die bayerische Landeshauptstadt ist heute einerseits wichtiger Standort im Bereich der Printmedien (inzwischen nach New York sogar zweitgrößter Verlagsstandort weltweit); daneben hat sie eine lange Tradition in der Herstellung audiovisueller Erzeugnisse vorzuweisen.

Bereits 1919 wurden die ersten Filmstudios am Geiselgasteig im Münchener Süden gebaut. Diese überstanden den zweiten Weltkrieg weitgehend unbeschadet, sodass hier 1949 bereits wieder eigenständig Filme produziert wurden, was früh zur Entwicklung des speziellen Know-hows am Standort beitrug. Die Entwicklung des Medienstandorts München ist aber vor allem eng mit den öffentlich-rechtlichen Sendern verbunden, die mit der Einführung des Gemeinschaftsprogramms und der zeitgleichen Gründung des Bayerischen

Rundfunks 1954 die grundlegenden Strukturen gelegt haben. Da die Aktivitäten der öffentlich-rechtlichen Sender durch Gebühreneinnahmen finanziert werden und sich deren Verteilungsschlüssel an der Bevölkerungszahl der einzelnen Bundesländer orientiert, verfügt Bayern nach Nordrhein-Westfalen über die höchsten Einnahmen. Im Gegenzug sind die Anstalten verpflichtet einen entsprechenden Beitrag zum Gemeinschaftsprogramm der ARD zu leisten, weswegen sich in Bayern bereits sehr früh starke Strukturen im Vergleich zu anderen Bundesländern entwickelt haben (vgl. Mossig 2004b).

Die Gründung des ZDFs in den 1960er-Jahren, das im Gegensatz zu der ARD wegen der geringeren Finanzmittelausstattung verstärkt auf die Vergabe von Auftragsproduktionen an freie Produzenten zurückgriff, hat die bereits in München vorhandene Produktionswirtschaft in ihrer Entwicklung weiter befördert. Gleichzeitig hat sie dem Aufstieg des Medienunternehmers Leo Kirch den Weg bereitet, der in der Folgezeit den Standort München und insbesondere die Vorortgemeinde Unterföhring (Foto 3) maßgeblich prägen sollte. Ende der 1950er-Jahre stieg Kirch in den Zwischenhandel mit Filmen und Filmrechten ein und gründete in München Vertriebsgesellschaften, deren Hauptkunden zu Beginn die ARD und später in weit größerem Ausmaß das ZDF wurde. Aufgrund guter Kontakte zu den Hollywood-Studios gelang es Kirch, seine Filmbibliothek auszubauen und den wachsenden Bedarf an Spielfilmen der beiden deutschen Fernsehprogramme zu decken. Neben dem Filmrechtehandel stieg Kirch auch in das (Ko-) Produktionsgeschäft ein, um sich die deutschen Rechte an internationalen Filmen und TV-Serien frühzeitig zu sichern (Gehring 2003). Kirch konnte auf diese Weise zu dem dominierenden Programmlieferanten der öffentlich-rechtlichen Rundfunkanstalten aufsteigen.

Foto 3*: Die Medienallee in Unterföhring (Quelle: Gemeinde Unterföhrung)

In den 1980ern eröffneten sich Kirch durch die Liberalisierung des deutschen Fernsehmarktes neue Absatzmärkte. Aus diesem Grund beteiligte er sich schon früh an den neuen Marktteilnehmern. So war Kirch 1984 eines der drei Gründungsmitglieder von Sat1 in Berlin. In München gründete er über seinen Sohn Thomas Kirch Ende der 1980er-Jahre den Sender ProSieben, dem später noch der Kabelkanal bzw. Kabel1 als Zweitverwertungskanal und das Deutsche Sport Fernsehen (DSF) folgten. Auch in dieser Zeit wurde die Entwicklung der Film- und Fernsehlandschaft von der politischen Ebene forciert, da die bayerische Landesregierung unter Franz-Josef Strauß das Wachstumspotenzial der Branche erkannt hatte und z. B. mit der Einrichtung des FilmFernsehFonds Bayern, diversen Filmpreisen oder später auch dem Cluster Audiovisuelle Medien ein entsprechendes Förderumfeld schuf. Wie bekannt und an anderer Stelle ausführlicher dokumentiert (ZADEMACH 2009), sollte dem Aufstieg der Kirch-Gruppe zu einem der größten Medienimperien weltweit – am Höhepunkt zählte die Gruppe 150 Unternehmenseinheiten, der Unternehmenswert wurde mit 5,6 Mrd. Euro beziffert – im Jahr 2002 die bis dato größte Unternehmenspleite in der deutschen Geschichte folgen, mit erheblichen Auswirkungen für die gesamte Branche.[4]

Da sich ein Großteil der Banken aufgrund der hohen Verluste im Rahmen der Kirch-Insolvenz zunächst gänzlich aus dem Film- und Fernsehgeschäft zurückzog, kam es während der sogenannten Kirch-Krise deutschlandweit zu einer drastischen Umwälzung der Finanzierungspraxis. Im Zuge dessen weitete sich im vormals engen, vornehmlich auf sich selbst ausgerichteten Netzwerk der Münchener Film- und Fernsehwirtschaft (vgl. hierzu auch BATHELT & GRÄF 2008) die Präsenz von privaten, zunehmend ausländischen Investoren aus. Dazu zählen allen voran der US-amerikanische strategische Investor Haim Saban, der Teile der ehemaligen Kirch-Gruppe erwarb, um sie 2006 wieder an die beiden Private Equity-Gesellschaften KKR und Permira zu veräußern, und eine Horde weiterer internationaler Beteiligungsgesellschaften. Daneben nutzten ehemalige Führungskräfte aus dem Kirch-Konzern ihr während der Boomjahre angehäuftes Vermögen dazu, kreative Projektideen im technologieintensiven Zweig der Branche voranzutreiben.

Das Engagement ausländischer Investoren zog in der gesamten Medienwirtschaft in München eine stärkere internationale Orientierung und damit einer Intensivierung der externen Clusterdimension nach sich. Der Anstieg von mit internationalen Partnern durchgeführten Koproduktionen und -finanzierungen und die Einführung von neuen Management- und Reportingsystemen

4 Die Ursachen für die Insolvenz des Kirch-Konzerns lagen hauptsächlich in der hohen Verschuldung der Unternehmensgruppe. Die Expansionsstrategie führte zu einem enormen Kapitalbedarf, der aus dem fortlaufenden operativen Geschäft nicht gedeckt werden konnte und somit über Kredite finanziert werden musste. Vor allem das Engagement im Pay-TV-Bereich erwies sich als sehr kostspielig, da Kirch nach der untersagten Kooperation mit Bertelsmann im Alleingang versuchte, das Bezahlfernsehen in Deutschland zu etablieren.

oder Englisch als Unternehmenssprache sind ebenso wie die besonders bei der jüngeren Generation von Filmschaffenden und Gründern zwischenzeitlich gegebene Offenheit für Beteiligungslösungen in der Unternehmensfinanzierung Ausdruck dieses Erneuerungsprozesses und der Öffnung des Clusters nach außen. Heute wird München innerhalb der Branche als der führende deutsche Standort im Technologiebereich angesehen, also im Segment IP-TV sowie auch bei Computer- und Videospielen. Nicht zuletzt führte dieses Wiedererstarken dazu, dass sich inzwischen auch die lokalen Banken mit neu entwickelten Produkten und Lösungen wieder vermehrt dem audiovisuellen Sektor zuwenden. Zu diesen neuen Angeboten zählt das sogenannte Patronatsmodell, bei dem Banken nicht nur als Intermediäre von Finanzmitteln agieren, sondern Absolventen der Film- und Fernsehhochschule auch mögliche Geschäftspartner vermitteln.

4 Synthese und Entwurf einer Branchengenealogie für den Standort München

Die ausgeführten Beobachtungen über den Finanzsektor, die Biotechnologiebranche und die Medienwirtschaft in München haben die unterschiedlichen Rollen aufgezeigt, die die Akteure und Praktiken der Finanzindustrie und ihre Beziehungen zu produzierenden Unternehmen und Dienstleistern aus anderen Wirtschaftzweigen einnehmen können. Dabei machte die Entwicklung Münchens zu einem Finanzplatz, dessen Schwerpunkte heute in Versicherungswirtschaft und Beteiligungskapital liegen, zunächst die enge wechselseitige Abhängigkeit zwischen regionalem Wirtschaftswachstum und dem Erstarken des lokalen Finanzsektors deutlich. In München erfuhr diese Kohärenz wie dargelegt zwischenzeitlich einen Bruch; heute zeichnet sich jedoch wieder eine recht ausgeprägte Korrespondenz zwischen örtlicher Wirtschaft und Finanzindustrie ab. Diese erneute Annäherung steht in einem engen Zusammenhang mit der Bedeutungszunahme von Finanzierungslösungen mittels Beteiligungskapital und dem damit verbundenen Wissenstransfer zwischen Kapitalgebern und -nehmern – dafür liefert die separate Betrachtung des Finanzsektors ebenso deutliche Hinweise wie sie sich aus Perspektive der beiden anderen diskutierten Branchenbeispiele ergeben.

Das Beispiel Biotechnologie hat darüber hinaus illustriert, wie stark die Intentionen der öffentlichen Hand von den Handlungen von Finanzdienstleistern überlagert werden. Im Fall Münchens war das Kräftefeld zwischen Finanzsektor und Staat offensichtlich für das Entstehen des neuen Technologiefelds vorteilhaft gelagert. Allerdings sind hier auch gegenläufige Konstellationen denkbar,

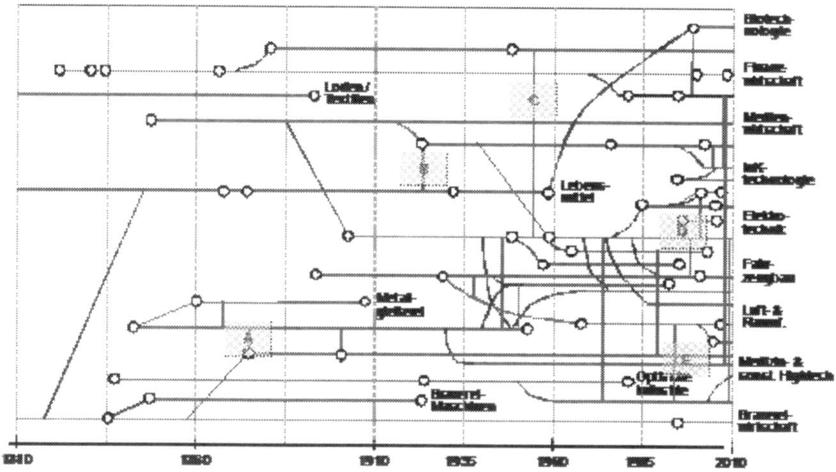

Abb. 2*: Entwurf einer Branchengenealogie am Standort München (Quelle: eigene Darstellung)

das Vorzeichen der Resultierenden lässt sich folglich nicht eindeutig vorherbestimmen, sondern wird immer abhängig vom jeweiligen Kontext bleiben. Das zeigen auch die aktuellen Bemühungen um Re-Regulierung der Finanzindustrie. Auch die Entwicklung der Münchener Film- und Fernsehwirtschaft umfasst entsprechend sowohl Phasen, in der politische Einflussnahme und Handeln der Finanzindustrie in Einklang stehen, als auch dissonante Phasen, so z. B. während des Insolvenzverfahrens der Kirch-Gruppe. Trotz Mitwirken von Regierungsvertretern gelang es hier nicht, die zunächst angestrebte „deutsche Lösung" zu verwirklichen. Während der anschließenden Krisenphase waren es dann v. a. die neuen Spieler aus der Finanzbranche, die dieses Vakuum füllten und zur Erneuerung des Clusters beitrugen. Das Aufbrechen und die Rekonfiguration vormals verkrusteter Netzwerke, also mit Raum für neue Marktchancen, Geschäftsideen und Marketingstrategien, sprich mit eingeschlagenen Entwicklungspfaden zu brechen und neue Wege und Kreuzungen zu eröffnen, stellt damit ein weiteres Merkmal dar, das für das Zusammenspiel zwischen Branchenentwicklung und Finanzbeziehungen bezeichnend ist.

Die Münchener Wirtschaftslandschaft gibt vor dem Hintergrund dieser Erkenntnisse eine Vielzahl von Momenten preis, in denen Kapitalbeziehungen die entscheidenden Wegmarken für neu eingeschlagene Pfade bzw. Formen der Marktbearbeitung waren. Die im Folgenden gegebene Auswahl mag dies illustrieren. Zusätzlich entwirft Abbildung 2 auf Grundlage dieser und weiterer Unternehmensgeschichten eine Genealogie wichtiger Branchen am Standort München. Die hier ausgeführten Kreuzungen sind in der Abbildung mittels der verwendeten Buchstaben kenntlich gemacht.

- A: Die heute im Bereich der Industriegasproduktion führende Linde AG geht auf die „Gesellschaft für Lindes Eismaschinen Aktiengesellschaft“ zurück. Diese Gesellschaft wurde von Carl von Linde im Jahr 1879 aufgrund der Nachfrage der Brauereiwirtschaft gegründet. Das wesentliche Kapital kam aus dem im Schienenfahrzeugbau erwirtschaften Vermögen von Georg Ritter Krauss (Krauss-Lokomotiven).
- B: Der Bayerische Rundfunk entstand aus der 1922 gegründeten „Deutschen Stunde in Bayern, Gesellschaft für drahtlose Belehrung und Unterhaltung“. Einer der Gründer und Kapitalgeber dieser Gesellschaft war Robert Riemerschmid. Er erfand 1910 den Kräuterlikör Escorial und führte die Unternehmensgruppe Riemerschmid, die auf der Münchener Praterinsel Weinbrände, Liköre und Essig herstellte (heute Teil der Underberg-Gruppe).
- C: Die Expansion und Diversifikation der Siemens AG in der Nachkriegszeit wurde maßgeblich von Münchener Rück und Allianz getragen. Beide Versicherungsgesellschaften zählten lange Zeit zu den wichtigsten Anteilseignern des heute in über 190 Ländern vertretenen Konzerns. Siemens hatte 1949 die Zentrale von Berlin nach München und Erlangen verlegt. In den 1950er-Jahren stieg Siemens in die Datenverarbeitung und die Produktion von Halbleitern ein, auch die Sparten Konsumgüter (Hausgeräte) und Medizintechnik (Herzschrittmacher) wurden in dieser Zeit ausgebaut.
- D: Um im Bereich EDV-Technik wettbewerbsfähig zu bleiben, erwarb Siemens 1990 einen Mehrheitsanteil an der Nixdorf Computer AG in Paderborn. Sämtliche Forschungs- und Entwicklungsaktivitäten wurden nach München verlegt. 1999 gliederte der Konzern die aus der Akquisition hervorgegangene Siemens Nixdorf Informationssysteme AG (sie firmiert heute als Wincor Nixdorf International AG) wieder aus. Lediglich die PC-Sparte wurde in die Fujitsu Siemens Computer GmbH integriert.
- E: Ein Meilenstein der Münchener Medizintechnik ist der mithilfe des Flugzeugherstellers Dornier in den 1970er-Jahren entwickelte Nierensteinzertrümmerer. Dieses Gerät arbeitet mit gebündelten Stoßwellen von außerhalb des Körpers (Stoßwellenlithotripsie), was in der bis dato chirurgisch vorgenommenen Zertrümmerung von Harnsteinen eine Revolution darstellt. 1980 kam es im Klinikum Großhadern zum ersten Mal zum Einsatz. Dornier machte aus dem Produkt ein eigenes Geschäftsfeld am ehemaligen Dornier-Standort Oberpfaffenhofen.

Die Beispiele verdeutlichen das Ausmaß, in dem das Kapital ortsansässiger Unternehmer und Finanzdienstleiter zum Erschließen neuer Technologiefeldern und damit zur Diversifizierung der Münchener Wirtschaft beitrug. Im Lauf der Zeit haben dabei auch einzelne Wirtschaftszweige, die für den Standort einmal prägend waren, ihre Bedeutung verloren oder sind gänzlich verschwunden. Dazu zählt beispielsweise die einst im Fahrwasser des Lokomotivenbaus von Krauss, Maffei und weiteren Herstellern blühende Gießereiindustrie; so unterhielt z. B. die Firma Kustermann einst ein mehrere Hektar großes Fabrikgelände für die Eisengießerei, heute steht auf dem Gelände ein Bürokomplex. Auch die Lebensmittelbranche (z. B. Pfanni, Kathreiner), die optische Industrie (Agfa, Rodenstock) oder jüngst die Herstellung von Mobilfunkgeräten (Siemens, heute BenQ) haben ihre Rolle als ehemals große Arbeitgeber eingebüßt. Dabei lassen sich in der optischen Industrie, ähnlich wie in den beiden zuvor ausführlich diskutierten Bereichen Medien und Biotechnologie, erneut zahlreiche Hinweise darauf finden, wie groß die Bedeutung von Beteiligungskapital im Rahmen der Umstrukturierung der Branchen ist; überlebt haben hier im Wesentlichen nur medizintechnische Anwendungen.

Insgesamt gesehen stehen Investitionen von Unternehmen und Finanzintermediären in der Wirtschaftsgeschichte Münchens also regelmäßig in einem engen Verbund mit technischen Neuerungen. Politisch überlagert haben sie wesentlich dazu beigetragen, dass sich neue Technologien durchsetzen konnten. Damit leisten finanzwirtschaftliche Prozesse offensichtlich ein deutliches Mehr als nur die Hilfsfunktion, die ihnen in der eingangs aufgezeigten traditionellen Sichtweise zugesprochen wird: Das Kapital und die Beteiligungen ortsansässiger Unternehmen waren in München stets zentral dafür, dass auf der einen Seite die Schrumpfung oder das Verschwinden vormals prosperierender Wirtschaftszweige substituiert und auf der anderen Seite neue Wachstumsfelder innerhalb nach wie vor bedeutender Branchen erschlossen werden konnten.

5 Schlussbetrachtung

Der vorliegende Beitrags hatte zum Inhalt, die unterschiedlichen Rollen von Kapitalbeziehungen und Finanzflüssen im Kontext regionaler Wirtschaftsentwicklung vor dem Hintergrund kontroverser Sichtweisen auf den Finanzsektor zu diskutieren und in ihrem Zusammenspiel mit Wissens- und Lernprozessen empirisch aufzuklären. Die am Fallbeispiel München gesammelten Beobachtungen lassen die Entwicklung von Wirtschaftzweigen und damit verbunden regionalen Ökonomien zunächst allgemein als Ergebnis eines Prozesses erkennen, in dem sich verschiedene Faktoren überlagern: erstens Technologiepfade, zweitens politische Rahmungen mit unterschiedlichen Vorzeichen und drittens die Möglichkeiten und Grenzen, die sich aus der Liquidität der Unternehmen und unter dem Einfluss von Anteilseignern und Beteiligungsgesellschaften ergeben.

Zusätzlich weisen die diskutierten Branchenbeispiele erstens darauf hin, dass Finanzbeziehungen für die Entwicklung einer Branche vor allem in zwei Entwicklungsstufen prägend sind, nämlich zum einen während der Wachstumsphase wie im Fall der Biotechnologie und zum anderen im Rahmen von Restrukturierungsprozessen nach der Reifephase wie in Film- und Fernsehwirtschaft und optischer Industrie. Zweitens zeigen die Beobachtungen die zentrale Rolle von technischem Know-how und technologischer Nähe in Investitionsentscheidungen. Neue Marktchancen für Unternehmen und Investoren können sich diesbezüglich im Rahmen von technologisch konvergenten Entwicklungen wie im Beispiel der Stoßwellentechnik ergeben. In der Münchener Geschichte flossen Investitionen jedoch vor allem in sich trennende Technologiepfade, so wie in Lebensmittelindustrie, Feinmechanik und Biotechnologie oder in die audiovisuellen Medien und die Spieleindustrie (weitere, an dieser Stelle nicht weiter ausgeführte Belege lassen sich im Bereich Krafträder- / Fahrzeugbau mit Wurzeln in der Flugmotorenherstellung oder in Solarenergie und Elektrotechnik finden).

Auf diese Art und Weise haben zunächst ortsansässige Unternehmer, vermögende Privatpersonen und Banken, in jüngerer Zeit vermehrt auch ausländische Finanzakteure wiederholt neue Wachstumsfelder erschlossen und die Branchenlandschaft stetig erneuert und rekonfiguriert. Vor diesem Hintergrund lassen sich Kapitalbeziehungen als ein Motor der Intermediation von Technologien und Wissen innerhalb und zwischen Branchen verstehen, und damit als wesentlicher Treiber der Diversifizierung regionaler Ökonomien. Wie gezeigt hinterlassen diese Beziehungen Spuren – Spuren, die vermutlich weitere Einblicke in die Wirkungszusammenhänge und Zeitlichkeiten regionaler Entwicklungsprozesse gewähren, die es sich also weiter zu verfolgen lohnt.

Literatur

Bathelt H. & Gräf A. (2008): Internal and external dynamics of the Munich film and TV industry cluster, and limitations to future growth. In: Environment and Planning A, 40: 1944 – 1965.

Bathelt H., Malmberg A. & Maskell P. (2004): Clusters and knowledge: local buzz, global pipelines and the process of knowledge creation. In: Progress in Human Geography, 28: 31 – 56.

Beaudry C. & Schiffauerova A. (2009): Who's right, Marshall or Jacobs? The localization versus urbanization debate. In: Research Policy, 38(2): 318 – 337.

Cooke P. (2008): Jacobian Cluster Emergence: Wider Insights from ‚Green Innovation' Convergence on a Schumpeterian ‚Failure'. Paper presented at the Workshop on ‚Emerging Clusters. Theoretical, Empirical and Political Aspects of the First Stage of Cluster Evolution', Jena, 26.–28. Juni.

Deutinger S. (2001): Vom Agrarland zum High-Tech-Staat. Zur Geschichte des Forschungsstandorts Bayern 1945 – 1980. München.

DURANTON G. & PUGA D. (2000): Diversity and Specialisation in Cities: Why, Where and When Does it Matter? In: Urban Studies, 37(3): 533–555.

ENGELEN E., KONINGS M. & FERNANDEZ R. (2008) The rise of activist investors and patterns of political responses: lessons on agency. In: Socio-Economic Review, 6: 611–636.

EPSTEIN G. A. (ed.) (2005): Financialization and The World Economy. Cheltenham.

FROUD J. & WILLIAMS K. (2007): Private equity and the culture of value extraction. In: New Political Economy, 12: 405–420.

GEHRING R. (2003): Aufstieg und Fall der Kirch-Gruppe. Eine institutionenökonomische Erklärung. Köln. (= Arbeitspapiere des Instituts für Rundfunkökonomie an der Universität zu Köln, Band 171)

GLASSMANN U. (2008): Beyond the German model of capitalism: unorthodox local business development in the Cologne Media industry. In: European Planning Studies, 16: 465–486.

GLÜCKLER J., ZADEMACH H.-M., HAMMER I., HANDKE M., FRÖLICH F. & LATZKE P. (2008): Dienstleistungsstandort Bayern. Eichstätt / Heidelberg / München.

GROTE M. (2008): Foreign banks' attraction to the financial centre Frankfurt: an inverted 'U'-shaped relationship. In: Journal of Economic Geography, 8(2): 239–258.

HAAS H.-D. (1991): München – Zentrum technologieorientierter Industrien im Süden Deutschlands. In: Brücher W. et al. (Hrsg.): Studien zur Internationalen Schulbuchforschung. Braunschweig, 175–198. (= Schriftenreihe des Georg-Eckert-Instituts Braunschweig, Bd. 70.)

HALL S. & APPLEYARD L. (2009): ‚City of London, City of Learning'? Placing business education within the geographies of finance. In: Journal of Economic Geography, 9(5): 597–617.

HÄUSSLER C. & ZADEMACH H.-M. (2007): Cluster Performance reconsidered: Structure, Linkages and Paths in the German Biotechnology Industry, 1996–2003. In: Schmalenbach Business Review, 59: 261–281.

HIRSCHMAN A. (1958): The Strategy of Economic Development. New Haven.

HOLTFRERICH C.-L. (1999): Finanzplatz Frankfurt. Von der mittelalterlichen Messestadt zum europäischen Bankenzentrum. München.

IBERT O. (2007): Towards a Geography of Knowledge Creation: The Ambivalences between „Knowledge as an Object" and „Knowing in Practice". In: Regional Studies, 41: 103–114.

JACOBS J. (1969): The Economy of Cities. New York.

JUNGMANN-STADLER F. (1988): Hypo und Sparkassen im 19. Jahrhundert. In: Zeitschrift für bayerische Sparkassengeschichte, 2: 131–170.

KARREMAN B. (2009): Financial Geographies and Emerging Markets in Europe. In: Tijdschrift voor Economische en Sociale Geografie, 100: 260–266.

KEUPER F. (2002): Convergence-based View – Ein strategie-strukturationstheoretischer Ansatz zum Management der Konvergenz digitaler Erlebniswelten. In: Keuper F. (Hrsg.): Electronic Business und Mobile Business – Ansätze, Konzepte und Geschäftsmodelle. Wiesbaden, 603–654.

KLAGGE B. (2009): Finanzmärkte, Unternehmensfinanzierung und die aktuelle Finanzkrise. In: Zeitschrift für Wirtschaftsgeographie, 53(1–2): 1–13.

KLAGGE B. & PETER C. (2009): Wissensmanagement in Netzwerken unterschiedlicher

Reichweite. Das Beispiel des Private Equity-Sektors in Deutschland. In: Zeitschrift für Wirtschaftsgeographie 53(1 – 2): 69 – 88.

Leyshon A. & Thrift N. (2007): The capitalization of almost eveything. The future of finance and capitalism. In: Theory, Culture and Society, 24: 97 – 115.

LfA (LfA Förderbank Bayern) (2001): Chronik: 50 Jahre LfA Förderbank Bayern. München.

LH München (Landeshauptstadt München) (2005): München. Stadt des Wissens. München.

Lütz S. (1998): Wenn Banken sich vergessen... Risikoregulierung im internationalen Mehr-Ebenen-System. Köln. (=MPIfG Discussion Paper 98/5)

LZB (Landeszentralbank im Freistaat Bayern) (2001): Kräftiger Anstieg der Auslandskredite bayerischer Banken. In: Fakten und Hintergründe zu Wirtschaft und Währung, 2/2001. www.bundesbank.de (07.05.2009)

Martin R. (1999): The New ‚Geographical Turn' in Economics: Some Critical Reflections. In: Cambridge Journal of Economics, 23: 65 – 91.

Martin R. (2006): Path Dependence and Regional Economic Evolution. In: Journal of Economic Geography, 6: 395 – 437.

Menzel M.-P. & Fornahl D. (2007): Cluster Life Cycles – Dimensions and Rationales of Cluster Development. Jena. (=Jena Economic Research Papers 2007 – 076)

Mossig I. (2004a): The networks producing television programmes in the Cologne Media Cluster (Germany): New firm foundation, flexible specialisation and efficient decision-making structures. In: European Planning Studies, 12: 155 – 171.

Mossig I. (2004b): Steuerung lokalisierter Projektnetzwerke am Beispiel der Produktion von TV-Sendungen in den Medienclustern München und Köln. In: Erdkunde, 58(3): 252 – 268.

Myrdal G. (1957): Economic Theory & Underdeveloped Regions. London.

NZZ (Neue Zürcher Zeitung) (2007): Die neuen Dunkelmänner. Kritisch beäugte Finanzgesellschaften im Mediensektor. In: Neue Zürcher Zeitung, 24.11.2006.

Owen-Smith J. & Powell W. W. (2004): Knowledge Networks as Channels of Conduits: The effects of spillovers in the Boston Biotechnology Community. In: Organisation Science, 15: 2 – 21.

PE Online (Private Equity Online) (2008): Global news and comment on private equity online. http://www.privateequityonline.com (24.10.2008)

Pike A. (2005): ‚Shareholder value' versus the regions: the closure of the Vaux Brewery in Sunderland. In: Journal of Economic Geography, 6: 201 – 222.

Powell W. W., Koput K., Bowie J. & Smith-Doerr L. (2002): The spatial clustering of science and capital: Accounting for biotech firm-venture capital relationships. In: Regional Studies, 36: 291 – 305.

Reuss H. (1994): Vereinsbank. Das Entstehen einer Bankengruppe. München.

Wagner-Braun M. (2007): Münchens Finanzgewerbe zwischen Staatswirtschaft und Industrialisierung. In: Denzel M. & Pohl H. (Hrsg.): Geschichte des Finanzplatzes München. München, 41 – 90.

Wallisch M. (2009): Der informelle Beteiligungskapitalmarkt in Deutschland. Rahmenbedingungen, Netzwerke und räumliche Investitionsmuster. München. (=Wirtschaft & Raum, Band 17)

Zademach H.-M. (2009): Global Finance and the Development of Regional Clusters:

Tracing Paths in Munich's Film & TV Industry. In: Journal of Economic Geography, 9: 697–722.

Zademach H.-M. & Haas H.-D. (2008): Außenwirtschaftliche Verflechtungen Bayerns. Von vollen Tönen und dem Echo ferner Klänge. In: Geographische Rundschau, 60: 16–23.

Zademach H.-M. & Rimkus M. (2009): Herausforderung Wissenstransfer in Clustern – Neues Wissen vom Biotechnologiestandort Martinsried. In: Zeitschrift für betriebswirtschaftliche Forschung, 61(6): 416–438.

Steffen Angenendt / Eva Hohlfeldt

Zirkuläre Migration – ein Modell für künftige Arbeitsmigration? Erfahrungen und Perspektiven

„Zirkuläre Migration" ist ein schillernder Begriff: Er ist inzwischen in nahezu jedem Dokument der Europäischen Union (EU) zur Migrationspolitik zu finden. Sowohl die Staats- und Regierungschefs der Mitgliedstaaten als auch die EU-Kommission betonen immer wieder, wie wichtig diese Form von Arbeitsmigration sei und dass sie in besonderer Weise gefördert werden müsse. Bei näherer Betrachtung aber verschwimmt der Begriff, und die damit verbundenen Konzepte erweisen sich als wenig konkret. Auf der Suche nach praktischen Beispielen und Umsetzungen dieses Konzeptes wird man kaum fündig. Insgesamt besteht eine erhebliche Diskrepanz zwischen der politischen Debatte über diese Wanderungsform und ihrer bisherigen praktischen Relevanz.

Im Folgenden wird gefragt, warum das so ist. Dazu wird die Entstehungsgeschichte des Konzeptes nachgezeichnet und es wird analysiert, was die beteiligten Akteure darunter verstehen und welche Erwartungen sie damit verbinden. Zudem wird gefragt, welche Aspekte berücksichtigt werden müssen, um das Konzept zum Bestandteil einer umfassenden, kohärenten und nachhaltigen Migrationspolitik zu machen. Da die Debatte über zirkuläre Migration im Kontext der jüngsten Finanz- und Wirtschaftskrise nochmals an Intensität gewonnen hat, wird einleitend beschrieben, welche Auswirkungen diese Krise auf das globale Wanderungsgeschehen hatte und welche migrationspolitischen Trends vor der Krise zu beobachten waren.

1 Auswirkungen der aktuellen Krise

Die jüngste Finanz- und Wirtschaftskrise hat eine nahezu dreißigjährige globale Prosperitätsphase mit einem durchschnittlichen jährlichen Wirtschaftswachstum um 3,4 Prozent beendet (vgl. International Monetary Fund 2009). Mit Ausnahme einiger Staaten Asiens und Lateinamerikas erfuhren viele Weltregionen ihre erste Rezession seit einer Generation. Die lange Wachstumsphase zuvor war durch eine starke Zunahme der weltweiten Wanderungsbewegungen gekennzeichnet. So hatte sich die Einwanderung in die USA von 1980 bis zum Ausbruch der Krise verdreifacht (vgl. GRIECO 2008), in Großbritannien nahm sie zwischen 1994 und 2007 um 21 Prozent zu (vgl. OFFICE FOR NATIONAL STATISTICS 2009), und in Spanien verfünffachte sie sich seit 1997 (vgl. OECD 2008). Die Auswirkungen der Krise auf das internationale Wanderungsgeschehen lassen sich noch nicht genau beziffern, weil die entsprechenden Daten nicht vollständig vorliegen. Gleichwohl lassen sich beim Vergleich der aktuellen Krise mit den beiden früheren großen Wirtschaftskrisen, der Ölpreiskrise der frühen 1970er-Jahre und der Asiatischen Finanzkrise in den 1990er-Jahren, einige generelle Befunde formulieren (vgl. MARTIN 2009; PAPADEMETRIOU & TERRANZAS 2009; PAPADEMETRIOU et al. 2010).

So hat die Ölpreiskrise das Wanderungsgeschehen in Europa grundlegend verändert. Sie läutete das Ende der Ära der Gastarbeiterbeschäftigung ein: Die nord- und westeuropäischen Staaten, die seit Mitte der 1950er-Jahre gering qualifizierte Gastarbeiter aus Südeuropa angeworben hatten, verhängten Anwerbestopps und betrieben eine aktive Rückkehrförderung. Die Unternehmen, die bislang mithilfe dieser Gastarbeiter kostengünstig produziert hatten, reagierten auf die Krise, indem sie die Produktion umstellten, die Investitionen in Automatisierung und Produktivitätssteigerungen erhöhten und arbeitskraftintensive Güterproduktionen in die Herkunftsländer dieser Migranten verlagerten (vgl. ILO 2009a). Mit dem allmählich einsetzenden Wirtschaftswachstum verbesserten sich die dortigen Beschäftigungsmöglichkeiten und die Rückwanderungen nahmen zu. Schließlich verzeichneten auch diese Länder Engpässe bei bestimmten Arbeitskräften und begannen ihrerseits, Arbeitskräfte aus weniger entwickelten Staaten zu importieren. Im Laufe der 1970er und frühen 1980er-Jahre veränderten sich im Zuge dieser Entwicklungen – ausgelöst durch die Ölpreiskrise – die Wanderungsmuster in Europa grundlegend.

Die Asienkrise hingegen hatte grundlegend andere Auswirkungen auf die Wanderungsbewegungen. Auch hier blieben die Folgen zwar weitgehend auf den Kontinent beschränkt, und ähnlich wie bei der Ölpreiskrise ergaben sich Veränderungen der Wanderungsmuster zwischen einzelnen Herkunfts- und Aufnahmeländern. Insgesamt aber blieben die Zahl der Migranten und die Wanderungsmuster in Asien relativ stabil. Der wichtigste Grund hierfür war die starke Abhängigkeit vieler Aufnahmeländer von der Arbeitsmigration. Die meisten Regierungen und Unternehmen sahen keine kurzfristige Möglichkeit, diese Arbeitskräfte durch produktionstechnische Innovationen zu substituieren und verfolgten den eingeschlagenen Entwicklungsweg eines auf der Verfügbarkeit billiger Arbeitskräfte beruhenden Wirtschaftswachstums weiter. Einzelne Regierungen nahmen zwar wiederholt Massenausweisungen von Arbeitsmigranten vor, die meisten Länder aber hielten am bisherigen Umgang mit der Arbeitsmigration fest. Auch aufseiten der Migranten änderte sich wenig: Sie blieben mehrheitlich trotz der verschlechterten und oft menschenunwürdigen Arbeits- und Lebensbedingungen in den Aufnahmeländern, weil die wirtschaftlichen Bedingungen in ihren Heimatländern noch schlechter waren und die Rückkehr keine Alternative darstellte (vgl. SWARD 200).

Vergleicht man diese Erfahrungen aus den früheren Wirtschaftskrisen mit der aktuellen Krise, lassen sich einige Schlüsse ziehen. Zunächst wird in allen Fällen die migrationswissenschaftliche Erkenntnis bestätigt, dass es bei größeren Krisen zuerst bei ungelernten und dann bei gering qualifizierten Zuwanderern zu Lohnkürzungen und Entlassungen kommt und dass Regierungen darauf reagieren, indem sie versuchen, die weitere Zuwanderung zu begrenzen und Migranten, die auf dem Arbeitsmarkt nicht mehr benötigt werden, zur Rückkehr aufzufordern (vgl. ILO 2009a). Ob aber solche Steuerungsbemühungen erfolgreich sind, hängt davon ab, ob die Unternehmen bereit sind, Alternativen zur Beschäftigung von Arbeitsmigranten zu entwickeln und ob die Migranten tatsächlich in ihre Heimatländer zurückkehren. Die Bereitschaft zu Letzterem ist dann gering, wenn die Herkunftsländer ebenfalls stark von den Auswirkungen der Krise betroffen sind. Dies ist in der aktuellen Krise in besonderer Weise gegeben, denn anders als die Öl- und die Asienkrise hat die derzeitige Rezession einen globalen Charakter und es gibt keine Länder, die vollständig von ihr verschont geblieben wären (vgl. CASTLES 2009).

Insgesamt ist zu erwarten, dass die jüngste Krise keine grundlegenden Veränderungen des globalen Wanderungsgeschehens zur Folge haben wird (vgl. HIJZEN & VENN 2011; KOSER 2010). Zum einen werden sich viele Migranten für einen Verbleib im Aufnahmeland entscheiden, weil ihre Herkunftsländer häufig noch stärker als ihre Gastländer von der Krise betroffen sind und eine Rückkehr somit keine Alternative darstellt. Zum anderen hat die bereits in der Asienkrise sichtbare generelle Abhängigkeit vieler Aufnahmeländer von Arbeitsmigranten weiter zugenommen, und diese wird zumindest in den Industriestaaten aufgrund des demographischen Wandels weiter steigen. Hier ist der Bedarf an Zuwanderern inzwischen strukturell: Nach Schätzungen der Bevölkerungsabteilung der Vereinten Nationen wäre das Arbeitskräftepotenzial in den Industriestaaten im Jahr 2050 um 100 Millionen Menschen geringer, falls es bis dahin keine Zuwanderung auf dem Niveau vor der Krise gäbe (vgl. UN 2008). Die von der Krise besonders stark beeinträchtigen, aber weiterhin auf Arbeitsmigration angewiesenen Staaten werden aller Wahrscheinlichkeit nach versuchen, durch eine Ausweitung der temporären und zirkulären Arbeitsmigration migrationspolitische Flexibilität zu gewinnen. Damit würden sie einen Trend fortsetzen, der sich bereits vor der aktuellen Krise abzeichnete.

2 Migrationspolitische Trends vor der Krise

Schon vor der Krise kam es bei der Frage, wie der Mangel an Arbeitskräften künftig gedeckt werden sollte, zu einer verstärkten Konkurrenz der Industrieländer. Dabei stand die Anwerbung hoch qualifizierter Zuwanderer im Mittelpunkt (vgl. Doomerinik et al. 2009). Viele Länder bemühten sich um neue Instrumente zur Anwerbung von Arbeitsmigranten. So schafften einige Länder die Arbeitsmarktprüfungen für Hochqualifizierte ab und ersetzten die Prüfung, ob für eine bestimmte Position ein Einheimischer zur Verfügung steht, durch Kriterien wie Qualifikation, Gehalt oder die Unterstützung durch Sponsoren. Andere Länder entwickelten Anwerbeverfahren, die auf Quoten und Punkten oder auf speziellen Anwerbeprogrammen für Mangelbereiche beruhen, wie beispielsweise Deutschland mit der „Greencard" zur Anwerbung von IT-Spezialisten, Frankreich mit neuen Regelungen für die Anwerbung von Krankenschwestern und regionalen Listen mit Mangelberufen oder Japan mit einer vorsichtigen Öffnung des heimischen Arbeitsmarktes für Forscher und Ingenieure. Wieder andere Länder schufen hingegen neue befristete Zuwanderungsmöglichkeiten für qualifizierte Arbeitskräfte. So verzeichneten die USA zwischenzeitlich mehr als 80 tätigkeitsbezogene Aufenthaltstitel, Frankreich führte einen neuen dreijährigen Aufenthaltstitel ein, Irland eine „Greencard" und auch Portugal erwog ähnliche Regelungen (vgl. OECD 2010).

In vielen Ländern wurden schließlich die temporären Beschäftigungsmöglichkeiten für gering qualifizierte Arbeitskräfte ausgeweitet, insbesondere die von Saisonarbeitskräften, zum Beispiel in Mexiko, Polen, Frankreich, den USA, Spanien und Neuseeland. Andere Länder schlossen neue bilaterale Migrationsabkommen, um solche Arbeitskräfte anzuwerben, wie etwa Neuseeland mit Malaysia und China, Südkorea mit China, Pakistan, Usbekistan und Kambodscha sowie Portugal mit Brasilien. Gleichzeitig bemühten sich einige Länder – nicht zuletzt Deutschland – darum, ausländische Studenten, die ihr Studium im Land absolviert hatten, für einen längeren Aufenthalt zu gewinnen, und boten ihnen einen erleichterten Arbeitsmarktzugang an. Schließlich füllten manche Staaten ihre Arbeitskräftelücken auch noch zum Teil regelmäßig durch umfangreiche Legalisierungen, wie Belgien, Frankreich, die Niederlande, Portugal, Spanien, Großbritannien, Mexiko und die USA.

Dieser kurze Überblick zeigt, wie ausgeprägt bereits vor der Krise die Konkurrenz der Industrie- und Schwellenländer um migrationspolitische Konzepte und Reformen und eine wirkungsvolle Steuerung der Zuwanderung war (vgl. Charloff & Lemaitre 2009). Aufgrund der Krise verzichteten dann aber viele Länder auf die Umsetzung der bereits beschlossenen Maßnahmen. Nur wenige Länder verfolgten eine antizyklische Zuwanderungspolitik und weiteten während der Rezession die Zuwanderungsmöglichkeiten aus, beispielsweise

Schweden. Deutlich zugenommen haben hingegen Bemühungen um eine Reduzierung der irregulären Zuwanderung; in einzelnen Fällen haben Regierungen auch Zuwanderungsbeschränkungen verhängt und sich intensiver um die Förderung der Rückkehr bemüht. Generell war bereits vor der Krise ein Trend zu einer stärker nachfrageorientierten Migrationspolitik zu beobachten, durch welche die Zuwanderung stärker an den Bedürfnissen des nationalen Arbeitsmarktes und der Unternehmen ausgerichtet werden sollte. In diesem Zusammenhang wurde auch verstärkt nach flexiblen Zuwanderungsprogrammen gesucht (vgl. Lemaitre 2009).

Es ist zu erwarten, dass die meisten Industriestaaten diese Suche nach neuen Konzepten zur Migrationssteuerung fortsetzen werden, wenn die Auswirkungen der Krise überwunden sind, und dass dabei Vorschläge zur Förderung der zirkulären Migration eine wichtige Rolle spielen werden (vgl. Sommerville & Sumption 2009). Gerade dieses Konzept wird in der EU seit einigen Jahren intensiv diskutiert und zählt seit dem „Europäischen Pakt für Migration und Integration“ von Oktober 2008 zu den Hauptelementen der künftigen gemeinsamen europäischen Migrationspolitik. Gleichwohl bestehen nach wie vor erhebliche Unsicherheiten bezüglich der Ziele, der Instrumente und der Umsetzungschancen des Konzeptes.

3 Entstehung und Inhalt des Konzeptes

Für die Öffentlichkeit ist der Begriff „zirkuläre Migration“ relativ neu. In der Fachöffentlichkeit hingegen wird er seit Langem in unterschiedlichen Kontexten angewendet. Ursprünglich benutzten ihn Ethnologen und Anthropologen zur Beschreibung von Migrationsmustern in Afrika, Asien und Lateinamerika (vgl. Vertovec 2007; Agunias et al. 2008). Anschließend übernahmen ihn Migrationsforscher zur Kategorisierung von Wanderungsbewegungen und zur Analyse von Migrationsnetzwerken. In die politische Debatte fand das Konzept hingegen erst vor einigen Jahren Einzug, nachdem internationale Organisationen und Gremien wie die International Organisation for Migration (IOM), die Weltbank und die Global Commission on International Migration (GCIM) den Begriff aufgegriffen hatten. Vor allem der einflussreiche Bericht der GCIM „Migration in an Interconnected World: New Directions for Action“ (vgl. GCIM 2005) warb für die Idee, dass zirkuläre Migration zu einer „Triple win“-Situation beitragen könne, von der sowohl Herkunfts- und Aufnahmeländer als auch die Migranten selbst profitieren könnten.

In die migrationspolitische Debatte der EU hielt der Begriff durch die Mitteilung der Europäischen Kommission über „Migration und Entwicklung“ vom September 2005 Einzug (vgl. Angenendt 2007; Zerger 2008; Angenendt &

PARKES 2009). Darin macht die Kommission deutlich, dass sie unter zirkulärer Migration eine mehrfache Wanderung zwischen Herkunfts- und Aufnahmeland versteht, beispielsweise eine mehrmalige befristete Beschäftigung von Arbeitnehmern, die bereits an Migrationsprogrammen teilgenommen haben. Nach Ansicht der Kommission liegt der entwicklungspolitische Nutzen von wiederholten Wanderungen vor allem im Transfer von Kenntnissen zwischen Aufnahme- und Herkunftsländern. So ließen sich auch die negativen Wirkungen des Braindrain reduzieren. Zirkuläre Migration könne darüber hinaus auch den Mitgliedern einer Diaspora helfen, in ihrem Heimatland zu investieren und dort Beschäftigung zu schaffen. Dieses Verständnis von zirkulärer Migration hat die Kommission seither in mehreren Mitteilungen bekräftigt.

Das Europäische Parlament teilte in seinen Stellungnahmen zu den Kommissionsempfehlungen dieses Verständnis von zirkulärer Migration und betonte mehrfach, diese Form der Migration biete durch den wechselnden Aufenthalt im Herkunfts- und Zielland große Chancen für die Entwicklung der Aufnahme- und Herkunftsländer, und empfahl der Union und den Mitgliedstaaten, diese Wanderungsform zu fördern.

Eine grundsätzlich andere Auffassung über die Inhalte und den politischen Stellenwert von zirkulärer Migration vertraten die EU-Innenminister. Im Oktober 2006 legten die damaligen Innenminister Schäuble und Sarkozy ihren EU-Amtskollegen ein Strategiepapier für eine „deutsch-französische Initiative für eine neue europäische Migrationspolitik“ vor, in dem sie der Befürchtung Ausdruck gaben, dass der Zuwanderungsdruck auf Europa künftig noch zunehmen werde. Sie verlangten ein Überdenken der europäischen Zuwanderungspolitik und eine engere Zusammenarbeit. Die Mitgliedstaaten sollten einen „Pakt zur Kontrolle der Zuwanderung“ erarbeiten, in dem die grundlegenden Prinzipien, Prioritäten und Ziele einer gemeinsamen Politik bestimmt werden sollten. Vor allem in vier Bereichen müsse besser kooperiert werden: bei der Bekämpfung der illegalen Migration, der entwicklungspolitischen Zusammenarbeit mit den Herkunftsländern, der Asylpolitik und der Steuerung der legalen Migration. Zu Letzterem könne die zirkuläre Migration einen Beitrag leisten.

4 Unterschiedliche Konzepte

Während es Kommission und Parlament um die entwicklungsorientierte Förderung internationaler Mobilität ging, legten die Innenminister den Schwerpunkt eindeutig auf die Steuerung und Begrenzung von Migration. Ihre Priorität auch in Hinblick auf die zirkuläre Migration lautete: „Wir wünschen keine ungesteuerte Zuwanderung in unsere Arbeitsmärkte und unsere Sozialsysteme.“

Für die Minister stellte die zirkuläre Migration ein Steuerungsinstrument dar, das auf Zuwanderungsquoten für bestimmte Berufe beruhen sollte. Diese Quoten sollten allerdings nicht auf europäischer Ebene bestimmt werden, sondern – wie die gesamte Arbeitsmigration – in nationaler Verantwortung bleiben. Ihr Argument lautete, die Wirtschaftslagen und Bedürfnisse der Arbeitsmärkte in der EU seien so unterschiedlich, dass die Mitgliedstaaten ausreichende Flexibilität bräuchten, um auf Veränderungen schnell und angemessen reagieren zu können. Die Mitgliedstaaten sollten daher ihre Quoten freiwillig an die Kommission melden, die diese dann in den Verhandlungen mit Drittstaaten über die Rückübernahme ihrer illegalen Migranten einsetzen könne.

Gerade in diesem letzten Punkt wird deutlich, dass es den Ministern bei ihrer deutsch-französischen Initiative im Kern um die Reduzierung der illegalen Zuwanderung durch befristete Migrationsprogramme ging. Mithilfe dieser Zuwanderungsprogramme sollten die Herkunftsländer stärker in die Bemühungen der Aufnahmeländer um eine Reduzierung der illegalen Zuwanderung eingebunden werden. Entwicklungspolitische Ziele wurden von den Ministern zwar ebenfalls angesprochen, blieben aber nachgeordnet. Die Minister wiesen lediglich darauf hin, dass „temporäre Bildungsvisa" an ausgewählte Migranten vergeben werden könnten, um diesen eine berufliche Bildung oder Weiterbildung zu ermöglichen und so die Bildungseliten der Herkunftsländer zu fördern.

Diese Schwerpunktsetzung bekräftigten die Minister seit der Vorstellung ihrer Initiative mehrfach. Sie konnten den Vorschlag erfolgreich in die europäischen Gremien einbringen, insbesondere in den Rat der Innen- und Justizminister und in den Europäischen Rat. Die Staats- und Regierungschefs bestätigten den Kerngedanken des Vorschlags im Dezember 2006. Im Rahmen der Kooperation von EU-, Herkunfts- und Transitstaaten wurden als Verbindung der Migrations- und Entwicklungspolitik sogenannte „Mobilitätspartnerschaften" beschlossen; inzwischen wurden erste Pilotprojekte mit Moldau und Kap Verde (2008) sowie Georgien (2009) begonnen, Abkommen mit Ghana und Armenien könnten bald folgen. Weitere Anstöße fand die Debatte über zirkuläre Migration durch die französische Ratspräsidentschaft im „Europäischen Pakt zu Einwanderung und Asyl" (2008) und schließlich im Stockholmer Programm, dem neuen Fünfjahresplan für die Zusammenarbeit in der europäischen Innen- und Justizpolitik bis 2014.

In der politischen Debatte über das Konzept, das damit zum festen Bestandteil der EU-Migrationspolitik geworden ist, übten vor allem Nichtregierungsorganisation, die sich mit Entwicklungs- und Migrationspolitik befassen, Kritik an den von den Ministern vertretenen Auffassungen und an der Grundausrichtung ihrer Politik. Zum einen wurde den Ministern eine Neuauflage der früheren Gastarbeiterpolitik unterstellt, wie sie von EU-Staaten wie Deutschland und Frankreich seit Mitte der 1950er-Jahre zur kurzfristigen Füllung von Arbeitsmarktengpässen verfolgt worden war. Dabei wurde häufig mit dem Ausspruch des US-amerikanischen Agrarökonomen Phil Martin argumentiert, der bereits vor längerer Zeit festgestellt hatte, es gebe „nichts Dauerhafteres als temporäre Migration". Die Hoffnung, dass befristet angeworbene Arbeitskräfte nach Ablauf ihres Vertrages freiwillig in ihre Herkunftsländer zurückkehren würden, hätte sich, so die Kritiker, schon damals als illusorisch erwiesen. Die Aufnahmestaaten hätten eben aus diesem Grund in den Jahren 1973 und 1974 die „Notbremse" gezogen und die Anwerbung beendet.

Zum anderen lautete die Kritik, die Vorschläge der Minister seien viel zu unpräzise für eine politische Umsetzung und enthielten keine Kriterien für die Auswahl der Staaten, mit denen die geplanten Partnerschaftsabkommen geschlossen werden sollten. Auch sei unklar, um welche Berufsgruppen mit welchen Kenntnissen es sich bei den Zuwanderern handeln soll, wie ihre Rückkehr sichergestellt werden soll und ob dies durch die Erleichterung von Rücküberweisungen und durch Rückkehrhilfen unterstützt werden soll. Präzisierungen würden auch zu anderen wichtigen Fragen fehlen, etwa zur Dauer der zirkulären Migration oder zu den Fragen, wie ein Braindrain verhindert und wie die Menschenrechte der Migranten gewahrt werden können.

5 Offene Fragen

In der bisherigen Debatte über zirkuläre Migration wurde deutlich, dass darüber hinaus zwei grundlegende Punkte bislang ungeklärt sind.

Erstens ist fraglich, ob sich irreguläre Zuwanderung überhaupt durch eine Förderung der befristeten Zuwanderung reduzieren lässt. Auf diese Frage gibt es bislang keine überzeugende empirisch begründete Antwort. Es gibt lediglich Plausibilitätserwägungen. Hierzu gehört das Argument, dass Auswanderungswillige durch legale Zuwanderungsmöglichkeiten von illegalen und gefährlichen Einreiseversuchen abgehalten werden können, weil sie dann begründete Hoffnung hätten, ihr Ziel eventuell mit zeitlicher Verzögerung, aber mit weitaus geringerem Risiko zu erreichen. Dieses Argument wird vor allem in Bezug auf die immer längeren und gefährlicheren Überfahrten aus Nord- und Westafrika in die EU verwendet.

Ein anderes häufig verwendetes Argument lautet, durch reguläre Migrationsprogramme könnten die Herkunftsstaaten eher zur Kooperation bei der Rücknahme ihrer Staatsbürger veranlasst werden. Beide Argumente sind nachvollziehbar, aber es handelt sich eben um Annahmen, deren praktische Überprüfung noch aussteht. Das sollte die EU-Staaten keinesfalls davon abhalten, solche neuen Strategien und Instrumente anzuwenden und zu testen. Die Regierungen sollten jedoch vermeiden den Eindruck zu wecken, dass es sich um etwas anderes als ein Experiment handele. Das sollte auch gegenüber der Öffentlichkeit vertreten werden, um nicht falsche Hoffnungen bezüglich der Steuerbarkeit von illegaler Zuwanderung entstehen zu lassen, denn diese Steuerbarkeit ist in demokratischen Staaten grundsätzlich begrenzt (vgl. JOPPKE 1998).

Die zweite Frage betrifft die Gestaltung der befristeten Zuwanderung: Wie können mittelfristige temporäre Migrationsprogramme mit einer Laufzeit von drei bis fünf Jahren – wie sie in der aktuellen EU-Debatte zur Sprache kommen (vgl. ANGENENDT 2008) – so organisiert werden, dass eine Rückkehr der Arbeitsmigranten zu erwarten ist? Auch hierauf gibt es keine empirisch begründeten Antworten. In jüngster Zeit haben zwar einige EU-Staaten, etwa Italien, Großbritannien und Spanien, solche Programme probeweise eingeführt, für Evaluierungen ist es aber noch zu früh (vgl. GONZALEZ ENRIQUES & REYNES RAMON 2010).

Diese grundlegenden Fragen und die Ausrichtung des Konzeptes müssen geklärt werden, wenn eine breitere Unterstützung der Öffentlichkeit für die Förderung der zirkulären Migration gewonnen werden soll. In diesem Zusammenhang ist es hilfreich, die Erfahrungen mit den Gastarbeiterprogrammen der 1950er- bis 1970er-Jahre und mit den seit einigen Jahren in einigen EU-Staaten angewendeten kurzfristigen Anwerbeprogramme für gering qualifizierte Arbeitskräfte zu betrachten.

6 Bisherige Erfahrungen mit zirkulärer Migration

Kathleen Newland ordnet zirkuläre Migranten nach dem Regulierungsgrad der Wanderungen zwei Kategorien zu (vgl. NEWLAND 2008). Die erste Gruppe umfasst unregulierte Grenzüberschreitungen, etwa die traditionellen Wanderungen von Nomaden und Händlern. Hiervon unterscheidet sie regulierte internationale Wanderungen, beispielsweise von Saisonarbeitskräften, Fachkräften, Akademikern oder Unternehmern.

Für die Industrieländer und den hier betrachteten Zusammenhang sind vor allem die Erfahrungen mit den gering qualifizierten Saisonarbeitern wichtig. In den vergangenen Jahrzehnten haben viele Industrieländer intensiv auf die befristete Zuwanderung von Saisonarbeitskräften in der Landwirtschaft und im Bau- und Dienstleistungssektor gesetzt; im Rahmen der entsprechenden Programme hat allein Deutschland im vergangenen Jahrzehnt jährlich 300.000 bis 350.000 Saisonarbeitskräfte aufgenommen. Die Erfahrungen mit der Steuerbarkeit dieser Wanderungen sind aber durchaus unterschiedlich, und die Zahl der tatsächlich in ihre Heimatländer Zurückgekehrten unterscheidet sich – soweit die in dieser Hinsicht höchst unterschiedlichen Statistiken überhaupt eine vergleichende Aussage erlauben – in den einzelnen Ländern deutlich voreinander. So haben Deutschland und Großbritannien in der Vergangenheit starke Rückwanderungen verzeichnet, Spanien hingegen deutlich weniger. Ähnliches ist auch für die Golfstaaten und einige südostasiatische Länder festzustellen, bei denen Menschenrechtsorganisationen und Gewerkschaften allerdings immer wieder darauf hinweisen, dass diese Länder zur Förderung der Zirkularität oftmals strikte, teils menschenrechtlich bedenkliche Instrumente zur Migrationskontrolle einsetzen und dass sie Arbeitsmigranten oft unter menschenunwürdigen Bedingungen arbeiten lassen, um längere Aufenthalte zu verhindern (vgl. IOM 2008).

7 Notwendig: ein kohärentes Konzept

Offensichtlich besteht bei den bisherigen Vorschlägen zur zirkulären Migration noch erheblicher Klärungsbedarf. Wenn das Konzept den von den Staats- und Regierungschefs, dem Ministerrat und der Kommission vorgesehenen Stellenwert in der europäischen Politik erhalten soll, müssen die oben angesprochenen, bislang offenen Fragen beantwortet werden und es muss für eine größere Kohärenz des Konzeptes gesorgt werden. Wenn dies nicht gelingt, wird das Konzept angesichts der großen Unterschiede zwischen den Mitgliedstaaten – sowohl in Bezug auf den Umfang und die Zusammensetzung der Zuwanderung als auch auf ihre migrationspolitischen Erfahrungen und ihr jeweiliges Selbstverständnis als Einwanderungsland – auch keine EU-weite Zustimmung finden. Kohärenz muss dabei in horizontaler und in vertikaler Hinsicht erzielt werden; zudem muss das Konzept in sich kohärent sein.

Horizontale Kohärenz betrifft die Abstimmung miteinander verbundener Politikfelder und die dabei erzielbaren Synergieeffekte. Da die Steuerung der Arbeitsmigration nicht nur ein einzelnes Politikfeld betrifft, müssen die entsprechenden Politikbereiche koordiniert werden. So kann öffentliche Akzeptanz für zirkuläre Migration nur dann entstehen, wenn deutlich wird, dass alle Möglichkeiten der Arbeitsmarktpolitik genutzt wurden und dass das inländische Arbeitskräftepotenzial so weit wie möglich ausgeschöpft wurde. Diese für die Legitimität und Durchsetzbarkeit der Migrationspolitik entscheidende Bedingung gilt insbesondere für die Beschäftigung einheimischer Arbeitsloser, aber auch für die Erhöhung der Frauenerwerbsquote, die Verkürzung von Ausbildungszeiten oder die Ausweitung der Lebensarbeitszeit, wo dies möglich ist.

Unter vertikaler Kohärenz ist die Kooperation zwischen verschiedenen Ebenen des Regierens zu verstehen. In die Konzeption und Implementierung der Politik müssen lokale, regionale und zivilgesellschaftliche Akteure einbezogen werden. Dies gilt in der Integrationspolitik in besonderem Maße, weil Integration letztlich in den Städten und Kommunen stattfindet, selbst wenn in föderalen Systemen andere Akteure (in Deutschland Länder und Bund) entscheidende rechtliche und finanzielle Rahmenbedingungen setzen. In vielen ehemaligen europäischen Anwerbeländern sind die Städte und Kommunen vor allem durch ungelöste Integrationsprobleme bei früheren Gastarbeitern und ihren Nachkommen stark belastet. Das zeigt, wie wichtig es bei künftigen Programmen auch für temporäre Migration ist, von Beginn an begleitende Integrationsprogramme zu entwerfen und anzuwenden. Nur so können die Fehler der vergangenen Jahrzehnte vermieden werden. Das gilt auch für Programme zur Förderung der zirkulären Migration, für die allerdings bislang noch keine begleitenden Integrationskonzepte entwickelt wurden.

Schließlich bedeutet innere Kohärenz für die europäische Politik die Formulierung gemeinsamer Ziele und deren Umsetzung auf Grundlage des Solidaritätsprinzips (vgl. Angenendt & Parkes 2008). Damit einher geht die Entwicklung entsprechender Rahmenbedingungen und institutioneller Gefüge, die ausreichenden Raum für gegenseitige Konsultationen bieten. Hier steht die EU vor zwei aktuellen Herausforderungen. Zum einen müssen die europäischen Arbeitsmärkte angesichts der bevorstehenden Freizügigkeit für Bürger der neuen EU-Mitgliedstaaten weiter harmonisiert werden. Dies betrifft vor allem die Verhinderung von Lohndumping, die Reduzierung illegaler Beschäftigung und die Sicherung der Rechte von Arbeitsmigranten. Zum anderen müssen die Asyl- und die Migrationspolitik besser aufeinander abgestimmt werden. Dabei muss es sich auch weiterhin wegen des besonderen Charakters der Asylgewährung um zwei deutlich voneinander getrennte Politikbereiche handeln, sodass der humanitär gebotene Schutz von Flüchtlingen nicht weiter ausgehöhlt wird. Gleichwohl bestehen Zusammenhänge zwischen den beiden Zuwanderungsformen, die beachtet werden müssen.

Wenn keine legalen Zuwanderungsmöglichkeiten bestehen, nimmt die irreguläre Zuwanderung zwangsläufig zu und der Druck auf die Asylsysteme steigt. Dies wiederum veranlasst die Regierungen, den Zugang zu den Asylverfahren einzuschränken, um eine missbräuchliche Inanspruchnahme des Asylrechts zu Einwanderungszwecken zu reduzieren. Eine solche Politik haben die EU-Staaten in den vergangenen zwei Jahrzehnten vollzogen, mit dem Ergebnis, dass Flüchtlinge heute kaum noch eine legale Möglichkeit haben, in einem EU-Land um Asyl anzusuchen. Die Folge ist eine Aushöhlung des europäischen und des internationalen Flüchtlingsschutzes. Inzwischen verstoßen viele EU-Staaten offen und regelmäßig gegen das Non-Refoulement-Gebot der Genfer Flüchtlingskonvention, die eine Zurückweisung oder Abschiebung von Flüchtlingen in Situationen verbietet, in denen ihnen Verfolgung droht oder ihre Sicherheit nicht gewährleistet ist.

Auch wenn dies empirisch bislang nicht zu belegen ist, spricht einiges dafür, dass eine Ausweitung der legalen Zuwanderungsmöglichkeiten die irreguläre Zuwanderung und den Missbrauch von Asylverfahren zu Einwanderungszwecken verringern könnte und dass so der bestehende Druck auf die Asylsysteme, vor allem der EU-Staaten mit Außengrenzen, reduziert würde. Dabei ist allerdings zu bedenken, dass nur kleine oder gar symbolische Zuwanderungsquoten einiger weniger EU-Staaten wahrscheinlich keine messbaren Wirkungen entfalten würden. Hierzu wären nennenswerte Größenordnungen erforderlich, die eben eine Zusammenarbeit aller Mitgliedstaaten notwendig machen.

Zu einer innerlich kohärenten Migrationspolitik würde zudem noch gehören, Konsens darüber herzustellen, aus welchen Herkunftsgebieten die Migranten künftig stammen sollen. Eine solche Abstimmung ist schon allein wegen des gemeinsamen Binnenmarktes und des einheitlichen Rechtsraumes, in dem legale Zuwanderer nach einer gewissen Zeit Freizügigkeit erlangen, notwendig. Da alle osteuropäischen Staaten den gleichen demographischen Strukturwandel erleben wie die „alten" EU-Staaten und in den beiden vergangenen Jahrzehnten bereits erhebliche Auswanderungen verzeichnet hatten, sind die Zuwanderungspotenziale dort im Grunde erschöpft. Künftige Potenziale liegen vor allem in Asien und in Afrika. Um diese nachhaltig nutzen zu können – und wenn auch die Herkunftsregionen entwicklungspolitisch profitieren sollen – sind strategische Entscheidungen und bi- oder multilaterale Abkommen notwendig, beispielsweise im Rahmen der geplanten EU-Mobilitätspartnerschaften.

8 Politische Anforderungen

Zusätzlich zu diesen grundsätzlichen Punkten müssten bei künftigen Programmen zur Förderung der zirkulären Migration vor allem vier Aspekte berücksichtigt werden: (1) die Programme müssen transparent und klar sein, (2) sie müssen an realistischen Zielen ausgerichtet sein, (3) sie sollten an der beruflichen Qualifikation der Zuwanderer orientiert und (4) von den beteiligten Regierungen gesteuert werden, also nicht den Marktkräften überlassen werden.

8.1 Transparenz und Klarheit

Konzepte zur zirkulären Migration sind vor allem deshalb attraktiv, weil sie eine Möglichkeit bieten, verschiedene politische Ziele miteinander zu verbinden. So hoffen die Befürworter, dass solche Programme Knappheiten auf den Arbeitsmärkten reduzieren und den Arbeitsmigranten die Flexibilität verleihen, um mit unsicheren und unbeständigen Arbeitsmarktsituationen im Aufnahmeland umgehen zu können. Gleichzeitig wird erwartet, dass solche Programme den Braindrain verhindern und durch Rücküberweisungen positive Entwicklungseffekte hervorrufen. Schließlich wird auch noch angenommen, dass sich aufgrund der verstärkten und regelmäßigen Kooperation zwischen den Sende- und Empfängerländern spillover-Effekte für andere migrationspolitische Bereiche ergeben, insbesondere für die Reduzierung der irregulären Migration. Hierzu muss freilich kritisch angemerkt werden, dass diese vermeintliche Stärke des Konzeptes, mehrere bislang einzeln verfolgte Ziele im Rahmen eines Programms zu bündeln, sich auch als Schwäche erweisen könnte. Es ist daher unbedingt notwendig, dass die Beteiligten die zu verfolgenden Ziele klar und verbindlich benennen. Nur auf diese Weise kann verhindert werden, dass „versteckte" Motive der Kooperationspartner die Zusammenarbeit gefährden. Zum Beispiel wäre zu erwarten, dass ein Versuch der EU-Staaten, solche Programme nur zur Eindämmung irregulärer Zuwanderung einzusetzen und den Partnerländern letztlich doch keine substanziellen Zuwanderungsmöglichkeiten zu eröffnen, die entsprechenden Programme schnell zum Scheitern bringen würde.

8.2 Realistische Ziele

Alle Wanderungsbewegungen haben ihre eigene Dynamik und sind nur bis zu einem gewissen Punkt steuerbar. Trotz vielfältiger Steuerungsmöglichkeiten wird Migration deshalb zu einem gewissen Anteil immer außerhalb des Einflusses der Regierungen bleiben. Konzepte zur Förderung der zirkulären Migration müssen einkalkulieren, dass ein Teil der Arbeitsmigranten sich dafür entscheidet, im Aufnahmeland zu bleiben – sei es in legaler oder in irregulärer Form. Deshalb müssen für den Fall, dass die Rückkehr nicht freiwillig erfolgt und die Anreize zur Rückkehr nicht wirken, in den Programmen Bestimmungen enthalten sein, wie in solchen Fällen vorzugehen ist. Dabei sollte immer auch bedacht werden, welche Art von Zuwanderung aus anderen als aus arbeitsmarktpolitischen Gründen – etwa aufgrund demographischer Erfordernisse – notwendig und wünschenswert ist. Insgesamt müssen die Regierungen sicherstellen, dass die Rechte der Migranten in allen Phasen des Wanderungsprozesses gewahrt werden. Realitätsnähe ist eine notwendige Voraussetzung, um öffentliche Zustimmung für eine solche Politik zu erhalten.

8.3 Differenzierte und qualifikationsbezogene Regelungen

Zirkuläre Wanderungsbewegungen können in Bezug auf die Dauer, den Umfang sowie die Interessen der Sende- und Empfängerländer und der Migranten stark variieren. Ein Zuschnitt der Programme auf das Qualifikationsniveau der betreffenden Migranten ist daher dringend erforderlich. Damit sind jeweils unterschiedliche politische Anforderungen verbunden.

Unqualifizierte und gering qualifizierte Zuwanderer: Zirkuläre Migrationsprogramme bergen gerade bei diesen Migranten die Gefahr eines Lohndumpings und der Verdrängung inländischer Arbeitskräfte. Die Programme sollten daher bedarfsorientiert sein und sich auf entsprechende Arbeitsmarktanalysen stützen, die strukturelle und dauerhafte, nicht aus dem inländischen Arbeitskräftepotenzial zu deckenden Knappheiten auf dem Arbeitsmarkt nachvollziehbar belegen. Da in Anbetracht der Erfahrungen mit der zurückliegenden Gastarbeiteranwerbung zu erwarten ist, dass die öffentliche Unterstützung für die Zuwanderung gering qualifizierter Arbeitskräfte besonders schwach ausfallen wird, sind hier kurzfristige Programme empfehlenswert, die eine wiederholte beziehungsweise mehrmalige Rückkehroption beinhalten. Um Lohndumping zu verhindern, müssten für die betroffenen Wirtschaftsbereiche oder Berufsgruppen Mindestlöhne festgelegt werden. Die Einhaltung von Arbeitsschutzrichtlinien ist hier besonders wichtig.

Qualifizierte Zuwanderer: Vor einer noch größeren Herausforderung steht die zirkuläre Migrationspolitik bei qualifizierten Wanderern. Obwohl in den meisten Industrieländern inzwischen für viele Berufe und Wirtschaftsbereiche, beispielsweise für Pflegekräfte, ein struktureller und steigender Bedarf nachgewiesen werden kann, bestehen auch hier erhebliche Sorgen um eine Verdrängung einheimischer Arbeitskräfte. Zudem haben Arbeitgeber grundsätzlich wenig Interesse, Arbeitskräfte anzulernen und sie später durch neue temporäre Zuwanderer zu ersetzen, und auch die Migranten möchten möglicherweise einen befristeten Aufenthalt verlängern. In diesem Zusammenhang muss im Rahmen von Programmen zu zirkulärer Migration verbindlich geklärt werden, welche Wiederholungsmöglichkeiten bestehen sollen und ob es einen Übergang es zu einem dauerhaften Aufenthalt geben soll und, wenn ja, wie dieser gestaltet werden soll.

Gleichwohl lassen alle Erfahrungen mit qualifizierter Zuwanderung erwarten, dass viele dieser Zuwanderer wieder in ihre Heimat zurückkehren werden, sobald sie genügend Ersparnisse angesammelt und ihre persönlichen Ziele erreicht haben und sich die wirtschaftlichen Bedingungen in ihren Heimatländern verbessert haben. Die Rückkehr fällt – auch das lehren die bisherigen Erfahrungen – dann leichter, wenn die Rückwanderer ausreichende Unterstützung erhalten. Hierzu können zirkuläre Migrationsprogramme beitragen, wenn sie von Beginn an sicherstellen, dass Zuwanderer für ihre Arbeit im Aufnahmeland nicht überqualifiziert sind, dass die Rücküberweisungen leichtfallen und keine unnötigen Kosten verursachen und dass – wo immer benötigt – eine Rückkehrunterstützung geleistet wird. In Anbetracht der Versäumnisse bei der früheren Zuwanderung von gering Qualifizierten müssen gerade bei Programmen für Fachkräfte immer Integrationsmaßnahmen wie etwa Sprachkurse und andere Weiterbildungsmaßnahmen angeboten werden. Zudem müssen faire Regelungen für die Übertragbarkeit der erworbenen Sozialversicherungsansprüche gefunden werden.

Hoch qualifizierte Zuwanderer: Aufgrund des wachsenden internationalen Wettbewerbs um hoch qualifizierte Arbeitskräfte sollte diesen Migranten ein uneingeschränkter Zugang zu den europäischen Arbeitsmärkten gewährt werden, solange einem solchen nicht entwicklungspolitische Erwägungen, wie etwa die Verhinderung eines Braindrains, entgegenstehen. Bei diesen Migranten ist auch in der Öffentlichkeit kaum umstritten, dass es im Grunde nicht um Migrationssteuerung, sondern um Mobilitätsförderung geht. Die Kopplung der Zuwanderung an bestimmte Arbeitsangebote wäre daher kontraproduktiv, bei entsprechender Qualifikation sollte auf den Nachweis eines Arbeitsplatzes verzichtet werden. Gleichwohl ist nicht zuletzt aus Kohärenzgründen eine genaue und den Erfordernissen der Arbeitsmärkte der Aufnahmeländer angepasste Definition, welche Zuwanderer als „hoch qualifiziert“ gelten sollen, notwendig. Hierfür sind verschiedene Kriterien vorstellbar, etwa Einkommensgrenzen oder formale und tatsächliche Qualifikationen, die durchaus den Kriterien ähneln können, die derzeit in vielen Ländern für eine humankapitalorientierte dauerhafte Zuwanderung im Rahmen von Punktesystemen diskutiert werden. Grundsätzlich sollten auch befristet anwesenden hoch Qualifizierten Integrationsangebote wie zum Beispiel Sprachkurse unterbreitet werden.

8.4 Staatliche Steuerung

Bei allen künftigen Programmen zur Förderung der zirkulären Migration ist es wichtig, sich vor Augen zu halten, dass es keinen schnellen und einfachen Weg gibt, einen demographisch induzierten und wirtschaftsstrukturell bedingten Arbeitskräftemangel sowie den aus vielen Gründen zunehmenden Zuwanderungsdruck nachhaltig zu reduzieren. Aus Sicht der Aufnahmeländer werden dazu erhebliche Steuerungsbemühungen nötig sein. Die Regierungen werden den Bedarf an Migranten gegenüber der Öffentlichkeit nachweisen müssen, zudem müssen sie die unterschiedlichen Erwartungen und Ziele in einem kohärenten Konzept verbinden, die Interessen der Herkunftsländer und der Migranten in den entsprechenden bi- oder multilateralen Abkommen wahren und für eine den Vereinbarungen entsprechende Umsetzung der Programme sorgen. Zirkuläre Migration bedeutet daher keinesfalls den Rückzug des Staates aus der Migrationspolitik, sondern verlangt im Gegenteil ein erheblich größeres politisches Engagement als bisher, denn in einer solchen Politik müssen arbeitsmarkt-, wirtschafts-, entwicklungs-, sicherheits- und außenpolitische Faktoren berücksichtigt und abgewogen werden. Nur wenn das gelingt, ist zu erwarten, dass zirkuläre Migrationsprogramme eine nachhaltige positive Wirkung entfalten – für die Aufnahmeländer, die Herkunftsländer und die Migranten selbst.

Literatur

Agunias D. R., Newland K. & Terrazas A. (2008): Learning by Doing: Experiences of Circular Migration. In: Insight. Program on Migrants, Migration and Development. Migration Policy Institute: www.migrationpolicy.org/pubs/Insight-IGC-Sept08.pdf (03.08.2011)

Angenendt S. (2007): Circular Migration. A Sustainable Concept for Migration Policy? Council on Foreign Relations: www.cfr.org/immigration/swp-circular-migration-sustainable-concept-migration-policy/p13538 (03.08.2011)

Angenendt S. (2008): Die Zukunft der europäischen Migrationspolitik. Triebkräfte, Hemmnisse und Handlungsmöglichkeiten. Berlin.

Angenendt S. & Parkes R. (2008): Arbeitsmigration in der EU – Perspektiven der Steuerung. Berlin: SWP-Aktuell 2008 / A 38, Mai 2008. (www.swp-berlin.org/fileadmin/contents/products/aktuell/2008 A38_adt_pks_ks.pdf (03.08.2011))

Angenendt S. & Parkes R. (2009): EU-Migrationspolitik nach Lissabon und Stockholm. Neue Kompetenzen, bessere Politik? In: SWP-Aktuell 2009 / A 71, Dezember 2009.

Castles S. (2009): Migration and the Global Financial Crisis: A Virtual Symposium, Update 1, Februar 2009. In: World Bank (2009): Global Economic Prospects 2009. Forecast Update, DEC Prospect Group (http://siteresources.worldbank.org/INTGEP2009/Resources/5530448 – 1238466339289/GEP-Update-March30.pdf (03.08.2011).

Chaloff J. & Lemaitre G. (2009): Managing Highly-Skilled Labour Migration: A Comparative Analysis of Migration Policies and Challenges in the OECD Countries. OECD: http://www.oecd.org/dataoecd/32/25/46656535.pdf (03.08.2011)

Doomerinik J. et al. (eds.) (2009): The Battle for the Brains: Do Point Systems Make the Difference? Washington D.C.

GCIM (Global Commission for International Migration) (2005): Migration in an Interconnected World: New Directions for Action. (o.O.)

Gonzalez Enriques C. & Reynes Ramon M. (2010): METOIKOS Project 2010. Circular Migration between Morocco and Spain. European University Institute, Robert Schuman Centre for Advanced Studies: http://www.eui.eu/Projects/METOIKOS/Documents/CaseStudies/METOIKOScasestudySpainMorocco.pdf (03.08.2011)

Grieco E. M. (2008): Data on International Migration and the Foreign-Born Population from the U.S. Census Bureau, Migration Policy Institute, Washington D.C.

Hijzen A. & Venn D. (2011): The Role of Short-Time Work Schemes during the 2008 – 09 Recession. OECD: http://dx.doi.org/10.1787/5kgkd0bbwvxp-en (03.08.2011) (= OECD Social, Employment and Migration Working Papers, Nr. 115)

ILO (International Labour Organisation) (2009a): Migration and the Financial Crisis: How will the Economic Downturn Affect Migrants? Genf. (= Development Centre on Migration, Globalisation and Poverty, Briefing Nr. 17).

ILO (International Labour Organisation) (2009b): The Financial and Economic Crisis: A Decent Work Response. Genf.

IMF (International Monetary Fund) (2009): World Economic Outlook Database, New York.

International Organisation for Migration, U.K. Border Agency (2009): Accession Monitoring Report, Mai 2004-Dezember 2008. London.

IOM (International Organisation for Migration) (2008): World Migration 2008: Managing Migration in the Evolving Global Economy. Genf.

Joppke C. (1998): Why Liberal States Accept Unwanted Immigration. In: World Politics, Nr. 2, Januar 1998: 266 – 293.

Koser K. (2010): Why Didn't the Global Economic and Financial Crisis Have More of an Impact on International Migration? Geneva. (= GCSP Policy Paper, Nr. 6)

Lemaitre G. (2009): Recent Developments, the Crisis and Beyond. Washington D.C. International Labour Migration, Presentation at OECD, March 19, 2008.

Martin P. (2009): The Recession and Migration: Alternative Scenarios. Oxford.

Office for National Statistics (2009): UK Resident Population by Country of Birth. In: Population Trends, Nr. 135: 20 – 28. (http://www.statistics.gov.uk/articles/population_trends/PT135POPCOBARTICLE.pdf (03.08.2011)).

OECD (Organisation for Economic Co-operation and Development) (2008): International Migration Outlook 2008. Paris.

OECD (Organisation for Economic Co-operation and Development) (2010), International Migration Outlook 2009. Paris.

Papademetriou D. G., Sumption M. &Terrazas A. (with Carola Burkert, Stephen Loyal und Ruth Ferrero-Turrión) (2010): Migration and Immigrants Two Years after the Financial Collapse: Where Do We Stand? Washington D.C.

Papademetriou D. G. & Terranzas A. (2009): Immigrants and the Current Economic Crisis: Research Evidence, Policy Challenges, and Implications. Washington D.C.

Somerville W. & Sumption M. (2009): Immigration and the Labour Market: Theory, Evidence and Policy. London.

Sward J. (2009): Migration and the Financial Crisis: How will the Economic Downturn Affect Migrants?, Sussex Centre for Migration Research Briefing, Nr. 17.

UN (UN Department of Economic and Social Affairs) (2008): World Populations Policies 2007. New York.

Vertovec S. (2007): Circular migration: the way forward in global policy? Oxford.

Zerger F. (2008): Migrationssteuerung und Entwicklungseffekte durch zirkuläre Migration? In: Zeitschrift für Ausländerrecht und Ausländerpolitik 1/2008: 1 – 5 (http://www.zar.nomos.de/fileadmin/zar/doc/Aufsatz_ZAR_08_01.pdf (03.08.2011)).

Anja Reichert-Schick

Indikatoren, Determinanten und Effekte regressiver Siedlungsentwicklung im peripheren ländlichen Raum, dargestellt an den Beispielen Vorpommern und Westeifel

1 Einleitung und Fragestellung

Ländliche Räume sind bereits seit vielen Jahrzehnten von der Abwanderung insbesondere jüngerer Menschen betroffen. Dieser Entleerung wird zudem durch den demographischen Wandel eine neue Dimension verliehen. Die Folge sind qualitative und quantitative Veränderungen der Bevölkerungs- und Siedlungsstruktur, denn ländliche Abwanderungsregionen haben sich vielerorts zu überalternden Entleerungsgebieten gewandelt (Schwedt 1984, 9; Henkel 1978, 1). Gehen diese demographischen Prozesse zusätzlich mit regionalwirtschaftlicher Strukturschwäche und weiteren Depressionsfaktoren einher, können sich die Peripherisierungsprozesse (vgl. Keim 2006) voll entfalten und eine Regressionsspirale in Gang setzen.

Der Begriff der Siedlungsregression ist mit Verfall, Substanzverlusten, Kulturlandschaftswandel und im Extremfall sogar mit Wüstungsvorgängen verbunden. Dabei ist Siedlungsregression ein prozessdynamischer Begriff, der zum einen den Vorgang der Schrumpfung und Entleerung einer Siedlung und zum anderen die rückläufige Entwicklung des Siedlungsbestandes in einem bestimmten Raum bezeichnet. Mit der Regression sind verschiedene Degradations- und Peripherisierungsvorgänge verbunden, die eine Siedlung graduell schwächen:

- die physiognomische Degradation, die sich in der Aufgabe und dem Verfall von Gebäuden äußert;
- die funktionale Degradation, die den zunehmenden Abbau der Funktionen einer Siedlung bis hin zur bloßen Wohnfunktion beschreibt;
- die demographische Degradation, die neben einem Rückgang der Bevölkerungszahl meist auch eine Deformierung der Bevölkerungsstruktur umfasst
- und die ökonomische Degradation, die Prozesse der Schwächung der wirtschaftlichen Leistungsfähigkeit bezeichnet.
- Aus diesem Kontext heraus wird dem Beitrag folgende Hypothese zugrunde gelegt:

- Siedlungsregression kann in einen Peripherisierungsprozess mit kumulativen Schrumpfungsvorgängen münden,
- sie kann aber auch unter bestimmten Bedingungen Freiräume für neue Funktionen, neue Nutzungen und neue Bevölkerungsgruppen schaffen und somit aus einem Degradationsprozess wieder zu einer Stabilisierung gelangen.

Diese beiden Entwicklungswege werden im Folgenden anhand einer vergleichenden Analyse zweier Schrumpfungsregionen in Deutschland herausgearbeitet. Dabei wird der im äußersten Westen gelegenen Westeifel bewusst eine Region aus den neuen Bundesländern gegenübergestellt, nämlich Vorpommern. Es werden die unterschiedlichen Strukturen, Probleme, parallel verlaufenden und divergierenden Prozesse aufgezeigt sowie die Determinanten und Effekte der regressiven Entwicklungen aufgezeigt.

2 Untersuchungsräume und Methoden

Im März 2007 und im Juni 2008 führte die Verfasserin eine empirische Untersuchung von insgesamt 33 ländlichen Gemeinden in Deutschland durch. Die beiden Untersuchungsräume in der östlichen und westlichen Peripherie Deutschlands (Karte 1) sind als Entleerungsregionen und Peripherräume mit sehr geringer Bevölkerungsdichte zu charakterisieren.

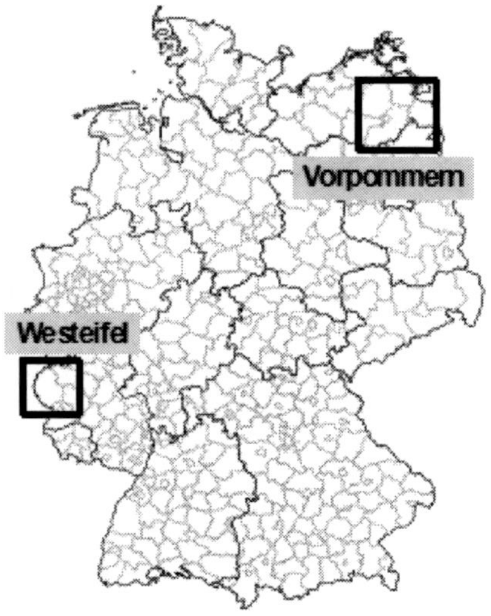

Karte 1: Lage der Untersuchungsräume innerhalb Deutschlands

Die empirische Untersuchung beinhaltete die Befragung von 271 (Vorpommern) bzw. 270 (Westeifel) Einwohnern. Die elf Gemeinden in Vorpommern zählen zusammen 3990 Einwohner, womit die Stichprobe 6,8 % der Bevölkerung umfasst. Die 22 Gemeinden der Westeifel weisen wesentlich geringere Bevölkerungszahlen auf, wodurch der Unterschied in der Zahl der Untersuchungsgemeinden bedingt ist. Sie zählen insgesamt 3532 Einwohner. Die Stichprobe umfasst demnach 7,6 % der in den Dörfern lebenden Bevölkerung. Darüber hinaus wurden qualitative Interviews mit insgesamt 55 Schlüsselpersonen geführt, darunter Bürgermeister, Amtsvorsteher, Landräte, Vertreter von Planungsverbänden und Immobilienmakler.

Die Untersuchungsgemeinden befinden sich zum einen in der Mittelgebirgsregion der Westeifel, die an Luxemburg und Belgien angrenzt (Karte 2). Das dem Untersuchungsraum am nächsten liegende Oberzentrum ist die südlich gelegene Stadt Trier. Mittelzentren sind die Städte Bitburg und Prüm. Weitere Untersuchungsgemeinden befinden sich im Vorpommer'schen Binnenland, das im Südwesten an die Müritz, im Osten an Polen mit Stettin und im Norden an die Ostseeküste mit der Insel Usedom grenzt (Karte 2). Oberzentren in Vorpommern sind Neubrandenburg und Greifswald, das diese Funktion mit Stralsund teilt. Als Mittelzentren fungieren Demmin, Anklam, Pasewalk, Prenzlau, Neustrelitz und Waren an der Müritz.

3 Vorpommern und Westeifel – Eine vergleichende Analyse

Die vergleichende Analyse der Untersuchungsregionen wird anhand einer kontrastierenden Betrachtung der Gemeinsamkeiten von Westeifel und Vorpommern und Unterschiede zwischen ihnen vorgenommen. Auf diese Weise können parallel verlaufende Entwicklungen und divergierende Prozesse abgeleitet werden, um die Ausprägungen und Auswirkungen der regressiven Entwicklung zu ermitteln.

3.1 Gemeinsamkeiten

Zur Betrachtung der Gemeinsamkeiten werden zunächst grundlegende Raumstrukturdaten gegenübergestellt. Im Anschluss werden weitere Analogien anhand von Bevölkerungsentwicklung, Infrastruktur und Umzugsbereitschaft der Bevölkerung herausgearbeitet.

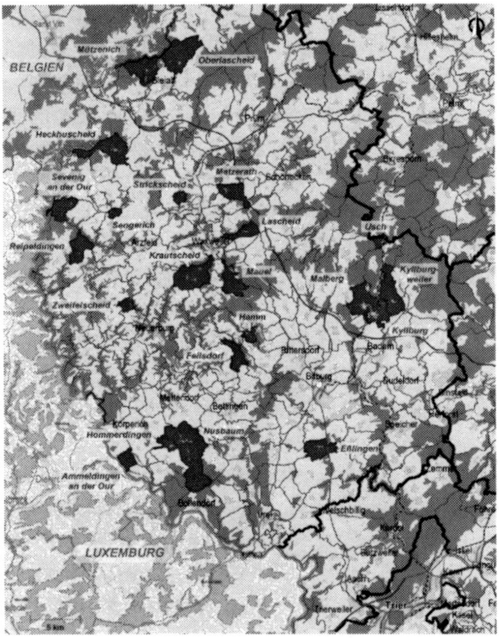

Karte 2*: Untersuchungsgemeinden in der Westeifel (Quelle: eigene Erstellung mit RegioGraph, GfK GeoMarketing)

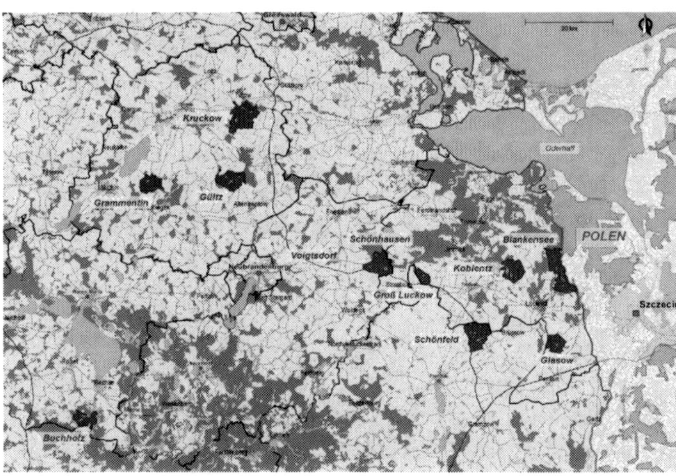

Karte 3*: Untersuchungsgemeinden in Vorpommern (Quelle: eigene Erstellung mit RegioGraph, GfK GeoMarketing)

3.1.1 Strukturvergleich

Bei einem Strukturvergleich erkennt man, dass die Untersuchungsräume sich vor allem hinsichtlich der klassischen Eigenschaften ländlicher Räume sehr ähnlich sind. Ihre Bevölkerungsdichte ist sehr niedrig und bewegt sich in den Landkreisen Vorpommerns zwischen 39 und 56 Einwohnern pro Quadratkilometer. Im Eifelkreis Bitburg-Prüm werden 59 Einwohner pro Quadratkilometer erreicht. Das Netz der zentralen Orte ist sehr weitständig und beide Regionen sind gemäß der Einstufung des Raumordnungsberichtes 2005 als Peripherräume sehr geringer Dichte zu charakterisieren (Bundesamt für Bauwesen und Raumordnung 2005, 20). Der Raumordnungsbericht 2000 kennzeichnete die Regionen zusätzlich mit der Eigenschaft (sehr) starker Entwicklungsprobleme (Bundesamt für Bauwesen und Raumordnung 2000, 65). Beide Regionen stellen auf Deutschland bezogen nationale Randräume dar. Bei Vorpommern bezieht sich diese periphere Lage nicht nur auf eine deutschlandweite Betrachtung; auch innerhalb des Landes Mecklenburg-Vorpommern, dessen Landeshauptstadt Schwerin sich ganz im Westen befindet, liegt der Untersuchungsraum abgeschieden (Wichmann 2007, 68). Darüber hinaus haftet sowohl Vorpommern als auch der Westeifel ein Negativ-Image an. Die Eifel gilt als abgeschiedenes, ärmliches Randgebiet, das aufgrund des rauen Klimas und der schlechten Böden als „Preußisch Sibirien“ tituliert wird (Doering-Manteuffel 1995, 62). Vorpommern hingegen wird immer wieder als Problemregion ohne Zukunft bezeichnet, die mittlerweile wieder von Wölfen besiedelt werde (vgl. stellvertretend Peters & Glaescher 2007).

3.1.2 Bevölkerungsentwicklung

Eine weitere Gemeinsamkeit stellt die Abwanderung der Bevölkerung dar. Abbildung 1 zeigt, dass die Ausdünnung beider Regionen seit 1971 ungebrochen anhält. Die Untersuchungsgemeinden in Vorpommern haben seit 1971 durchschnittlich die Hälfte (50,4 %) ihrer Bevölkerung verloren; jene in der Westeifel verzeichnen mit minus 37,8 % etwas geringere Verluste. Die Spannweite des Bevölkerungsverlustes reicht in Vorpommern von 33 (Koblentz) bis 62 % (Voigtsdorf) und in der Westeifel von 14 (Nusbaum) bis 62 % (Hamm). Dabei kann festgestellt werden, dass kleinere Siedlungen stärker vom Bevölkerungsrückgang betroffen sind.

In beiden Regionen sind die Bevölkerungsverluste in erster Linie auf Wanderungen zurückzuführen. Dabei sind junge Frauen an der Migration überproportional beteiligt, da für sie neben der Landwirtschaft kaum alternative attraktive Erwerbsmöglichkeiten zur Verfügung stehen und sie zudem aufgrund guter schulischer Abgangsleistungen eher berufliche Positionen in urbanen

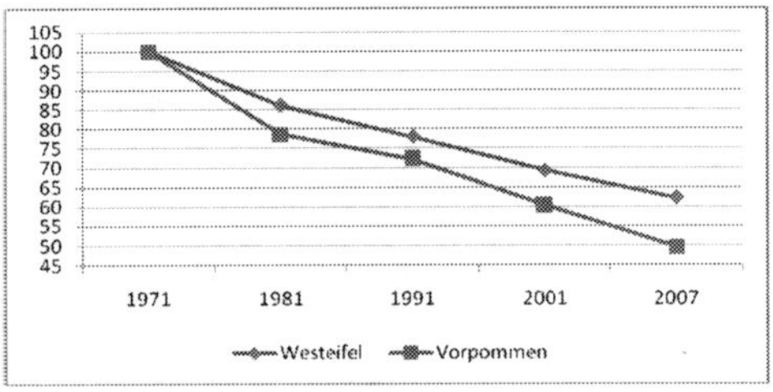

Abb. 1*: Bevölkerungsentwicklung in den Untersuchungsgemeinden der Westeifel und Vorpommerns (gemittelter Wert) 1971 bis 2007 (1971 = 100)

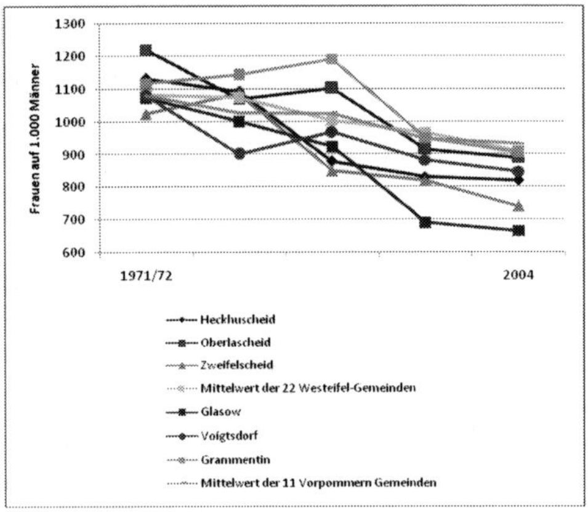

Abb. 2*: Geschlechterverhältnis in ausgewählten Untersuchungsgemeinden in den Jahren 1971/72 bis 2004 (im Vergleich zum Mittelwert aller Untersuchungsgemeinden)

Räumen einnehmen (Weiß 2006, 483/490). Dieses selektive Wanderungsverhalten hat ein zum Teil deutlich ausgeprägtes Frauendefizit zur Folge (Abb. 2), und es wurden bereits auffällige Werte von nur noch 600 bis 700 Frauen auf 1000 Männer erreicht. Der Mittelwert verläuft zwar gemäßigter, aber auch dieser macht die Tendenz sehr deutlich. Durch diese Entwicklung wird die demographische Alterung der Regionen erheblich beschleunigt.

Die Konsequenzen der Abwanderung vorwiegend jüngerer Bevölkerung schlagen sich zudem in demographischen Maßzahlen nieder (Tab. 1). Der Altenquotient in beiden Regionen liegt deutlich über dem gesamtdeutschen Wert von 31, wobei in der Westeifel eine ausgeprägtere Alterung festzustellen ist als in Vorpommern. Auch der Jugendquotient zeigt, dass der Anteil von Kindern und Jugendlichen in den Untersuchungsregionen, insbesondere in Vorpommern, weit unter dem deutschen Wert liegt. Die sehr negativen Billeter-Maßzahlen schließlich weisen auf die geringe demographische Entwicklungsmöglichkeit hin. Aus bevölkerungsgeographischer Sicht kann demnach für beide Regionen eine schrumpfende und alternde Gesellschaft konstatiert werden, deren Werte sich in Zukunft vermutlich weiter zu ihrem Nachteil verändern werden.

	Altenquotient	Jugendquotient	Billeter-Maß
Westeifel	43,8	30,7	-0,87
Vorpommern	38,9	27,6	-0,70
Deutschland	31,4	34,0	-0,47

Tab. 1: Demographische Maßzahlen im Vergleich

3.1.3 Infrastruktur

Auch hinsichtlich des Infrastrukturabbaus gibt es Gemeinsamkeiten zwischen den Untersuchungsregionen. Die Ausstattung der Dörfer wird zunehmend eingeschränkt (Kocks 2004, 24). Jahr für Jahr schließen wichtige Einrichtungen wie Lebensmittelgeschäfte, Bäcker, Postagenturen, Schulen, Kinderbetreuungseinrichtungen und Dorfgaststätten. Auch die Zahl der Arztpraxen sinkt kontinuierlich. Die Dienstleistungen und öffentlichen Einrichtungen konzentrieren sich in zentralen Orten, wodurch alltägliche Erledigungen ohne Pkw kaum noch leistbar sind, denn der Busverkehr wurde in nahezu allen Untersuchungsgemeinden auf den Schülerverkehr reduziert. Ausnahmen in der Eifel bilden lediglich Gemeinden wie Usch oder Kyllburg, die unmittelbar an einer aktiven Bahnstrecke liegen.

	Lebens-mittel-geschäft	Bäckerei	Metzgerei	Poststelle	Arzt	Kinderbetreuung	Schule	Gasthaus
			Westeifel					
Ammeldingen								
Usch	1995			1967			1965	
Eßlingen	1967			1984				
Lascheid	1995			1999			1970	
Zweifelscheid				1974				1976
Sevenig/Our								
Nusbaum		1995	2002	2001			1972	X
Mauel	1979							
Mützenich				1968			1965	
Krautscheid	1968 / 2005			1959			1973	2002
Oberlascheid							1973	X
Hommerdingen	1978			1988				
Kyllburgweiler				2000				X

(Fortsetzung)

	Lebens-mittel-geschäft	Bäckerei	Metz-gerei	Post-stelle	Arzt	Kinder-betreu-ung	Schule	Gast-haus
Matzerath								
Hamm					X			
Heckhuscheid	X							1978
Malberg	X	X	1994	1998			1971	2006
Reipleldingen								1980
Strickscheid								
Sengerich								
Feilsdorf								1965
Kyllburg	X	X	X	X	X	X	X	X
			Vorpommern					
Blankensee	1999			1999		1998	1976	
Buchholz	1993		1990		1990	1990		X
Glasow	2006				2003	1995		1993
Gültz	2005	1954	2003	1994	X	X	1998	2004
Grammentin	1995	1975	1980	1995		X		
Groß Luckow	X	1973		1991	1990	1995	1996	
Koblentz	1997		1994		2000			
Kruckow	1995			1992		1998		
Schönfeld	X			1990	X	X		1990
Schönhausen	1995			1995		1996	1992/ 1995	1995
Voigtsdorf	1995			1990	1990	1990		1995

Tab. 2: Geschlossene und vorhandene Infrastruktur in den Untersuchungsgemeinden – angegeben sind jeweils das Jahr der Schließung sowie noch geöffnete Einrichtungen (X) (Quelle: eigene Erhebung)

Tabelle 2 macht deutlich, dass Vorpommern vom Abbau der Infrastruktur noch stärker betroffen ist als die Westeifel. Dies hängt damit zusammen, dass die Dörfer zur DDR-Zeit sehr gut mit Versorgungseinrichtungen ausgestattet waren, was jedoch nach der Wiedervereinigung nicht mehr tragfähig war. Der infrastrukturelle Kahlschlag erfolgte sehr massiv und schlagartig (Reichert-Schick 2008, 40 f.).

Heute besitzen nur noch vier der elf Gemeinden in Vorpommern Infrastruktureinrichtungen. So ist zum Beispiel in Groß Luckow nach der Schließung der Bäckerei, der Post, der Kindertagesstätte, der Schule und der Arztpraxis nur noch das Lebensmittelgeschäft erhalten geblieben.

Die Dörfer der Westeifel hingegen waren nie in dem Maße ausgestattet wie jene Vorpommerns. Fünf der 22 Untersuchungsgemeinden besaßen sogar nie irgendeine Versorgungs- oder Dienstleistungseinrichtung (Tab. 2), was aber auch auf deren geringe Größe zurückzuführen ist.

Unabhängig von der Anzahl der geschlossenen Einrichtungen ist der heutige Status Quo für beide Regionen vergleichbar. Nur wenige Dörfer besitzen noch Geschäfte und in den meisten Fällen besteht gar keine Gelegenheit zur Versorgung mehr. Dieser Infrastrukturabbau führt für die Betroffenen zu einem erheblichen organisatorischen und finanziellen Aufwand zur Bewältigung des Alltags.

Darüber hinaus hat die Befragung der Einwohner ergeben, dass 18 % der Befragten aus Vorpommern und sogar 25 % der Befragten aus der Westeifel wichtige Einrichtungen nicht mit den ihnen zur Verfügung stehenden Verkehrsmitteln erreichen können. Somit ist einem erheblichen Teil der Bevölkerung die selbstständige Versorgung mit Gütern und Dienstleistern verwehrt; sie sind auf die Hilfe durch Dritte angewiesen.

Für den Infrastrukturbereich kann abschließend resümiert werden, dass viele Dörfer in ihren Funktionen weitgehend auf das Wohnen reduziert wurden. Gleichzeitig wird die sukzessive Einschränkung und Schließung der Infrastruktur zugunsten der Zentren fortgesetzt. Diese Prozesse können letztlich eine weitere Abwanderung initiieren und entziehen den Ortschaften zudem ihre Attraktivität als Standort für Freizeitwohn- und Altersruhesitze, sofern dieser Aspekt nicht durch andere Vorzüge wie z. B. naturräumliche Werte kompensiert werden kann.

3.1.4 Umzugsbereitschaft

Schließlich wurde die Abwanderungsabsicht der Einwohner erfragt. In diesem Bereich sind sich die Bewohner der Westeifel und Vorpommerns bemerkenswert einig (Abb. 3). Auf einer Skala von 1 bis 8 positionieren sich 66,3 % (Vorpommern) bzw. 70,5 % (Westeifel) bei der 8, was bedeutet, dass sie ganz sicher nicht umziehen wollen. Nur etwa ein Fünftel der Befragten (Westeifel 18,7 %; Vorpommern 20,0 %) bewegt sich im Zustimmungsbereich der Skala zwischen 1 und 4, der einen Umzug in Betracht zieht oder bereits fest intendiert.

Dieses Ergebnis wird noch weiter untermauert durch die Aussage von jeweils drei Vierteln der Befragten, dass sie sich in ihrer Gemeinde verwurzelt fühlen. Darüber hinaus können sich auch nur wenige vorstellen, den ländlichen Raum als Wohnstandort zu verlassen. Zwar würde rund ein Drittel (31 % Vorpommern, 36 % Westeifel) noch eine Kleinstadt in Betracht ziehen. Aber eine Großstadt kommt nur für etwa jeden Siebten infrage (13 % Vorpommern, 15 % Westeifel). Dieses Ergebnis kann als eindeutiges Bekenntnis zum ländlichen Raum als Wohnstandort gewertet werden.

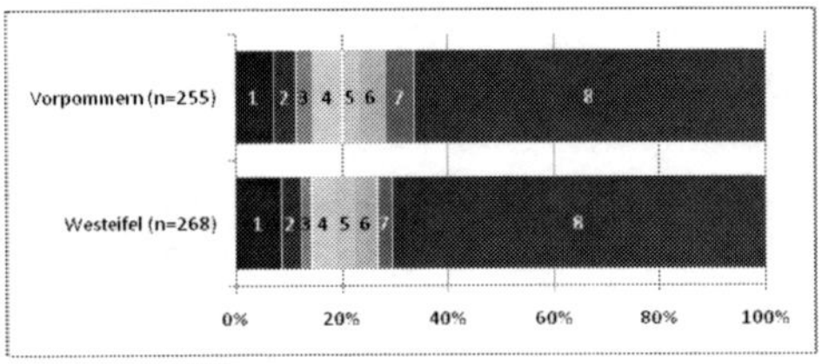

Abb. 3*: Migrationsbereitschaft der befragten Einwohner (1 = ich werde auf jeden Fall umziehen; 8 = ich werde sicher nicht umziehen, Angaben je Skalaeinheit in Prozent)

Bei den Motiven für den Verbleib werden vor allem weiche Standortfaktoren bzw. emotionale Gründe angegeben (Abb. 4). Die ruhige Lage, die schöne Landschaft oder die Tatsache, dass man einen großen Teil seines Lebens in der Gemeinde verbracht hat, werden in Vorpommern jeweils von mehr als 60 % der Befragten genannt. In der Westeifel sind die Argumente nahezu identisch, wobei die Eifel-Bewohner von ihrer Region noch etwas stärker überzeugt zu sein scheinen, wie die höheren Werte zeigen. In der Westeifel werden zudem die Aspekte „Ich besitze hier mein eigenes Haus", „Die Lebensqualität ist gut" und „Ich fühle mich insgesamt wohl" von jeweils 70 bzw. 60 % angeführt. Bei den Motiven wegzuziehen, gaben zunächst 30 % aus beiden Regionen spontan an, es gebe keinen einzigen Grund, der sie zum Wegzug veranlassen könnte[1]. Dieses Ergebnis kann aus zweierlei Perspektive interpretiert werden. Zum einen könnte dies auf ein ausgesprochen großes Beharrungsvermögen der Bewohner und ihre Verbundenheit mit der Region zurückzuführen sein, was durch die Motive zum Verbleib (Abb. 4) unterstützt wird. Zum anderen kann gemutmaßt werden, dass die mobile Bevölkerung bereits abgewandert ist und die noch dort lebenden Menschen nicht migrationswillig sind[2].

Die Motive zum Wegzug aus der Region (Abb. 5) deuten erste entscheidende Unterschiede zwischen den Untersuchungsregionen an. In Vorpommern stechen deutlich arbeitsplatzgebundene Gründe wie „Keine Aussicht auf Arbeit" (40 %) oder „eine zu große Entfernung zum Arbeitsplatz" (22 %) für einen potenziellen Wegzug hervor. Alle weiteren Argumente treten stark in den Hintergrund. In der Eifel hingegen sind die Gründe sehr viel breiter verteilt. Am häufigsten wurde die Antwort genannt, dass eine ungenügende Versorgungsstruktur zum Wegzug veranlassen könnte (22 %). An zweiter Stelle wird auch hier „Keine Aussicht auf Arbeit" angeführt, allerdings nur von 17 % der Befragten.

1 Diese Personen zählen zu jener Gruppe, die ganz sicher nicht umziehen möchte (vgl. Abb. 5).

2 Diese Vermutung wird vor allem für die Region Vorpommern durch die Ausführungen von Weiß zur Residualbevölkerung gestützt, der er eine signifikante Sesshaftigkeit zuschreibt (vgl. Weiß 2006, 494).

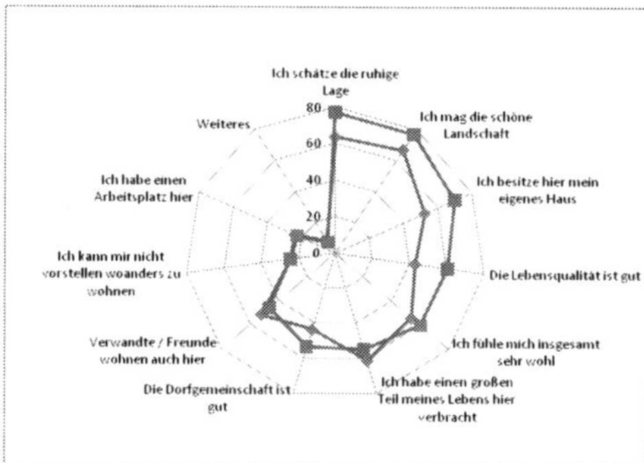

Abb. 4*: Gründe der befragten Bewohner, in der Region zu verbleiben (geschlossene Frage, Mehrfachantworten, angegeben ist der Prozentsatz der Personen, die den jeweiligen Aspekt genannt haben, Westeifel: n=270/1494 Antworten; Vorpommern: n=271/1334 Antworten)

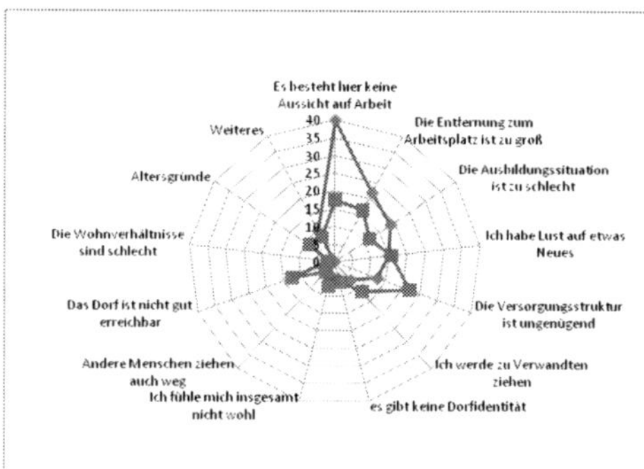

Abb. 5*: Gründe der befragten Bewohner, aus der Region wegzuziehen (geschlossene Frage, Mehrfachantworten, angegeben ist der Prozentsatz der Personen, die den jeweiligen Aspekt genannt haben, Westeifel: n=270/463 Antworten; Vorpommern: n=271/468 Antworten)

Als Zwischenfazit kann für das Segment der Gemeinsamkeiten festgehalten werden, dass es sich sowohl bei der Westeifel als auch bei Vorpommern um Räume handelt, die sich bereits seit mehreren Jahrzehnten entleeren, und dass dieser Trend mit allen negativen Konsequenzen für die Bevölkerungsstruktur und den Abbau der Infrastruktur auch in Zukunft anhalten wird. Die Menschen, die auf dem Land leben, sind jedoch von ihrem Wohnstandort überzeugt und aus ihrer Sicht überwiegen die Vorteile. Das Bild der Untersuchungsregionen wird jedoch sehr viel differenzierter, wenn man auch die Unterschiede betrachtet.

3.2 Unterschiede

Zur Analyse der Unterschiede wird zunächst erneut ein Vergleich wichtiger Sekundärdaten vorgenommen, um naturräumliche, raumstrukturelle und sozioökonomische Gegensätze aufzudecken. Eine weitere Differenzierung erfolgt anhand der Aspekte Dorfgemeinschaft, Immobiliensituation und Zukunftserwartung der befragten Einwohner.

3.2.1 Strukturvergleich

Unterschiede sind zunächst hinsichtlich des Landschaftscharakters festzustellen. Beim Vorpommer'schen Binnenland handelt es sich um eine strukturarme, ackergeprägte, offene Kulturlandschaft. In der Westeifel hingegen dominiert eine grünlandgeprägte, waldreiche Mittelgebirgs-Kulturlandschaft. Somit erscheint die landschaftliche Attraktivität der Westeifel größer und die naturräumlichen Voraussetzungen für den Tourismus günstiger als im eher monoton agrarisch geprägten Vorpommer'schen Binnenland. Bezüglich der Zentrenerreichbarkeit und Bevölkerungsdichte stellen beide Regionen Peripherräume mit sehr geringer Dichte dar. Betrachtet man jedoch die Karte des BBR zur Raumstruktur in Deutschland (Bundesamt für Bauwesen und Raumordnung 2005, 20), so wird ein wesentlicher Unterschied zwischen beiden Räumen deutlich: während Vorpommern weiträumig von weiteren Peripherräumen mit sehr geringer Dichte umgeben ist, ist die Westeifel in verschiedene Zwischen- (Großraum Trier, Saartal) und Zentralräume (Rhein-Main, Koblenz, Aachen, Rhein-Ruhr) eingebettet. Diese Tendenzen setzen sich in den westlichen Nachbarländern fort. Darüber hinaus sind bedeutsame sozioökonomische Gegensätze zu konstatieren. Der regionalwirtschaftliche Entwicklungsstand wird für die Eifel als „durchschnittlich" und für Vorpommern als „deutlich unterdurchschnittlich" eingestuft (Bundesamt für Bauwesen und Raumordnung 2005, 151; Glaser et al. 2007, 74). Dies schlägt sich auch drastisch in den Arbeitslosenzahlen nieder: die Quote schwankt in den Vorpommer'schen Landkreisen zwischen 17 und 23 %, im Eifelkreis Bitburg-Prüm liegt sie bei nur knapp 5 %. Dies ist in erster Linie auf die Nähe zu Luxemburg zurückzuführen, wo zahlreiche Bewohner der Westeifel einen gut bezahlten Arbeitsplatz gefunden haben. Auch beim Schuldenstand befindet sich die Eifel in einer besseren Position. Die Untersuchungsgemeinden sind hier mit durchschnittlich 302 Euro pro Einwohner verschuldet, in Vorpommern dagegen mit 1770 Euro (vgl. Statistisches Amt Mecklenburg-Vorpommern 2007; Statistisches Landesamt Rheinland-Pfalz 2009)

Aus dieser Gegenüberstellung wird bereits deutlich, dass die Rahmenbedingungen, innerhalb derer die Regressionsprozesse wirksam werden, sehr unterschiedlich sind und dass sich die Westeifel in einer stabileren Position befindet. Die Unterschiede sollen im Folgenden anhand von drei Aspekten vertieft werden, die nach Erachten der Verfasserin grundlegend für die weitere Entwicklung sind: die Dorfgemeinschaften, die Immobiliensituation und die Zukunftseinschätzung der Bevölkerung.

3.2.2 Die Dorfgemeinschaften

Betrachtet man die Dorfgemeinschaften, so zeigen sich eklatante Gegensätze zwischen den Untersuchungsräumen. Die Einwohner wurden im Rahmen der Befragung gebeten, einigen Aussagen zur Dorfgemeinschaft zuzustimmen oder diese abzulehnen (Abb. 6).

Mehr als die Hälfte der Befragten in Vorpommern stimmt der Aussage zu, dass sich das Zusammenleben in den letzten zehn Jahren verschlechtert hat. Im Gegensatz dazu ist nur ein Fünftel der Befragten in der Eifel dieser Ansicht. Darüber hinaus bestätigt fast die Hälfte der Befragten in Vorpommern, dass es soziale Spannungen im Dorf gibt, und knapp ein Viertel sagt aus, dass sich die Bewohner aus dem Weg gehen. In der Westeifel bewegen sich die Aussagewerte in beiden Segmenten deutlich darunter. Schließlich bejahen nur 64 % in Vorpommern, dass der Zusammenhalt der Dorfgemeinschaft funktioniert. In der Westeifel sind dagegen 83 % dieser Meinung.

Bezieht man die Aussagen der Bürgermeister ein, wird das Bild der Dorfgemeinschaften in Vorpommern noch weiter verschärft. Die folgenden Zitate verdeutlichen die Situation:

- „Egoismus und Neid haben zugenommen." (Koblentz)
- „Viele Menschen [...] verfallen dem Alkoholismus." (Schönfeld)
- Es gibt „negative Emotionen, Unsicherheit und wenig Freude." (Glasow)
- „Jeder kämpft für sich." (Gültz)

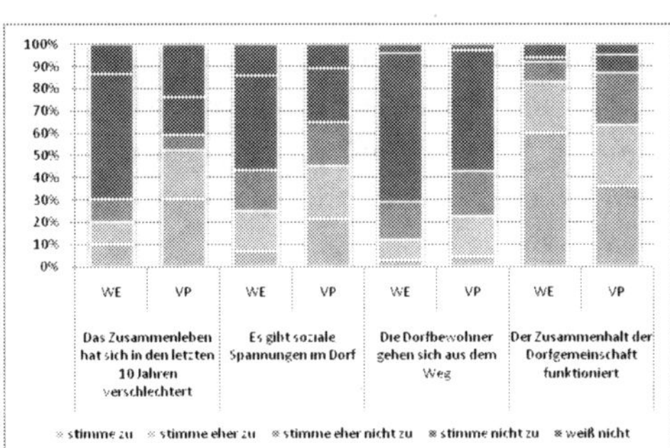

Abb. 6*: Beurteilung der Dorfgemeinschaft durch die Bewohner Westeifel (WE): n=270; Vorpommern (VP): n=271

Nach Aussage der Experten aus Vorpommern leiden in den Dörfern vor allem traditionelle Werte und kommunales Engagement unter dieser Situation. Grundtenor der Gespräche war, dass das Dorfleben durch ein reduziertes Gemeinschaftsleben und eine Auflösung des solidarischen Verhaltens geprägt ist (vgl. hierzu auch HERRENKNECHT 1995, 54 ff.). Aus der Perspektive der möglichen Umkehrung des Schrumpfungsprozesses ist diese Tatsache vor allem deshalb problematisch, da von solchen Dorfgemeinschaften nur selten positive Impulse und Eigeninitiative ausgehen (vgl. stellvertretend STÖBER 2006).

In der Westeifel hingegen stellen die Dorfgemeinschaften kein Thema dar, zu dem die Bürgermeister in besonderer Weise Stellung bezogen hätten. Es existieren lediglich in drei der Untersuchungsgemeinden Streitigkeiten. In einem Fall haben diese einen im Vergleich zu Vorpommern trivialen Grund, nämlich den Bau einer Grillhütte. In zwei weiteren Fällen geben Flurbereinigungsverfahren Anlass zu Kontroversen.

3.2.3 Immobiliensituation

In beiden Regionen ist der Immobilienmarkt starken Wandlungsprozessen ausgesetzt. Jedoch laufen die Entwicklungen in ihrer Grundtendenz in entgegengesetzte Richtungen. In Vorpommern ist ein deutlicher Angebotsüberhang auf dem Wohnungsmarkt zu konstatieren. Während massiver Leerstand vor allem in den aus Betonfertigteilen hergestellten Neubauten der DDR-Zeit festzustellen ist (Abb. 7), unterliegen die Einfamilienhäuser einem drastischen Wertverlust (Abb. 8). Die befragten Experten bewerten die Situation folgendermaßen:

- „Die Auswirkungen des demographischen Wandels sind stark spürbar: der Bevölkerungsrückgang zieht Preisabschläge bis zu 50 Prozent nach sich." (Immobilienmakler Neubrandenburg)
- „Durch die Abwanderung der jungen Menschen kommt es speziell in den ländlichen Regionen zum Leerstand. Nur durch Abrisse von Häusern können die Mietpreise erhalten werden." (Immobilienmakler Neubrandenburg)
- „Die Leerstände sind oftmals in einem solch desolaten Zustand, dass nur noch ein Abriss in Betracht gezogen werden kann." (Bürgermeisterin Voigtsdorf)

Betrachtet man die Untersuchungsgemeinden in Vorpommern, so ist offensichtlich, dass Leerstände das Erscheinungsbild der Dörfer beeinträchtigen und eine Atmosphäre von Verfall und Perspektivlosigkeit mit sich bringen. Es handelt sich zwar noch um Einzelobjekte, aber der Niedergang ist auffällig und in nahezu allen Dörfern präsent.

Auch in der Westeifel sind verfallende Häuser in den Dörfern vorzufinden, wobei diese jedoch deutlich weniger verbreitet sind. Ein Prozess, der für die Eifel

Abb. 7*: Zum Rückbau vorbereiteter Geschossbau in Groß Luckow (Vorpommern) (links)
Abb. 8*: Verfallendes Haus mit defektem Dach in Schönhausen (Vorpommern) (rechts)

weitaus charakteristischer ist, ist die Renovierung von Häusern, durch die Immobilien im Dorfkern erhalten werden (Abb. 10). Darüber hinaus sind auch Neubauten von Einfamilienhäusern zu beobachten (Abb. 9). Die Erklärung hierfür bieten die folgenden Äußerungen:

- „Wenn ein Haus leersteht, wird es bedingt durch die Grenznähe sofort neu bezogen." (Bürgermeister Sevenig/Our)
- „Leerstehende Häuser sind schnell verkauft." (Bürgermeister Zweifelscheid)
- „Je schneller in Luxemburg, desto teurer das Grundstück." (HENTSCHEL 2008)

Es sind insbesondere Personen aus den Nachbarländern Luxemburg und den Niederlanden, aber auch aus dem Großraum Köln-Bonn, die alte Häuser in der Westeifel aufkaufen und renovieren oder neu bauen. Dabei sind nach Aussage der Bürgermeister vor allem zwei Gruppen voneinander zu unterscheiden. Die erste umfasst Altersruhesitzmigranten, die die Landschaft und den Mittelgebirgscharakter schätzen. Die zweite Gruppe wird von Zuwanderern aus Luxemburg gebildet, die mit ihren Familien aufgrund der niedrigen Grundstückspreise in die Westeifel ziehen. Dass dieser Prozess bewusst forciert wird, ist an den Werbeplakaten für neue Wohnbaugebiete zu erkennen. Diese richten sich explizit, zum Teil auch in französischer Sprache, an die zahlungskräftige Luxemburger Klientel. Allerdings können nach Aussage der befragten Experten von diesem sogenannten „Luxemburg-Effekt" lediglich Dörfer in Grenznähe profitieren. Ab einer Entfernung von 15 bis 20 Kilometer zur Grenze ebbt das Phänomen deutlich ab. Während also in Vorpommern die Immobiliensituation einen deutlichen Indikator für die aktuell ablaufenden Regressions- und Entleerungsprozesse darstellt, können in der Westeifel frei werdende Immobilien vielerorts an Zuwanderer und Altersruhesitzmigranten verkauft werden, wodurch die ländlichen Siedlungen belebt und stabilisiert werden, wenngleich durch diese Prozesse die Immobilienpreise und Bodenrichtwerte zum Teil stark ansteigen.

Abb. 9* Neuer Ferienwohnsitz in Kinzenburg (Westeifel) (links)
Abb. 10*: In Renovierung befindliches Haus in Mauel (Westeifel) (rechts)

3.2.4 Zukunftserwartungen

Als letzten Aspekt des Vergleichs werden die Zukunftserwartungen der Befragten betrachtet. Die Bewohner wurden gebeten, einzuschätzen, wie sich die Gesamtsituation ihrer Gemeinde in Zukunft entwickeln wird (Abb. 11).

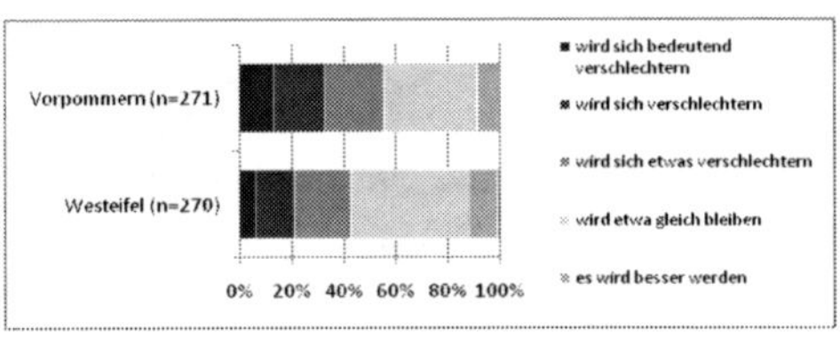

Abb. 11*: Zukunftserwartungen der befragten Bewohner: Aussagen zur zukünftigen Entwicklung der Gesamtsituation in der Gemeinde (Angaben in Prozent)

Insgesamt 56 % der Befragten aus Vorpommern befürchten eine Verschlechterung, wobei 13 % sogar davon ausgehen, dass sich die Situation erheblich verschlechtern wird. Hingegen erwarten nur 43 % der Befragten in der Eifel eine Verschlechterung. Knapp die Hälfte geht hier davon aus, dass alles bleibt, wie es ist. Die Aussage, dass sich die Situation verbessern wird, hat in keiner der beiden Regionen große Zustimmung gefunden. Insgesamt zeigt sich in der Eifel also eine deutlich positivere Einstellung.

Bei der Benennung der größten Probleme, die es zu bewältigen gilt, gehen die Meinungen ebenfalls auseinander (Tab. 3).

Vorpommern		Westeifel	
Fehlende Arbeitsplätze / Arbeitslosigkeit	70	Demographischer Wandel	25
Infrastruktursituation	21	Dorfgemeinschaft	19
Demographischer Wandel	14	Infrastruktursituation	13

Tab. 3: Die größten Probleme in der Region aus Sicht der Befragten (Angaben in Prozent) – (offene Frage, Mehrfachantworten, angegeben ist der Prozentsatz der Personen, die den jeweiligen Aspekt genannt haben, Westeifel: n=270/311 Antworten; Vorpommern: n=271/415 Antworten)

In Vorpommern benannten 70 % der Befragten „fehlende Arbeitsplätze und Arbeitslosigkeit" als größtes Problem der Region. Dieser für Vorpommern herausstechende Aspekt findet in der Eifel kaum Beachtung. Weit abgeschlagen folgen in Vorpommern die Infrastruktursituation sowie die Abwanderung und Alterung der Gesellschaft. Die Eifel-Befragten sind weniger eindeutig bei der Problembenennung. Bei ihnen führt der demographische Wandel die Liste an, der von einem Viertel der Befragten als Problem genannt wird. Darauf folgen die Dorfgemeinschaft und die Infrastruktursituation. Die Sorge um die Dorfgemeinschaft bezieht sich auf die Überalterung und das Fehlen von Kindern, was von vielen Einwohnern als Befürchtung geäußert wird.

Weiterhin sollten die Befragten einschätzen, wie sich die Bevölkerungszahl ihrer Gemeinde in den nächsten 25 Jahren verändern wird. Auch hier ist in der Westeifel ein größerer Optimismus festzustellen: 85 % der Befragten in Vorpommern, aber nur 68 % der Westeifel-Befragten erwarten eine weitere Abnahme. In der Eifel gehen sogar 17 % von einer Zunahme der Bevölkerungszahl aus; in Vorpommern sind nur 7 % dieser Ansicht.

Generell ist festzuhalten, dass die Befragten in Vorpommern ihre Zukunft pessimistischer einschätzen als die Eifelbewohner. Dies zeigt, dass die Selbstwahrnehmung in Vorpommern negativer ist und dass die Chancen, ideale Lebensentwürfe zu verwirklichen, als recht gering eingeschätzt werden, was sich auch in der Äußerung zeigt, dass mangelnde Perspektiven für den Bevölkerungsrückgang verantwortlich seien.

4 Ergebnis der vergleichenden Analyse

Die empirische Erhebung und der Vergleich der Sekundärstatistiken haben gezeigt, dass in beiden Regionen durchaus vergleichbare Problemlagen existieren. Gemeinsamkeiten bestehen hinsichtlich der dezentralen, kleinteiligen Siedlungsstruktur und des weitständigen Netzes zentraler Orte. Darüber hinaus sind sowohl die Westeifel als auch Vorpommern von zwei wichtigen Komponenten des demographischen Wandels betroffen, nämlich einer altersstrukturellen Verschiebung mit unverkennbarer Überalterungstendenz und einem deutlichen Bevölkerungsrückgang. Diese Faktoren haben sich bereits in einem Abbau der Infrastruktur niedergeschlagen. Aber trotz der daraus resultierenden Beeinträchtigung der Lebensqualität ist die Bevölkerung keineswegs geneigt abzuwandern. Diese Gemeinsamkeiten bilden zunächst einen Rahmen, innerhalb dessen zwischen den beiden Regionen weiter differenziert werden muss. Es sind nämlich markante Unterschiede festzustellen, die jeweils anders geartete Prozesse der Siedlungsregression und Peripherisierung ausgelöst haben. Vor allem in folgenden drei Punkten sind wesentliche Gegensätze zu konstatieren:

- Zum einen bedingt die großräumliche Verflechtung der Regionen einen unterschiedlichen Grad an Peripheralität und damit bessere bzw. schlechtere Voraussetzungen für die Teilhabe an positiven Entwicklungseffekten. Beide Untersuchungsräume liegen auf einer europäischen Achse von Problemregionen, die sich von Vorpommern über die Eifel, das französische Zentralmassiv bis nach Kastilien zieht (Diercke Weltatlas 2008, 85). Aber die Westeifel liegt zusätzlich in unmittelbarer Nähe zu verdichteten und wirtschaftsstarken Regionenund kann somit durch Migrations- und Pendelbewegungen von ihren Nachbarländern profitieren. Die Westeifel selbst ist zwar als „Schwächezone“ zu bezeichnen, doch erscheint sie großräumig deutlich besser eingebettet als Vorpommern.
- Hinzu kommt die unterschiedliche Natur- und Kulturraumausstattung, die gerade für die Westeifel einen Vorteil darstellt. Die abwechslungsreiche Mittelgebirgs-Kulturlandschaft zieht Familien und Altersruhesitzmigranten an, die durch ihren Zuzug einen Beitrag zum Erhalt der Dorfstrukturen leisten, und auch das touristische Entwicklungspotenzial erscheint nicht unerheblich.
- Schließlich bewirken die wirtschaftlichen und gesellschaftlichen Rahmenbedingungen unterschiedlich starke Peripherisierungsprozesse, wodurch vor allem Vorpommern benachteiligt wird.

Diese Aspekte werden im Folgenden anhand einer Synthese für beide Regionen verdeutlicht.

4.1 Westeifel

In der Westeifel sind viele negative Effekte der Siedlungsregression festzustellen. Sie reichen von der Überalterung der Bevölkerung bis hin zum Abbau der Infrastruktur in kleineren Orten bzw. ihrer Konzentration in wenigen Zentren. Darunter befinden sich allerdings zwei Effekte, die in Kombination mit günstigen strukturellen Voraussetzungen die Regression verlangsamt haben.

1. Zum einen sind dies die niedrigen Grundstücks- und Immobilienpreise, die im Zusammenhang mit der Lagegunst der Westeifel Vorteile für Familien aus Luxemburg bringen, da sie vergleichsweise preiswert und in Nähe zu ihrer Heimat ein Eigenheim erwerben oder bauen können.
2. Zudem begünstigen die periphere Lage und die geringe Besiedlungsdichte eine naturnahe Kulturlandschaft. In Kombination mit der landschaftlichen Attraktivität der Mittelgebirgsregion stellt dies ein entscheidendes endogenes Potenzial für den erholungsorientierten Freizeitverkehr und die Altersruhesitzmigration dar.

Regressionseffekte, die in anderen Regionen weitere negative Auswirkungen nach sich ziehen, konnten in der Westeifel funktionale Verflechtungen mit Stadt- und Metropolregionen initiieren. Durch Siedlungsregression entstandene Strukturen haben somit Freiräume für neue Nutzungen und für neue Bevölkerungsgruppen geschaffen. Infolgedessen konnte die Region aus einem Degradationsprozess heraus wieder zu einer Stabilisierung mit Peripherisierungsabbau gelangen. Darüber hinaus stellen für die Westeifel insbesondere die Nähe zu Agglomerationsräumen sowie die Lage im deutsch-luxemburgischen Grenzraum zwei wesentliche Standortfaktoren dar, von denen nicht nur die freizeit- und tourismusorientierten Besucher, sondern auch die arbeitsweltlich motivierten Auspendler profitieren. Gerade durch die Auspendlerströme wird der positive Effekt erzielt, dass Kaufkraft in der Region verbleibt, da die an anderer Stelle erzielten Einkommen zumindest zum Teil in der Heimatregion ausgegeben werden. Die Lage im Grenzraum hat zudem den entscheidenden Effekt, dass die in der Westeifel lebenden Menschen auch in außerländlichen Arbeitsbereichen, etwa dem Luxemburger Bankensektor, eine Anstellung finden und daher nicht durch berufliche Gründe zur Abwanderung gezwungen sind. Begünstigt wird dies durch die praktisch fehlende Sprachbarriere zwischen Deutschland und Luxemburg. Als problematisch ist jedoch die dadurch bedingte Abhängigkeit der Westeifel von exogenen positiven Einflüssen zu erachten. Sollte Luxemburg als Arbeitsmarkt wegbrechen und das Interesse der Nachbarländer an der Westeifel als Wohn- und Freizeitraum nachlassen, so kann dies nachteilige und entwicklungshemmende Auswirkungen auf die Region haben.

4.2 Vorpommern

Die Situation in Vorpommern hingegen ist geprägt durch eine langfristige Verfestigung von Strukturdefiziten mit entsprechenden Folgen für die in der Region lebenden Menschen. Es handelt sich um eine wechselseitige Verstärkung räumlicher, sozialer und wirtschaftlicher Ungleichheiten. Die Ursache ist vor allem in dem durch die Wende eingeleiteten Deökonomisierungs- und Deindustrialisierungsprozess zu suchen, der mit der ohnehin existenten Strukturschwäche der Region zu Arbeitslosigkeit, einem niedrigen Lebensstandard, fehlenden Zukunftsperspektiven und zerrütteten Dorfgemeinschaften geführt hat (Reichert-Schick 2008, 46). Dies wiederum hatte massive Abwanderungen zur Konsequenz, aus denen ein schwindendes Humankapital, eine Überalterung der Gesellschaft, leerstehende Immobilien und der Abbau der Infrastruktur resultierten. Dadurch sinkt die Attraktivität der Region beständig. Die Wirtschaft zieht sich von unrentablen Standorten zurück, und selbst die Politik stellt ihren Steuerungsanspruch in Form der Gewährleistung gleichwertiger Lebensverhältnisse infrage (vgl. Pütz & Spangenberg 2006). Deutlich wird dies auch in den immer wiederkehrenden Debatten um Abzugsprämien (vgl. Preuß 2007) oder dem Vorschlag des Berlin-Instituts, dass diese sogenannten verlorenen Räume nicht mehr gefördert werden sollten (vgl. Berlin-Institut für Bevölkerung und Entwicklung 2009). Die Siedlungsregression mit ihren Peripherisierungsprozessen hat demnach in Vorpommern eine sozioökonomische Abkopplung initiiert, die mit einem Verlust der Teilhabechancen und einer Verengung der Handlungsspielräume der Bewohner einhergeht (Keim 2006; Neu 2006). Vorpommern ist somit ein Beispiel dafür, dass Siedlungsregression in einen kumulativen Schrumpfungsprozess münden kann.

Vorpommern unterliegt auf mehreren Ebenen einem Peripherisierungsprozess und ist durch eine hohe Abhängigkeit gekennzeichnet. Es besteht daher die Gefahr, dass die Region um einer vermeintlich wirtschaftlichen Effizienz willen voreilig abgeschrieben wird. Viele Beispiele scheinen jedoch zu belegen, dass „als hoffnungslos zurückgeblieben eingestufte Räume sich wider Erwarten hervorragend entwickeln“ (Heinrichs 2006, 653). Eine Chance bietet auch hier die Grenzraumlage. Vorpommern ist jedoch bislang noch nicht in der Situation, nachhaltig von positiven Einflüssen des Nachbarlandes Polen profitieren zu können. Die Region liegt zwar in unmittelbarer Nachbarschaft zum Großraum Stettin mit mittlerweile rund 500.000 Einwohnern; dies hat sich aber bislang noch nicht spürbar ausgewirkt. Hoffnungen bestehen indessen durch die verkehrsgeographisch günstige Lage von Stettin, dessen wirtschaftliche Basis durch die maritime Industrie, seinen Wissenschaftssektor mit den Hochschulen und nicht zuletzt seinen touristisch attraktiven Charakter. Wenn es gelingt, Stettin zu einem dynamischen Zentrum zu entwickeln, sind vermutlich auch deutlich positive Veränderungen für das deutsche Umland zu erwarten (vgl. Maack et al. 2005).

Insgesamt betrachtet befindet sich die Westeifel in einer stabileren Situation und in einer günstigeren räumlichen Lage, die positive Einflüsse ausübt. Zwar wird auch diese Region weiterhin altern, schrumpfen und mit einem geringen

Maß an Versorgungsinfrastruktur zurechtkommen müssen, aber die Prozesse der Siedlungsregression werden sich hier weitaus weniger destruktiv auswirken als in Vorpommern. Allerdings bestehen auch in Vorpommern Hoffnungen aufgrund der Nachbarschaft zu Polen und dem Großraum Stettin. Es konnten bereits Beziehungen etabliert werden, aber eine nachhaltig positive Auswirkung auf die grenzüberschreitende Region ist bislang noch ausgeblieben.

Literatur

Berlin-Institut für Bevölkerung und Entwicklung (2009): Demografischer Wandel. Ein Politikvorschlag unter besonderer Berücksichtigung der Neuen Länder (Studie im Auftrag des Bundesministeriums für Verkehr, Bau und Stadtentwicklung). Berlin.

Bundesamt für Bauwesen und Raumordnung (2000): Raumordnungsbericht 2000. Bonn. (= Berichte, 7).

Bundesamt für Bauwesen und Raumordnung (2005): Raumordnungsbericht 2005. Bonn. (= Berichte, 21).

Diercke Weltatlas – Ausgabe 2008. Braunschweig.

Doering-Manteuffel S. (1995): Die Eifel. Geschichte einer Landschaft. Frankfurt a. Main/ New York.

Glaser R., Gebhardt H. & Schenk W. (2007): Geographie Deutschlands. Darmstadt.

Heinrichs B. (2006): Die neuen Leitbilder der Raumentwicklung – eine Neujustierung, aber kein Paradigmenwechsel. In: Informationen zur Raumentwicklung. 11/12: 653–658.

Henkel G. (1978): Die Entsiedlung ländlicher Räume Europas in der Gegenwart. Paderborn.

Hentschel U. (2008): Aufmerksamer Blick in die Nachbarschaft. http://www.lokalo.de/zeitung/3879/Aufmerksamer-Blick-in-die-Nachbarschaft (19.04.2008)

Herrenknecht A. (1995): Der Riß durch die Dörfer – Innere Umbrüche in den Dörfern der neuen Bundesländer. In: Agrarsoziale Gesellschaft e.V. (Hrsg.): Dorf- und Regionalentwicklung in den neuen Bundesländern. Beiträge aus der Praxis. Göttingen, 50–64. (= ASG-Kleine Reihe, 54).

Keim K.-D. (2006): Peripherisierung ländlicher Räume – Essay. In: Aus Politik und Zeitgeschichte 37: 3–7.

Kocks M. (2004): Infrastruktur und demographischer Wandel: Die Anpassung managen. In: Leader Forum 2: 25–27.

Maack K., Grundmann M., Kreft J. et al. (2005): Wachstumspol Stettin und Auswirkungen auf die Entwicklung der deutsch-polnischen Grenzregion. Düsseldorf. (= Edition der Hans-Böckler-Stiftung, 132).

Neu C. (2006): Territoriale Ungleichheit – eine Erkundung. In: Aus Politik und Zeitgeschichte 37: 8–15.

Peters R.-H. & Glaescher J. (2007): Lasst die Wölfe rein! In: Stern 13: 184–191.

PREUß M. (2007): Abzugsprämie soll Dörfer entvölkern. In: Spiegel online: http://www.spiegel.de/politik/deutschland/0,1518,505510,00.html (09.11.2008)

PÜTZ T. & SPANGENBERG M. (2006): Zukünftige Sicherung der Daseinsvorsorge. Wie viele Zentrale Orte sind erforderlich? In: Informationen zur Raumentwicklung 6(7): 337-344.

REICHERT-SCHICK A. (2008): Siedlungsregression und Schrumpfungsprozesse ländlicher Gemeinden in Vorpommern. In: Europa Regional 16(1): 36-48.

SCHWEDT H. (1984): Abwanderung und Dorfkultur. In: Schwedt H. (Hrsg.): Migration und Dorfkultur. Untersuchungen in Abwanderungsregionen des Landes Rheinland-Pfalz. Stuttgart, 3-68. (= Mainzer Studien zur Sprach- und Volksforschung, 7).

STATISTISCHES AMT MECKLENBURG-VORPOMMERN (2007): Mecklenburg-Vorpommern - Gemeindedaten 2007 (CD-Rom). Schwerin.

STATISTISCHES LANDESAMT RHEINLAND-PFALZ (2009): Datenbank "Meine Heimat: mein Dorf, meine Stadt". http://www.infothek.statistik.rlp.de/lis/MeineRegion/index.asp (08.07.2009)

STÖBER S. (2006): Lebendige Dörfer in Brandenburg - Bürgerbeteiligung im Alltag. Ergebnisse einer Befragung in 5 Dörfern. http://www.la21bb.de/service/stoeber_1.pdf (26.08.09)

WEIß W. (2006): Zur Entwicklung einer Residualbevölkerung infolge lang anhaltender selektiver Abwanderung in Mecklenburg-Vorpommern. Auswirkungen der Bevölkerungsalterung unter besonderer Berücksichtigung regionaler Aspekte. In: Zeitschrift für Bevölkerungswissenschaft, 31 (3-4): 469-506.

WICHMANN S. K. (2007): Regionale Identität und Landschaftskult als Hemmnis der Abwanderung? In: Denkanstöße: Landschaftskult - Kulturlandschaft. 6: 66-75.

Tobias Chilla

Europäisierung durch das ESPON-Programm? „Raumbeobachtung“ im Spannungsfeld von Wissenschaft und Politik

1 Einführung

Der vorliegende Artikel entstammt der Leitthemensitzung zur „Europäisierung der Raumordnung“ unter Leitung von Hans-Heinrich Blotevogel und Rainer Danielzyk. Diesem Beitrag liegt die Frage zugrunde, welche Rolle das EU-Programm ESPON im Kontext der Europäisierung spielt (ESPON: *European Spatial Planning Observatory Network*, www.espon.eu).

Europäisierung wird hier verstanden als eine Konsequenz aus der Europäischen Integration: Während im Zuge der Europäischen Integration Kompetenzen, Ressourcen und politische Aufmerksamkeit von der (sub-)staatlichen Ebene auf die europäische verlagert werden, so meint Europäisierung den Effekt, der sich als spätere ‚Rückwirkung‘ dieser Verlagerung wieder auf den unteren Ebenen bemerkbar macht.

Der Beitrag diskutiert zwei Thesen. Erstens: Eine Europäisierung von teilnehmenden Forschungsinstitutionen und Behörden im ESPON-Programm ist zwar bis zu einem gewissen Grad zumindest anzunehmen, insgesamt ist dies aber nur als punktuelle Europäisierung zu sehen, zu klein und zu jung ist das Programm bisher. Zweitens: Es sind deutliche Indizien sichtbar, dass das ESPON-Programm einen klaren Beitrag zu einer Verräumlichung – oder zumindest: Kartographisierung – der EU-Politik geleistet hat. Indem damit aber eine neue Perspektive auf der europäischen Ebene verankert wird, ist dies weniger als ein Beitrag zur Europäisierung als vielmehr als ein Prozess der europäischen Integration zu werten.

Der Beitrag versteht sich zunächst als eine konzeptionelle Reflexion des Programms, die auf verschiedentlicher Einbindung des Autors beruht: Im Rahmen von Projektbeteiligungen und institutioneller Einbindung wurden in den letzten Jahren zahlreiche Prozesse aus der Innensicht verfolgt. Die Erkenntnisse aus dieser teilnehmenden Beobachtung werden in Zusammenhang gebracht mit den bereits vorliegenden Publikationen und Studien zum Programm.

Ein wichtiges Anliegen dieses Beitrages ist es, die Relevanz des Europäisierungskonzeptes und sein Potenzial zu illustrieren: Denn wenn der Argumentation zu folgen ist, dass wir es im Themenfeld der Europäischen Raumentwicklung derzeit vor allem mit Prozessen der Europäischen Integration zu tun haben, dann ist von einer zunehmenden Bedeutung europäischer Inhalte für die räumlichen Wissenschaften auszugehen. In diesem Sinne wäre Europäisierung hier also ein noch weitgehend bevorstehender Prozess. Vor dem Hintergrund, dass die deutsche Geographie bislang nur zögerlich an den Europäisierungs-Debatten teilnimmt, erscheint das Potenzial des Forschungsfeldes Europäisierung noch erheblich.

2 Das ESPON-Programm

Bevor auf Aspekte der Europäisierung näher eingegangen werden kann, ist das institutionelle Setting des Programms kurz zu erläutern: Das ESPON-Programm existiert seit 2002 und befindet sich derzeit in seiner zweiten Programm-Phase: sein Ziel ist es, Raumanalysen in europäischem Maßstab durchzuführen und auf dieser Basis politische Prozesse zu begleiten. Finanziert wird dieses Programm durch Strukturfonds mit einer Ko-Finanzierung durch die teilnehmenden Staaten, nicht aber die jeweiligen Projektpartner. Das ESPON-Programm ist nach der INTERREG-Logik organisiert (s. Tab.; s.a. Faludi & Waterhout 2006, 9 f.).

Ein Großteil des Budgets wird an internationale Konsortien vergeben, die in der Regel Teilnehmer aus mindestens drei Staaten zusammenbringen. Diese bestehen aus öffentlichen Forschungsinstitutionen, raumplanerischen Institutionen und privaten Büros.

Das ESPON-Programm ist kein reines Forschungsprogramm, auch wenn die Anwendung von wissenschaftlichen Methoden im Zentrum steht. Einen plastischen Eindruck von der Stellung des Programms auf der Schnittstelle zwischen Politik und Forschung gibt die normativ formulierte Selbstdarstellung auf der ESPON-Internetseite:

„Mission [of the ESPON programme]:
- Support policy development in relation to territorial cohesion and a harmonious territorial development
- Provide comparable information, evidence, analyses and scenarios on territorial structures and dynamics
- Reveal territorial capital and potentials in support of the competitiveness of regions and larger territories " *(www.espon.eu)*

	ESPON 2002 – 06	ESPON 2007 – 13
Budget	ca. 17,5 Mio. (Ko-Fin. 50 %)	ca. 47 Mio. € (Ko-Fin. 25 %)
Projekte	34	voraussichtlich 60 – 100
Beteiligte Institutionen	ca. 225	…
Teilnehmende Länder	27 (EU 25 + CH, NO)	31 (EU 27 + CH, LI, NO, IS)

Abb. 1: Eckdaten des ESPON-Programms (Quelle: *www.espon.eu*)

Die Organisation des Programms ist insofern recht komplex, als mit dem Objekt der ‚Raumbeobachtung' ein politisch heikles Thema betrachtet wird: bis zum Inkrafttreten des Lissabon-Vertrages im Dezember 2009 gab es keine formale Kompetenz für raumordnerische Fragen – auch wenn mit der sozialen und ökonomischen Kohäsion, aber beispielsweise auch mit der Erarbeitung der TENs (Transeuropäische Netze) durchaus sehr ‚raumnahe' Politikbereiche etabliert waren. Aber erst mit der verankerten *shared competence* zur territorialen Kohäsion hat sich diese Ausgangslage zumindest im Ansatz verändert.

Zugleich machen sich die Konsequenzen der Europäischen Integration in einer Vielzahl *anderer* Politikbereiche als neue Herausforderungen gerade auch für die Raumplanung und Regionalpolitik bemerkbar – ein besonders plastisches Beispiel sind ansteigende grenzüberschreitende Pendlerströme aufgrund der liberalisierten Binnengrenzen. Raumpolitiken müssen insofern mit Europäisierungsfolgen umgehen, ohne selbst eine explizite europäische Dimension zu haben.

Für alle ‚territorialen' Themenbereiche hat dies immer eine hohe politische Sensibilität bedeutet – beispielsweise für das europäische Raumentwicklungskonzept oder die Territoriale Agenda (ausführlich hierzu s. Faludi 2009). Auch für das ESPON-Programm wäre eine rein supranationale Programm-Organisation daher nicht denkbar, und eine pur intergouvernmentale Organisation erschien nicht zielführend. Als Ergebnis ist eine Struktur gefunden worden, die zunächst starke intergouvernmentale Element enthält (vgl. Abb. 2): Die formal maßgeblichen Beschlüsse werden von einem Gremium gefällt, in das jeder teilnehmende Staat einen Repräsentanten entsendet (Monitoring Committee), zugleich wird die Programmverwaltung von einem Staat durchgeführt (Luxemburg als sogenannte Managing Authority). In der Praxis haben jedoch auch die supranationalen Elemente eine sehr hohe Bedeutung: Die EU Kommission – in Form der Generaldirektion Regio – entsendet zwar nur einen Repräsentanten in dieses Gremium, aber dessen Stimme kommt erhebliches Gewicht zu. Die Coordination Unit fungiert als eine Art technisches Sekretariat, an dessen Spitze ein abgeordneter EU-Beamter steht, dessen Mitarbeiter für maximal die Dauer des Programms eingestellt werden.

Die eigentlichen Raumanalysen werden in Projektform weitgehend außerhalb der institutionalisierten Strukturen durchgeführt, und zwar von den bereits angesprochenen internationalen Projektkonsortien (sogenannten Transnational Project Groups).

Ergebnis ist eine Institutionalisierungsform, die nicht nur den Spagat zwischen Wissenschaft, Politik und Verwaltung machen muss, sondern die sich auch auf der heiklen Schnittstelle von intergouvernmentaler und supranationaler Organisation befindet. Diese Komplexität schlägt sich nicht zuletzt in recht aufwendigen Prozeduren nieder, mit denen sich die Projektkonsortien befassen müssen. Dies im Zusammenhang mit den ohnehin hohen formalen Anforderungen der Strukturfonds führt zu einem nicht unerheblichen Risiko von Formfehlern.

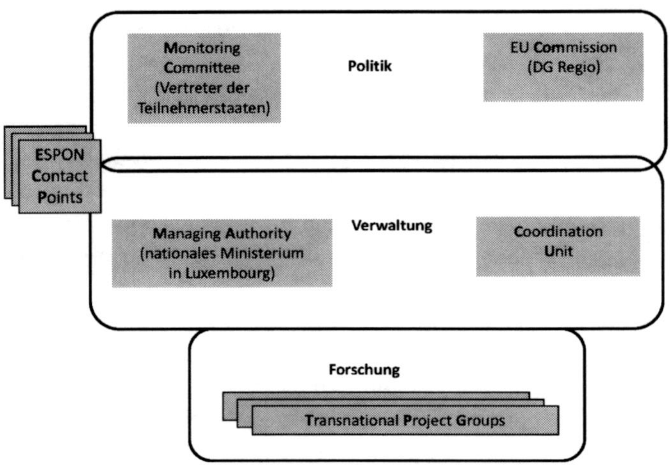

Abb. 2: Institutionen des ESPON-Programms (eigener Entwurf)

Die institutionelle Architektur zeigt auch, dass die Nähe zur Politik von vorneherein mitgedacht wird. Dies bedeutet für die Forschungsarbeiten zweierlei: Zum einen ist eine klare Trennung und ‚Neutralität' der Arbeiten kaum möglich, da die diversen Gremien ihre Anliegen in Projektausschreibungen und -begleitungen durchaus deutlich einbringen (ausführlich s. Davoudi 2007; Zonneveld & Waterhout 2005). Zugleich liegt ein klarer Fokus auf quantitativen Daten, die europaweit vorliegen, da diesen eine besonders hohe politische Schlagkraft zugesprochen wird. Dies ist vor dem Hintergrund zu sehen, dass in den letzten Jahren die Vorstellung des „evidence based planning" große Bedeutung gewonnen hat (vgl. FALUDI & WATERHOUT 2006; BÖHME & SCHÖN 2006).

Die Gefahr von quantitativen Analysen von europaweit vorliegenden Daten sind nicht nur mögliche deskriptive und positivistische Übergewichte, sondern angesichts der zum Teil noch recht dürftigen Datenlage auch analytische Zirkelschlüsse (DAVOUDI 2007, 98). Hierbei ist allerdings die große Transparenz des Programms hervorzuheben, das den weitaus größten Teil der Materialien online und durchweg in englischer Sprache zur Verfügung stellt, einschließlich der Zwischenberichte, Anhänge und in gewissem Rahmen auch der Daten.

Angesichts der vielfältigen Nähe zur Politik wird nicht nur die Untrennbarkeit der Sphären Politik und Wissenschaft beklagt (z. B. PREZIOSO 2008), sondern auch die Unterstützung von EU-Paradigmen, die politisch nicht unumstritten sind (vgl. BENGS 2006).

Bei aller Kritik an dem Programm ist es jedoch sein recht unumstrittenes Verdienst, dass es die Möglichkeiten zur europaweiten Reflexion der Raumentwicklung stark vorangebracht und zum Teil erst ermöglicht hat. Darüber hinaus stellt die breite Vernetzung von Akteuren aus Wissenschaft und Politik – aus mehr als 30 Ländern – einen nicht zu unterschätzenden Wert hat (FALUDI & WATERHOUT 2006).

3 Europäisierung ‚des Raumes'?

Die am weitesten geteilte Auffassung versteht Europäisierung als die Konsequenz aus der Europäischen Integration gleichsam ‚vor der Haustür', als ‚domestic impact of European Integration'. Europäische Integration und Europäisierung sind demnach zwei Seiten einer Medaille. Integration meint die Verlagerung von Kompetenzen, Ressourcen und politischer Aufmerksamkeit auf die europäische Ebene. Europäisierung meint die sich daraus ergebenden Konsequenzen auf die darunter liegenden Ebenen (RADAELLI 2003, 33; ausführlich CHILLA i.E.). Prägnant formuliert worden ist dieses Verständnis von BÖRZEL und RISSE (2005) im Titel ihres Aufsatzes „When Europe hits home". Eine prägnante Definition dieses Europäisierungsverständnisses gibt RADAELLI:

> „Processes of a) construction, b) diffusion, and c) institutionalization of formal and informal rules, procedures, policy paradigms, styles, ‚ways of doing things', and shared beliefs and norms which are first defined and consolidated in the making of EU public policy and politics and then incorporated in the logic of domestic discourse, identities, political structures, and public policies." (RADAELLI 2003, 30 m.w.N.; sehr ähnlich etwa OLSEN 2002, 926)

Inwiefern die Raumentwicklung oder auch nur die Raumanalyse durch das ESPON-Programm europäisiert worden ist, kann über verschiedene Indikatoren und Argumente beantwortet werden.

Ein starker Indikator für die Europäisierung wäre, wenn neue, europäisierte Daten geschaffen würden – dies ist im Rahmen des ESPON-Programms aber kaum der Fall. Zwar werden durch einzelne Projekte durchaus sehr interessante Daten ergänzt, die in der sogenannten ESPON Data Base verknüpft werden (zuletzt beispielsweise die Daten zu ökonomischen Kontrollfunktionen im Rahmen des FOCI-Projektes). Gemessen mit den europäischen Vorhaben wir INSPIRE, CORINE oder GMES ist die Bedeutung aber gering. Es stehen vielmehr die Aufbereitung, Visualisierung und Interpretation von vorhandenen Daten aus der räumlichen Perspektive im Vordergrund (insbesondere Eurostat und nationale Statistiken).

Die Frage, inwieweit ESPON-Resultate zu einer Europäisierung der Raumordnung auf der nationalen Ebene geführt haben, ist bislang nicht systematisch untersucht worden. Die Einschätzungen hierzu gehen auseinander (generell hierzu Böhme & Waterhout 2008; Dühr et al. 2007). Zwar sind für viele Länder die Aussagen des ESPON-Programms in Informations-Veranstaltungen und Publikationen (für Deutschland z.B. BMVBS 2009) heruntergebrochen worden. Auch lässt sich bei diversen Projekten und Publikationen zumindest vermuten, dass sie auch vom ESPON-Programm inspiriert worden sind (ebenfalls für Deutschland z.B. BBSR 2010 im Kontext des MORO-Projektes zu grenzüberschreitenden Partnerschaften). Eine Kausalität lässt sich hier aber kaum belegen, und vor allem: in den Dokumenten zur nationalen Raumordnung sind konkrete Aussagen zur europäischen Raumentwicklung immer noch sehr rar.

Etwas klarer lassen sich Europäisierungsprozesse in institutioneller Sicht belegen: Karte 1 illustriert zunächst, wo die teilnehmenden Institutionen der ersten Programmphase 2002–06 verortet waren. Gezeigt wird hier die Zahl der Projektbeteiligungen und der -partnerschaften, nicht der Budgetumfang.

Zunächst ist ersichtlich, dass es in fast allen Ländern, die am ESPON-Programm teilnehmen, zumindest eine gewisse Aktivitiät gegeben hat. Dies ist nicht überraschend angesichts der starken intergouvernmentalen Komponente in der Programm-Organisation.

Das Bild zeigt deutlich, dass an einigen Orten eine besonders große ESPON Aktivität geherrscht hat: zu nennen sind hierbei Nordregio in Stockholm, die Geographie an der ULB in Brüssel sowie Paris VII in Paris; diese Institutionen werden auch in anderen Analysen als die zentralen Akteure des Programms bestätigt (Madeira 2010).

Aus deutscher Sicht fällt die Bedeutung des Standortes Dortmund ins Auge, wo nicht nur das Institut für Raumplanung der Universität Dortmund (IRPUD),

Karte 1*: Projektkonsortien am ESPON-Programm 2002–2006: Sitz der beteiligten Projektpartner und Häufigkeit der Verbindungen (Quelle: MADEIRA 2010)

sondern auch das Büro Spiekermann & Wegener seinen Sitz hat. In Bonn ist das Bundesamt für Bauwesen und Raumordnung (BBR) sehr sichtbar, das durch seine Funktion als nationaler Contact Point für Deutschland von vorneherein eine größere Nähe zum Programm habt. Das BBR war in dieser Programmphase nicht nur an etlichen wichtigen Projekten beteiligt, sondern war auch treibende Kraft bei der Erstellung des „ESPON Atlas", der vielleicht bekanntesten Publikation des Programms.

Zu erwähnen ist darüber hinaus der Standort Trier, wo am Taurus-Institut der

Contact Point für den Staat Luxemburg verankert war (bevor er 2008 ins Land selbst verlagert wurde).

In Österreich hingegen ist eine sehr klare Konzentration auf Wien zu sehen, wo insbesondere mit der ÖROK ein vielfältig aktiver Akteur verortet ist.

Bereits diese kursorische Aufzählung zeigt, dass politiknahe öffentliche Institutionen und Forschungsinstitute grundsätzlich gleichberechtigten Zugang haben; innerhalb der Wissenschaften sind Planer, Geographen und auch Regionalökonomen vertreten. Für Deutschland fällt dabei vor allem auf, dass geographische Institute kaum an diesem Programm teilgenommen haben, was sich in anderen Ländern ganz anders darstellt.

Die Bedeutung dieser stark vertretenen Akteure des Programms lässt sich durch gewisse Pfadabhängigkeiten erklären. Dies bedeutet zum einen, dass die Teilnahme an Vorläufern des ESPON-Programms (vor allem das SPESP (Study Program on European Spatial Planning)) oder an Politikprozessen (EUREK) häufig dem ESPON-Engagement vorausging. Zugleich ist aufgrund der politisch-administrativen Hürden des Auswahlprozesses eine gewisse Erfahrung im Programm ein erheblicher Vorteil in Bewerbungsprozessen. Vor diesem Hintergrund ist es nicht überraschend, dass auch auf ESPON-Konferenzen häufig von einer *ESPON community* die Rede ist.

Faludi (2009) konstatiert für die fachlich-politischen Expertengremien im Kontext der EUREK-Formulierung eine *epistemic community*. Dies lässt sich nicht auf den ESPON-Kontext übertragen, dafür ist der politische Einfluss wohl zu wenig konkret und das Programm auch zu klein.

Wenn man aber für das Themenfeld des European Spatial Planning insgesamt eine Epistemic Community konstatiert, so finden sich dessen Mitglieder fast vollständig und regelmäßig auf den ESPON-Veranstaltungen zusammen. Besonders hervorzuheben sind hier die halbjährlich stattfindenden Konferenzen jeweils im Land der Ratspräsidentschaft, wo mehrere Hundert Akteure aus Wissenschaft und Praxis in einen mehrtätigen Austausch treten. Umgekehrt sind beispielsweise die meisten Experten, die derzeit die Überarbeitung der Territorialen Agenda vorbereiten, in der einen oder andere Weise auch in das ESPON-Programm involviert.

Eine Europäisierung in vielen der an ESPON-Projekten teilnehmenden Institutionen kann als sicher angenommen werden. Dies beginnt mit den obligatorischen ‚financial seminars' für die Verwaltungen von Projektpartnern – die zuständigen Sachbearbeiter werden in zweitägigen Seminaren, meist in Brüssel oder Luxemburg, ‚europäisiert', indem sie mit den bürokratischen Erfordernissen vertraut gemacht werden.

Weniger in top-down-Richtung organisiert, aber im Ergebnis sicher intensiver, ist das Lernen innerhalb der Projekte sowohl durch Austausch zwischen den Projektbeteiligten als auch durch das Feedback aus dem oben geschilderten institutionalisierten Rahmen (vgl. BÖHME & WATERHOUT 2008).

Die diskursiven Prozesse sind ganz offensichtlich der Europäisierung zuzuordnen: So überprüft die Coordination Unit des Programms systematisch, ob in den Projektberichten auf die relevanten politischen Schlüsselbegriffe wie v. a. territoriale Kohäsion, aber auch auf die zentralen politischen Dokumente (z. B. Territoriale Agenda, EUREK) Bezug genommen wird. Eine Schlüsselposition kommt hier dem Begriff der Polyzentralität zu, dessen Position zwischen politischer Positionsfläche und wissenschaftlicher Bemühung um Konkretisierung zu sehen ist. In methodisch-technischer Sicht kommt den – vor allem von den Brüsseler Geographen um Christian Vandermotten entwickelten – Kategorien der MUAs (morphological urban areas) und FUAs (functional urban areas) herausragende Bedeutung in den Analysen zu. Sie stellen als räumliche Analysekategorien fast ein Rückgrat des Programms dar (vgl. ESPON-Projekte 1.1.1, 1.4.3, FOCI, Metroborder usw.). Insofern besteht kein Zweifel, dass das Programm stark zu diskursiver Rahmung beiträgt – dieses terminologische und konzeptionelle Framing ist durchaus ein klarer Fall von Europäisierung.

Ein Teil der am Programm Beteiligten haben aktiv in internationalen Zeitschriften publiziert, sodass die Sichtbarkeit dieser Diskurse durchaus weit über den engeren Kreis der Beteiligten hinausgeht (vieles findet sich nun in dem jüngst erschienen Lehrbuch zur europäischen Raumentwicklung wieder (DÜHR et al. 2010)). Es wäre eine eingehendere Untersuchung wert, inwiefern hier von einer breiteren *discourse coalition* die Rede sein kann.

Zusammenfassend sei festgehalten, dass das ESPON-Programm in Hinblick auf das Themenfeld *European spatial planning* zweifellos einen Beitrag zur diskursiven Systematisierung geleistet hat. Eine visualisierende Raumanalyse auf europäischer Ebene wurde durch das Programm in weiten Bereichen erstmals ermöglicht und durchgeführt. Bei den teilnehmenden Institutionen kann eine gewisse Europäisierung von Strukturen und Diskursen unterstellt werden. Eine darüber hinausgehende Europäisierung dahingehend, dass nationale Politikbereiche bereits spürbar beeinflusst würden, ist allerdings bislang nicht belegt worden. Insofern liegt die These nah, dass das ESPON-Programm eher den Prozessen der Europäischen Integration zuzurechnen ist, denn: Auf europäischer Ebene – wenn auch zu guten Teilen intergouvernmental organisiert – werden Diskurse und Analysen zu einem Politikfeld etabliert, das auf dieser Ebene bislang vergleichsweise wenig erschlossen ist.

4 Verräumlichung der EU-Politik?

Die fast massenhafte Produktion von europaweiten Karten und Raumanalysen legt die Frage nahe, inwiefern hier von einer ‚Verräumlichung der EU-Politik' die Rede sein kann. Diese Art der Verräumlichung meint dabei zunächst nicht den Zugewinn formeller Kompetenzen.

Allerdings kann zunächst eine ‚Kartographisierung' durch das ESPON-Programm konstatiert werden, und zwar sowohl im diskursiven als auch im institutionellen Sinne. Dies ist vor dem Hintergrund zu sehen, dass kartographische Darstellungen bis vor nicht allzu langer Zeit in offiziellen EU Dokumenten geradezu ein Tabu waren. Dies betrifft das EUREK, insbesondere aber auch die Territoriale Agenda, die ursprünglich als reich illustriertes Werk gedacht war, was sich politisch dann aber nicht durchsetzen ließ (vgl. Eser & Schmeitz 2008; Faludi 2009). Stattdessen wurde in einem eigenen, politisch weniger institutionalisierten Dokument die kartographische Illustration vorgenommen (Territorial State and Perspectives of the European Union (TSP)). Dieses Dokument basiert in wesentlichen Teilen auf Ergebnissen des ESPON-Programms.

Die Situation hat sich in den letzten Jahren sichtlich geändert: Europaweite Karten sind immer häufiger auch Teil von politischen Dokumenten, und in ihrem Erscheinungsbild erinnern sie stark an die ESPON-Karten. Prominentes Beispiel ist das Grünbuch zur Territorialen Kohäsion von 2008, das über einen umfassenden Kartenanhang verfügt (KOM 2008). Viele der Karten sind ganz offensichtlich vom ESPON-Programm inspiriert, ohne dass hierauf referiert würde. Dies mag zum einen als Anzeichen für eine gewisse Konkurrenz zwischen den Institutionen gedeutet werden; allerdings ist zu beachten, dass das ESPON-Programm eben durch seine Programmstruktur keine Kapazitäten hat, kartographische Darstellungen nach Bedarf für konkrete politische Zwecke zu aktualisieren und anzupassen. Des Weiteren zeigt dieses Dokument den Ausbau kartographischer Kompetenz in den Institutionen. Sowohl die Generaldirektion Regio als auch Eurostat haben in den letzten Jahren die Kapazitäten in diesen Bereichen deutlich ausgebaut.

Als Zwischenergebnis lässt sich also durchaus eine Kartographisierung im Sinne einer intensiven Produktion und Verfügbarkeit von europaweiten Karten konstatieren, die erstmals in politische Dokumente diffundiert (s. zuletzt auch den 5. Kohäsionsbericht, KOM 2010).

Vor diesem Hintergrund stellt sich die Frage, inwiefern diese Kartographisierung mit einer grundsätzlichen diskursiven (Re-)Territorialisierung des Politikprozesses einhergeht, also mit einer modifizierten und verstärkten Verortung von Aussagen im Politikprozess.

Hierzu ist zunächst festzuhalten, dass Dokumente mit planerischem, raumordnerischem Inhalt nicht gefertigt werden – bei aller Dynamik der Diskurse um

'European Spatial Development' und 'Planning' würde dies auch die Kompetenzfrage nach sich ziehen. Allerdings ist in Form der ESPON-Szenarien durchaus eine Form von prospektiven Darstellungen im Kartenformat etabliert worden, die für einiges Aufsehen gesorgt habt und in aktuellen Projekten immer wieder aufgegriffen wird (s. Karte 2; vgl. z. B. Projekt TIPTAP).

Ansonsten sind die kartographischen Darstellungen eher als Momentaufnahmen zu lesen, als Ex-post-Analysen. Der im ESPON-Programm obligatorische Zusatz auf jeder Karte illustriert dabei den potenziell heiklen politischen Hintergrund: „This map does not necessarily reflect the opinion of the ESPON Monitoring Committee". Dies ist allerdings nicht dahingehend misszuverstehen, dass die Aussagen des Programms auf deskriptivem Niveau verblieben: Das Selbstverständnis des Programms ist sehr stark vom 'evidence based planning' geprägt. In allen Dokumenten ist ein starker normativer Impetus festzustellen. Als ein Beispiel sei die Definition von 'territorialer Governance' zitiert, deren normativer Gehalt offensichtlich ist:

> "To summarize, we define territorial governance as a process of the organization and co-ordination of actors to develop territorial capital in a non-destructive way in order to improve territorial cohesion at different levels." (ESPON 2006/2.3.2., 13)

Dieses Zitat ist insofern kennzeichnend für dieses Programm, als weniger verortete politische Aussagen getroffen werden als die generelle Relevanz von 'territorialen Inhalten' illustriert und betont wird. Hier ist Simin Davoudi zuzustimmen, die als gemeinsames Ziel von wissenschaftlichen und politischen Akteuren im ESPON-Kontext die Ressort-Anliegen sieht, nämlich „pushing the spatial policy agenda higher in the European Commission's order of priorities" (Davoudi 2007, 89). In diesem Zusammenhang ist dann die Rolle der Wissenschaft die „quasi-lobbying position of promoting the spatiality of EU policies" (ebd.).

Ein Beitrag zur Stärkung des 'Ressorts' Raumentwicklung auf Europäischer Ebene ist insgesamt durch das ESPON-Programm offensichtlich auch erreicht worden, auch wenn es – in Form von Kartographisierung, Stärkung des Gedankens des *evidence based planning* – noch eher kleine Schritte sind.

5 Fazit und Ausblick

Zusammenfassend kann man zunächst festhalten, dass das ESPON-Programm wohl eher den Prozessen der Europäischen Integration zuzuordnen ist als denen der Europäisierung. Auf einem politisch so heiklen Feld wie der räumlichen Entwicklung erfolgen Verlagerungsprozesse auf die europäische Ebene recht tastend und zögernd. Europäisierungsprozesse, wie wir sie etwa aus der Wirt-

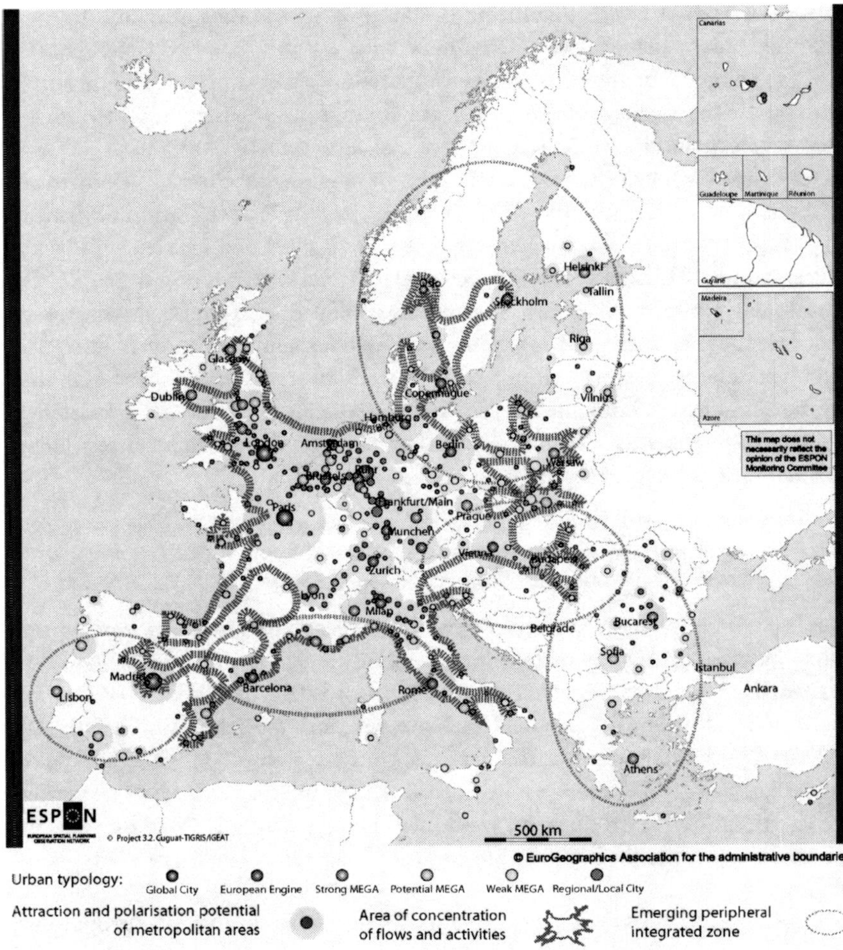

Karte 2a*: Vergleichende Szenarios aus dem ESPON-Programm zu Raumstruktur und Städtehierarchie für das Jahr 2030: „competetiveness-oriented scenario (ESPON-Projekt 3.2 spatial scenarios, © ESPON, 2006)

schafts- oder Umweltpolitik kennen, sind auf diesem Politikfeld nicht in vergleichbaren Ausmaß ersichtlich, auch unabhängig vom ESPON-Programm.

Deutlich signifikanter ist aber der Beitrag des ESPON-Programms zur Verräumlichung der EU-Politik: Es trägt nicht nur zu einer Kartographisierung von politischen Diskursen bei, sondern liefert auch konkrete Argumente, die die Relevanz räumlicher (‚territorialer') Inhalte stützen. Gerade in dieser Funktion ist ein Beitrag zur Europäischen Integration im Politikfeld der Raumentwicklung zu sehen.

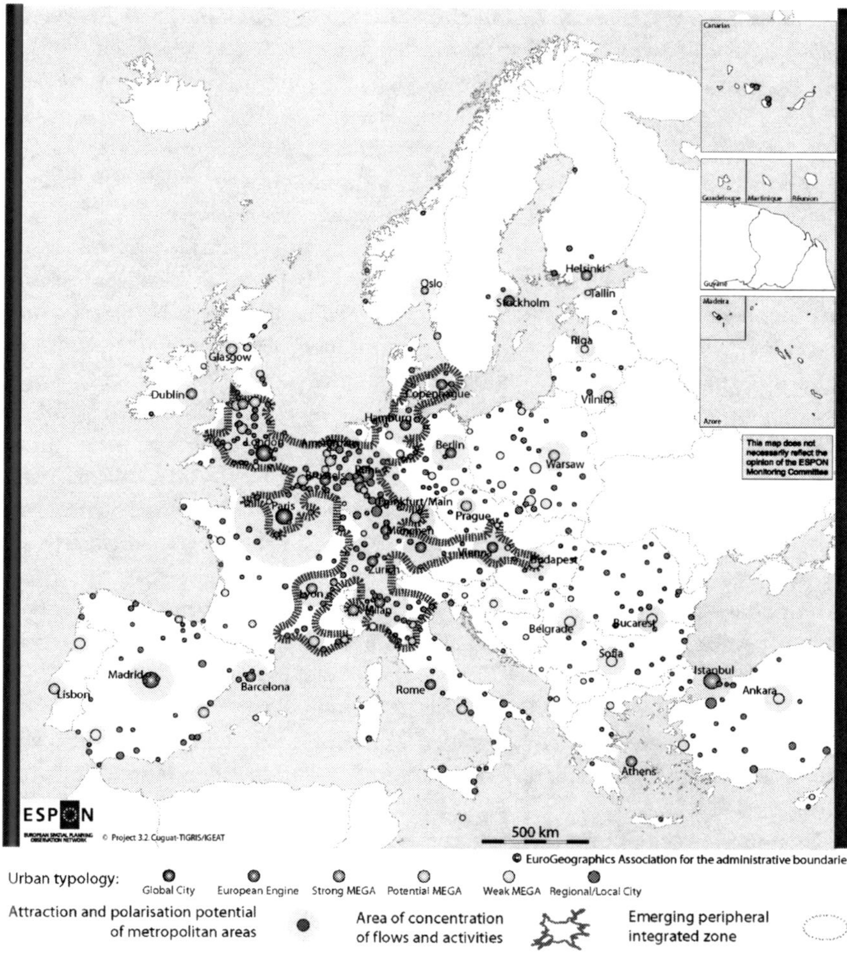

Karte 2b*: Vergleichende Szenarios aus dem ESPON-Programm zu Raumstruktur und Städtehierarchie für das Jahr 2030: „cohesion-oriented scenario" (ESPON-Projekt 3.2 spatial scenarios, © ESPON, 2006)

Es ist nicht unwahrscheinlich, dass die europäisierten Kompetenzen auf dem Gebiet der räumlichen Entwicklung langfristig zunehmen werden. Insbesondere die seit dem Lissabonner Vertrag installierte ‚geteilte Kompetenz' (shared competence) zur territorialen Kohäsion bietet hier einigen Spielraum.

Die laufende Periode des ESPON-Programms ist an den EU-Haushalt und damit an das Jahr 2013 gebunden. Im Kontext der aktuellen Haushaltsdebatte wird auch über die Zukunft des Programms diskutiert. Es erscheint nicht ganz unwahrscheinlich, dass auch über 2013 hinaus eine Programmstruktur erhalten bleiben könnte. Grundsätzlich stellt sich aber immer wieder die Frage, in welche Richtung das Programm in institutioneller Hinsicht weiterentwickelt werden soll. Instruktiv in dieser Hinsicht ist die Übersicht von Böhme & Schön 2006 (s. Abb. 2).

Derzeit ist das ESPON-Programm, wie geschildert, eher projekt- und politikorientiert. Die Weiterentwicklung des Programms wird voraussichtlich auch mit Verschiebungen in diesem Koordinatensystem einhergehen.

Die Achse, auf der Politik und Wissenschaft abgetragen sind, sorgt immer für einige Debatte. Das ESPON-Programm hat diese beiden Perspektiven bislang einander sehr nah gebracht und ist von daher sicher als wertvolle Organisation anzusehen. Allerdings wird das ESPON-Programm es schwer haben, die Pionier-Rolle v. a. in der Analyse, die es in den ersten Jahren innegehabt hat, weiter auszufüllen; eine Diversifizierung in der Forschung zu diesem so offensichtlich relevanten Themenfeld bleibt nicht aus. Die Programmlogik mit ihren mannigfaltigen Vernetzungsmöglichkeiten und Impulsen aus vielfältigen Kontexten ist ein spannendes Umfeld mit großen Potenzialen, aber eben auch Schwächen (langsame Reaktionszeit auf politische Anfragen, bürokratischer Aufwand).

Auf einer weiteren Achse ist die zukünftige Institutionalisierung zu diskutieren: eine stärkere Form der Institutionalisierung – in Form eines Observatoriums, einer Agentur – oder auch einer Einverleibung in bestehende Institutionen wie die Kommission oder Eurostat ist derzeit eher nicht zu erwarten. Ob dies wahrscheinlich ist, wird langfristig davon abhängen, wie die Kommission die geteilte Kompetenz zur territorialen Kohäsion nutzt und wie sich die Dynamik der Europäischen Union insgesamt in den kommenden Jahren gestalten wird.

Unabhängig davon und nicht nur auf einem deutschen Geographentag stellt sich die Frage, welche Rolle die deutschsprachigen Geographen in den kommenden Jahren spielen könnten: Weder in der Beteiligung innerhalb des Programms noch in der kritischen Begleitung jenseits des Programms sind diese bislang deutlich sichtbar: Angesichts der erwartbaren Europäisierung in den kommenden Jahren erscheint dies jedoch als lohnendes Arbeitsfeld.

Literatur

BBSR (Bundesinstitut für Bau-, Stadt- und Raumforschung) (2010): Metropolräume in Europa. Bonn.

Bengs C. (2006): ESPON in context. European Journal of Spatial Development – Debate: http://www.nordregio.se/EJSD/debate061023.pdf (03.08.2011)

BMVBS (Bundesministerium für Verkehr, Bau und Stadtentwicklung) (2009): Deutschland in Europa. Forschungen Heft 135. Bonn. (= Analysen Bau.Stadt.Raum Band 1)

Böhme K. & Schön P. (2006): From Leipzig to Leipzig. Territorial research delivers evidence for the new Territorial Agenda of the European Union. In: DISP 165: 61 – 70.

Böhme K. & Waterhout B. (2008): The Europeanization of Planning. In: Faludi A. (ed.): European Spatial Research and Planning. Cambridge, MA, 225 – 248.

Börzel T. & Risse T. (2000) 'When Europe Hits Home: Europeanization and Domestic Change'. In: European Integration Online Papers 4(15). http://eiop.or.at/

Chilla T. (i.E.): Europäisierung aus räumlicher Perspektive? Konzeptionelle Beiträge und Potenziale. In: Europa Regional.

Davoudi S. (2007): Territorial Cohesion, the European Social Model, and Spatial Policy Research. In: Faludi A. (ed.): Territorial Cohesion and the European Model of Society. Camebridge, MA, 81 – 103.

Dühr S., Colomb C. & Nadin V. (2010). European spatial planning and territorial cooperation. London.

Dühr S., Stead D. & Zonneveld W. (2007): The Europeanization of Spatial Planning through Territorial Cooperation. In: Planning Practice & Research 22 (3): 291 – 307

Eser T. & Schmeitz P. (2008): The making of the territorial agenda of the European Union: policy, polity, and politics. In: Faludi A. (ed.): European Spatial Research and Planning. Cambridge, MA, 249 – 270.

Faludi A. (2009): A turning point in the development of European spatial planning? The 'Territorial Agenda of the European Union' and the 'First Action Programme'. In: Progress in Planning 71: 1 – 42.

Faludi A. & Waterhout B. (2006): Introducing evidence-based planning. In: DISP 165: 4 – 13.

KOM (Europäische Kommission) (2008): Grünbuch zur territorialen Kohäsion. Brüssel.

KOM (Europäische Kommission) (2010): Fünfter Bericht über den wirtschaftlichen, sozialen und territorialen Zusammenhalt. Entwurf. Brüssel.

Madeira N. (2010): Building evidence-based knowledge in relation to the EU territory. Exploratory analysis of the collaboration patterns in the ESPON Programme. Unveröffentlichte Masterarbeit, Institute of Geography and Spatial Planning, Universität Lissabon.

Olsen J. (2002): The many faces of Europeanization. In: Journal of Common Market Studies 40 (5): 921 – 952.

Prezioso M. (2008): Why the ESPON programme is concerned more with 'policy implications' than with 'good science'. European Journal of Spatial Development: http://www.nordregio.se/EJSD/debate070312.pdf (03.08.2011)

Radaelli C. (2003): The Europeanization of public policy. In: Featherstone K. & Radaeli C. (eds.): The politics of Europeanization. Oxford, 27 – 56.

Zonnefeld W. & Waterhout B. (2005): Visions on territorial cohesion. In: Town Planning Review 76 (1): 15 – 29.

Gebirgsräume, Klimawandel, Ökologie

Axel Borsdorf

Die Alpen in Bewegung. Räumliche, strukturelle und sozioökonomische Veränderungen im Alpenraum.

1 Einleitung

„Geographie für eine Welt im Wandel“, so lautete das Motto des Deutschen Geographentags 2009 in Wien. Auch die Alpen unterliegen einem Wandel, wenn auch die Selbstdarstellung, zumindest in der Tourismuswerbung, ein ganz anderes Bild vermittelt. „Wo die Zeit stehen geblieben ist“, „lebendige Vergangenheit“, „das Gefühl, die Zeit ist stehen geblieben“ – so heißt es in der Werbung für alpine Destinationen, die dazugestellten Fotos vermitteln ein Bild ungestörter Idylle von den „ewigen Bergen“, dem „ewigen Eis“ oder einer scheinbar unveränderten Kulturlandschaft mit „glücklichen Kühen“ und schindelgedeckten Häusern.

In Wahrheit sind die Alpen jedoch ein Prozessraum mit einer sehr aktiven Dynamik in der Hydrosphäre (davon zeugen die Überschwemmungen am 22.06. 2005 und 24.06.2009), in der Reliefsphäre (mit jährlichen Bergrutschen und Vermurungen), der Atmosphäre (mit einer rapiden Klimaerwärmung bis 2050 um bis zu 3 °C), der Kryosphäre (mit einem Verlust der Gletscherfläche um bis zu 50 % bis 2050), der Geosphäre (Abschmelzen des Permafrostes) und der Biosphäre (Artenverlust, Neophyteninvasion, Anstieg der Waldgrenze).

Aber nicht davon soll im Folgenden die Rede sein, sondern vom Einbruch der Globalisierung in die scheinbar so „heile Welt“ der Alpen, die gemeinsam mit der Klimaerwärmung den Globalen Wandel im Gebirgsraum dramatisch macht. Die Globalisierung erfasst die Wirtschaft (in allen Sektoren und dem Finanzwesen), die Politik (mit der Verlagerung von Entscheidungsprozessen auf die europäische oder gar globale Ebene), die Kultur (u. a. mit Brauchtum, Musik-, Kleidungs- und Esskultur sowie der Architektur, aber auch der Festivalisierung der Regionalkultur bis hin zur Disneylandisierung), den demographischen Wandel (mit Singlehaushalten, Überalterung, Migrationen), die Kommunikation (Anonymisierung, soziale Verarmung) und die Information, die die engen Täler mit der Welt verbindet. Das alles bedingt auch einen räumlichen Wandel in der Landnutzung und Urbanisierung, der Mobilität und führt zur Marginalisierung oder gar Entleerung peripherer Räume einerseits und zu post-suburbanen Erscheinungen und Lifestyle-Migrationen andererseits. Raumelemente, die von einigen Autoren (Schumacher & Koch 2004) als UFOs oder Clones bezeichnet wurden, haben auch Einzug in die Alpen gefunden.

Der Globale Wandel ist für den Alpenraum die größte Herausforderung des 21. Jahrhunderts. Es gilt, ihn zu analysieren und seinen weiteren Verlauf zu prognostizieren, aber auch ihn zu bewerten hinsichtlich der Vulnerabilität, der Resilienz und der Potenziale und Möglichkeiten, die er auch eröffnet. Mitigationsstrategien, mehr aber noch Adaptionsstrategien inklusive ihrer Steuerungs- und Umsetzungsinstrumente müssen definiert und implementiert werden (Abb. 1).

Die Alpen, das ist ein Gebirgsraum, der von acht Staaten mit 14 Mio. Einwohnern geteilt wird. Er umfasst 191.000 km², ist mit ca. 500 Mio. Übernachtungen jährlich eine der wichtigsten Tourismusdestinationen weltweit, ist ein Transitraum des europäischen Verkehrs, den jährlich 100 Mio. t Fracht, großteils per LKW, passieren. Er ist aber auch ein Schutzraum, in dem sich mehr als 900 Schutzgebiete mit jeweils mehr als 100 ha Fläche befinden. Die Alpen sind Wasserschloss, Ressourcenlieferant, Erholungsraum und Hotspot der Biodiversität, sie stellen Ökosystem-Dienstleistungen für mehr als 40 Mio. Europäer bereit.

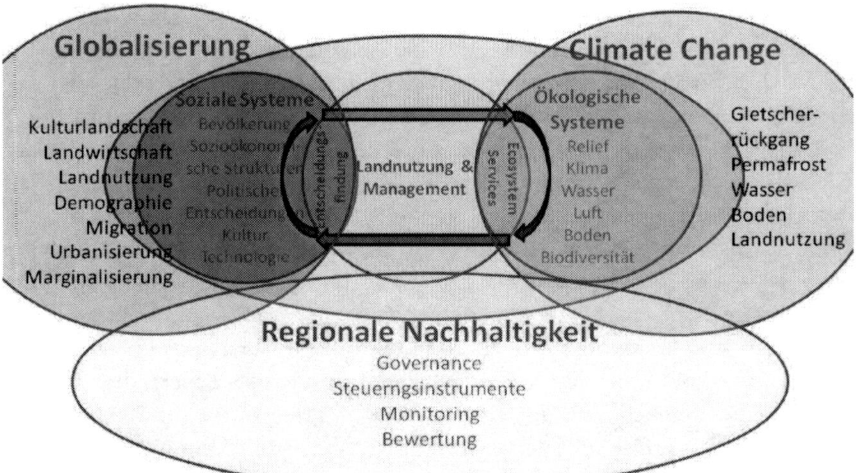

Abb. 1*: Globaler Wandel und regionale Nachhaltigkeit in den Alpen (eigener Entwurf)

2 Der räumliche Wandel: Urbanisierung und Marginalisierung

Die Karten von PERLIK (2001) zeigen die Alpen als städtearmen Raum, der von perialpinen Agglomerationen umgeben ist. Diese haben europäische oder gar globale Bedeutung (Genf, Mailand, München, Turin, Wien), die Städte im Alpenraum, darunter nur drei Großstädte (Grenoble, Innsbruck, Bozen) aber nur regionale. BÄTZING (2002) spricht gar von einer „Vervorstädterung" der Alpen, in denen die Klein-, Mittel- und Großstädte zumindest in Einflussbereich der perialpinen Metropolen immer mehr zu Vorstädten der randalpinen Metropolen verkommen und auch die inneralpinen Stadtregionen durch immer stärkere Verflechtungen mit diesen charakterisiert werden.

Dem gegenüber kann aber festgestellt werden, dass in den großen Alpentälern eine durchaus eigenständige urbane Dynamik herrscht. Sie stellt zwar eine Form des „urban sprawl", dar, wird weitgehend nicht mehr von den Städten selbst gesteuert, sondern lebt aus Impulsen des Umlandes, verstärkt durch Globalisierungsprozesse. Um die Kernstädte entsteht ein „Speckgürtel", gebildet von den näheren und auch weiter entfernten Umlandgemeinden. Diese wachsen an Bevölkerung, vor allem aber ziehen sie früher „zentrale" Dienste im Handel und Dienstleistungssektor an. Einkaufstempel als Malls, Einkaufszentren oder nicht integrierte Fachmarktagglomerationen schießen dort ebenso aus dem Boden wie Businessparks, Privatuniversitäten, Freizeiteinrichtungen und Entertainment Center. Dies ist mit einem enormen Freiflächenverbrauch verbunden. Eine von einer Innsbrucker Architektengruppe erstellte Prognose (ANDEXLINGER et al. 2005) kommt zu dem Ergebnis, dass bei im gleichen Tempo fortschreitender Überbauung im Jahr 2050 der gesamte Dauersiedlungsraum Tirols (= 13 % der Landesfläche) ein einziger Stadtraum (Tirol City) sein wird. Als postmoderner Raum wird diese Stadt neben der Downtown Innsbruck über einen Stone Park (Außerfern), einen West Park (Oberinntal) mit Fitness Arena, Golden Village und Shopping West, eine Lower und Upper East Side (Zillertal und Unterinntal) mit Little Munich und Glamourous City verfügen.

Diesen Prozess kann man auch als „Post-Suburbanisierung" bezeichnen. Bevölkerung und Arbeitsplätze wandern in den ehemals ländlichen Raum, die Kernstadt stagniert oder schrumpft, und die post-suburbane Bevölkerung benötigt ihr Angebot in Handel und Dienstleistungen nicht mehr. Das lässt sich auch direkt beobachten: Waren noch im 20. Jahrhundert die Vorortzüge am frühen Morgen und am Abend nur in einer Richtung gefüllt, so sind sie dies nun in beiden Richtungen, da auch Kernstadtbevölkerung in die Arbeitsstätten des Umlandes pendelt. In Innsbruck wurde daher die Einrichtung eines S-Bahn-Systems mit mindestens halbstündigem Verkehr in der Stadtregion nötig. Es kommt dabei in den Alpen zu einer Verfingerung der Siedlungsstrukturen in den Tälern. Dies bezeichnet FRANKHAUSER (2002) als „Fraktalisierung", deren

Fragmentierungsgrad in Maßzahlen gemessen werden kann. Diese Entwicklung ist keineswegs von den perialpinen Städten gesteuert, sondern ist Teil des Globalisierungsprozesses, der die Aktivräume der Alpen in besonderer Weise erfasst hat. Post-Suburbanisierung, Fraktalisierung und Fragmentierung sind also Prozesse und Strukturmuster, die aus der Interaktion lokaler Standortdynamik und globaler Entwicklung entstehen.

Dem gegenüber steht eine ganz andere Entwicklung in den peripheren Regionen der Alpen. Die Karten von Bätzing (2005) haben erstmals das Augenmerk auf die Entleerungstendenzen in den West- und Südalpen gelenkt, die dort seit Mitte des 19. Jahrhunderts eingesetzt haben. Sie sind das Ergebnis der Abwanderung vor allem junger und gut ausgebildeter Bevölkerung in die Kernräume, wo sie nach dem Studium verweilen oder ihnen angemessene Arbeitsplätze außerhalb des Agrar- und Tourismussektors finden. Dies allein führt schon zur Überalterung, die aber noch durch die Veränderung des Regenerationsverhaltens der Bevölkerung sowie die heute erst später erfolgende Bildung von Lebenspartnerschaften verstärkt wird. Schweizer Autoren haben vorgeschlagen, diese Regionen als „Alpine Brache" zu bezeichnen (Diener 2005; vgl. auch Frey 2010).

Andererseits zeigen aber die Karten von Bätzing auch, dass zumindest in den Westalpen, aber auch in anderen ehemaligen Entleerungsgebieten in den letzten Jahrzehnten ein umgekehrter Prozess zu beobachten ist. Einige oder gar Gruppen von Gemeinden verzeichnen Zuwächse durch Migration, die durch die dort noch vorhandenen Umwelt- und Kulturqualitäten (reine Luft, schöne Landschaft, Freizeitmöglichkeiten, lokales Brauchtum, lokale Esskultur) motiviert ist. Diese Pull-Faktoren werden als „Amenities" bezeichnet, die daraus folgende Wanderungsbewegung als „Amenity Migration" (Moss 2006). Vielleicht trifft die Bezeichnung „Lifestyle Migration" (McIntyre 2009) noch besser zu, weil in der postmodernen Gesellschaft die Verwirklichung der persönlichen Lebensstile immer größere Bedeutung erlangt. Sie werden multilokal, etwa durch Zweitwohnsitze in den Alpen, aber auch monolokal als permanente Verlagerung des Lebensmittelpunktes in eine „angenehme" Umgebung umgesetzt, zu der nur Wohlhabende (daher die Bezeichnung „Wohlstandsmigration" von Perlik (2009)) in der Lage sind. Aber nicht nur der persönliche Wohlstand, auch die Möglichkeit, den Arbeitsplatz durch Telearbeit etc. frei zu wählen oder bereits aus dem Arbeitsleben ausgeschieden zu sein (Altersruhesitzsuche) sind Motoren dieser Lifestyle-Migration. Vielen strukturschwachen Gemeinden eröffnen sich dadurch neue Chancen, die auch aktiv beworben werden.

Mit der Veröffentlichung des Alpenatlas (Tappeiner et al. 2008) steht erstmals ein zeitlich und räumlich harmonisierter Datensatz für den gesamten Alpenraum zur Verfügung, der über den demographischen Wandel hinausgeht und die Verknüpfung mit anderen ablaufenden Prozessen ermöglicht. Alle folgenden Zahlenangaben und Interpretationen beziehen sich auf die dem Alpenatlas zugrunde liegende Datenbank. Wenn man die Bevölkerungsverteilung anhand dieser Karten nicht auf die Gemeindefläche bezieht, sondern ihre Dichte im Dauersiedlungsraum betrachtet, ergibt sich auf den ersten Blick ein etwas anderes Bild als jenes, das von den Bätzing-Karten vermittelt wird (Karte 1). Zwar treten auch darin die Westalpen als nur schwach bevölkerter Raum hervor, die Südalpen weisen jedoch sehr hohe Bevölkerungsdichten auf. Ein genauerer Blick zeigt jedoch, dass gerade diese Regionen einen hohen Anteil von Einpersonen-Haushalten älterer Menschen und – dies trifft nun auch wieder für die Westalpen zu – eine hohe Altersdependenz (Verhältnis der Menschen über 65 Lebensjahren zu denen im Erwerbsalter) haben (Karte 2). Die Altersdependenz ist auch ein Indikator für die sozialpolitische Belastung der erwerbsfähigen Bevölkerung durch die höheren Altersgruppen. Dabei zeigen sich klare Disparitäten zwischen den stark belasteten Süd- und Westalpen und der günstigeren Situation im Kerngebiet der zentralen Ostalpen.

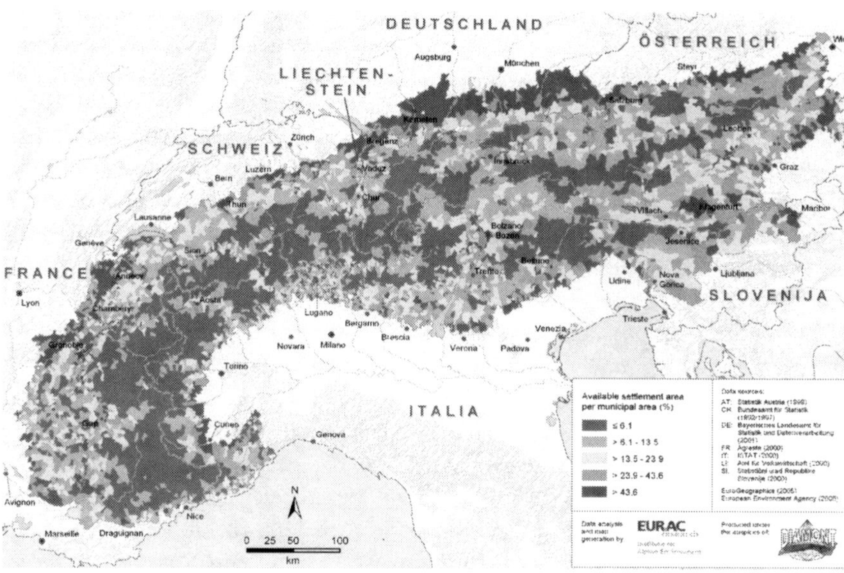

Karte 1*: Bevölkerungsdichte im Dauersiedlungsraum

3 Wirtschaftlicher Wandel

Ein ähnliches Bild zeigt die Betrachtung der Industrieerwerbstätigkeit im Alpenraum. Die zentralen Talschaften, vor allem aber die italienischen und slowenischen Alpen zeigen Werte um die 50 % und darüber. Dies überrascht, wird

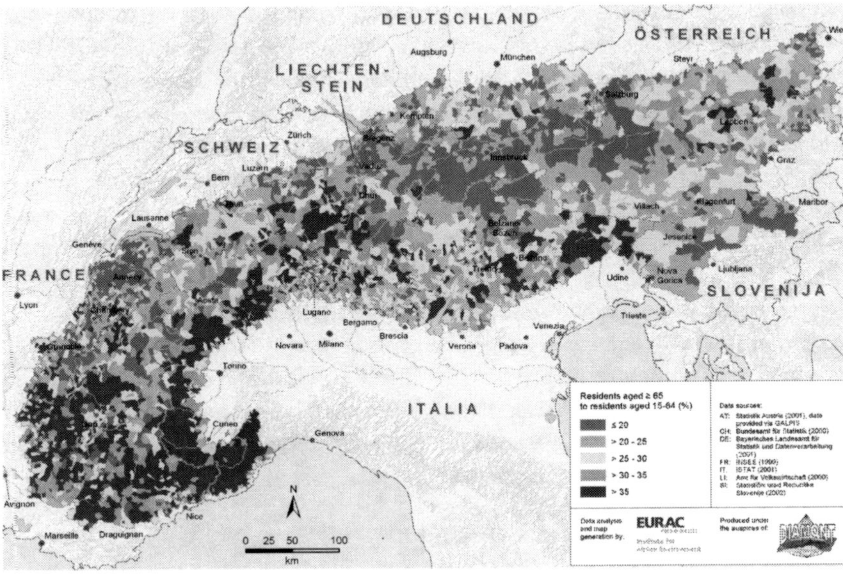

Karte 2*: Altersdependenz (Quelle: Tappeiner et al. 2008, 23)

aber verständlich, wenn man die Unternehmensgröße betrachtet. Die Nordalpen in der Schweiz, Deutschland und Österreich und die Südalpen Sloweniens haben die größten Unternehmen, die italienischen und zum Teil auch die französischen Alpen sind dagegen durch viele Kleinbetriebe mit weniger als zwei Beschäftigten gekennzeichnet. Ihre wirtschaftliche Schwäche korreliert mit der demographischen.

Die Landwirtschaft im Alpenraum weist aufgrund der ungünstigen naturräumlichen Bedingungen absolute Kostennachteile gegenüber mittleren und tiefen Lagen Europas auf, sodass Veränderungen wie die Liberalisierung der Agrarmärkte, die Konkurrenz durch die EU-Osterweiterung, aber auch Deregulierungen der Marktordnungen zu einem tief greifenden Strukturwandel führen (Riedel 1997). Die Anzahl der landwirtschaftlichen Betriebe in den Alpen ist in den letzten Jahrzehnten massiv zurückgegangen, und zwar allein zwischen 1980 und 2000 von 447.000 Höfen mit mehr als 1 ha Nutzfläche auf nur noch 287.000. Dieser Rückgang verlief jedoch nicht überall gleich. Mit Ausnahme des Etschtals kam es in den italienischen Alpen, in Slowenien und Teilen der schweizerischen und französischen Alpen zu massiven Rückgängen in der Anzahl der Betriebe pro Gemeinde. Dort erfasste das „Bauernsterben“ teilweise über 50 % (in manchen Gemeinden ist die Landwirtschaft bereits de facto zusammengebrochen und fast alle Höfe sind verlassen), mindestens aber 20 % der Betriebe, während in Österreich, Südtirol, Trentino und Deutschland nur 8 %, höchstens aber 20 % der Bauern aus dem Produktionsprozess ausgeschieden sind. In diesen Regionen ist der Nebenerwerb aus nicht-agrarischen Tätigkeiten (Tourismus, aber auch Sekundärer und übriger Tertiärer Sektor) weit verbreitet und gestattet den Landwirten die Aufrechterhaltung ihres Hofes.

Der Anteil der im Tertiären Wirtschaftssektor erwerbstätigen Personen wird oft als Gradmesser des ökonomischen Fortschritts in der Freizeit- und Dienstleistungsgesellschaft verstanden. Demnach wären Westösterreich, Deutschland, aber auch Frankreich mit hohen Raten (über 70 % Erwerbstätige im Tertiären Sektor) besonders wettbewerbsfähig. Ein genauerer Blick zeigt aber, dass im französischen und italienischen Alpenraum ein großer Teil dieser Arbeitsplätze von der öffentlichen Hand zur Verfügung gestellt werden. Dies offenbart einmal mehr die Strukturschwäche dieser Regionen.

Karte 3 klassifiziert die alpinen Regionen nach Entwicklungstypen. Die Beschäftigungszentren, Touristenzentren und dynamischen Agrarregionen befinden sich sämtlich in den Nordalpen, die „vergessenen Agrarregionen", die „ruralen Rückzugsregionen" und die traditionellen Landwirtschaftsräume sind dagegen in den französischen und italienischen Alpen verortet. Diese Karte belegt die dramatischen Disparitäten in der Entwicklung der Alpen unter Einfluss der Globalisierung, zu der die südalpinen Regionen noch keine Gegenstrategie entwickeln konnten.

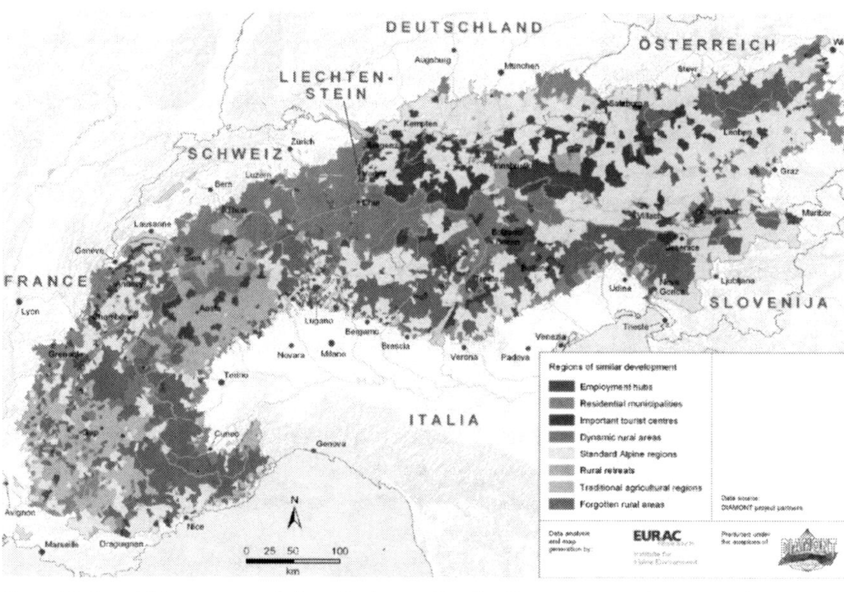

Karte 3*: Entwicklungstypen alpiner Regionen (Quelle: Tappeiner et al. 2008, 272)

4 Strategien nachhaltiger Regionalentwicklung in den Alpen

Wie können derartige Gegenstrategien aussehen? Eine Option bedeutet die Unterschutzstellung zur Erhaltung der Natur- und Kulturlandschaft. Mit 5 Mio. ha ist bereits gut ein Viertel der Alpenfläche (in Klammern die Anzahl der Schutzgebiete in der jeweiligen Kategorie) als Nationalpark (14), Welterbe (2), Biosphärenreservat (10), Natur- oder Regionalpark (65), Natur- oder Landschaftsschutzgebiet (340), Natura 2000-Region oder Ruhegebiet ausgewiesen oder mit einem anderen Schutzprädikat versehen. Überwiegt in vielen dieser „Labels" der Schutz- und Erhaltungsgedanke, verbunden mit der Förderung von Forschung, Bildung und Erholung, so sind insbesondere die UNESCO-Biosphärenreservate nach der Sevilla-Strategie von 1995 als „Modellregionen nachhaltiger Entwicklung" (Lange 2005) ausgewiesen und betonen daher die Strategie nachhaltiger Regionalentwicklung. Neben dem Ziel „Schutz und Pflege der Natur" geht es um die Pflege der Lokalkultur, den Umgang mit Ressourcen, um wirtschaftliche Entwicklung unter dem Gesichtspunkt der Nachhaltigkeit und um Bildung und Forschung.

Und dies durchaus erfolgreich. So haben beispielsweise in der Entwicklungszone der Biosphäre Entlebuch gleich drei große, international tätige Konzerne ihren Hauptsitz, andere positionieren sich auf dem Markt mit eigenen Marken (z. B. „Walserstolz" im Großen Walsertal, Coy & Weixelbaumer 2009). Ihr Erfolg führt auch in nicht-prädikatisierten Regionen zum Nachdenken über derartige Strategien.

In der Landwirtschaft wird durchaus mit Erfolg versucht, die Chancen des Klimawandels zu nutzen. Dies hat in einigen Alpentälern, etwa dem Oberinntal, zur Intensivierung von Obst- und Gemüsekulturen geführt. Der bäuerliche Nebenerwerb gestattet dort, wo es Chancen dafür gibt, das Überleben mancher Betriebe. Der Ausbau des Einzelhandels, aber auch die Neuerrichtung von Privatuniversitäten und von Dienstleistungs- und Unterhaltungszentren wird vielfach auch kritisch betrachtet, es ist aber unverkennbar, dass dadurch Arbeitsplätze geschaffen und Wirtschaftsimpulse unter Globalisierungsbedingungen geschaffen werden.

Für periphere Regionen bietet der Trend zur Lifestyle-Migration neue Chancen, die sogar zur Wiederbelebung schon entvölkerter Gemeinden geführt haben. So könnte auch die Überalterung der Bevölkerung durchaus als Chance gesehen werden, mit einem gezielten Angebot ältere und wohlhabende Bevölkerung in den Alpenraum zu ziehen.

Im Projekt DIAMONT (http://www.uibk.ac.at/diamont) konnte unter Beweis gestellt werden, dass vielfältige und regional angepasste Entwicklungsstrategien dann wirksam werden können, wenn sie von der Bevölkerung initiiert und mitgetragen werden. In sechs sogenannten „Arbeitsmarktregionen", die sämtlich mit Strukturproblemen zu kämpfen haben, wurden in einem partizipativen Ansatz in jeweils zwei Workshops solche Strategien entwickelt, die zum Teil weiterverfolgt werden. Auf der Grundlage einer SWOT-Analyse, die mithilfe der DIAMONT-Datenbank erstellt wurde, konnten die Stärken und Schwächen analysiert und mit den Entscheidungsträgern aus Politik und Wirtschaft und interessierten Bürgern diskutiert werden. Die ebenfalls im Projekt erstellte Datenbank, welche lokale, regionale und nationale Steuerungsinstrumente, die in den verschiedenen Gemeinden, Regionen und Staaten entwickelt wurden, und Erfahrungen aus „best-practice"-Modellen umfasst, konnte dann eingesetzt werden, um eine angepasste Regionalentwicklung zu entwerfen.

Im Fall von Waidhofen an der Ybbs konnten die Strukturschwächen der altindustrialisierten Arbeitsmarktregion in der einseitigen Ausrichtung auf die metallverarbeitende Industrie, im geringen Angebot an Frauenarbeitsplätzen, dem „brain drain" der jungen, gut ausgebildeten Generation und der fehlenden Weiterbildung der Metallfacharbeiter, die dann abwandern, wenn sie anderswo bessere Aufstiegschancen erkennen, definiert werden. Auf Grundlage dieser Analyse wurde eine Strategie zum gezielten Ausbau des Gesundheits-, Wohn- und Pflegesektors für alte Menschen entwickelt, verbunden mit der ersten europäischen Fachhochschule für Altenpflegeberufe und einem Fachhochschulzweig zur Weiterbildung in Metallberufen. Auf diese Weise können nicht nur Menschen in der Region gehalten werden, es ziehen auch junge Menschen aus anderen Regionen zu, deren Nachwuchs die hervorragende Schulinfrastruktur nutzen kann. Die vorhandenen Nahverkehrssysteme werden besser ausgelastet, mit den alten Menschen kommt neue Kaufkraft in die Region und (nicht nur) für Frauen werden Arbeitsplätze geschaffen.

Auch für den Klimawandel und das damit verbundene Risiko werden Adaptionsstrategien entwickelt. Im Konzept „Zukunftsraum Tirol" sind dies vor allem neue Schutzstrategien für Gefahrenzonen (Tiroler Landesregierung 2007). Das 2010 geschaffene alpS Centre for Climate Change Adaptation Technologies (in Mountain Regions) geht weit darüber hinaus, indem hier proaktiv neue Technologien zur Anpassung an die Klimaerwärmung in der Kooperation von Forschung und Wirtschaft erarbeitet werden.

Natur- und Kulturraum der Alpen unterliegen einem starken Wandel, vorwiegend verursacht durch Klimaerwärmung und Globalisierung. Dieser Wandel birgt Risiken, d.h. Chancen und Gefahren. Geographen sind qualifiziert und aufgefordert, an Adaptionsstrategien zu arbeiten, um die Gefahren zu mindern und die Chancen bestmöglich zu nutzen.

Literatur

ANDEXLINGER W. et al. (2005): Tirol City. Wien, Bozen.

BÄTZING W. (1995): Die Bevölkerungsentwicklung 1870 – 1990 im Alpenraum auf Gemeindeebene. In: Revue de Géographie Alpine, 83, 2: 125 – 131.

BÄTZING W. ([2]2003): Die Alpen. Geschichte und Zukunft einer europäischen Kulturlandschaft. München.

BORSDORF A. (2010): Nicht ganz spannungsfrei: Das Verhältnis der Alpen zu den randlichen Metropolen. In: Akademie Aktuell. Zeitschrift der Bayerischen Akademie der Wissenschaften 3: 20 – 22.

COY M. & WEIXELBAUMER N. (2009): Der Biosphärenpark als regionales Leitinstrument. Das Große Walsertal im Spiegel der Nutzer. Innsbruck. (= alpine space - man & environment 10)

DIENER R. et al. (2005): Die Schweiz - ein städtebauliches Portrait. Basel.

FRANKENHAUSER P. (2003): La „ville fractale" et la fractalité des villes. In: Borsdorf A. & Parnreiter C. (eds.): International Research on Metropolises. Milestones and Frontiers.Wien. (= ISR-Forschungsberichte 29)

FREY R. L. (2010): Alpine fallows and economic perspectives of the Alps. In: Latzin E. & Samuel-Eckerle E. (eds.): Metropolises and "their" Alps. München, 17 – 19. (= Forum Alpinum '10)

LANGE S. (2005): Inspired by Diversity. UNESCO's Biosphere Reserves as Model Regions for Sustainable Development between Man and Nature. Wien.

MCINTYRE N. (2009): Rethinking amenity migration: Integrating mobility, lifestyle and social-ecological systems. In: Die ERDE 140(3): 229 – 250.

MOSS L. A. G. (ed.) (2006): The Amenity Migrants: Seeking and Sustaining Mountains and their Cultures. Wallingford UK/Cambridge MA.

PERLIK M. (2009): Diffentiated regional development in mountain areas resulting from Global Change. Theoretical and empirical implications for understanding amenity-seeking behaviour. In: Moss L. A. G., Glorioso R. S. & Krause A. (eds.): Understanding and Managing Amenity-Led Migration in Mountain Regions. Banff, 75 – 83.

PERLIK M. (2001): Alpenstädte - zwischen Metropolisation und neuer Eigenständigkeit. Bern.

RIEDER P. (1997): Erkenntnisse und Konzepte zur langfristigen Entwicklung der Landwirtschaft im Alpenraum. In: DISP 128: 17 – 25.

SCHUMACHER M. & KOCH M. (2002): Mapping the unmapped, seeing the unseen. In: Borsdorf A. & Zembri P.: European Cities. Insights on Outskirts: Structures. Brüssel, 49 – 78.

TAPPEINER U., BORSDORF A. & TASSER E. (eds.) (2008): Mapping the Alps. Alpenatlas. Heidelberg.

TIROLER LANDESREGIERUNG (Hrsg.) (2007): Zukunftsraum Tirol. Strategien zur Landesentwicklung. Innsbruck.

Luisa Vogt

Dezentrale Tourismusprojekte als Chance für periphere Alpenregionen?

1 Einleitung

Die Rahmenbedingungen des Tourismus in den Alpen ändern sich kontinuierlich – gegenwärtig jedoch wohl so stark wie nie zuvor. So manifestieren sich dort derzeit z. B. – wie für Hochgebirge typisch – in besonderer Weise naturräumliche Dynamiken, die mit dem Klimawandel einhergehen und eine sogenannte „neue Natur“ entstehen lassen. Dieser Wandel von Klima und Natur hat mittel- bis langfristig vor allem negative Folgen für den alpinen Wintertourismus, birgt aber auch Potenziale für den Sommertourismus. So sehen z. B. Wissenschaftler wie Müller und Weber (2008) angesichts des Klimawandels eine Chance für den Alpentourismus in der zunehmenden Attraktivität des Berggebiets als Sommerfrische. Auch politische Akteure wähnen die Sommerfrische nicht selten als potenziellen Katalysator einer touristischen Entwicklung gerade peripherer Bergregionen ohne klassischen Wintersport.

Die Wettbewerbsposition alpiner Destinationen hängt jedoch gerade im Sommertourismus über ökologische Faktoren und deren soziale Wahrnehmung hinaus insbesondere von gesellschaftlichen und ökonomischen Größen ab. Veränderungen von Nachfragemustern, eine inzwischen globale Konkurrenz und ein verschärfter Preis- und Qualitätswettbewerb bedeuten hierbei große Herausforderungen. So spitzt sich die Wettbewerbslage gerade in den Alpen tendenziell eher zu als dass sie sich klimatisch bedingt entspannen würde. Eine Antwort auf die veränderten Nachfragebedingungen und die angespannte Wettbewerbssituation im Tourismusmarkt ist so z. B. die Entwicklung räumlich konzentrierter, zum Teil vertikal integrierter Destinationen, die zentral gemanagt und in denen die verschiedenen touristischen Leistungen koordiniert und qualitativ hochwertig angeboten werden. Damit stellt sich die Frage, ob dezentrale sommertouristische Projekte vor dem Hintergrund dieser gestiegenen Anforderungen an die Professionalität den eventuell eintretenden Wettbewerbsvorteil durch den Klimawandel überhaupt nutzen können.

Auffallend selten wurde bislang untersucht, ob und inwieweit sich dezentrale

Tourismusprojekte als mögliche Tourismus- oder gar Regionalentwicklungsstrategien für periphere Räume eignen. Die Kenntnis der Entwicklungsmöglichkeiten durch Tourismusangebote wäre jedoch auch hilfreich, um mögliche positive Effekte des Klimawandels für die Tourismuswirtschaft der Alpen abschätzen zu können.

Im Rahmen einer Fallstudie in den piemontesischen Alpen (Italien) wurde induktiv analysiert, welche Faktoren den (Miss-)Erfolg einer Destination bewirken, deren Teilleistungen von verschiedenen Akteuren dezentral angeboten und bereitgestellt werden (Vogt 2008). Bei der Destination handelt es sich um ein Trekkingtourismusprojekt, die *Grande Traversata delle Alpi* (GTA). Der Fokus wurde auf Wettbewerbsfaktoren der Meso- und Mikroebene in der Destination gerichtet und vor dem Hintergrund institutioneller Rahmenbedingungen auf die Akteure „scharfgestellt", deren Handlungen die Wettbewerbsfähigkeit der GTA beeinflussen. Experteninterviews mit regional- und tourismuspolitischen Akteuren und strukturierte Interviews mit Gastwirten dienten dazu, die Handlungslogiken der Akteure zu entschlüsseln und die Ursachen für die derzeitige Marktsituation zu verstehen.

Zunächst soll im Folgenden der thematische Suchrahmen, die Wettbewerbsfähigkeit im Tourismus dargelegt und in einem zweiten Schritt eine akteurs- und institutionenorientierte Forschungsheuristik entwickelt werden. Eine kurze Skizze der Untersuchungsregion sowie des Fallbeispiels schließt sich daran an. Ergebnisse zu Akteurskonstellationen und Interaktionen rund um zwei Wettbewerbsfaktoren der GTA bilden den Hauptteil des Beitrags. Ausgehend von den Einsichten und Erkenntnissen der Fallstudie werden abschließend thesenhaft Voraussetzungen für eine erfolgreiche touristische Inwertsetzung peripherer Räume formuliert.

2 Wettbewerbsfähigkeit im Tourismus

Versuche zu bestimmen, was die touristische Wettbewerbsfähigkeit determiniert, gewinnen vor allem im Kontext des „shock of having to adapt to the new conditions created by globalisation" an Brisanz (Keller 2005, 8). Wettbewerbsfähigkeit ist hier als Erfolg dabei zu verstehen, langfristig nachhaltig Ressourcen in Wert zu setzen und positive ökonomische Effekte (tangible Wertschöpfungseffekte gleichermaßen wie intangible Netzwerk-, Image- oder Kompetenzeffekte) zu generieren. Der durch die Globalisierung in Gang gesetzte bzw. beschleunigte Strukturwandel, der den touristischen Wettbewerb verschärft hat, äußert sich auf der Angebotsseite in Konzentrationstendenzen und damit einer vertikalen und horizontalen Integration touristischer Anbieter entlang der Wertschöpfungskette, die Größen- und Diversifikationsvorteile ermöglicht. Gesunkene Transportkosten im Verbund mit einer stetigen Verbesserung von Verkehrstechnologien und einer Liberalisierung des Kapital- und Gütermarkts führen zu einer Ausweitung des Tourismusmarkts und zum Entstehen neuer Destinationen, die sich häufig aufgrund niedriger Löhne im Preiswettbewerb günstiger positionieren können als bereits bestehende. Traditionellen Destinationen entstehen dadurch globale Konkurrenz und ein verschärfter Preis- und Qualitätswettbewerb (SMERAL 1998). Der Angebotsseite stehen anspruchsvolle Nachfrager gegenüber, die aufgrund ihrer Reiseerfahrungen qualitätsbewusst sind, sich an Zusatznutzen wie z. B. der Erfahrung einer gleich wie gearteten Authentizität orientieren, gleichzeitig aber auch preissensibel agieren. Aufgrund ihrer heterogenen Ansprüche gelten sie als hybride Konsumenten. Vor diesem Hintergrund wird verstärkt wissenschaftlich über Wettbewerbsfaktoren touristischer Destinationen diskutiert, wenngleich BUHALIS' (2000, 116) Einschätzung, „there is little written about the competitiveness of tourism destinations", noch gelten kann.

Fasst man Ansätze zur Wettbewerbsfähigkeit zusammen, die in den Tourismuswissenschaften rezipiert werden (PORTER 1991; CROUCH & RITCHIE 1999; KELLER 2005), und systematisiert dort genannte Wettbewerbsfaktoren räumlich, dann lässt sich zwischen exogenen Einflussgrößen auf einer überregionalen Makroebene und endogenen auf einer lokalen bzw. regionalen Mikroebene differenzieren (vgl. Abb. 1).

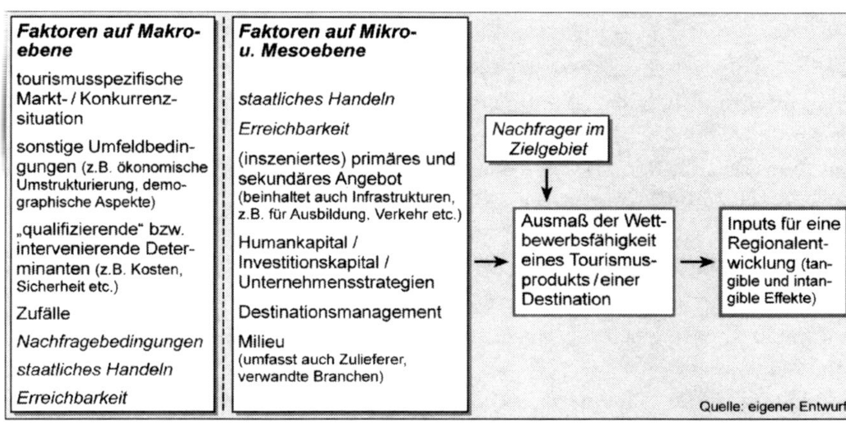

Abb. 1: Wettbewerbsfaktoren touristischer Destinationen

Exogene Faktoren umfassen z. B. die Lage auf dem globalen Tourismusmarkt oder auch Nachfragebedingungen (s. auch oben) – Faktoren, die in der Regel außerhalb der touristischen Destination geformt und in der Destination auch kaum beeinflusst werden können. Endogene Faktoren lassen sich hingegen innerregional gestalten. Sie setzen sich aus dem primären Angebot (Naturraum, Kulturlandschaft, Kultur) und dem sekundären, dem spezifisch für den Tourismus geschaffenen Angebot (Beherbergung, Verpflegung, Freizeitangebote) und der generellen Infrastruktur zusammen, gleichermaßen aber auch aus den touristischen Leistungsträgern selbst. Darüber hinaus gilt die Vermarktung der touristischen Produkte bzw. übergreifender das Management der Destination als entscheidend. Die Wettbewerbssituation wird zudem von regionalen Institutionen – verstanden als Regelsysteme – beeinflusst; als positiv gilt ein „kreatives Milieu", in dem kooperiert wird. Im Zusammenhang mit der Leitfrage dieses Beitrags interessieren nun primär endogene Faktoren, die die touristische Inwertsetzung endogener Potenziale ermöglichen bzw. begrenzen. Um eine bestimmte Wettbewerbssituation verstehen und erklären zu können, erweist es sich als zweckmäßig, bei allen Akteuren anzusetzen, deren Handlungen – potenziell – die Wettbewerbsfähigkeit der Destination betreffen, und hierbei die Aufmerksamkeit darauf zu richten, vor welchem räumlichen und institutionellen Hintergrund die Akteure handeln, wie sie handeln und warum sie so handeln.

3 Ein akteur- und institutionenorientierter Analyseansatz und das methodische Vorgehen

Der im Folgenden vorgestellte konzeptionelle Ansatz ist eine Adaption der Forschungsheuristik des akteurzentrierten Institutionalismus (Scharpf 2000). Er geht von der Annahme aus, dass Regionalentwicklung bzw. eine bestimmte Wettbewerbssituation als das Resultat des Zusammenwirkens von Handlungen individueller und korporativer Akteure betrachtet werden kann, wobei deren Handeln vom Kontext beeinflusst (nicht aber determiniert) wird (vgl. Mayntz & Scharpf 1995, Abb. 2). Der Ansatz verbindet Mikro- und Makroebene, indem beim Handeln der Akteure angesetzt wird, gleichzeitig aber institutionelle Rahmenbedingungen und räumliche Strukturen als wichtige Einflussgrößen erachtet werden.

Akteure lassen sich einerseits durch ihre Handlungsfähigkeiten, andererseits durch ihre Handlungsorientierungen charakterisieren. Die akteursspezifischen Handlungsfähigkeiten setzen sich aus verschiedenen Komponenten zusammen: individuellen (Intelligenz, Wissen, Charisma u. a.), materiellen (z. B. finanzielle, technologische Ressourcen), autoritativen bzw. institutionellen (qua Normen staatlich verfassten Akteuren zugewiesenen). Während Scharpf (2000, 95) die Handlungsfähigkeiten ausblendet (so fokussiert er primär korporative Akteure mit institutionellen Kompetenzen), interessieren diese in einem touristischen

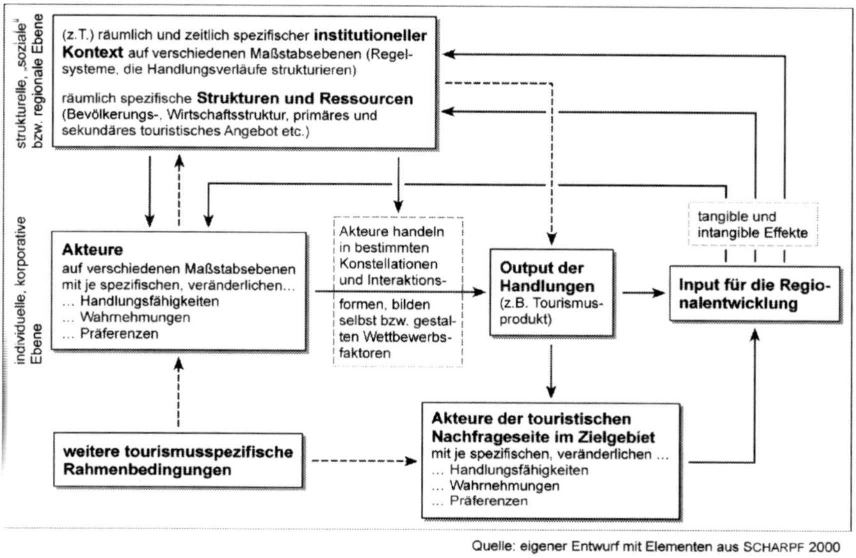

Abb. 2: Akteure und Institutionen

Kontext mit sehr unterschiedlichen Akteuren stark (VOGT 2008, 183). Handlungsorientierungen bestehen nun aus Wahrnehmungen und Präferenzen. Bezüglich der Wahrnehmungen wird der Annahme Scharpfs gefolgt, dass „die Akteure direkt beobachtbare Tatsachen empirisch zutreffend wahrnehmen" (SCHARPF 2000, 114). Empirisch bestimmt werden dagegen die Präferenzen, die sich u. a. in Eigeninteressen, identitätsbezogenen Präferenzen und normativen Rollenerwartungen (diese werden vor allem bei korporativen Akteuren virulent) untergliedern lassen.

Einfluss auf die Akteure und schließlich auch auf die Interaktionen haben Institutionen. Sie sind formale und informelle Regelsysteme in verschiedensten Bereichen, die Handlungsverläufe strukturieren. Je nach institutionellem Arrangement unterscheiden sich die Interaktionsformen, angefangen von anarchischen Feldern mit minimalen Institutionen (wie tendenziell dem Markt) über Netzwerke bis hin zu hierarchischen Organisationen (wie dem Staat). In einem Markt wird in der Regel nicht-kooperativ gehandelt, während in einem Netzwerk, das durch gegenseitiges Vertrauen gekennzeichnet ist, Kooperationen stattfinden können und in einer Hierarchie ein Akteur die Handlungsstrategien aller anderen Akteure bestimmt. Entsprechend differieren die Ergebnisse der (Inter-)Aktionen in Abhängigkeit vom institutionellen Kontext.

Auf die Handlungsfähigkeiten der Akteure wirken sich zudem räumlich spezifische Strukturen und Ressourcen aus. Im Tourismus formen sie zum Teil bereits direkt einige Wettbewerbsfaktoren (so z. B. das primäre Angebot). Auch tourismusspezifische Rahmenbedingungen auf einer Makroebene wie die skizzierte Marktsituation können die Handlungsoptionen der Akteure beeinflussen.

Der Output der Handlungen umfasst unmittelbare Handlungsergebnisse. Er wird in Abbildung 2 als gedanklicher Zwischenschritt zwischen die tendenziell angebotsseitigen Akteure und dem Impuls für eine Regionalentwicklung eingefügt. Um das Modell so weit wie möglich zu vereinfachen, werden die Ergebnisse graphisch in einer Box zusammengefasst, wenngleich Handlungen z. B. von korporativen Akteuren unmittelbar Institutionen und Strukturen formen können, die selbst wiederum Akteure potenziell in ihrem Handeln beeinflussen. Der Output der Handlungen enthält auch touristische Produktelemente wie die Bereitstellung touristischer Dienstleistungen und eventuell ein Management der Destination.

Die Touristen nehmen nun individuell spezifische Kombinationen von Output-Elementen in Anspruch und generieren durch ihre Nachfrage den Beitrag zur regionalen Wohlfahrt, der sich in tangiblen und intangiblen Effekten ausdrückt und als Indikator für die Performance der Destination dienen kann. Tangible und intangible Wirkungen fallen bei den einzelnen Akteuren an, sie können aber auch Strukturen und nicht zuletzt den institutionellen Kontext auf einer Mikro- und Mesoebene beeinflussen, womit ein Tourismusprojekt zur Entwicklungschance werden könnte.

Ziel der empirischen Studie ist es, mithilfe dieser in einem iterativen Prozess entwickelten Forschungsheuristik maßgebliche Akteure und deren Handlungsstrategien, Aktionen sowie Interaktionen zu identifizieren und diese über Handlungsfähigkeiten, Präferenzen und institutionelle sowie strukturelle Faktoren zu erklären. Im vorliegenden Beitrag sollen die Akteurskonstellationen und (Inter-)Aktionen für zwei ausgewählte Wettbewerbsfaktoren illustriert werden, nämlich für Unterkunft und Gastronomie als Teil des sekundären Angebots und für das Destinationsmanagement (vgl. für alle Wettbewerbsfaktoren Vogt 2008). Die in diesem Zusammenhang relevanten Akteure, GTA-Gastwirte sowie Tourismusorganisationen, wurden hierfür mündlich befragt. Die Gespräche mit den Mitarbeitern der Tourismusorganisationen wurden als halbstrukturierte Leitfadeninterviews (auf Italienisch) geführt, aufgenommen, transkribiert und inhaltlich-reduktiv ausgewertet. Ergänzend wurden schriftliche Dokumente untersucht, Gesetzestexte gesichtet und kommunikationspolitische Produkte analysiert. Das Sampling der Gastwirte zielte auf eine maximale Variation ab (Bradshaw & Stratford 2000, 44); befragt wurden insgesamt 34 Gastwirte im südlichen Teil der GTA. Die ebenfalls auf Italienisch geführten Interviews enthielten einige standardisierte Fragen, die meisten Fragen waren jedoch offen. Die Gespräche fanden in den GTA-Etappenunterkünften statt. Während der Interviews wurden Notizen gemacht, die im Anschluss an das

Gespräch aus der Erinnerung heraus vervollständigt wurden. Um die für die meisten Gastgeber ungewohnte Interviewsituation so weit wie möglich zu normalisieren, wurde auf eine Aufnahme der Gespräche verzichtet. Die Informationen aus den Interviews wurden durch teilnehmende Beobachtungen ergänzt. In einer zweiten Runde wurden dann fünf Etappenunterkünfte ausgewählt und dort ergänzende Erhebungen durchgeführt. Diese bestanden aus teilnehmenden Beobachtungen und der Alltagskommunikation ähnlichen Gesprächen. Die Auswertung erfolgte themenorientiert kategorisierend und für einen Teil des Materials in einem nächsten Schritt typisierend (vgl. Vogt 2008, 192 ff.).

4 Die GTA-Region und die GTA

Kurz soll im Folgenden zunächst die Destination GTA räumlich verortet werden, bevor die Entstehungsgeschichte der GTA skizziert wird. Die GTA quert die gesamten piemontesischen Alpen; sie beginnt in den Ligurischen Alpen und endet in der Nähe des Lago Maggiore (vgl. Abb. 3). In Abbildung 3 wird zudem die Bevölkerungsentwicklung in den Alpengemeinden zwischen 1981 und 2000 dargestellt. In den oberen Tallagen nahm in diesem Zeitraum in den meisten Kommunen die Bevölkerung sehr deutlich ab. Damit setzte sich eine Entwicklung fort, die bereits im 19. Jahrhundert begonnen hatte (Bätzing 2006a / 2006b). Die Bevölkerungsentwicklung gilt häufig als Ausdruck und Folge sozioökonomischer Faktoren und strukturellen Wandels. Somit handelt es sich bei den oberen Talbereichen der piemontesischen Alpen um einen Raum, der wirtschaftlich und demographisch ausgezehrt ist. Eine Studie des piemontesischen Raumforschungsinstituts IRES kommt bei einer Perspektivenevaluation zu dem Urteil, dass „[d]er Mangel an ökonomischen und sozialen Möglichkeiten [...] es im Verbund mit der Abgelegenheit und dem spärlichen Versorgungsangebot reichlich schwer [macht], die negative Spirale umzukehren, die diese Gebiete erfasst hat" (Aimone & Muller 2005, 3; eigene Übersetzung). Gleichzeitig ist aber auch eine durchweg positive Situation der randalpinen sowie der wenigen hoch gelegenen, stark vom Tourismus geprägten Gemeinden festzustellen, die eine stagnierende bzw. positive Bevölkerungsentwicklung aufweisen. Die Wertschöpfung der Berggebietsbewohner wird primär in den unteren Talabschnitten und außerhalb der Alpen generiert. In den oberen Tallagen wird Einkommen vor allem im Tourismus erwirtschaftet, zudem im sonstigen tertiären Sektor und in der Landwirtschaft (Vogt 2008, 148 ff.). Als mindestens gleichbedeutend mit der ökonomischen Krise des peripheren Berggebiets gilt die „kulturelle Krise" (mündl. mehrere Experten 2004), die durch den Wegzug der initiativeren Menschen und durch die damit erfolgte „soziale[...] Ent-Kapitalisierung" (Riba 2005) bedingt ist.

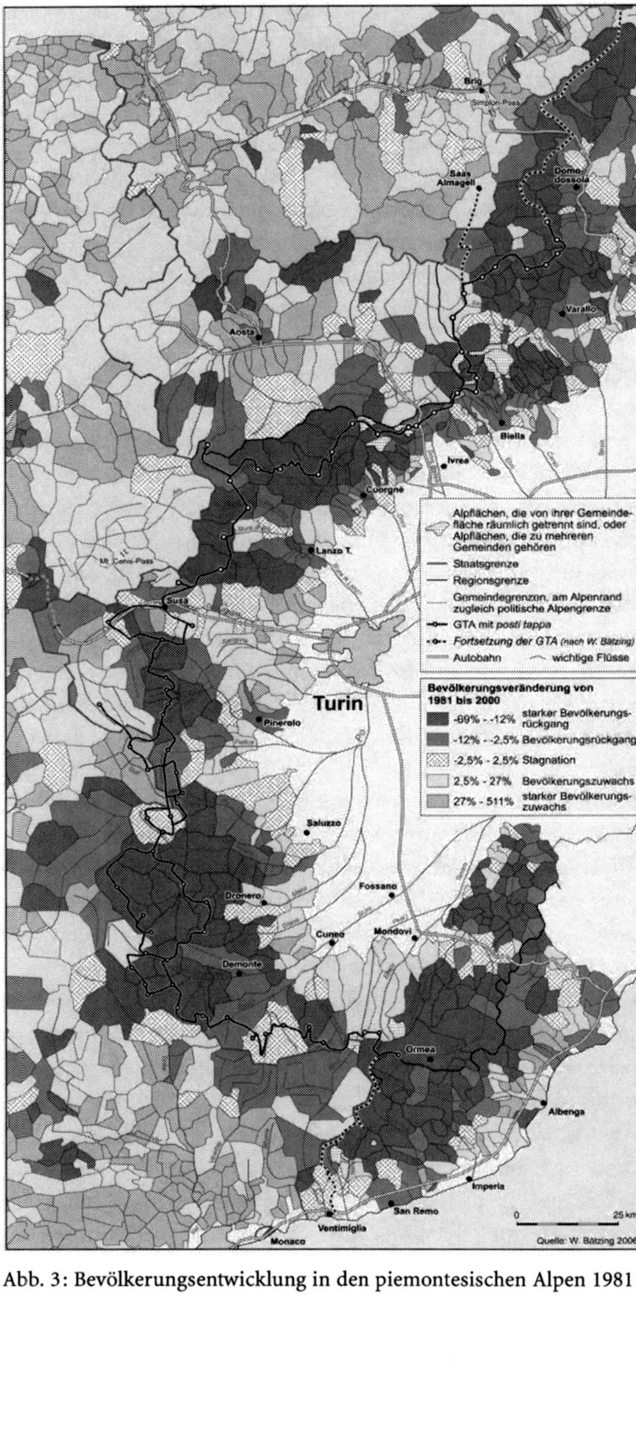

Abb. 3: Bevölkerungsentwicklung in den piemontesischen Alpen 1981 – 2000

Vor dem Hintergrund dieser Krisen ist die Entstehung des Trekkingtourismusprojekts GTA zu sehen. In den 1970er-Jahren – die Abwanderung hatte die Bevölkerungszahlen längst sehr stark reduziert, und durch die weitflächige Aufgabe der nicht mehr wettbewerbsfähigen Landwirtschaft hatte eine Verbrachung der traditionellen Kulturlandschaft im Berggebiet eingesetzt – initiierten idealistische piemontesische Bergbegeisterte (fast alle urbaner Herkunft) in Anlehnung an die französische *Grande Traversée des Alpes françaises* das Projekt GTA. Mit der GTA sollte wie bei ihrem französischen Vorbild die Landschaft per pedes (wieder-)entdeckt werden und eine Entwicklung des Berggebiets stimuliert werden, indem durch den entstehenden Tourismus ökonomische Effekte erzeugt würden, die über die Übernachtungseinnahmen in den Etappenunterkünften hinausreichten (vgl. Vogt 2008, 115 ff.).

Das Projekt GTA bestand nun darin, eine Trekkingroute basierend auf der vorhandenen Fußwegeinfrastruktur (alten Alm- und Saumpfaden, Militärstraßen etc.) zu finden, sie zu markieren und den Unterhalt zu übernehmen. Dabei sollte die Trekkingroute so gelegt werden, dass abends immer in einer Etappenunterkunft übernachtet werden konnte. Die zweite große Aufgabe bestand damit in der Organisation der Etappenunterkünfte. Bewohner entlegener Orte, die zum Teil eine Bar, ein Speiselokal oder ggf. eine kleine Pension betrieben, wurden davon überzeugt, in leer stehenden Räumlichkeiten ein Matratzenlager, minimale sanitäre Einrichtungen und ggf. eine Selbstversorgerküche einzurichten. Die dritte Aufgabe war es dann, diese entstehende Tourismusdestination bekannt zu machen und zu vermarkten. Dies erfolgte über Wanderführer, Informationsmaterial und die Einrichtung eines Informationsbüros, das Anfang der 1980er-Jahre vier Stunden wöchentlich geöffnet war. Die gesamte Projektierungsarbeit sowie die Vermarktung der GTA beruhten vorwiegend auf ehrenamtlichem Engagement, nur für vereinzelte spezifische Maßnahmen gewährten Akteure der öffentlichen Hand in den Anfangsjahren finanzielle Unterstützung. Das Engagement des Gründerkreises ließ in den 1980er-Jahren nach.

5 Akteurskonstellationen, Interaktionen und die Wettbewerbsfähigkeit der GTA

Wie sieht die Performance der GTA heute aus? Wie oben dargelegt kann sie über tangible und intangible Effekte operationalisiert werden. Der Betrag zur Regionalentwicklung drückt sich im Fall der GTA fast ausschließlich in tangiblen Wertschöpfungseffekten aus, die bei den GTA-Gastwirten anfallen (vgl. Vogt 2008, 314 ff.). Eine größere räumliche Spread-Wirkung entfalten diese Effekte nicht. Die durchschnittliche Wertschöpfung durch die Ausgaben der GTA-Touristen beläuft sich auf ca. 1500 EUR pro Etappenunterkunft und Saison (dabei konzentriert sich die Nachfrage fast ausschließlich auf die Monate Juli und August). Für einen Teil der GTA-Gastgeber bedeutet dies in den Hochsommermonaten ein wertvolles Zusatzeinkommen, für den anderen Teil ist dies nur ein kleiner Bruchteil ihres Einkommens. Über diese Wertschöpfungseffekte hinaus löst das Tourismusprojekt GTA derzeit keine weiteren Effekte aus.

Im Folgenden sollen zunächst die Akteurskonstellationen und (Inter-)Aktionen rund um das Unterkunfts- und Gastronomieangebot aufgezeigt werden, im Abschnitt 5.2 jene rund um das Management der Destination GTA. Sie können bereits zum Teil die derzeitige Wettbewerbssituation erklären.

5.1 Wettbewerbsfaktor Unterkunfts- und Gastronomieangebot

Die zentralen Akteure für die Erstellung des Angebots von Unterkunft und Gastronomie sind die GTA-Gastwirte. Mit ihrem touristischen Angebot bewegen sie sich in einem Markt mit minimalen Institutionen. Der Zugang zum Markt ist kaum reglementiert, so wird z. B. kein Ausbildungsabschluss für das Eröffnen eines touristischen Betriebs vorausgesetzt. Auch in der Region selbst gibt es kaum bzw. keine informellen Regeln (z. B. in Form eines sozialen Netzwerks), die sie ggf. kooperieren ließen oder gegenseitige Lerneffekte stimulieren könnten.

Die Gastwirte lassen sich grob in zwei Gruppen zusammenfassen: in professionelle touristische Mikro- und Kleinunternehmen auf der einen Seite und unprofessionelle TMKU sowie TMKU ohne Profitorientierung auf der anderen Seite (TMKU; als Mikrounternehmen gelten nach einem Kriterium der Definition der EU Unternehmen mit weniger als zehn, als kleine Unternehmen solche mit weniger als 50 Beschäftigten, European Commission 2005). Diese Untergliederung basiert auf den von den GTA-Gastgebern gewählten Handlungsstrategien im Bereich des strategischen und operativen Managements sowie des operativen Geschäfts im Hinblick auf die Gestaltung der Produkte, welche die – für die Wettbewerbsfähigkeit der GTA zwingend notwendige – Wettbewerbsfähigkeit der einzelnen Betriebe zum Ausdruck bringt.

Die professionellen TMKU schaffen – fokussiert man das operative Geschäft – ein ansprechendes, überzeugendes Angebot. Sie erfüllen nicht nur Ausstattungsanforderungen in einer bestimmten Qualität, sondern produzieren auch emotionale Zusatznutzen wie ein Gefühl des Angekommen- und Willkommenseins. Die zweite Gruppe erstellt dagegen ein durchschnittliches oder aber minderwertiges Angebot (die Zimmer bzw. Schlafsäle vermitteln beispielsweise zum Teil einen ungepflegten und reichlich primitiven Eindruck, das Essen ist extrem einfach; gleichzeitig entsprechen aber die Preise denen der professionellen Betriebe), das letztlich Auswirkungen auf die Außenwahrnehmung der gesamten Destination, auf die Nachfrage und auf die Wettbewerbsfähigkeit der Destination GTA hat. Einerseits zwingt die monopolistische Situation der Betriebe an manchen Etappenzielen die Trekkingtouristen dazu, das Angebot in Anspruch zu nehmen. Eine eventuelle Schließung solcher Unterkünfte würde andererseits dazu führen, dass eine Lücke in die kettenartige Struktur der GTA gerissen wird.

Das unterschiedliche Agieren ist in den Handlungsressourcen und Präferenzen der Gastwirte begründet. Sie unterscheiden sich nicht so sehr im Bezug auf die materiellen Handlungsressourcen (z. B. das Investitionskapital), sondern vor allem hinsichtlich ihrer individuellen Handlungsfähigkeiten, ihrer Kompetenzen und intuitiven Begabungen. Die unprofessionellen TMKU haben diese typischerweise nicht. So fehlen ihnen die Fähigkeiten, die Bedürfnisse der Gäste zu erkennen und die Marktsituation und die oft mangelnde Wettbewerbsfähigkeit ihres eigenen Betriebs zu verstehen. Diese Akteure weisen so auch kein strategisches Management auf – so wird z. B. in einer gewissen Pfadabhängigkeit primär die traditionelle Zielgruppe (ältere italienische Stammgäste mit relativ geringen Ansprüchen und Bedürfnissen) angesprochen, die jedoch stark im Abnehmen begriffen ist. Es fehlt an Marktkenntnis und Fantasie, um touristische Marktnischen unter den Rahmenbedingungen herausfordernder räumlicher Strukturen (z. B. wenig weitere touristische Infrastruktur) und geänderter touristischer Nachfragebedingungen (z. B. hinsichtlich der zunehmenden Qualitätsansprüche) zu finden.

Zudem unterscheiden sich die Handlungspräferenzen der beiden Gruppen: Die zweite Gruppe verfolgt ausschließlich ökonomische Eigeninteressen und dabei eine kurzfristige Gewinnmaximierung. Die erste Gruppe hingegen agiert langfristig gewinnorientiert und weist zudem identitäre Interessen auf. Diese Unternehmer haben sich bewusst dafür entschieden, in den Alpen zu leben und zu arbeiten und das Gästesegment der Wanderer und Trekkingtouristen anzusprechen.

5.2 Wettbewerbsfaktor Destinationsmanagement

Tourismuswissenschaftler sehen seit Mitte der 1990er-Jahre in der Destination die Wettbewerbseinheit im Tourismus, die entsprechend im Ganzen gemanagt und vermarktet werden sollte. Weiermair (2002, 69) deklariert das erfolgreiche Management von Destinationen als conditio sine qua non für eine langfristige Wettbewerbsfähigkeit von Zielgebieten. Destinationen sind Räume, in denen die touristischen Leistungen angeboten werden, aus denen sich die „Urlaubserfahrung“ ergibt. Ein Destinationsmanagement hat idealtypisch verschiedene

Aufgaben: eine Planungs-, Angebots- bzw. Angebotskoordinations-, Marketing- und Interessenvertretungsfunktion (Bieger 2005). Bei diesen Leistungen handelt es sich häufig um öffentliche Güter. Denn es ist nicht möglich, einzelne touristische Leistungsträger von ihrem Nutzen auszuschließen. Deshalb wird oft geschlussfolgert, dass die öffentliche Hand das Management dezentraler Destinationen unterstützen müsse (z. B. Keller 1998). Die traditionellen Tourismusorganisationen könnten Steuerungseinheiten eines Destinationsmanagements werden.

Wie ist es im Fall der GTA um das Destinationsmanagement bestellt? Die überkommunalen Tourismusorganisationen in der Untersuchungsregion, die sogenannten Lokalen Tourismusagenturen, sind grundsätzlich mit dem Problem konfrontiert, dass die autoritativen, also institutionell bzw. gesetzlich zugestandenen Handlungskompetenzen nicht eindeutig sind. Sie scheinen sich vor allem auf Informations- und Kommunikationsaufgaben zu beziehen. Aufgrund des eingeschränkten finanziellen Handlungsspielraums konzentrieren sich die Tourismusagenturen auch allein darauf. Die GTA und der Trekkingtourismus werden allerdings nicht vermarktet. Die Agenturen haben keinen normativen Handlungsauftrag sich um das gesamte Gebiet und alle Tourismussegmente zu kümmern, so dass sie sich räumlich auf die wenigen großen Tourismusorte konzentrieren und Gebiete mit geringer touristischer Infrastruktur außen vor lassen. Für die thematische Schwerpunktsetzung sind über die traditionellen Kernthemen hinaus oft identitätsbezogene Präferenzen des Personals verantwortlich; der Trekkingtourismus zählt nicht dazu (dafür aber z. B. in der Provinz Cuneo der Radrennsport – wohl nicht zufällig, ist dieser doch das Hobby des Geschäftsführers).

Denkbar wäre, dass die GTA-Wirte einige Destinationsmanagementaufgaben übernehmen, da sie über die Wertschöpfungseffekte am meisten vom GTA-Tourismus profitieren. Tatsächlich nimmt aber kein Gastwirt entsprechende Aufgaben wahr. Zum einen fehlen über alle Gruppen von Gastwirten hinweg Handlungsfähigkeiten – in Form von Zeit, Investitionskapital und individuellen Kompetenzen –, um entweder alleine oder auch kooperativ zusammen mit Kollegen ausgewählte Destinationsmanagementtätigkeiten aufzunehmen. Zum anderen fehlen häufig auch entsprechende Präferenzen. Sowohl bei den professionellen Gastwirten als auch bei den unprofessionellen ist je eine Untergruppe ökonomisch am Marktsegment der GTA interessiert, wobei die der professionellen TMKU darüber hinaus auch ein identitätsbezogenes Lebensstilinteresse an der GTA aufweist. Doch sogar dieser Typus an Gastwirten hält den Nutzen einer Kooperation im Vergleich zum Aufwand für unverhältnismäßig klein. Die Gründe bei den GTA-interessierten unprofessionellen TMKU sind andere: Diese Akteure erkennen keinen potenziellen Nutzen eines Destinationsmanagements. Schließlich liegt das fehlende Engagement der GTA-

Gastwirte am institutionellen Arrangement. Für die kooperative Erbringung eines Destinationsmanagements für die GTA wären explizite oder implizite Verträge nötig. Explizite Verträge können aufgrund der hohen Transaktionskosten ausgeschlossen werden. Auch implizite Verträge, die ein kohärentes Verhalten ausdrücken, ohne dass ein Vertrag explizit abgeschlossen wird, haben sich im GTA-Kontext nicht ergeben. Da sich die GTA über den gesamten piemontesischen Alpenbogen erstreckt, ist die Zahl der potenziellen Kooperationspartner und das Risiko von Trittbrettfahrern, Akteuren, die keine Kosten tragen und ausschließlich profitieren möchten, sehr hoch. So fehlt in einem Klima des Misstrauens das notwendige risikominimierende gegenseitige Vertrauen. Viele Akteure sind tendenziell Eigenbrötler und ziehen es vor, allein auf die eigenen Kräfte zu bauen.

Ein Teil möglicher Destinationsmanagementaufgaben wird dennoch erbracht – von einigen individuellen Akteuren aus dem Ausland. Seit den 1980er-Jahren erfolgt die Informationsarbeit für die GTA in Form von Wanderbüchern und Berichten in den Printmedien über vorwiegend deutsche GTA-Begeisterte und Reisejournalisten. Beweggründe für das Handeln dieser Akteure sind identitäre Interessen an dieser Tourismusform oder an der Region. Einigen Akteuren dient ihre Arbeit für die GTA auch dem Broterwerb. Das Handeln dieser Menschen hat zur Folge, dass gegenwärtig rund 80 % der GTA-Trekkingtouristen aus deutschsprachigen Ländern stammen (Vogt 2008, 285). Es ist anzunehmen, dass die GTA-Nachfrage ohne die Informationsarbeit dieser exogenen Akteure wohl vollständig zum Erliegen gekommen wäre.

Die Vermarktung der Destination GTA wird damit nicht endogen innerhalb der Destination, sondern von externen Akteuren übernommen.

6 Marktchancen dezentraler Tourismusprojekte – Thesen

Die moderate Wettbewerbssituation der GTA lässt sich – exemplarisch an den Wettbewerbsfaktoren Unterkunft und Bewirtung sowie Destinationsmanagement herausgearbeitet – über fehlende Handlungsfähigkeiten und fehlende einschlägige Präferenzen erklären, gleichzeitig auch über einen Mangel an formellen Institutionen und über kooperationshemmende informelle Institutionen. Welche Schlussfolgerungen lassen sich aus der Analyse ableiten? Lässt sich mit einem dezentralen Tourismusprojekt eine Region im Sinne des Erhalts oder der Schaffung von Arbeitsplätzen entwickeln? Was bedeuten die Ergebnisse für eine Entwicklung peripherer Räume? Die Antworten aus der Fallstudie sind als Thesen zu verstehen, die es in weiteren Forschungsarbeiten zu validieren gilt.

Die Möglichkeiten, mit einem dezentralen Projekt Arbeitsplätze zu sichern, dürfen auch vor dem Hintergrund möglicher positiver Effekte des Klimawandels für den Sommertourismus in den Alpen nicht überbewertet werden. Um eine wettbewerbsfähige Destination zu schaffen, sind – zumindest kurz- bis mittelfristig – Akteure mit ausreichend Handlungsressourcen und -präferenzen nötig, die auf die kritischen Wettbewerbsfaktoren wie hier das gastliche Angebot und das Destinationsmanagement direkt oder indirekt (regulativ und finanziell) einwirken. Bei einer Gruppe von Gastwirten sind die individuellen Handlungsressourcen gering und die Handlungspräferenzen sehr kurzfristig gewinnorientiert. Um zu verhindern, dass die schlechte Performance einiger Betriebe die Wettbewerbsfähigkeit einer ganzen Destination einschränkt, bedarf es einer verpflichtenden Aus- und Weiterbildung der Leistungsträger, die die Handlungsressourcen erhöht und bestenfalls auch Präferenzen ändert. Diese Aufgabe kann nur die öffentliche Hand übernehmen, da nur sie über die autoritativen Handlungsfähigkeiten verfügt, auch formelle Institutionen zu schaffen. Allein sie hat zudem die finanziellen Ressourcen, um Bildungsträger finanziell auszustatten.

Die öffentliche Hand oder ein wohlwollender Akteur ist auch für Wettbewerbsfaktoren mit dem Charakter öffentlicher Güter – im Beispiel das Destinationsmanagement – notwendig, wenn der institutionelle Kontext eine kooperative Erbringung des Guts seitens privater individueller Akteure nicht ermöglicht. Ein öffentlich finanziertes Destinationsmanagement könnte langfristig eine Katalysatorfunktion für positiv wirkende informelle Institutionen, aus denen eventuell Kooperationen erwachsen, einnehmen.

Wenn der Staat und andere wohlwollende Akteure als potenzielle Akteure ausgeklammert werden, dann dürfte gelten, dass größere Marktchancen auch ohne externe Unterstützung nur solche dezentrale Destinationen haben, die relativ wenige Leistungsträger umfassen und räumlich konzentriert sind. Dort könnten sich informelle Institutionen in Form von gegenseitigem Vertrauen und Netzwerkbeziehungen bilden, und damit könnte ein „kreatives Milieu“ in einem tendenziell kooperationsfeindlichen Umfeld entstehen. So könnten am ehesten öffentliche Güter kooperativ erarbeitet werden und am wahrscheinlichsten gegenseitige Lerneffekte eintreten, z. B. bei der Gestaltung des Angebots von Unterkunft und Gastronomie.

Literatur

Aimone S. & Muller L. (2005): Agenzia per i nuovi Insediamenti Montani. Sintesi degli studi preliminari Azione N. 2 del PSR 2000 – 2006 della Regione Piemonte (= IRES Contributi di ricerca, Vol. 193). http://213.254.4.222/cataloghi/pdfires/647.pdf (14. 12. 2010).

Bätzing W. (2006a): Grande Traversata delle Alpi gta. Teil 1: Der Norden. Zürich.

BÄTZING W. (2006b): Grande Traversata delle Alpi gta. Teil 2: Der Süden. Zürich.
BIEGER Th. (2005): Management von Destinationen. München / Wien.
BRADSHAW M. & STRATFORD E. (2000): Qualitative Research Design and Rigour. In: Hay I. (ed.): Qualitative Research Methods in Human Geography. Melbourne u. a., 37 - 49.
BUHALIS D. (2000): Marketing the competitive destination of the future. In: Tourism Management 21(1): 97 - 116.
CROUCH G. I. & RITCHIE J. R. B. (1999): Tourism, Competitiveness, and Societal Prosperity. In: Journal of Business Research 44(3): 137 - 152.
EUROPEAN COMMISSION (2005): The new SME definition. User guide and model declaration. o.O.
KELLER P. (1998): Destinationsmarketing: Strategische Fragestellung. In: Keller P. (Hrsg.): Destination Marketing - Scopes and Limitations. St. Gallen, 39 - 52. (= Reports 48th Congress 1998 Marrakech, Morocco. Publication of the AIEST, Vol. 40)
KELLER P. (2005): Introduction: Innovation in tourism - Creating customer value. In: Keller P. & Bieger Th. (eds.): Innovation in Tourism - Creating Customer Value. St. Gallen, 7 - 19. (= Reports 55th Congress 2005 Brainerd, USA. Publication of the AIEST, Vol. 47).
MAYNTZ R. & SCHARPF F. W. (1995): Der Ansatz des akteurzentrierten Institutionalismus. In: Mayntz R. & Scharpf F. W. (Hrsg.): Gesellschaftliche Selbstregulierung und politische Steuerung. Frankfurt a. M. / New York, 39 - 72.
MÜLLER H. & WEBER F. (2008): 2030: Der Schweizer Tourismus im Klimawandel. Bern.
PORTER M. (1991): Nationale Wettbewerbsvorteile. Erfolgreich konkurrieren auf dem Weltmarkt. München.
RIBA L. (2005): Montagna, la sfida dello sviluppo. Cuneo. (= Manuskript zur „Assemblea degli eletti della montagna di Cuneo" der piemontesischen Delegation der UNCEM am 16. Juli 2005 in Cuneo)
SCHARPF F. W. (2000): Interaktionsformen. Akteurzentrierter Institutionalismus in der Politikforschung. Opladen.
SMERAL E. (1998): The impact of globalization on small and medium enterprises: new challenges for tourism policies in European countries. In: Tourism Management 19(4): 371 - 380.
VOGT L. (2008): Regionalentwicklung peripherer Räume mit Tourismus? Eine akteur- und handlungsorientierte Untersuchung am Beispiel des Trekkingprojekts Grande Traversata delle Alpi. Erlangen. (= Erlanger Geographische Arbeiten, Sonderbände, Band 38)
WEIERMAIR K. (2002): Aufgaben der Tourismuspolitik im Rahmen eines zukunftsorientierten Destinationsmanagements. In: Pechlaner H., Weiermair K. & Laesser Ch. (Hrsg.): Tourismuspolitik und Destinationsmanagement. Neue Herausforderungen und Konzepte. Bern u. a., 53 - 75.

Jucundus Jacobeit

Klima im Wandel: welche Risiken zeigen sich im Klimasystem?

1 Einführung

Das Thema „Klimawandel" bleibt auf der Tagesordnung, weil sich die Wahrnehmung durchgesetzt hat, es nicht nur mit einem allmählichen Temperaturanstieg zu tun zu haben, sondern mit einer Entwicklung, die vielfältige und teils schwer kalkulierbare Risiken in sich birgt. Es kann an dieser Stelle nicht auf das gesamte Spektrum dieser potenziellen Risiken eingegangen werden, vielmehr sollen einige ausgewählte Beispiele diskutiert werden, denen grundlegende Bedeutsamkeit zukommt. So besteht etwa bei der künftigen Entwicklung des Meeresspiegelanstiegs keine Klarheit, ob es eher bei relativ moderaten Werten bleibt, wie sie das IPCC (2007) in seinem vierten Sachstandsbericht für die Spannbreite seiner Zukunftsszenarien angegeben hat (zwischen 18 und 59 cm bis gegen Ende des 21. Jahrhunderts mit einem Zentralwert für das ‚mittlere' Emissionsszenario A1B von unter 40 cm). Unser Augenmerk wird sich dabei nicht auf alternative Abschätzungen richten, die zu höheren Werten gelangen (z.B. 50 – 140 cm nach Rahmstorf 2007), sondern auf ein Phänomen, dessen Auswirkung auf den Meeresspiegelanstieg laut IPCC (2007) zu den ungelösten Fragen der heutigen Klimaforschung zählt: die verstärkte Eisflussdynamik in Auslassgletschern der kontinentalen Inlandeisschilde, die seit Mitte der 1990er-Jahre beobachtet worden ist (Kap. 2). Handelt es sich dabei lediglich um ein zyklisches Phänomen, bei dem verstärkte Eisverluste absehbar wieder von einer normalisierten Eisflussdynamik abgelöst werden, oder indizieren die jüngeren Beobachtungen den Beginn einer langfristigen Entwicklung, bei der durch dramatisch gesteigerte Eisverluste ein wesentlich stärkerer Meeresspiegelanstieg droht?

Ein weiteres Beispiel wird Projektionen regionaler und saisonaler Niederschlagsumverteilungen behandeln (Kap. 3), durch die sich ernsthafte Klimafolgen für Wasserhaushalt und Wasserverfügbarkeit ergeben können. Besondere Aufmerksamkeit erfahren auch befürchtete Zunahmen von Extremereignissen, die in Kapitel 4 exemplarisch mit Blick auf Starkniederschläge und Stürme diskutiert werden. Schließlich beschäftigt die Klimaforschung die hoch brisante Frage, ob im Zuge der globalen Erwärmung an verschiedenen Stellen des Klimasystems kritische Schwellenwerte erreicht werden, an denen ein grundlegender Systemzustandswechsel eintritt, also eine Instabilität des Klimasystems. Diese weitläufige Frage wird abschließend in Kapitel 5 am Beispiel der thermohalinen Ozeanzirkulation aufgegriffen.

2 Beschleunigter Meeresspiegelanstieg durch verstärkte Eisflussdynamik?

Der mittlere Meeresspiegel ist seit 1993 durchschnittlich um 3,26 mm pro Jahr angestiegen (Ablain et al. 2010) und damit um mehr als doppelt so viel wie im Mittel während des 20. Jahrhunderts (ca. 1,5 mm pro Jahr, siehe Sterr 2007). Zwar dominiert nach IPCC (2007) dabei immer noch die thermische Expansion als Hauptursache, aber dennoch stellt sich die Frage, ob für diese Beschleunigung die seit etwa 1,5 Jahrzehnten beobachtete verstärkte Eisflussdynamik in Auslassgletschern der Inlandeisschilde verantwortlich ist und ob dies den Beginn eines weiter verschärften Meeresspiegelanstiegs in der Zukunft markiert. Nach Satellitenbeobachtungen der NASA (Abb. 1) hat sich in den letzten Jahren beim grönländischen Inlandeis zwar die Fläche mit Eisverlusten im Südosten deutlich vergrößert und auch nach Nordwesten ausgedehnt, auf der anderen Seite nimmt aber im Zentrum eine größere Fläche stärker an Eismächtigkeit zu. Ähnliche Unterschiede in der Eisentwicklung zwischen Randbereichen und Zentrum sind im IPCC-Report (2007) auch für die Antarktis aufgezeigt worden. In der gesamten Massenbilanz ergibt sich nach IPCC (2007) unter Berücksichtigung des jeweiligen Unsicherheitsbereichs für Grönland ein kleiner, aber von Null verschiedener Beitrag zum rezenten Meeresspiegelanstieg (0,21 +- 0,07 mm pro Jahr), während für die Antarktis der gleiche Betrag aufgrund seines wesentlich größeren Unsicherheitsbereichs (0,21 +- 0,35 mm pro Jahr) nicht als signifikant bezeichnet werden kann (der Wert Null liegt im 90 %-Konfidenzintervall). In der Zukunftsprojektion für das letzte Jahrzehnt des 21. Jahrhunderts (Abb. 2) wird der Beitrag der Antarktis zum Meeresspiegelanstieg für alle Hauptszenarien sogar leicht negativ abgeschätzt, bedingt durch positive Massenbilanz aufgrund zunehmender Niederschläge (in fester Form) bei erhöhten, aber nach wie vor frostigen Temperaturen. Nicht enthalten in diesen Abschätzungen ist aber der umstrittene Effekt verstärkter Eisflussdynamik in Auslassgletschern. Er wird vom IPCC gesondert veranschlagt (Abb. 2) und mangels genauerer Kenntnisse nur mit wenigen zusätzlichen Zentimetern Meeresspiegelanstieg angesetzt.

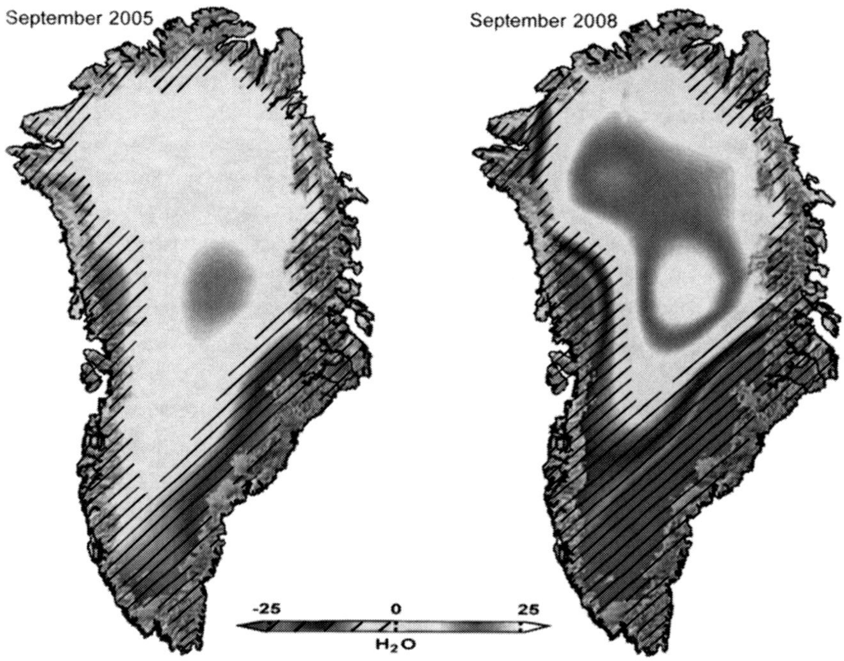

Abb. 1*: Änderungen in Grönlands Eismasse im Vergleich zwischen September 2005 und September 2008, gemessen im Rahmen des NASA-Projekts „Gravity Recovery and Climate Experiment“ (verändert nach http://www.jpl.nasa.gov/news/news.cfm?release=2010-100) (21.12.2010).

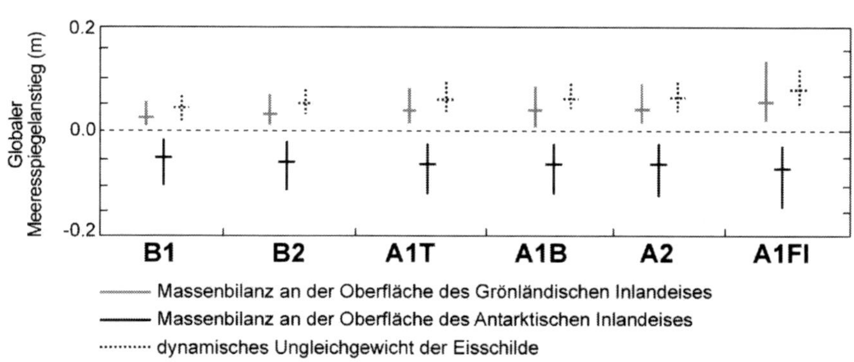

Abb. 2*: Beiträge des Grönländischen und des Antarktischen Inlandeises sowie des dynamischen Ungleichgewichts der Eisschilde zum global gemittelten Meeresspiegelanstieg 2090 – 2099 gegenüber 1980 – 1999 (inkl. 90 %-Konfidenzintervallen) für die wichtigsten Emissionsszenarien (verändert nach IPCC 2007).

In einer neueren Studie (van den Broeke et al. 2009) wird für das grönländische Inlandeis aufgezeigt, dass in den letzten zehn Jahren die Beiträge von Oberflächen-Massenbilanz und Eisfluss (konzentriert in den oben genannten Auslassgletschern) zum gesamten Eisverlust in etwa der gleichen Größenordnung liegen (Abb. 3). Nach Hamilton (2010) kann allerdings die Eisflussdynamik von Jahr zu Jahr sehr stark variieren, wie in Abbildung 4 anhand der variablen Einmündungsfläche des südostgrönländischen Helheim-Auslassgletschers für ausgewählte Jahre dokumentiert wird. So hat sich aufgrund verstärkter Eisflussdynamik zwischen 2001 und 2005 die Fläche um etwa 60 % reduziert, 2006 dann aber wieder deutlich höhere Werte (wie etwa 2003) angenommen. 2008 schwankte die Fläche bei modifiziertem Jahresgang zwischen deutlich unterschiedlichen Werten wie in den Jahren 2006 und 2005.

Eine jüngere Studie mit einem numerischen Eisflussmodell (Nick et al. 2009) kommt für den Helheim-Gletscher zu dem weiterführenden Ergebnis, dass die Eisflussbeschleunigung sowie die Eismächtigkeitsabnahme und der Eisrückzug am Kalbungsende des Gletschers beginnen und anschließend stromaufwärts propagieren. Ausschlaggebend für die Änderungen der Eisflussdynamik seien nicht Schmelzwässer, die von der Oberfläche bis zur Basis des Gletschers vordringen und dort als Schmiermittel fungieren, sondern Änderungen in den Randbedingungen an der Kalbungsfront, auf die der Auslassgletscher äußerst rasch reagiere. Derartige Randbedingungen werden in den klimatischen oder ozeanischen Verhältnissen gesehen, die in einzelnen Jahren oder Jahressequenzen beträchtliche Anomalien aufweisen können (etwa positive Meerestemperaturanomalien als Auslöser beschleunigten Eisflusses). In einem ‚front-stress perturbation experiment' wird weiterhin aufgezeigt, dass die Andauer von Spitzen-Eisabfluss zeitlich begrenzt ist und extremer Massenverlust dynamisch nicht langfristig aufrechtzuerhalten ist. So erkennt man in Abbildung 5 neben der allmählichen stromaufwärtigen Verlagerung der Eisfluss-Spitzen insbesondere den raschen Rückgang nach Erreichen ausgeprägter Kulminationspunkte. Dies gilt nicht nur für den Spitzenabfluss am Eisfluss-Tor, das in Übereinstimmung mit Fernerkundungsbeobachtungen rund 10 km landeinwärts zu lokalisieren ist, sondern sogar für ein Experiment, bei dem die induzierende Störung an der Front nicht wie ansonsten nach intermittierender Einwirkungszeit wieder entfernt worden ist („no removal" in Abb. 5).

Nick et al. (2009) folgern, dass Eisflussänderungen nahe der Gletscherfront kurzfristige dynamische Anpassungen widerspiegeln und kein geeignetes Maß für die Beurteilung längerfristiger Massenbilanzänderungen des gesamten Eisschildes darstellen. Insofern können die zukünftigen Massenverluste zumindest beim Helheim-Gletscher weniger ausgeprägt sein als es in den vergangenen Jahren beobachtet worden ist. Sollte dies für alle relevanten Auslassgletscher gelten, wäre das Risiko eines beschleunigten Meeresspiegelanstiegs eher als

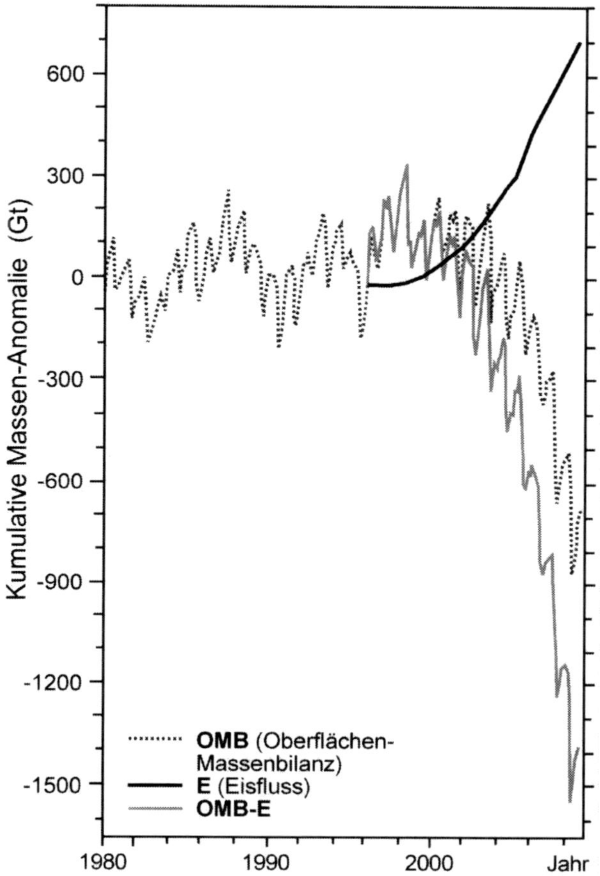

Abb. 3*: Kumulative Anomalien der Oberflächen-Massenbilanz, des Eisflusses sowie der resultierenden Gesamtbilanz für das Grönländische Inlandeis (verändert nach van den Broeke et al. 2009).

gering einzustufen und die moderaten Anstiegsraten nach IPCC (2007) – primär bestimmt aus thermischer Meereswasserausdehnung und Oberflächenmassenbilanz der Gletscher – müssten nicht grundsätzlich als obsolet betrachtet werden. Andererseits ist aber auch nicht auszuschließen, dass lokale Bedingungen an der Gletscherfront, die einen (wenn auch nur vorübergehenden) verstärkten Eisfluss induzieren, künftig gehäuft oder wirksamkeitsgesteigert auftreten. Insbesondere bei positiven Meerestemperaturanomalien als potenzieller Auslöser dürfte dies eine nicht unrealistische Perspektive sein, die längerfristig-kumulativ doch stärkere Eisverluste implizieren könnte. Das hier nur kurz an-

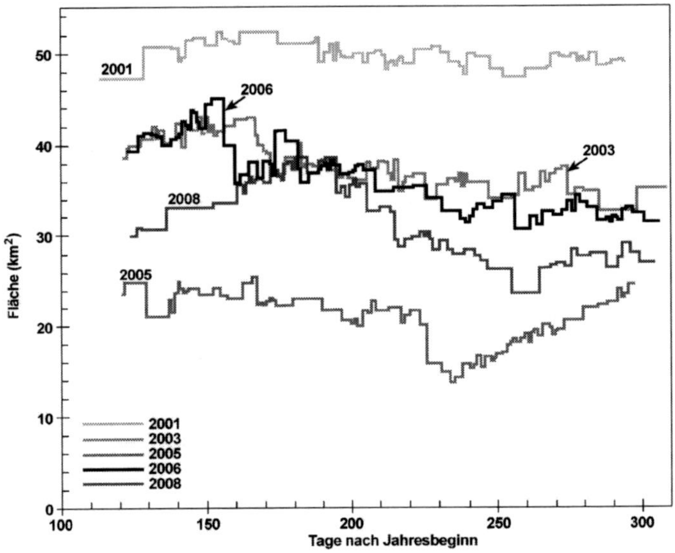

Abb. 4*: Flächenentwicklung des Helheim-Auslassgletschers (SE-Grönland) für ausgewählte Einzeljahre (verändert nach Hamilton 2010).

gerissene kontrovers diskutierte Problem wird die Klimaforschung weiter intensiv beschäftigen.

Ein weiteres potenzielles Risiko in diesem Kontext liegt darin, dass der Meeresspiegelanstieg regional mehr oder weniger stark um den globalen Mittelwert herum variieren kann, wie es bereits für die letzten Jahrzehnte beobachtet worden ist (IPCC 2007), bedingt durch den Einfluss von Windsystemen und Meeresströmungen. Dies kann dazu führen, dass manche Küsten viel weniger, andere dagegen viel stärker vom Meeresspiegelanstieg betroffen sein werden als es ein globaler Mittelwert zum Ausdruck zu bringen vermag. Bezüglich der Rolle des grönländischen Inlandeises hat eine jüngst publizierte Modellstudie (Kopp et al. 2010) für die hypothetische Annahme eines Abschmelzvolumens, das einem globalen Meeresspiegelanstieg von 1 m entsprechen würde (etwa ein Siebtel der gesamten Eismasse Grönlands), das bemerkenswerte Ergebnis erbracht, dass der Meeresspiegel sich an der Nordseeküste kaum verändern würde, vor Grönland selbst sogar einige Meter fallen würde, und das Gros des Anstiegs sich auf südlichere Regionen verteilen würde (bedingt durch regional reduzierte Schwerkraftwirkung aufgrund der Massenverluste am Eiskörper). Die regional differenzierten Dimensionen globaler Veränderungen im Klimasystem bergen also spezifische Risikomomente, denen sich die Forschung künftig weit stärker widmen muss als bisher.

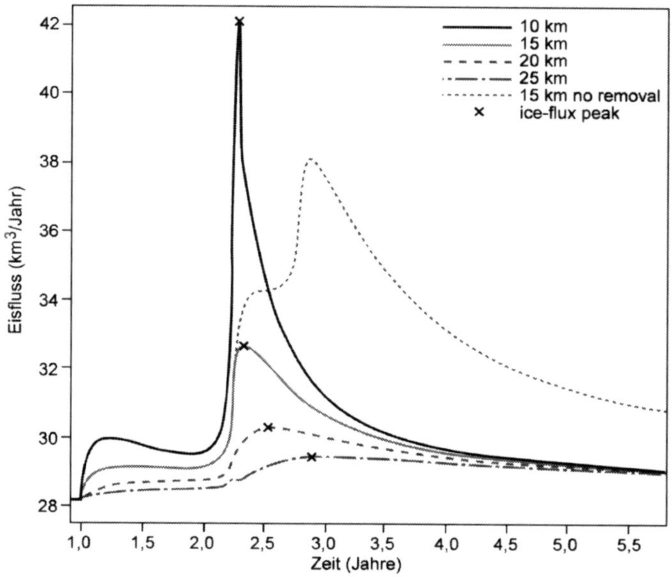

Abb. 5*: Modellierte Reaktion im Eisfluss des Helheim-Auslassgletschers (SE-Grönland) in verschiedenen Entfernungen von der Kalbungsfront für ein „front-stress perturbation experiment" (siehe Text). „No removal" repräsentiert ein Experiment, bei dem die induzierende Störung an der Front nicht wie ansonsten nach intermittierender Einwirkungszeit wieder entfernt worden ist. „Ice-flux peak" kennzeichnet den jeweiligen Spitzen-Eisfluss an den verschiedenen Lokalitäten (verändert nach Nick et al. 2009).

3 Regionale und saisonale Niederschlagsumverteilungen?

Im vierten Sachstandsbericht des IPCC (2007) werden für die beiden letzten Jahrzehnte des 21. Jahrhunderts (Szenario A1B) schon bei globaler Betrachtung räumlich unterschiedliche Niederschlagsveränderungen erkennbar. Dabei stehen – mit gewisser jahreszeitlicher Verlagerung – den Überschüssen in innertropischen Bereichen und in mittleren bis hohen Breiten Defizite vor allem in randtropisch-subtropischen Gebieten gegenüber. Dies bedeutet, dass feuchte Regionen tendenziell mit weiter steigenden Niederschlägen zu rechnen haben, während trockene Regionen, in denen schon heute Probleme beim Wasserhaushalt und bei der Wasserverfügbarkeit bestehen, mit weiter zurückgehenden Niederschlägen konfrontiert werden dürften. Bestätigt wird dies in regionalen Klimamodellsimulationen des PRUDENCE-Projekts (Abb. 6) für den europäischen Raum, die hinsichtlich der jährlichen Niederschlagsmenge – in diesem Beispiel für das stärkere Emissionsszenario A2 – deutliche Zunahmen im Norden und ebenso deutliche Abnahmen im Süden zeigen (Mitteleuropa liegt mit insgesamt schwachen Änderungssignalen im Übergangsraum).

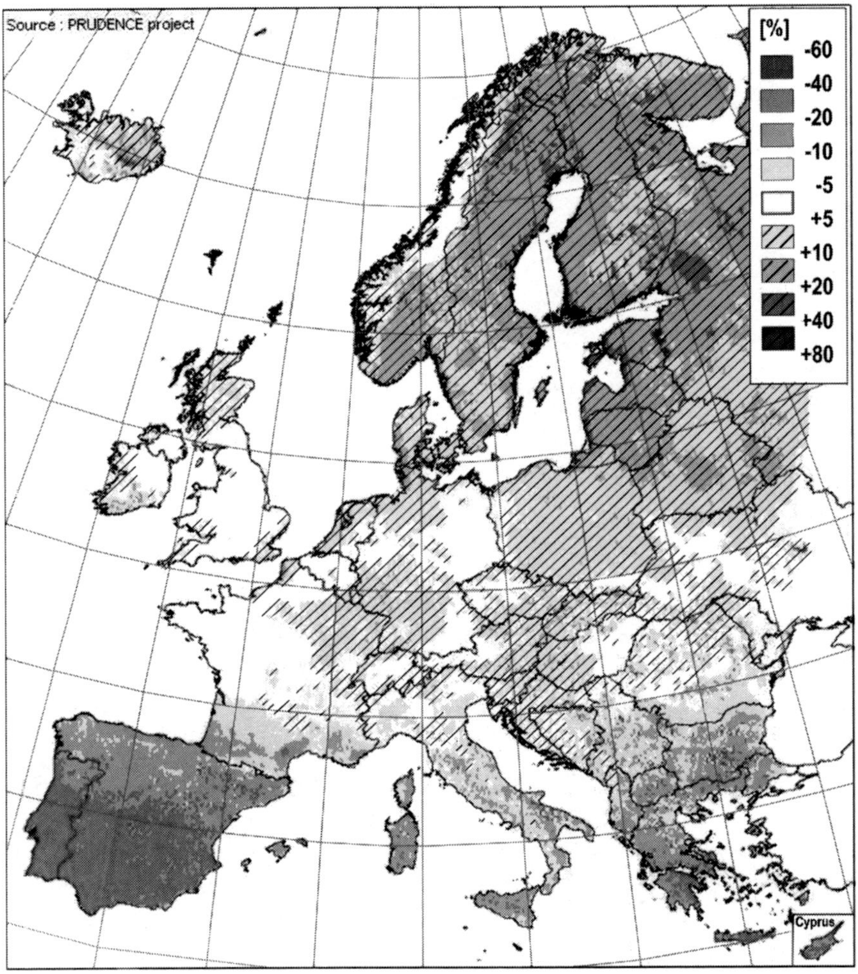

Abb. 6*: Prozentuale Änderung im mittleren Jahresniederschlag zwischen 2071–2100 und 1961–1990 nach Klimamodellsimulationen des PRUDENCE-Projekts für das Emissionsszenario A2 (verändert nach http://peseta.jrc.ec.europa.eu/docs/ClimateModel.html (20.12.2010)).

Risikobehaftet ist diese mutmaßliche Entwicklung vor allem für den Mittelmeerraum, der als wechselfeuchte Region ganz besonderen Herausforderungen gegenübersteht. Abb. 7 verdeutlicht – auf der Basis statistischer Downscaling-Abschätzungen (Hertig & Jacobeit 2008), hier für das schwächere Emissionsszenario B2 – die regionalspezifischen Niederschlagsänderungen während der mediterranen Regenzeit von Oktober bis Mai: man erkennt neben Zunahmen im Kern der winterlichen Regenzeit, die auf den Norden und Westen des Mittelmeerraums konzentriert sind, vor allem Abnahmen, von denen zeitlich vornehmlich die Anfangs- und Endphasen der Regenzeit betroffen sind, räumlich insbesondere die trockenen Regionen im Süden und Osten. Auch wenn diese projizierten Niederschlagsänderungen nur zu einem geringen Teil statistische Signifikanz erreichen (Hertig & Jacobeit 2008), so indizieren sie doch ein latentes Risiko für Verschlechterungen im Wasserhaushalt weiter Teile der gesamten Mittelmeerregion. Dies wird unterstrichen durch weiterführende hydrologische Abschätzungen für ein ostmediterranes Beispielsgebiet, das obere Jordan-Einzugsgebiet (Abb. 8), in dem bis Ende des 21. Jahrhunderts mit erheblichen Einbußen von teils mehr als 30 % bei der Grundwasserneubildung gerechnet werden muss (Kunstmann 2007).

Nicht so gravierend sind die mutmaßlichen hydroklimatischen Änderungen in Mitteleuropa, wenngleich auch bei wenig geänderten Jahresniederschlagssummen (vgl. Abb. 6) saisonale Umverteilungen nicht unbeträchtlichen Ausmaßes in Rechnung zu stellen sind. Abbildung 9 gibt ein Beispiel aus dem Bundesland Bayern, bei dem – hier für den näherliegenden Projektionszeitraum 2021 – 2050 – die gegenteilige Niederschlagsentwicklung im Winter (positiv) und im Sommer (negativ) zu erkennen ist. Für die Wasserversorgung während der Vegetationsperiode stellen derartige saisonale Niederschlagsumverteilungen durchaus ein nicht zu vernachlässigendes Moment dar. Allerdings muss ergänzend hinzugefügt werden, dass gerade Niederschlagsabschätzungen mit erheblichen Unsicherheiten behaftet sind. Das zeigt etwa der neue Global Change Atlas (2009) für das obere Donaueinzugsgebiet, bei dem die räumlich besonders hoch aufgelösten saisonalen Niederschlagsprojektionen zweier verschiedener regionaler Klimamodelle in Teilen der räumlichen Änderungsmuster nicht einmal im Vorzeichen übereinstimmen. Es besteht also nach wie vor hoher Forschungsbedarf, um die Risiken von Niederschlagsänderungen und die daraus resultierenden Änderungen der Wasserverfügbarkeit besser einschätzen zu können.

4 Zunahme von Extremereignissen?

Dieser Aspekt des Klimawandels genießt besondere Aufmerksamkeit, da spektakulärere Auswirkungen erwartet werden als bei langsamen Änderungen mittlerer Verhältnisse. Entgegen landläufigen Meinungen von einer generellen Zunahme extremer Ereignisse im Gefolge des Klimawandels zeigen differenziertere Betrachtungen (z.B. Schönwiese 2007; Jacobeit 2008), dass sowohl hinsichtlich der Art von Extremereignissen als auch bezüglich der räumlichen Betroffenheit unterschieden werden muss. An dieser Stelle können nur zwei ausgewählte Beispiele etwas näher beleuchtet werden, wir konzentrieren uns auf Starkniederschläge sowie Sturmereignisse.

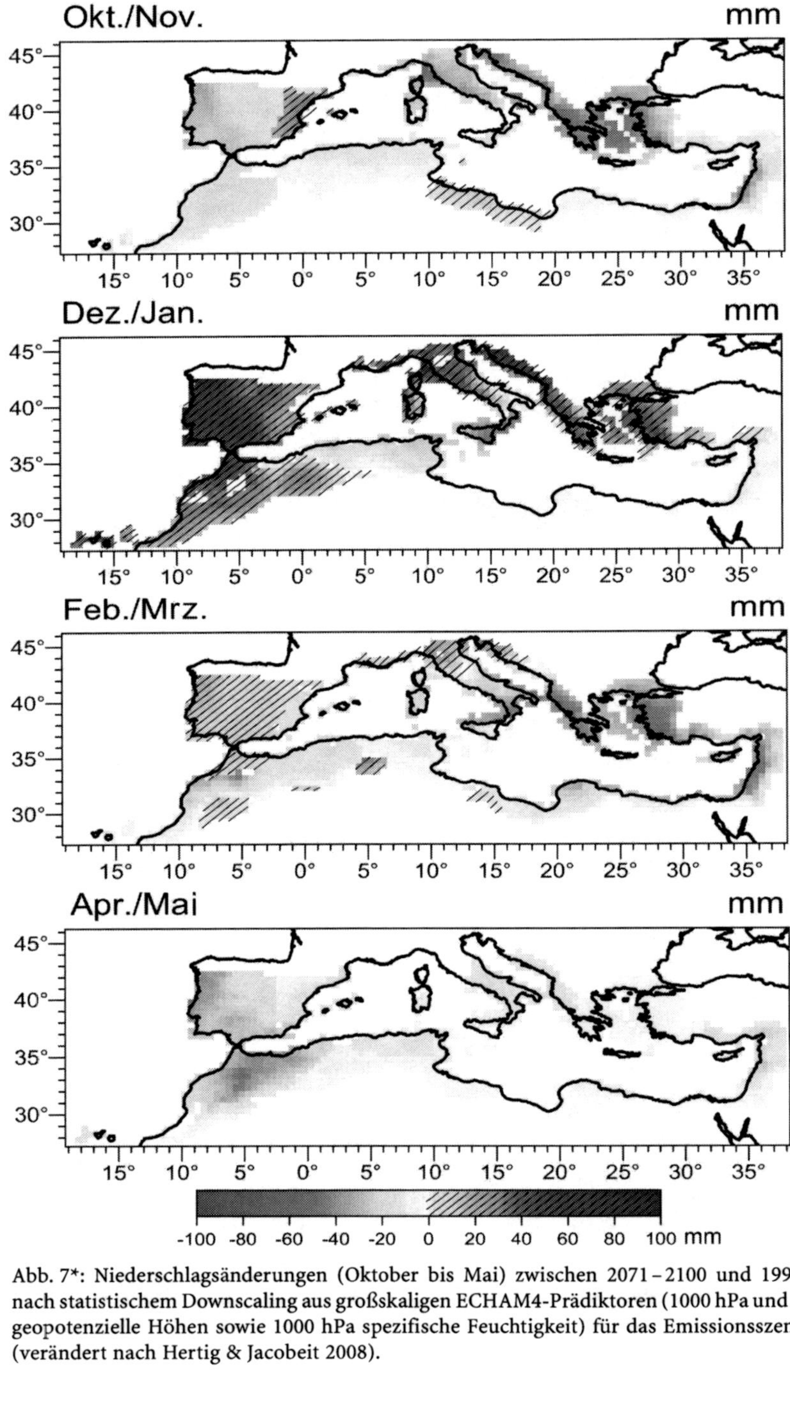

Abb. 7*: Niederschlagsänderungen (Oktober bis Mai) zwischen 2071–2100 und 1990–2019 nach statistischem Downscaling aus großskaligen ECHAM4-Prädiktoren (1000 hPa und 500 hPa geopotenzielle Höhen sowie 1000 hPa spezifische Feuchtigkeit) für das Emissionsszenario B2 (verändert nach Hertig & Jacobeit 2008).

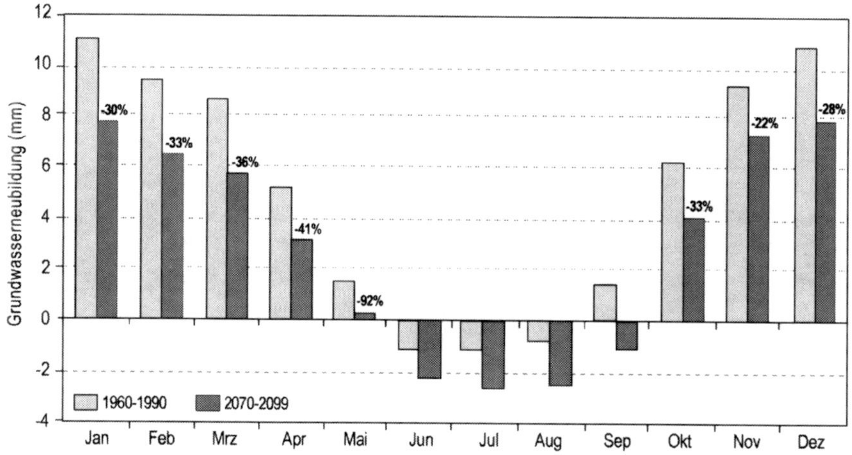

Abb. 8*: Prozentuale Änderungen der mittleren monatlichen Grundwasserneubildung zwischen 2070 – 2099 und 1961 – 1990 im oberen Jordan-Einzugsgebiet nach gekoppelten Klima-Hydrologie-Simulationen für das Emissionsszenario B2 (verändert nach Kunstmann 2007).

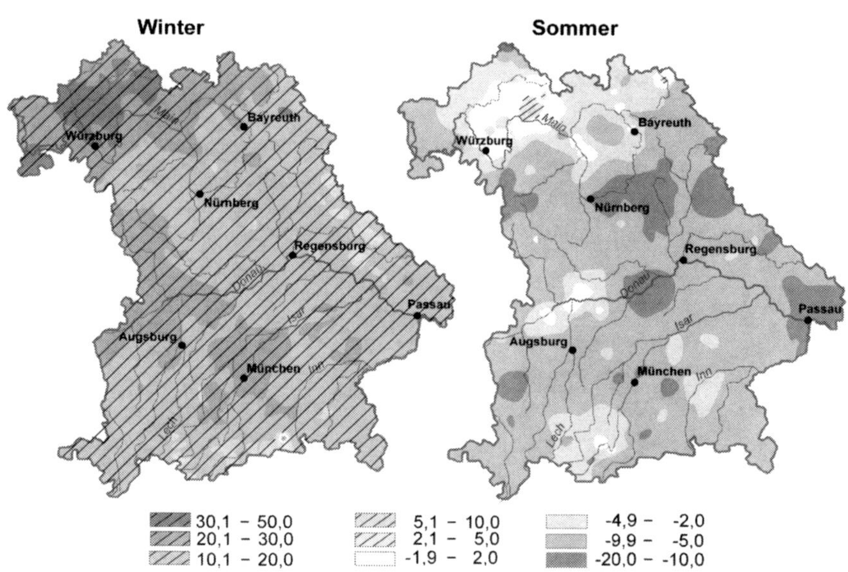

Abb. 9*: Prozentuale Änderung des Niederschlags in Bayern im Winter- und Sommerhalbjahr zwischen 2021 – 2050 und 1971 – 2000 nach wetterlagenbasiertem Downscaling aus großskaligen ECHAM4-Prädiktoren (Modell WETTREG) für das Emissionsszenario B2 (verändert nach Bay. Landesamt für Umwelt 2008).

4.1 Starkniederschläge

Abbildung 10 aus dem jüngsten IPCC-Report (2007) zeigt im globalen Überblick die Entwicklung des Beitrags von Starkniederschlägen (jenseits des 95 %-Perzentils) am Jahresniederschlag für den Zeitraum 1951 – 2003. Man erkennt auf der Trendkarte ein Mosaik teils auch kleinräumig wechselnder Vorzeichen. Steigende und abnehmende Bedeutung von Starkniederschlägen (gemessen an ihrem Beitrag zum Jahresniederschlag) lösen sich räumlich also immer wieder ab, was den stark von lokalen Faktoren geprägten Niederschlagscharakter zeigt. Erst in der global integrierten Zeitreihe von Abbildung 10 wird deutlich, dass in jüngster Zeit (etwa seit Ende der 1980er-Jahre) die Bedeutung von Starkniederschlägen im Mittel zugenommen hat.

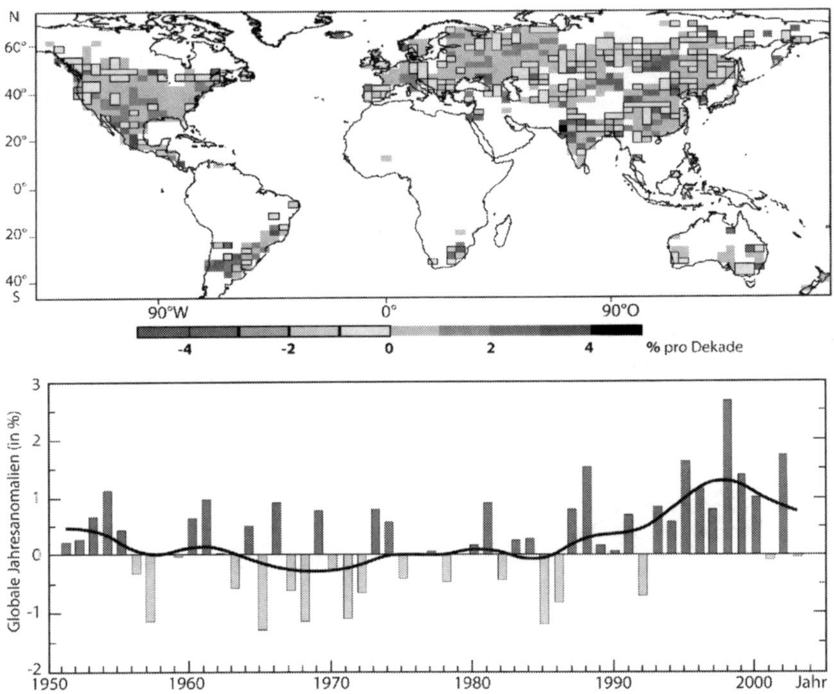

Abb. 10*: Oben: Beobachtete Trends 1951 – 2003 im Beitrag der niederschlagsreichsten Tage (jenseits des 95 %-Perzentils) zum gesamten Jahresniederschlag.
Unten: Globale jährliche Anomalien dieses Beitrags, ausgedrückt als Prozentabweichung vom Mittel der Periode 1961 – 1990 (verändert nach IPCC 2007).

Auch ein szenario-basierter Blick in die Zukunft lässt teils kleinräumig variierende Änderungen beim Starkniederschlag erkennen. Abbildung 11 zeigt statistische Downscaling-Abschätzungen für den Kernwinter (Dezember / Januar) im Mittelmeerraum (Hertig & Jacobeit 2010) auf der Grundlage von täglichen Gitterfeldern des Landflächen-Niederschlags (Haylock et al. 2008), interannuell variierenden 95 %-Perzentilen und großskaligem atmosphärischem Prädiktor-Output einer ECHAM5-Simulation unter Bedingungen des A1B-Szenarios. Die Abschätzungen liefern teils ansteigende, teils rückläufige 95 %-Perzentile, d. h. sowohl intensivere als auch weniger intensive Starkniederschläge, wobei ersteres vor allem im Zentrum und Nordosten des Mittelmeerraumes vertreten ist, letzteres im Westen und Norden. Zirkulationsdynamische sowie lokale Einflussfaktoren für derartige regionale Unterschiede sind dabei erst noch zu entschlüsseln.

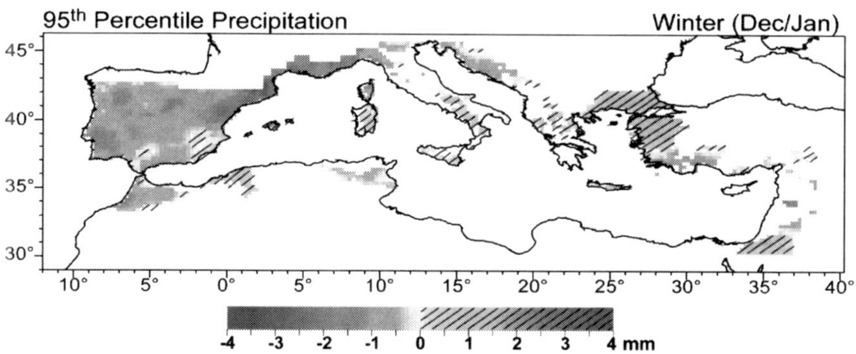

Abb. 11*: Veränderungen im 95 %-Perzentil des täglichen Niederschlags im Winter (Dez / Jan) zwischen 2071 – 2100 und 1961 – 1990 nach statistischem Downscaling aus großskaligen ECHAM5-Prädiktoren (500 hPa geopotenzielle Höhen, 850 hPa spezifische Feuchtigkeit, 1000 hPa relative Vorticity) für das Emissionsszenario A1B (nach Hertig & Jacobeit 2010).

Für die süd-mitteleuropäischen Bundesländer Baden-Württemberg und Bayern sagt eine Studie des KLIWA-Projekts (2006) einheitlichere Auswirkungen beim Starkniederschlag voraus, nun allerdings auf das gesamte Winterhalbjahr, auf den früheren Projektionszeitraum 2021 – 2050 und die Häufigkeit von Tagen mit Niederschlag oberhalb eines festen Schwellenwertes (25 mm) bezogen: abgesehen von wenigen Stations-Ausnahmen zeigt sich flächenhaft verbreitet eine mittlere Häufigkeitszunahme, wobei jedoch kleine Werte (bis zu 1,5 Tage) deutlich dominieren.

Ein weiterer möglicher Zugang zur Änderungsabschätzung von Extremereignissen – neben regionaler Klimamodellierung (z. B. Paeth & Hense 2005) und der Ableitung von Transferfunktionen zwischen großer Prädiktoren- und kleiner Prädiktanden-Skala (z. B. Hertig & Jacobeit 2010) – besteht darin, großräumige atmosphärische Zirkulationsmuster oder Zirkulationsklassen heranzuziehen (synoptisches Downscaling). Abbildung 12 zeigt beispielhaft aus einer Clusterklassifikation der täglichen nordatlantisch-europäischen Bodenluftdruckfelder des Zeitraums 1850 – 2003 (Philipp et al. 2007) diejenigen Zirkulationsklassen, die für mitteleuropäische Starkniederschläge im Winter bzw. im Sommer hervorgehobene Bedeutsamkeit besitzen (gemessen an einem signifikant höheren Anteil an diesen Extremtagen als an den übrigen Tagen, vgl. Jacobeit et al. 2009). Etwaige künftige Änderungen dieser Zirkulationsmuster hinsichtlich Auftrittshäufigkeit sowie musterspezifischer Eigenschaften werden mutmaßlich auch Frequenz und Intensität mitteleuropäischer Starkniederschlagsereignisse beeinflussen. Ohne laufenden Untersuchungen dazu vorgreifen zu wollen, sei an dieser Stelle auf mögliche jahreszeitliche Unterschiede in der künftigen Entwicklung hingewiesen: die beiden winterlichen Zirkulationsmuster aus Abbildung 12, die Varianten einer zonalen Zirkulationsform mit östlich bzw. südöstlich verlagertem zyklonalem Aktionszentrum darstellen, dürften bei intensivierter Arktischer Oszillation (siehe Rauthe & Paeth 2004) verstärkt in Erscheinung treten. Dagegen lassen die sommerlichen Zirkulationsmuster aus Abbildung 12 eher eine geringere künftige Repräsentanz erwarten: Muster c ist gleichzeitig das wichtigste für sommerliche Kaltfrontpassagen in Mitteleuropa (Jacobeit et al. 2009), und auch Muster d mit seinem zyklonalen Aktionszentrum über Südskandinavien dürfte eher etwas in den Hintergrund treten gegenüber Mustern mit ausgeweitetem Hochdruckkeil. Sollten sich diese qualitativen Erwartungen in synoptischen Downscaling-Studien bestätigen, wäre in Mitteleuropa mit einer saisonal unterschiedlichen Änderung des Starkniederschlagsrisikos zu rechnen (erhöht im Winter, reduziert im Sommer). Allerdings ist erneut auf erhebliche Abschätzungsunsicherheiten hinzuweisen, die im Fall von Extremereignissen noch gravierender sind als bei mittleren Werten.

4.2 Sturmereignisse

Hier ist zunächst zwischen tropischen und außertropischen Ereignissen zu unterscheiden. Bei ersteren soll der Blick gleich auf die extreme Erscheinungsform der Wirbelstürme gerichtet werden. Nach einer viel zitierten Studie von Emanuel (2005) hat sich den langfristig gestiegenen Meeresoberflächentemperaturen im tropischen Nordatlantik entsprechend auch der Energieumsatz durch Hurricanes gesteigert (latente Wärme als Hauptenergiequelle tropischer Wirbelstürme!). Mithin muss auch von einer steigenden Intensität dieser Wirbelstürme bei fortschreitender Erwärmung ausgegangen werden. Anders sehen jedoch die Verhältnisse bei der Hurricane-Häufigkeit aus: nach einer jüngeren Modellstudie von Knutson et al. (2008) ergibt sich für Warmklima-Simulationen gegenüber den Kontrolllauf-Bedingungen eine Entkopplung zwischen den (gestiegenen) Meeresoberflächentemperaturen in der primären Wirbelsturm-Ent-

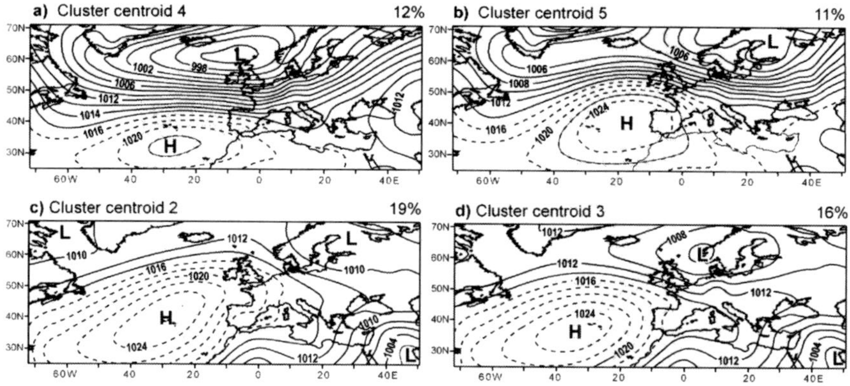

Abb. 12*: Nordatlantisch-europäische Zirkulationsklassen, die eine hervorgehobene Bedeutung für mitteleuropäische Starkniederschläge aufweisen (siehe Jacobeit et al. 2009); a und b: Winter (DJF), c und d: Sommer (JJA). Die Zirkulationsklassen entstammen saisonalen Clusterklassifikationen täglicher Bodenluftdruckfelder aus dem Zeitraum 1850–2003 (Philipp et al. 2007).

wicklungsregion und der Hurricane-Häufigkeit (Abb. 13). Trotz genereller Überschreitung des thermischen Schwellenwerts für eine potenzielle Wirbelsturmgenese steigt also die Anzahl atlantischer Hurricanes nicht an. Knutson et al. (2008) begreifen als wichtiges Moment dabei die globale Verbreitung ansteigender tropischer Meeresoberflächentemperaturen bei fortschreitender Erwärmung (im Unterschied zu den 1990er-Jahren, als erhöhte Temperaturen nur im tropischen Nordatlantik auftraten und dort parallel auch die Hurricane-Häufigkeit zunahm, da die veränderten SST-Gradienten zu einer Nordwärtsverlagerung der atlantischen ITC und einer Zunahme der troposphärischen Instabilität geführt hätten). Darüber hinaus dürfte maßgeblich sein, dass in einem wärmeren Klima die vertikale Windscherung, die für eine vollendete Wirbelsturmausbildung nicht zu groß sein darf, mutmaßlich zunehmen wird, bedingt durch geringere meridionale Temperaturgradienten in der unteren Troposphäre (stärkere Erwärmung der hohen Breiten!) und höhere Gradienten in der oberen Troposphäre (verstärkte latente Energiefreisetzung in den konvektionsaktiven Regionen der niederen Breiten!). Insgesamt lässt sich also das langfristige klimawandelbedingte Risiko bei tropischen Wirbelstürmen nicht in einer Häufigkeitszunahme, sondern in einer Intensitätssteigerung ausmachen.

Wie sehen nun die Verhältnisse bei außertropischen Sturmereignissen aus? Beobachtet wurde beispielsweise im Großraum Britische Inseln / Nordsee / Nordmeer eine Sturmindex-Zunahme seit den 1960er-Jahren bis Anfang der 1990er-Jahre (IPCC 2007), die im Zusammenhang mit dem damaligen markanten Anstieg im NAO-Index stand. Anschließend hat sich jedoch wieder eine rückläufige Ent-

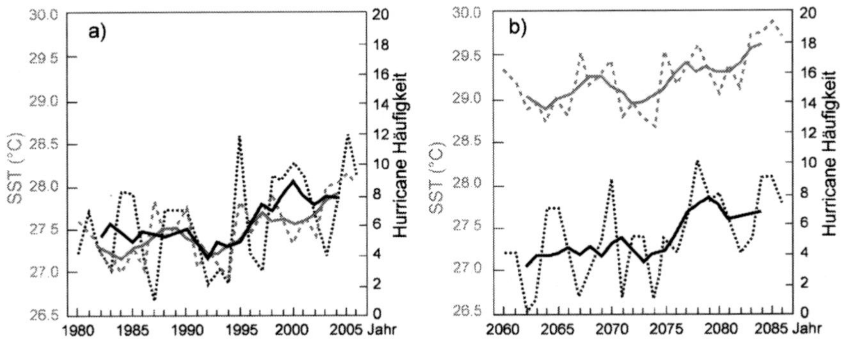

Abb. 13*: Hurricane-Häufigkeit (August-Oktober) und Meeresoberflächentemperaturen (SST) in der Hauptentstehungsregion aus einem Multimodell-Ensemble für (a) Kontrolllauf und (b) Warmklima-Simulation gemäß Emissionsszenario A1B (verändert nach Knutson et al. 2008).

wicklung eingestellt, sodass offen bleibt, welche Anteile in Sturmindex-Zeitreihen auf natürliche (multi-)dekadische Variabilität zurückgehen und welche auf möglicherweise überlagerte langfristige Klimatrends. Modellprojektionen für die zweite Hälfte des 21. Jahrhunderts zeigen auch durchaus unterschiedliche Entwicklungen auf: so gelangen Donat et al. (2010) in einer Untersuchung über winterhalbjährliche Wetterlagenhäufigkeiten während mitteleuropäischer Sturmtage zu dem Ergebnis, dass im Gegensatz zu Jetztzeit-Beobachtung und Modell-Kontrolllauf unter A1B-Szenario-Bedingungen gegen Ende des 21. Jahrhunderts eine Zunahme an Sturmtagen zu verzeichnen ist, vor allem in Verbindung mit Westwetterlagen. Zahn und von Storch (2010) hingegen erhalten im nördlichen Nordatlantik durchgängig niedrigere Häufigkeiten mesoskaliger Polartiefs, die mit schweren Sturmereignissen einhergehen, und dies sogar für eine beachtliche Bandbreite unterschiedlicher Szenarien (von B1 über A1B bis zu A2). Eine nach Häufigkeit und Intensität differenzierte Zukunftsprojektion für 2060–2100 (A1B-Szenario) legen Pinto et al. (2007) vor: danach verringert sich im nordatlantisch-europäischen Raum die Zyklonenhäufigkeit fast überall, die Intensität der Zyklonen zeigt aber in einem begrenzten Gebiet von den Britischen Inseln bis in den südwestlich vorgelagerten Atlantik eine markante Zunahme. Erneut könnte also das klimawandelbedingte Risiko bei Sturmereignissen eher im Bereich der Intensität als im Bereich der Häufigkeit zu finden sein. Allerdings zeigt Abbildung 14, dass bei dieser Thematik grundsätzlich mit erheblichen Modellunsicherheiten gerechnet werden muss: so erkennt man bei der Zukunftsabschätzung (2060–2100, A1B-Szenario) für das 98 %-Perzentil der maximalen täglichen Windgeschwindigkeit im 10 m-Niveau – ein gängiger Schwellenwert für schadensträchtige Starkwindereignisse – deutliche Unterschiede bei den drei Einzelläufen einer Ensemble-Simulation, die in den jeweiligen Anfangsbedingungen nur geringfügig differieren und damit einen Eindruck von der modellinternen Variabilität vermitteln. Resultieren im ersten Lauf signifikante Zunahmen in weiten Teilen der europäischen Mittelbreiten, so verkleinert sich dieses Gebiet bereits im zweiten Lauf und im dritten Lauf bleibt kaum etwas davon übrig. Derartige Unsicherheiten dürfen aber nicht als Entwarnung missinterpretiert werden, vielmehr stellt die Unsicherheit selbst ein spezifisches Risikomoment dar.

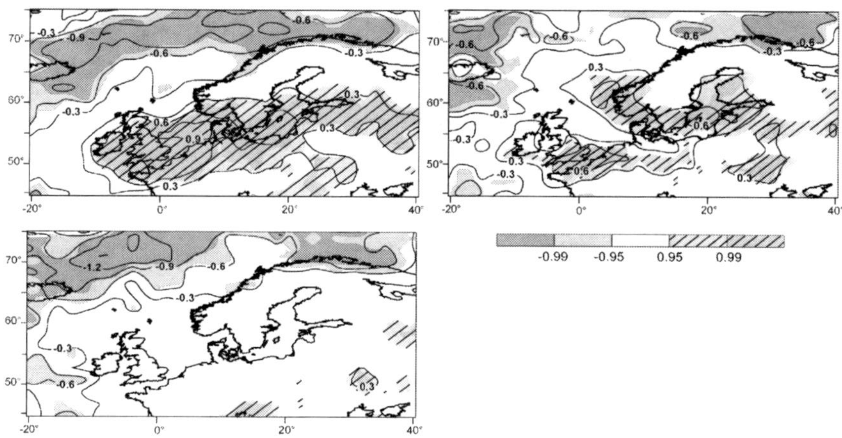

Abb. 14*: Änderungen im 98 %-Perzentil der maximalen täglichen Windgeschwindigkeit in 10 m Höhe zwischen 2060 – 2100 und 1960 – 2000 für das Emissionsszenario A1B. Gezeigt sind die Ergebnisse für drei ECHAM5-Ensemble-Mitglieder, die Farben indizieren signifikante Änderungen auf entsprechendem Vertrauensniveau (verändert nach Pinto et al. 2007).

5 Instabilität des Klimasystems?

Diese Frage ist besonders brisant, da sie die Möglichkeit thematisiert, nach einer Phase allmählicher und unspektakulärer Veränderungen in den Bereich kritischer Schwellenwerte („tipping points") im Klimasystem zu gelangen, an denen ein mehr oder weniger abrupter und markanter Systemzustandswechsel eintreten kann. In diesem Zusammenhang werden sehr unterschiedliche Mechanismen bzw. Prozesskomponenten diskutiert, die von einer potenziellen Instabilität des grönländischen und westantarktischen Inlandeises (siehe auch Kap. 2) über das Auftauen von Permafrostböden und die Lösung mariner Methanhydrate bis zum Kollaps des Amazonas-Regenwaldes und einer sogenannten Bistabilität tropischer Monsune reichen (siehe z. B. Latif 2009). An dieser Stelle soll als ausgewähltes Beispiel lediglich die thermohaline Ozeanzirkulation (Broecker 1991) im nordatlantischen Bereich diskutiert werden, von der man gutbegründet annimmt, dass ihre Zustandswechsel im Zusammenhang stehen mit einer Reihe spektakulärer Paläoklimaereignisse wie den Dansgaard-Oeschger-Events (abrupte Erwärmungen von mehreren K innerhalb weniger Jahrzehnte), den Heinrich-Events (Eisberg-Armadas von den glazialen Inlandeisschilden, die zur Ablagerung charakteristischer Sedimentschichten auf dem Ozeanboden geführt haben) oder dem spätglazialen Jüngeren Dryas-Ereignis (Kälterückfall nach der Entleerung des Agassiz-Schmelzwasserstausees in den Atlantik). Rahmstorf (2002) unterscheidet drei verschiedene Systemzustände der thermohalinen Zirkulation im Nordatlantik: einen Warm-Modus mit kräftiger Tiefenwasserbildung östlich und südwestlich von Grönland sowie voll intakter Ozeanzirkulation (gegenwärtig ausgebildet und auch im Kontext von Dansgaard-Oeschger-Events wahrscheinlich), einen Kalt-Modus mit um rund 50 % abgeschwächter Ozeanzirkulation bei südlich verlagerter Tiefenwasserbildung (charakteristisch für pleistozäne Kaltzeiten) und einen Off-Modus, bei dem die Tiefenwasserbildung und die thermohaline Zirkulation gänzlich zum Erliegen kommen (bedingt durch drastische Dichteabnahme des Meerwassers wie bei Heinrich-Events aufgrund des Schmelzens von Eisberg-Armadas bzw. beim Jüngeren Dryas-Ereignis durch den massiven Eintrag von Schmelzwasser).

Die spannende Frage im Kontext des rezenten Klimawandels ist nun, ob sich derartige Zustandswechsel auch unter warmzeitlichen Bedingungen einstellen können. Das damit verbundene Risiko wird aus Abbildung 15 ersichtlich, die eine modellsimulierte regionale Abkühlung im nordostatlantisch-nordwesteuropäischen Raum von mehr als 10 K für den Fall einer künstlichen Frischwasser-Störung zeigt, die die thermohaline Zirkulation auf 18 % ihrer Stärke in vorindustriellen Zeiten einbrechen lässt. Welche rezenten Vorgänge können eine Dichteabnahme des Meerwassers hervorbringen, und führt uns dies an den Rand einer Instabilität des Klimasystems?

Zur ersten Frage ist sowohl auf das Ansteigen der Meerestemperaturen hinzuweisen (nicht nur an der Oberfläche, sondern auch in den oberen Ozeanschichten, vgl. IPCC 2007) als auch auf die Veränderungen der Salinität. Diese Veränderungen indizieren bereits in der zweiten Hälfte des 20. Jahrhunderts ansteigende Werte im randtropisch-subtropischen Bereich (vorwiegend verdunstungsgesteuert), dagegen abnehmende Trends im subpolaren Bereich (IPCC 2007), der insbesondere die nordatlantischen Regionen der Tiefenwasserbildung einschließt. Diese rückläufige Entwicklung der Salzkonzentration kann summarisch auf steigende Niederschläge, vermehrten Abfluss von den Kontinenten und schmelzendes Eis zurückgeführt werden. Neben den verschiedenartigen Beiträgen aus Grönland (siehe Kap. 2) ist dabei insbesondere auch das arktische Meereis zu berücksichtigen, dessen umfangreiches Abschmelzen dem Ozean salzarmes Wasser zuführt. Die Größenordnung der resultierenden Auswirkung auf die nordatlantische Tiefenwasserbildung und die Stärke der thermohalinen Zirkulation lässt sich wiederum am ehesten mithilfe

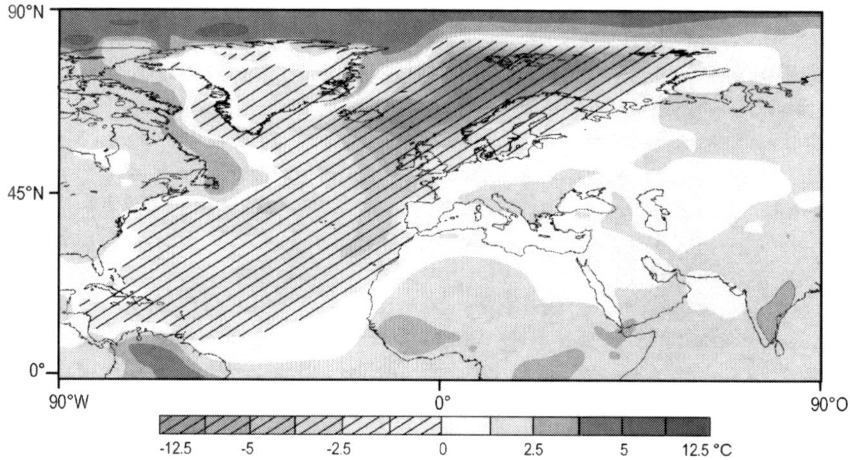

Abb. 15*: Modellierte Änderungen der Lufttemperatur im Vergleich zu den 1860er-Jahren in der ersten Dekade nach einer künstlichen Frischwasserstörung im nördlichen Nordatlantik, die die thermohaline Zirkulation auf 18 % ihrer vorindustriellen Stärke einbrechen lässt (verändert nach Wood et al. 2006).

von Klimamodellsimulationen abschätzen: Abbildung 16 aus dem IPCC-Report (2007) zeigt anhand von drei der führenden Modelle eine Abschwächung um etwa 25 % bis zum Ende des 22. Jahrhunderts, die eindeutig zu klein ist, um eine großräumige Abkühlung hervorzurufen oder gar einen Wechsel in den Off-Modus auszulösen.

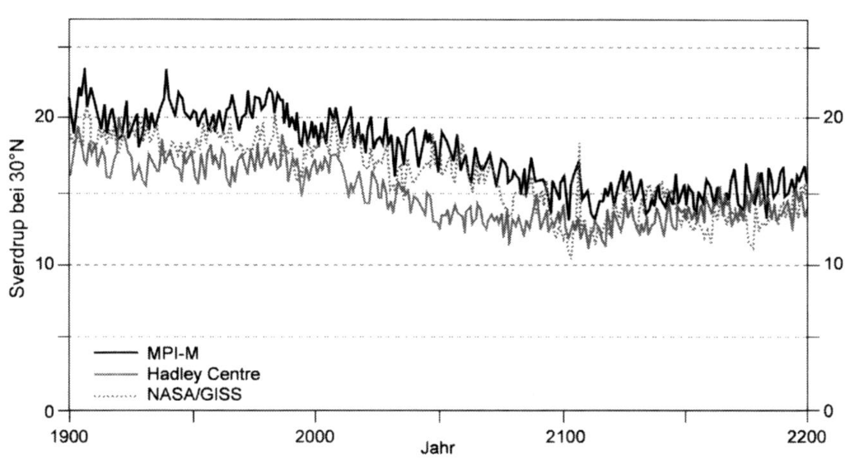

Abb. 16*: Zeitliche Änderung der thermohalinen Zirkulation im Nordatlantik bei 30°N zwischen 1900 und 2200 nach drei verschiedenen Modellsimulationen (verändert nach IPCC 2007).

Auch wenn im Bereich der thermohalinen Zirkulation keine unmittelbare Gefahr einer Instabilität des Klimasystems gegeben zu sein scheint, verdient das grundlegende Problem kritischer Schwellenwerte, an denen fundamentale Zustandswechsel eintreten können, besondere Beachtung. Dies liegt nicht nur darin begründet, dass das Ausmaß an Folgewirkungen durchaus in den Bereich des Unbeherrschbaren rücken kann, sondern ergibt sich auch daraus, dass ungenügende Kenntnisse über die Existenz, die Charakteristik und den genauen Wertebereich derartiger Schwellenwerte vorliegen. Noch komplexer wären die zu erwartenden Verhältnisse, wenn im Zuge des Klimawandels nicht nur ein bestimmter schwellenwertbedingter Zustandswechsel eintritt, sondern der Systemcharakter als ganzer sich verändert, etwa vom bisherigen stabilen Klimasystem während eines Großteils des Holozäns hin zu einem fast-intransitiven System im Sinne von Lorenz (vgl. Jacobeit 1993; 2007), bei dem auch unter gleichen Randbedingungen wiederholte, unregelmäßige (deterministisch-chaotische) Zustandswechsel stattfinden können. So muss abschließend festgestellt werden, dass wir noch weit von einem tiefergehenden Systemverständnis unseres Klimasystems entfernt sind.

6 Schlussgedanke

Bei der Behandlung risikobezogener Fragestellungen darf es keinen einseitigen ‚Alarmismus' geben, vielmehr ist eine wissenschaftlich differenzierende Vorgehensweise erforderlich. Dabei ergeben sich nicht nur unterschiedliche Ergebnisse auf verschiedenen Betrachtungsfeldern, sondern insbesondere auch substanzielle Unsicherheiten. Das ist für nahezu alle der hier behandelten Phänomene offenkundig geworden. Dies bedeutet allerdings nicht, dass Risiken damit geringer einzustufen wären, denn Unsicherheitsbereiche beinhalten nicht nur denjenigen Rand des Erwartungsspektrums, der näher an bisherigen Verhältnissen angesiedelt ist, sondern eben auch den entgegengelagerten Rand, der deutlich stärker davon abweichen kann als die mittlere Erwartung. Insofern sind die inhärenten Unsicherheiten, mit denen wir bei der Abschätzung des Klimawandels konfrontiert sind, selbst als ein eigener Risikofaktor in Rechnung zu stellen.

Literatur

ABLAIN M., LOMBARD A., PICOT N. & CAZENAVE A. (2010): Error Estimation of the global and local mean sea level trends from Jason-1&2 and T / P data. Ocean Sciences Meeting (Portland 2010): http://www.aviso.oceanobs.com/fileadmin/documents/news/indicators/msl/MSL_error_estimation_Ablain_Portland2010.pdf (21. 12. 2010)

BAYERISCHES LANDESAMT FÜR UMWELT (2008): Bayerns Klima im Wandel - erkennen und handeln. Augsburg.

BROECKER W. S. (1991): The great ocean conveyor. In: Oceanography (4)2: 79 - 91.

VAN DEN BROEKE M., BAMBER J., ETTEMA J., RIGNOT E., ERNST SCHRAMA E., VAN DE BERG W. J., VAN MEIJGAARD E., VELICOGNA I. & WOUTERS B. (2009): Partitioning Recent Greenland Mass Loss. In: Science (326): 984 - 986.

DONAT M. G., LECKEBUSCH G. C., PINTO J. G. & ULBRICH U. (2010): European storminess and associated circulation weather types: future changes deduced from a multi-model ensemble of GCM simulations. In: Climate Research (42): 27 - 43.

EMANUEL K. (2005): Increasing destructiveness of tropical cyclones over the past 30 years. In: Nature (436): 686 - 688.

GLOWA-DANUBE-PROJEKT LMU MÜNCHEN (ed.) (2009): Global Change Atlas: http://www.glowa-danube.de/atlas/ (21. 12. 2010)

HAMILTON G. (2010): Rapid ice sheet changes: Southeast Greenland and beyond. Workshop on "Palaeoclimatology, Oceanography and Glaciology in the Helheim Glacier region". Copenhagen.

HAYLOCK M. R., HOFSTRA N., KLEIN TANK A. M. G., KLOK E. J., JONES P. D. & NEW M. (2008): A European daily high-resolution gridded data set of surface temperature and precipitation for 1950 - 2006. In: Journal of Geophysical Research (113), D20119, doi: 10.1029 / 2008JD010201.

HERTIG E. & JACOBEIT J. (2008): Assessments of Mediterranean precipitation changes for the 21st century using statistical downscaling techniques. In: International Journal of Climatology (28)8: 1025 - 1045.

HERTIG E. & JACOBEIT J. (2010): Future Assessments of Temperature and Precipitation Extremes in the Mediterranean area. Deutsch-Österreichisch-Schweizerischer Meteorologentag 2010 in Bonn: http://www2.meteo.uni-bonn.de/dach2010/Veroeffentlichung/DACH2010 - 175_Jacobeit.pdf (18. 11. 2010)

IPCC (Intergovernmental Panel on Climate Change) (2007): Climate Change 2007 - The Physical Science Basis (= Volume I of the Assessment Report 4 (AR4)).

JACOBEIT J. (1993): Möglichkeiten und Probleme der Abschätzung zukünftiger Klimaänderungen. In: Würzburger Geographische Arbeiten (87): 419 - 430.

JACOBEIT J. (2007): Zusammenhänge und Wechselwirkungen im Klimasystem. In: Endlicher W. & Gerstengarbe F.-W. (Hrsg.): Der Klimawandel - Einblicke, Rückblicke und Ausblicke. Potsdam, 1 - 16.

JACOBEIT J. (2008): Neuere Perspektiven des Klimawandels. In: Kulke E. & Popp H. (Hrsg.): Umgang mit Risiken: Katastrophen - Destabilisierung - Sicherheit. Tagungsband Deutscher Geographentag 2007. Bayreuth, 115 - 155.

JACOBEIT J., Rathmann J., Philipp A. & Jones P. D. (2009): Central European precipitation and temperature extremes in relation to large-scale atmospheric circulation types. In: Meteorologische Zeitschrift (18)4: 397 – 410.

KLIWA (Klimaveränderung und Wasserwirtschaft) (2006): Regionale Klimaszenarien für Süddeutschland – Abschätzung der Auswirkungen auf den Wasserhaushalt. Karlsruhe. (= KLIWA-Berichte Heft 9).

Knutson T. R., Sirutis J. J., Garner S. T., Vecchi G. A. & Held I. M. (2008): Simulated reduction in Atlantic hurricane frequency under twenty-first-century warming conditions. In: Nature Geoscience (1): 359 – 364.

Kopp R. E., Mitrovica J. X., Griffies S. M., Yin J., Hay C. C. & Stouffer R. J. (2010): The impact of Greenland melt on local sea levels: a partially coupled analysis of dynamic and static equilibrium effects in idealized water-hosing experiments. In: Climatic Change (103): 619 – 625.

Kunstmann H. (2007): Regionale Auswirkung der Klimaänderung auf die Wasserverfügbarkeit in klimasensitiven Gebieten. In: Endlicher W. & Gerstengarbe F.-W. (Hrsg.): Der Klimawandel – Einblicke, Rückblicke und Ausblicke. Potsdam, 67 – 74.

Latif M. (2009): Klimawandel und Klimadynamik. Stuttgart.

Nick F. M., Vieli A., Howat I. M. & Joughin I. (2009): Large-scale changes in Greenland outlet glacier dynamics triggered at the terminus. In: Nature Geoscience (2): 110 – 114.

Paeth H. & Hense A. (2005): Mean versus extreme climate in the Mediterranean region and its sensitivity to future global warming conditions. In: Meteorologische Zeitschrift (14): 329 – 347.

Philipp A., Della Marta P., Jacobeit J., Fereday D., Jones P. D., Moberg A. & Wanner H. (2007): Long-term variability of daily North-Atlantic-European Pressure Patterns since 1850 classified by Simulated Annealing Clustering. In: Journal of Climate (20)16: 4065 – 4095.

Pinto J. G., Fröhlich E. L., Leckebusch G. C. & Ulbrich U. (2007): Changing European storm loss potentials under modified climate conditions according to ensemble simulations of the ECHAM5 / MPI-OM1 GCM. In: Nat. Hazards Earth Syst. Sci. (7): 165 – 175.

Rahmstorf S. (2002): Ocean circulation and climate during the past 120.000 years. In: Nature (419): 207 – 214.

Rahmstorf S. (2007): A semi-empirical approach to projecting future sea-level rise. In: Science (315): 368 – 370.

Rauthe M. & Paeth H. (2004): Relative importance of Northern Hemisphere Circulation modes in predicting regional climate change. In: Journal of Climate (17): 4180 – 4189.

Schönwiese Ch.-D. (2007): Wird das Klima extremer? Eine statistische Perspektive. In: Endlicher W. & Gerstengarbe F.-W. (Hrsg.): Der Klimawandel – Einblicke, Rückblicke und Ausblicke. Potsdam, 34 – 43.

Sterr H. (2007): Folgen des Klimawandels für Ozeane und Küsten. In: Endlicher W. & Gerstengarbe F.-W. (Hrsg.): Der Klimawandel – Einblicke, Rückblicke und Ausblicke. Potsdam, 86 – 97.

Wood R., Collins M., Gregory J., Harris G. & Vellinga M. (2006): Towards a Risk Assessment for Shutdown of the Atlantic Thermohaline Circulation. In: Schellnhuber H. J., Cramer W., Nakicenovic N., Wigley T. & Yohe G. (eds.): Avoiding Dangerous Climate Change. Cambridge, 49 – 54.

Gerhard Karl Lieb / Andreas Kellerer-Pirklbauer / Ulrich Strasser

Effekte des Klimawandels im Naturraum des Hochgebirges

1 Problemstellung: Klimawandel in den Alpen

Der Kenntnisstand über die jüngsten Veränderungen der klimatischen Bedingungen ist im Alpenraum dank des dichten und sehr lange Datenreihen zur Verfügung stellenden Stationsnetzes (z.B. Sonnblick, 3105 m, seit 1886) sehr gut (z.B. Auer et al. 2002, 2007; Beispiel einer aktuellen Auswertung im Rahmen des Projektes ALPCHANGE in Abb. 2). Für den Blick in die Zukunft gibt es jedoch noch beträchtliche Unsicherheiten, weil die Ableitung regionaler Aussagen aus relativ grob aufgelösten globalen Klimamodellen in Hochgebirgen besonders schwierig und immer noch Gegenstand aktueller Forschungen ist. Es ist jedoch davon auszugehen, dass die Alpen so wie bisher auch in Zukunft stärker als ihre Vorländer und auch stärker als das globale Mittel vom Anstieg des Temperaturniveaus (global +0,9 K seit der Mitte des 19. Jahrhunderts, in den Alpen +2,0 K im selben Zeitraum, Auer et al. 2007) betroffen sein werden. Merkmale des zukünftigen Klimas könnten mildere Winter, ein höherer Anteil von flüssigem Niederschlag sowie die Zunahme von Starkniederschlagsereignissen (IPCC 2007) sein – durchwegs Faktoren, die für die Frequenz und Magnitude hydrologischer und geomorphodynamischer Prozesse im Hochgebirge eine große Rolle spielen.

Hochgebirge sind aber nicht nur verstärkt vom Klimawandel betroffen, sondern auch besonders sensitiv in Hinblick auf dessen Folgen. Diese Sensitivität ergibt sich im Wesentlichen daraus, (i) dass das Steilrelief eine rasche gravitative „Übertragung" aller Prozessfolgen in tiefere Lagen ermöglicht, (ii) dass die Vegetation als „Prozesspuffer" mit zunehmender Höhe immer mehr in den Hintergrund tritt und die Regenerationsfähigkeit der Pflanzendecke nach Beschädigungen in großen Höhen eingeschränkt ist sowie (iii) dass wegen der besonders dynamischen Veränderungen der Kryosphäre grundlegende Wandlungen des Prozessgeschehens erfolgen, die in Gebieten außerhalb von Hochgebirgen fremd sind. Hierbei handelt es sich im Besonderen um den Gletscherrückgang und die Permafrost-Degradation sowie die damit verbundenen hydrologischen Fernwirkungen, auf die im Kapitel 3 näher eingegangen wird (Abb. 1).

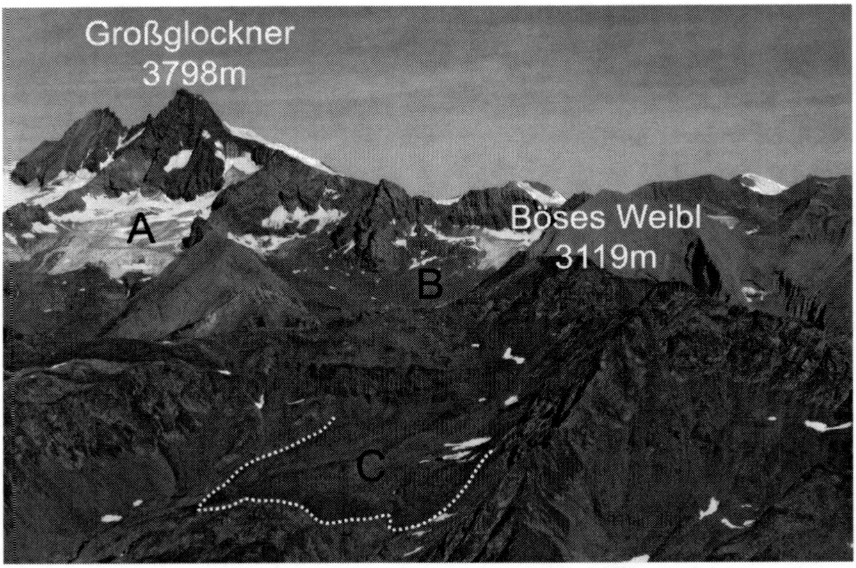

Abb. 1*: Blick vom Glödis (Schobergruppe) nach Norden zum Großglockner (Hohe Tauern). Das Bild zeigt eine typische zentralalpine Hochgebirgslandschaft mit den in dieser Arbeit diskutierten Phänomenen: Gletscher (Ködnitzkees, A), im Verschwinden begriffene Gletscher (Leiterkees, B), aktive Blockgletscher als Anzeiger von Permafrost (C) sowie die Schneeverteilung am Ende des Sommers 2009 (Foto: G. K. Lieb).

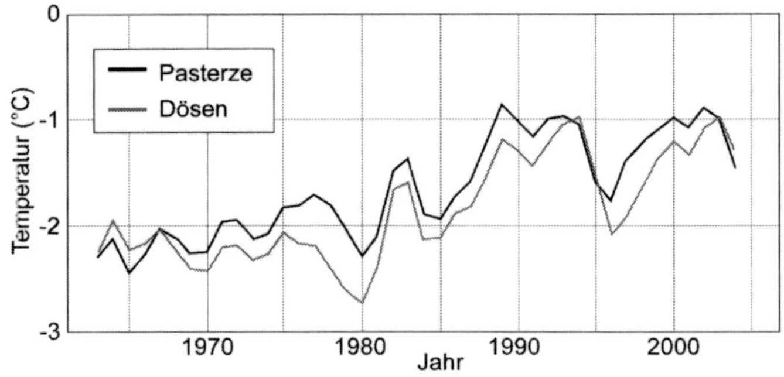

Abb. 2*: Gleitende 5-Jahres Temperaturmittel (Gauss Filter) für die Untersuchungsgebiete Pasterze und Dösental (Hohen Tauern), bezogen auf 2500 m Seehöhe 1961 – 2006 (TAUCHER 2010).

2 Methodik der Erfassung von Klimawandelfolgen: Monitoring und Modellierung

Die unmittelbare Erfassung der Änderung der einzelnen Klimaelemente erfolgt durch die standardisierten Methoden der meteorologischen Messung, auf die an dieser Stelle nicht eingegangen werden soll (auch wenn in Forschungsprojekten gerade die Errichtung von Sonderstationen oder -messnetzen nicht zuletzt wegen der hochgebirgsspezifischen Messproblematiken und der schwierigen Logistik eine vielfach unterschätzte Herausforderung darstellt). Ähnliches gilt für die Messung hydrologischer Parameter. Vielmehr soll die quantitative, kontinuierliche Erfassung (Monitoring) der vom klimatischen Geschehen direkt oder indirekt gesteuerten Prozesse in den Vordergrund gerückt werden. Hierbei kommt je nach Fragestellung eine breite Palette an Methoden zum Einsatz. Als Beispiele seien genannt: (i) Geodätische Messungen zur Feststellung der Veränderungen von Oberflächen bzw. zur Quantifizierung der Bewegung von Objekten (z. B. von Gletschern, vgl. Kap. 3.1), (ii) photogrammetrische Auswertungen von Luftbildern zu denselben Zwecken (z. B. auf Blockgletschern, KAUFMANN & LADSTÄDTER 2007), (iii) Methoden der Geographischen Fernerkundung, welche sich in jüngerer Zeit sehr stark diversifiziert haben (LIEB et al. 2009, 86–87) und derzeit besonders in Form der verschiedenen Möglichkeiten des Laser-Scanning im Hochgebirge eingesetzt werden (AVIAN et al. 2009), oder (iv) das breite Methodenspektrum geophysikalischer Messungen, das dann zum Einsatz kommt, wenn Eigenschaften des Untergrundes erfasst werden sollen (z. B. in der Erforschung des oberflächlich nicht sichtbaren Permafrostes, HAUCK & KNEISEL 2008).

Allen diesen genannten Methoden ist gemeinsam, dass für sie in der Regel keine standardisierten Messnetze zur Verfügung stehen, sondern solche erst im Rahmen spezieller Forschungsvorhaben eingerichtet werden müssen, und dass in den meisten Projekten ein kombinierter Einsatz unterschiedlicher Arbeitsweisen erfolgt (vgl. zu Gletschern: AVIAN et al. 2007). Das kontinuierliche und möglichst langfristige Monitoring der Prozesse stellt eine wichtige Voraussetzung einerseits für das Modellieren der beteiligten Prozesse und andererseits zur Gewinnung von Daten zur Validierung der Modellergebnisse dar. Dies kann am Beispiel der alpinen Schneedecke veranschaulicht werden: diese ist außerordentlich heterogen in Raum und Zeit, und die zu dieser Heterogenität führenden Prozesse der Akkumulation, Umverteilung und Ablation von Schnee sind enorm komplex (MARSH 1999; POMEROY et al. 1998). Eine angemessene Umsetzung dieser Prozesse in Modellalgorithmen ist immer noch eine der großen Herausforderungen für die Gebirgshydrologie und -klimatologie. Genau diese Umsetzung stellt aber die Grundlage dar für eine hinreichende Verlässlichkeit der Prognosemodelle, da letztere unmittelbar von der Genauigkeit abhängt, mit welcher die Prozesse repräsentiert sind (Klemes 1990). Insbesondere für Simulationsläufe möglicher zukünftiger Entwicklungen kommt dieser Tatsache entscheidende Bedeutung zu, da Modellergebnisse für die Zukunft nicht mit Messungen verglichen (= validiert) werden können. Dies hat also durch Modellierung mit historischen Eingabedaten zu geschehen. Ist die Validierung für den anvisierten Zweck erfolgreich, geht man davon aus, dass auch die Modellrechnungen für Zukunfts-Szenarien verlässlich sind.

3 Alpine Kryosphäre: Drei Fallbeispiele für Monitoring und Modellierung von Klimawandel-Folgeprozessen

Die Kapitel 3.1 bis 3.3 beinhalten je ein Beispiel für die Operationalisierung der vorgestellten Überlegungen mit bewusst sehr breiter methodischer Streuung, aber klarer räumlicher Konzentration auf die Ostalpen sowie inhaltlicher Konzentration auf die alpine Kryosphäre. Diese wird mit den Phänomenen Gletscher (3.1), Permafrost (3.2) und alpine Schneedecke sowie Abfluss (3.3) thematisiert, wobei die Auswahl der Fallbeispiele auch unter dem Aspekt erfolgte, möglichst viele Aspekte der konkreten Problematik von Monitoring und Modellierung aufzuzeigen. Es handelt sich in allen drei Fällen um eigene Forschungsaktivitäten, die im Rahmen des im Leitbild des Instituts für Geographie und Raumforschung definierten Forschungsbereichs „Klima- und Gebirgsforschung" innerhalb verschiedener Projekte stattfinden.

3.1 Gletschermessungen an der Pasterze

Dieses Beispiel veranschaulicht die Problematik der Erfassung langer Zeitreihen an Gletschern. Die Pasterze ist der flächengrößte Gletscher der Ostalpen (2006: 17,3 km^2) und liegt am Fuß des höchsten Berges Österreichs, des Großglockners (Hohe Tauern). An diesem Gletscher begannen jährliche Messungen der Veränderungen der Gletscherlänge bereits 1879 und wurden seit damals in nur 3 Jahren nicht durchgeführt, weshalb diese Messreihe wohl zu den alpenweit längsten und geschlossensten gehört (Abb. 4). Ab 1928 wurden die Längenmessungen durch Profilmessungen zur Feststellung der Höhenänderung und der Bewegung der Gletscheroberfläche ergänzt (Abb. 3). Diese Arbeiten erfolgten von Anfang an mit einem technisch einfachen, wenig aufwendigen tachymetrischen Messverfahren, das erst deren Kontinuität ermöglichte. Der Umfang der alljährlich im September durchgeführten Monitoring-Aktivitäten ist in Abb. 3, ausgewählte Ergebnisse sind in Abb. 4 und 5 dargestellt. Für vertiefte Informationen zu den Gletschermessungen an der Pasterze sei auf WAKONIGG (1991) und WAKONIGG & LIEB (1996) verwiesen. Seit 2005 werden an der Pasterze auch Massenbilanz-Messungen von der Zentralanstalt für Meteorologie und Geodynamik (Wien) durchgeführt, welche es nunmehr auch erlauben, die Ursachen der durch die Gletschermessungen erfassten Veränderungen zu erklären (z. B. HYNEK et al. 2008).

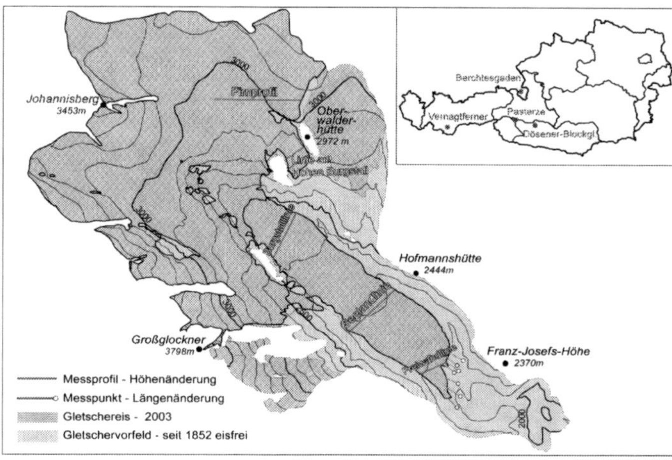

Abb. 3*: Die Pasterze und die Lage der Messpunkte zur Feststellung der Längenänderung und der Messprofile. In der Nebenkarte sind die in Kap. 3 vorgestellten Untersuchungsgebiete verortet (Grafik: B. Malowerschnig).

Die Ergebnisse dieser Messreihe sprechen in Hinblick auf die klimabedingten Veränderungen des Gletschers für sich und lassen auch ein Andauern der derzeit beobachtbaren Tendenz des Gletscherschwundes in der näheren Zukunft erwarten. Besonders Abb. 5 macht darüber hinaus auch deutlich, dass die Veränderungen der Gletscherfläche bzw. das „Einsinken" der Gletscheroberfläche massive Auswirkungen auf die eisfrei gewordenen Areale in der Nachbarschaft des kleiner werdenden Gletschers zeitigt. Zu diesen Wirkungen gehört eine erhöhte seitliche Schuttzufuhr, die gemeinsam mit vermehrtem Ausschmelzen von Innenmoräne zu einer Zunahme der Schuttbedeckung des Gletschers führt (KELLERER-PIRKLBAUER 2008a; KELLERER-PIRKLBAUER et al. 2008c), sowie die Destabilisierung übersteilter Geländeteile und daraus folgende gravitative Prozesse. Ein Beispiel hierfür sind Felsstürze, die sich 2007/08 am Mittleren Burgstall oberhalb der linken Seite der Pasterzen-Zunge wahrscheinlich unter Beteiligung von sich erwärmendem Permafrost ereigneten (KELLERER-PIRKLBAUER et al., angenommen).

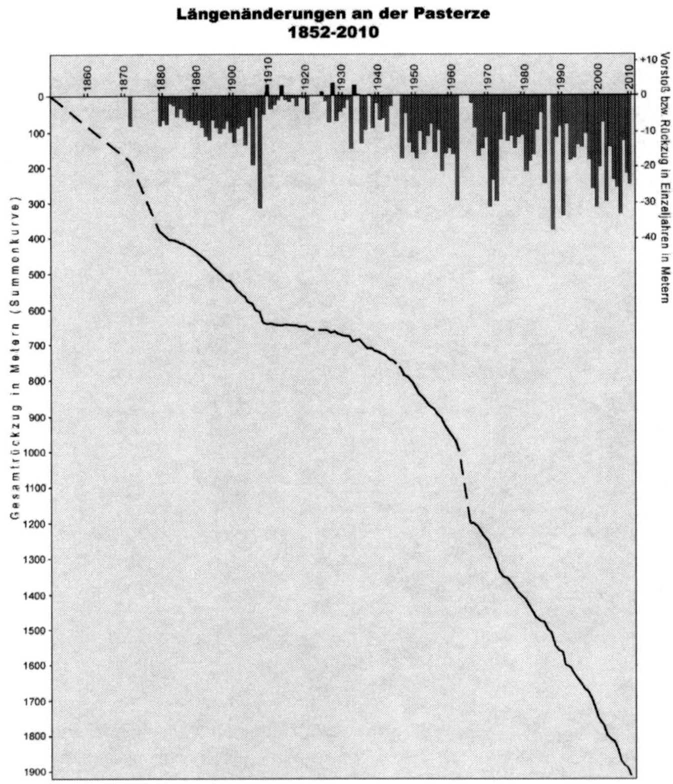

Abb. 4*: Die Längenänderungen der Pasterze nach Einzeljahren zwischen 1852 und 2010 (Stäbe oben, Skala rechts) und kumulativ (Kurve, Skala links) (Grafik: M. Krobath).

3.2 Permafrost-Untersuchungen im Dösental

3.2.1 Das Untersuchungsgebiet und seine permafrostrelevante Erforschung

Das Untersuchungsgebiet Dösener Tal/Säuleck umfasst den hinteren Bereich des glazial geprägten, trogförmigen und E-W-ausgerichteten Dösentales in der Ankogelgruppe, Nationalpark Hohe Tauern (Abb. 3). Diese Landschaft ist nach erfolgter Entgletscherung im ausgehenden Spätglazial durch periglaziale Prozesse überprägt worden und eignet sich dank ihres Formeninventars besonders gut für Permafrost-Untersuchungen. Diese werden gegenwärtig im Rahmen der Projekte ALPCHANGE (2006–2010), PermaNET (2008–2011) sowie permAfrost (2010–2012) durchgeführt, wobei v.a. Wissenschaftler der Universität Graz sowie der Technischen Universität Graz in diesen Untersuchungen invol-

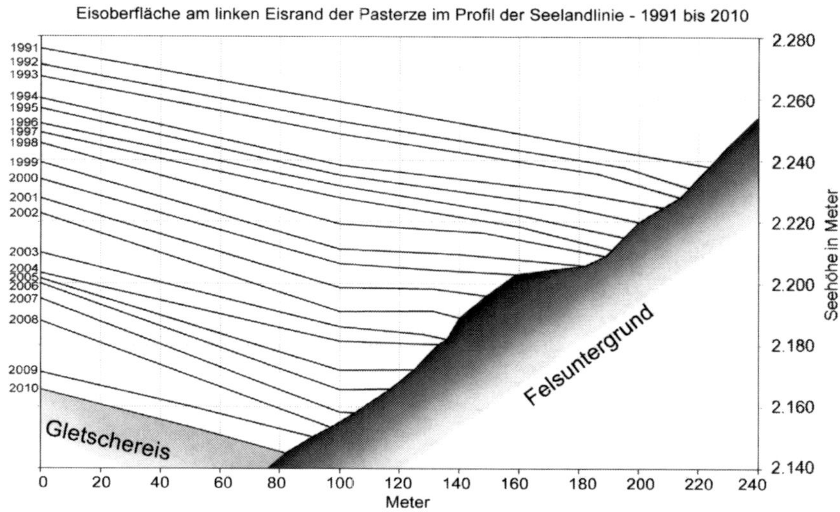

Abb. 5*: Höhe des Eisrandes und der Gletscheroberfläche am orographisch linken Rand der Gletscherzunge der Pasterze im Profil der „Seelandlinie" (Lage siehe Abb. 3) 1991 – 2010 (Grafik: B. Malowerschnig).

viert sind. Tabelle 1 gibt einen Überblick über die unterschiedlichen Methoden, welche in diesem Gebiet bisher zum Einsatz kamen.

Die wissenschaftlichen Arbeiten fokussierten den Höhenbereich zwischen ca. 2250 m im Talschluss und dessen höchster Erhebung, dem Säuleck (3086 m). Geologisch liegt das Arbeitsgebiet in der Zentralgneiszone des Hochalmkernes mit vorherrschend nach Westen einfallenden Biotitaugengneisen (Lieb 1996). Dieser Teil des Dösener Tals ist durch mehrere intakte und reliktische Blockgletscher, einen Karsee, Felswände beidseits der Talachse sowie eine Karschwelle charakterisiert (Abb. 6 und 7). Gegenwärtig beherbergt das Untersuchungsgebiet keine Gletscher, sondern lediglich perennierende Schneefelder. Auf Basis einer einfachen Permafrostmodellierung (mit PERMAKART, Keller 1992) unter Verwendung von empirischen Werten der wahrscheinlichen Untergrenzen der diskontinuierlichen Permafrostvorkommen für Zentralösterreich (Lieb 1998) wurde die in Abb. 6 dargestellte Permafrostverbreitung berechnet, welche sich tendenziell mit früheren Geländebefunden deckt. Nach diesem regionalen Modellierungsansatz liegt die Untergrenze diskontinuierlichen Permafrostes an Hängen bei rund 2500 m (N-Exposition) bis 2900 m (S) und in Hangfußbereichen zwischen 2410 m (N) bis 2690 (S).

Tab. 1: Eingesetzte wissenschaftliche Methoden und daraus resultierende Publikationen (Auswahl) im Arbeitsgebiet Dösener Tal.

Methode	Beginn/ausgeführt	Publikationen (Auswahl)
Geodätische Messungen	1995	Buck & Kaufmann 2010 Delaloye et al. 2008 Kaufmann & Ladstädter 2007 Kaufmann et al. 2007 Kellerer-Pirklbauer 2008b Kellerer-Pirklbauer et al. 2008a; 2008b Kenyi & Kaufmann 2003 Kienast & Kaufmann 2004 Lieb 1991; 1996; 1998 Schmöller & Fruhwirth 1996
Photogrammetrische Analysen	1954	
Geophysikalische Messungen (Seismik, Geomagnetik und Georadar/GPR)	1994	
Geomorphologische Kartierung und Beobachtungen	1994	
Klimamonitoring	2006	
Monitoring der Schneedeckendynamik im Bereich des Blockgletschers (DOE-A)	2006	
Temperaturmessungen der Bodenoberfläche	1995 (kont. seit 2006)	
Temperaturmessungen im oberflächennahen Untergrund	1995 (kont. seit 2006)	
Datierung der Blockgletscher	2007	

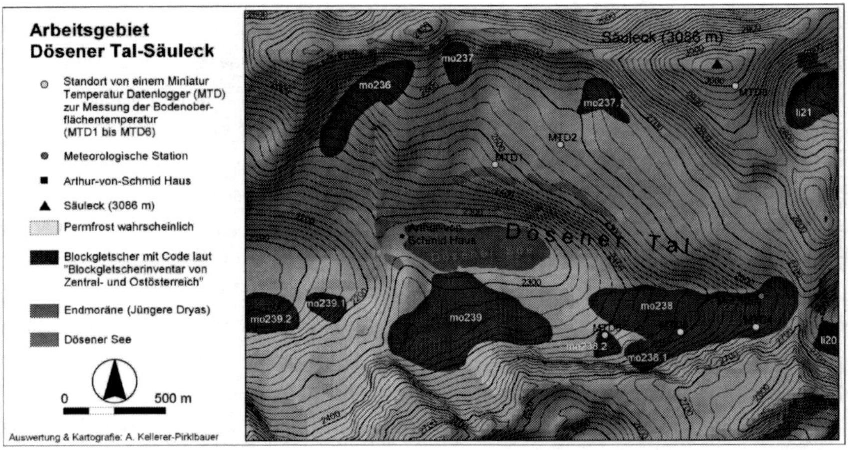

Abb. 6*: Arbeitsgebiet Dösental-Säuleck: Übersichtskarte mit Blockgletschern, spätglazialen Endmoränen (Jüngere Dryas), modellierter Permafrostverbreitung, Standort der meteorologischen Station sowie Lage der 6 Miniatur-Temperaturdatenlogger (MTD) zur Messung der Bodenoberflächentemperatur, deren Daten von 2006 – 2010 für diese Studie verwendet wurden. Codierung der Blockgletscher entsprechend dem „Blockgletscherinventar von Zentral- und Ostösterreich" (Lieb et al. 2010; Kellerer-Pirklbauer et al. 2010).

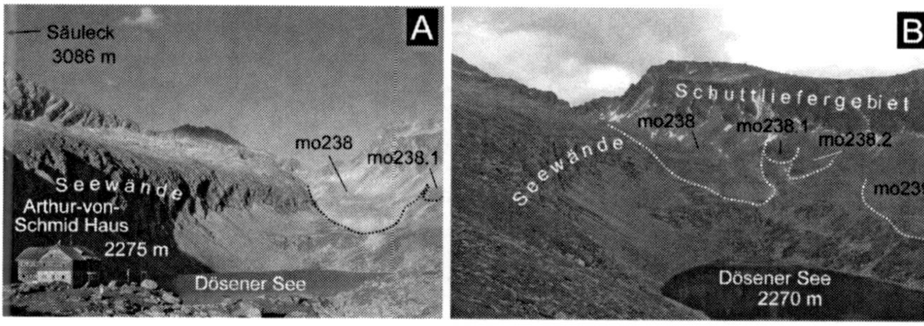

Abb. 7*: Das hintere Dösental mit 4 intakten Blockgletschern: (A) Blick nach E, (B) Blick nach SE. Zu beachten die großflächige Felswand S der Blockgletscher in (B), welche als dominantes Schuttliefergebiet für die Blockgletscher fungiert, die perennierenden Schneeflecken, die Wulst- und Stauchformen sowie der Vegetationsbewuchs, der als Hinweis für permafrostfreies Areal verwendet werden kann. Codierung der Blockgletscher wie Abb. 6. Fotos: A. Kellerer-Pirklbauer.

Im Folgenden werden Ergebnisse der Analysen der Blockgletscherdynamik vom größten der Blockgletscher im Dösener Tal (mo238 in den Abb. 6, 7) 1954 – 2010 mit Bezug zu klimatischen Veränderungen, sowie die Entwicklung der Bodentemperaturen in jüngster Vergangenheit und ihre Beziehung zur gegenwärtigen Permafrostverbreitung vorgestellt.

3.2.2 Die Blockgletscherbewegung und deren klimatische Beeinflussung in den letzten Jahrzehnten

Aktive Blockgletscher sind Kriechphänomene des kontinuierlichen und diskontinuierlichen Permafrostes und werden in ihrer Bewegung sehr stark von klimatischen Bedingungen und in der Folge von Bodentemperaturverhältnissen beeinflusst. Im Sommer 1995 wurde mit der jährlichen geodätischen Vermessung der Oberfläche des „Dösener Blockgletschers" (mo238 in den Abb. 6, 7) begonnen. Außer 2003 wurde seither jedes Jahr im August gemessen. Zusätzlich wurden Bewegungsmessungen mittels satellitengestützter Radarinterferometrie und photogrammetrischer Bewegungsmessungen auf Basis von Luftbildern aus 1954, 1969, 1975, 1983, 1993, 1997 und 1998 durchgeführt (Kaufmann et al. 2007; Kaufmann & Ladstädter 2007).

Abbildung 8 zeigt die Entwicklung der mittleren Oberflächenbewegung (Mittel von 11 Punkten repräsentativ verteilt in der unteren Hälfte des Blockgletschers) 1954 – 2010. Zu beachten ist in diesem Zeitraum, dass die errechneten Jahresmittelwerte der einzelnen photogrammetrisch erfassten Perioden von 1954 bis Mitte der 1990er Jahre tendenziell unter den Jahreswerten der jüngeren, geodätisch erfassten Jahresmittelwerte liegen, was auf generell geringere Bewegungsraten 1954 – 1995 hinweist. Interessant sind die Bewegungsmaxima in den Jahren 2002 – 2004 sowie das erneute Ansteigen der Bewegung in den letzten beiden Messjahren. Dieses Bewegungsverhalten korreliert mit anderen Blockgletschern in den Hohen Tauern (Kellerer-Pirklbauer & Lieb 2011) sowie im gesamten Alpenbogen (Delaloye et al. 2008), was die klimatischen Veränderungen im Alpenraum als primär steuernden Parameter der Blockgletscherdynamik unterstreicht.

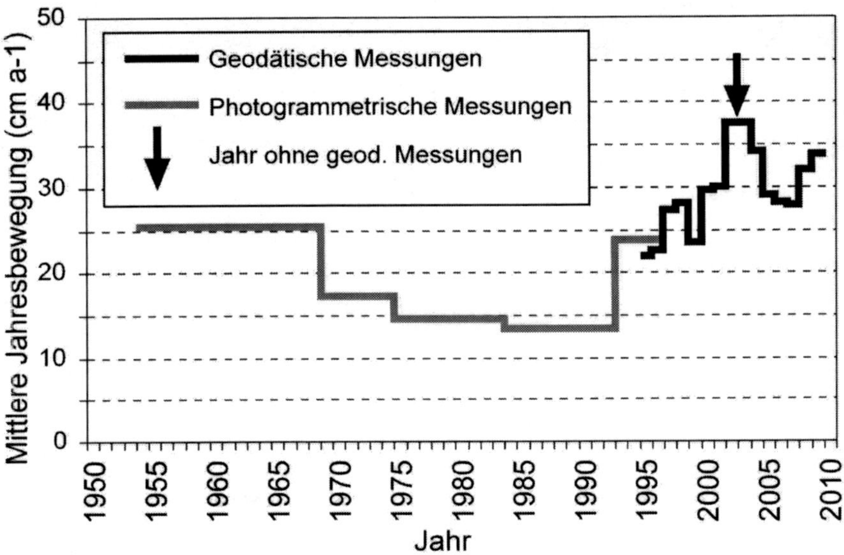

Abb. 8*: Mittlere Oberflächenbewegung am Dösener Blockgletscher (mo238) 1954 – 2010 auf Basis von geodätischen und photogrammetrischen Messungen. Mittel von 11 Messpunkten (10 – 17, 21 – 23). Datenbasis: Kaufmann et al. (2007) und unpublizierte Daten.

Im Rahmen des Projektes ALPCHANGE wurde am Dösener Blockgletscher eine meteorologische Station errichtet (Lage siehe Abb. 6), an der u. a. die Lufttemperatur seit Oktober 2006 kontinuierlich gemessen wird. Mithilfe einer Korrelationsanalyse mit den Lufttemperaturdaten der Station Sonnblick, 24 km WNW des Arbeitsgebietes, konnte die Lufttemperaturdatenreihe bis Januar 1990 verlängert werden. Abbildung 9 zeigt den Zusammenhang zwischen den geodätischen Bewegungsmessungen am Dösener Blockgletscher und dem gleitenden 12-Monatsmittel der Jahresmitteltemperatur.

Abbildung 9 zeigt, dass den wärmeren Jahresmitteltemperaturen Ende 1994-Anfang 1995 ein Ansteigen der Blockgletscherbewegung in den Messjahren 1997 – 1999 folgte. Im Gegensatz dazu folgten den kühleren Jahresmitteltemperaturen Ende 1996-Mitte 1997 geringere Bewegungsraten im Messjahr 1999 – 2000. Die Jahresmitteltemperaturen zwischen 1999 und 2004 waren generell eher

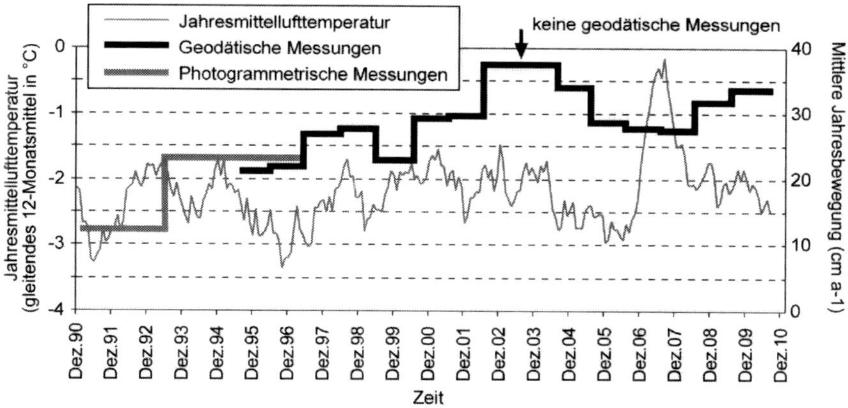

Abb. 9*: Mittlere Oberflächenbewegung am Dösener Blockgletscher (mo238) sowie Entwicklung der Jahresmitteltemperatur (gleitendes 12-Monatsmittel) 1990 – 2010 an der meteorologischen Station.

hoch. Die Bewegung der Blockgletscher in den Hohen Tauern stieg in diesem Zeitraum stetig an und erreichte im Messjahr 2003 – 2004 ihr Maximum (Buck & Kaufmann 2010), was durch eine konstante Erwärmung des Eises und somit erhöhte Deformierbarkeit und/oder Zunahme von flüssigem Wasser im Permafrostkörper des Blockgletschers erklärt werden kann. Nach Buck & Kaufmann (2010) gewann diese Bewegungszunahme eine gewisse Eigendynamik und führte zu einer weiteren Beschleunigung. In der Zeit danach nahmen die Jahresmitteltemperaturen ab, was von einer Bewegungsabnahme bis 2007 – 2008 begleitet wurde. Die extreme Zunahme der Jahresmitteltemperatur von Anfang 2007 bis Mitte 2008 verursachte eine erneute Beschleunigung in den Messjahren 2008 – 2010. Zusammenfassend lässt sich somit festhalten, dass in kühleren Perioden der Blockgletscher schneller mit abnehmender Bewegung reagiert. Im Verhältnis dazu reagiert der Blockgletscher bei wärmeren Jahresmitteltemperaturen langsamer mit einer Bewegungszunahme. Eine Zunahme der Bodentemperatur in aktiven Blockgletschern führt schließlich zum parziellen Abtauens des Permafrostes. Dies bewirkt eine höhere Verfügbarkeit von flüssigem Wasser und somit eine Bewegungszunahme des Blockgletscherkörpers. Bei weiterem Ausschmelzen des Permafrosteises kommt es jedoch zur reibungsbedingten Geschwindigkeitsabnahme und zuletzt zur völligen Inaktivität des nunmehr eisfreien Blockgletschers.

3.2.3 Entwicklung der Bodenoberflächentemperatur 2006–2010

In diesem Kapitel wird die Temperaturentwicklung zwischen 2006 und 2010 an der Bodenoberfläche an sechs Standorten (MTD1 bis MTD6) im Untersuchungsgebiet vorgestellt. An diesen Standorten kamen Miniatur-Temperaturdatenlogger/MTD der Firma GeoPrecision zum Einsatz (Modell M-Log1 mit einem integrierten PT1000-Temperatursensor, Genauigkeit +/- 0.05 °C, Messbereich -40 bis +100 °C, Kalibrationsdrift <0.01 °C/year), wobei die MTD durch kleine Gesteinsplatten von der direkten Strahlung geschützt wurden. Die Standorte MTD4–6 liegen auf Grobblockhängen, die Standorte MTD1–3 auf dem Dösener Blockgletscher (mo238 in Abb. 6). Tabelle 2 fasst Kennwerte der MTD-Standorte zusammen, wobei drei MTD ein Vertikalprofil an lokalen Süd-Hängen bilden (MTD1–3) und die anderen drei ein solches an Nord-Hängen (MTD4–6). Um die einzelnen Standorte besser vergleichen zu können, wurde für jedes der vier Messjahre sowie für den gesamten 4-Jahreszeitraum die Nullgradisotherme mit einem vertikalen Temperaturgradienten von 0,0065 °C/m berechnet (Tab. 2; Abb. 10).

Tab. 2: Zusammenfassung der in dieser Studie verwendeten Miniatur-Temperaturdatenlogger (MTD) zur Messung der Bodenoberflächentemperatur. Lage der einzelnen MTD siehe Abb. 6. Die Höhe der Nullgradisotherme wurde mit einem vertikalen Temperaturgradienten von 0,0065 °C/m berechnet. MAGST=Mittlere Jahrestemperatur der Bodenoberfläche.

Datenlogger (MTD)	Exposition	Standort Höhe (m)	Datenreihe	MAGST (°C)	Errechnete Null-grad-isotherme (m)
MTD1	Süd	2489	4 Jahre: 1.09. 2006 bis 17.08. 2010	2,0	2797
MTD2	Süd	2586	4 Jahre: 1.09. 2006 bis 17.08. 2010	1,2	2771
MTD3	Süd	3002	4 Jahre: 1.09. 2006 bis 17.08. 2010	-2,6	2602
MTD4	Nord	2626	4 Jahre: 1.09. 2006 bis 17.08. 2010	-0,9	2488
MTD5	Nord	2501	3 Jahre: 1.09. 2006 bis 05.09. 2009	-1,5	2270
MTD6	Nord	2407	4 Jahre: 1.09. 2006 bis 17.08. 2010	-1,3	2207

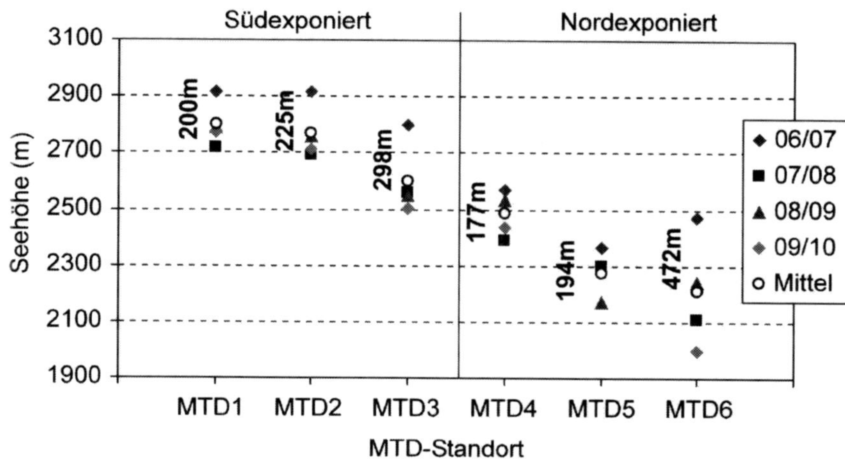

Abb. 10: Zusammenfassung der Ergebnisse der Bodentemperaturmessungen an den sechs MTD-Standorten: Die Höhe der Nullgradisotherme in den einzelnen Messjahren 2006 – 10, das Mittel über den gesamten 4-Jahreszeitraum (Ausnahme MTD5, nur drei Jahre), sowie die Höhenspanne der errechneter Nullgradgrenzen sind dargestellt.

Die Jahresmitteltemperatur schwankt an den sechs Standorten zwischen 2,0° (MTD1) und -2,6° (MTD3), wobei deutlich sichtbar wird, dass die nord-exponierten Hänge kühler als die süd-exponierten sind. An den süd-exponierten Hängen ergeben sich für den 4-Jahreszeitraum vertikale Bodentemperaturgradienten von 0,0082 °C/m (zwischen MTD1 und MTD2) und 0,0091 °C/m (zwischen MTD2 und MTD3). An den nord-exponierten Hängen ist die Situation, bedingt durch lokale Topographie sowie Schneedeckencharakteristik (Dauer, Mächtigkeit) komplexer. Zwischen MTD4 und MTD5 ergibt sich ein negativer Gradient von -0,0048 °C/m, zwischen MTD5 und MTD6 zumindest ein Gradient von 0,0021 °C/m. Diese Ergebnisse zeigen sehr gut, dass lokale Gegebenheiten, welche u. a. Strahlungshaushalt und Schneedeckencharakteristik beeinflussen, für die Permafrostverbreitung wichtig sind und das Muster der generellen Bodentemperaturabnahme mit der Höhe stark beeinflussen.

Abbildung 10 zeigt sehr deutlich, dass die errechnete Nullgradgrenze auf Basis der Ergebnisse an den Standorten MTD1-MTD6 innerhalb der vier Messjahre zwischen 177 und 472 m schwankt. Auf Basis der Bodentemperaturmessungen liegt die Nullgradgrenze an der Bodenoberfläche an nord-exponierten Hängen zwischen ca. 2210 und 2490 m, an süd-exponierten Hängen zwischen ca. 2600 und 2800. Einzeljahre wie etwa der warme Winter 2006/07, welche in Zukunft durchaus häufiger zu erwarten sein werden, haben diese Temperaturgrenze um 80 bis 260 m erhöht.

Die Temperatur an der Bodenoberfläche sagt nur bedingt etwas über das Auftreten von Permafrost im Untergrund aus, da bedingt durch die thermalen Eigenschaften des Bodens generell die mittlere Bodenoberflächentemperatur (MAGST) wärmer ist als die Temperatur an der Obergrenze des Permafrostes (TTOP=Temperature at the top of permafrost) (Smith and Riseborough 2002). Dieser thermale Offset hängt von der Eigenschaft des Untergrundes ab (z. B. Körnigkeit des Material, Hohlräume) und kann einige °C betragen. Berücksichtigt man also diese thermische Beeinflussung sowie die Tatsache, dass Permafrost ein träges thermisches Phänomen ist, das langsam auf klimatische Veränderungen reagiert, so kann man für das Untersuchungsgebiet annehmen, dass sporadischer Permafrost an nord-exponierten Hängen in Grobschuttbereichen zumindest bis 2100 – 2200 m, an südexponierten Hängen bis 2500 – 2600 m herabreichen kann.

3.3 Schnee-Abfluss und Gletschereisschmelze

3.3.1 Die Alpine Schneedecke – dynamisches Element des Wasserhaushaltes

Im Rahmen der Debatte um die hydrologischen Auswirkungen des Klimawandels im Hochgebirge stellt sich auch die wichtige Frage, ob und wie stark ein sich änderndes Schneeschmelzverhalten sowie die zurückgehenden Gletscher das Abflussregime der Alpenflüsse verändern werden. Für beide Phänomene sollen in diesem Abschnitt Modellüberlegungen verwendet werden, um die generelle Methodik zu zeigen, welche zur Lösung solcher Fragestellungen zum Einsatz kommen kann. Die beteiligten Prozesse sind komplex und teilweise in ihrer Wirkung gegensätzlich (z. B. Anstieg der Schneegrenze, aber mehr Niederschlag), sodass eine einfache Vorhersage ihrer Auswirkungen nicht ohne Weiteres möglich ist. Zur Simulation der Dynamik der alpinen Schneedecke benötigt man, um allen Prozessen, welche ihre Dynamik steuern, auch gerecht werden zu können, ein physikalisch basiertes Modell, welches aus gemessenen meteorologischen Eingabegrößen die Energiebilanz und letztlich daraus die Massenbilanz der Schneedecke räumlich verteilt berechnen kann. Wichtig ist (im alpinen Raum) v. a. auch die Berücksichtigung lateraler Prozesse wie der Verlagerung von Schnee durch Wind und Lawinen, da diese zu wesentlichen Variabilitäten der Schneedecke führen. Das in diesem Beispiel verwendete Modell zur Simulation alpiner Schneedecken AMUNDSEN (Strasser 2008) wird diesen Anforderungen gerecht und berücksichtigt darüber hinaus auch die Prozesse der Interaktion zwischen Schnee und Wald. Das Untersuchungsgebiet ist der zentrale Bereich der Berchtesgadener Alpen (Abb. 3), welcher mit großen Reliefenergien und steilen Wandfluchten außerordentlich alpinen Charakter aufweist.

Gerechnet und ausgewertet wurden mit AMUNDSEN für dieses Gebiet ein Referenzlauf für die historische Periode 1998 – 2006 und zur Analyse möglicher Folgen des zu erwartenden Klimawandels ein Szenariolauf 2042 – 2050. Daraus wurde jeweils ein jährlicher Mittelwert gebildet. Zur Bereitstellung der meteorologischen Eingabedaten für die Szenario-Rechnung kommt ein stochastischer Wettergenerator zum Einsatz, der gegenüber downgescalten Ergebnissen von Klimamodellen den entscheidenden Vorteil hat, dass er physikalisch konsistente Datensätze mit derselben räumlichen und zeitlichen Auflösung wie gemessene meteorologische Variablen erzeugt (Strasser & Mauser 2006). Der Wettergenerator zerlegt zunächst die vorhandenen Messreihen aller Stationen (Stundenwerte der meteorologischen Variablen für 1998 – 2006) in Wochenblöcke. Das zukünftige „Klima“ wird erstellt, indem die vorhandenen Wochenblöcke derart aneinandergereiht werden, dass sich, unter Berücksichtigung einer natürlichen Variabilität, vorzugebende Trends der Temperatur und des Niederschlages in der neuen Zeitreihe widerspiegeln. So können aus vorhandenen Beobachtungs-Datensätzen leicht (mit wenigen Minuten Rechenaufwand) z. B. 100 Jahre zukünftige Klimadaten für ein durch einen bestimmten Trend von Temperatur und Niederschlag definiertes Szenario erstellt werden. Das hier vorgestellte Beispielszenario ist an das A1B-Szenario des IPCC angelehnt (IPCC 2007). Im Resultat ergeben sich für die Winterzeiträume (November-April) der Szenario-Periode eine mittlere Temperaturzunahme gegenüber 1998 – 2006 von +0.8 °C und eine Verschiebung der Niederschläge vom Sommer in den Winter um 71,6 mm (und nur geringe Änderungen der übrigen meteorologischen Variablen). Von den Modellergebnissen (Mittel der Periode) werden nun diejenigen der Referenzperiode abgezogen, um das Signal des Effektes des sich wandelnden Klimas auf die Schneedecke zu isolieren. Für die mittlere jährliche Dauer der Schneebedeckung (= Zahl der Tage, an denen Schnee liegt) ist das Ergebnis in Abb. 11 dargestellt.

In den Flachgebieten nimmt die Schneedeckendauer um einige Tage, maximal um etwa einen Monat, ab. Besonders ausgeprägt ist die Abnahme der Scheedeckendauer in den Waldbeständen, die sich gürtelförmig um die Bergstöcke legen. Beides entspricht unserer Erwartung zu den Auswirkungen eines wärmeren Klimas. Prinzipiell bedingt aber eine Temperaturerhöhung im Winter hinsichtlich der Schneedecke einen Kompensationseffekt, nämlich in Form zunehmender Niederschläge, da die wärmere Luft mehr Feuchtigkeit aufnehmen kann. Ob diese vermehrten Niederschläge zur Bodenschneedecke beitragen, hängt sowohl von ihrer Phase und damit von der Temperatur bzw. Höhenlage als auch davon ab, ob ein auftretender Regen im Winter bzw. Frühjahr auf eine

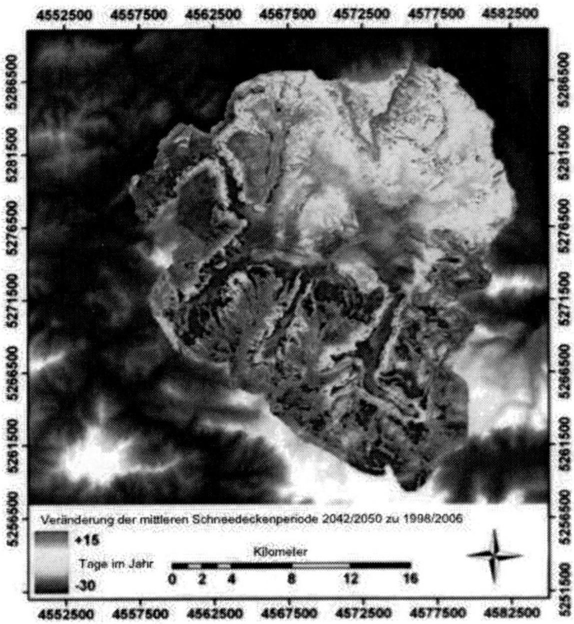

Abb. 11*: Muster der mittleren jährlichen Differenz der Schneebedeckungsdauer im Untersuchungsgebiet Berchtesgadener Alpen zwischen den Perioden 2042–2050 und der Referenzperiode 1998–2006.

bereits vorhandene Schneedecke fällt oder nicht. Selbst geringe Neuschneefälle haben einen entscheidenden Effekt: sie erhöhen schlagartig die Albedo der Schneeoberfläche und schützen sie so vor weiterem Abschmelzen. Neben den veränderten Klimaelementen in der Zukunft fällt also auch dem Witterungscharakter eine wichtige Rolle für solche Fragestellungen zu.

Eine Zunahme der Schneedeckendauer zeigen die Modellergebnisse in den höheren Regionen der Gebirgsmassive, und zwar genau in den Bereichen, aus denen Schneerutsche den gefallenen Schnee-Niederschlag aufnehmen und in die flacheren Talböden und -mulden verlagern. Dieser Effekt ist auf die Zunahme der Häufigkeit winterlicher Niederschläge zurückzuführen, d.h. es gibt eine höhere Zahl von Tagen, an denen selbst nach lateraler Umverteilung ein Teil des Neuschnees an Ort und Stelle verbleibt (der Anteil ist im Modell einstellbar) und damit die entsprechende Modellzelle am Ende eines Tages als „schneebedeckt" klassifiziert wird. In den Auslaufzonen der Rutschungen ist die Dauer der Schneebedeckung stark reduziert; hier wird der Effekt der zunehmenden Winterniederschläge durch die Tallage dieser Bereiche am effizientesten durch die zunehmenden Temperaturen kompensiert. Auch spielen dort wohl auch der höhere Strahlungsgenuss sowie die geringere relative Feuchte während der Sommer der Szenarioperiode eine gewisse Rolle.

Was das Muster der aggregierten Schneeschmelze der Szenarioperiode im Vergleich zur Referenzperiode betrifft (Abb. 12), kann Folgendes gesagt werden: prinzipiell ist die Schmelze im Szenario in den Tallagen und auf den niedriger gelegenen Plateaus geringer. Diese Abnahme ist v. a. dort beträchtlich, wo sich Waldbestände befinden. Wie bei der Schneedeckendauer reagiert also auch bei der Schmelze der Bereich des Bergwalds besonders empfindlich auf ein wärmeres Klima mit vermehrtem Winterniederschlag. Die höheren Plateaubereiche sowie die steilen Berghänge mit ausgeprägter lateraler Transportdynamik weisen vergleichsweise geringe Änderungen gegenüber der Schmelze in der Referenzperiode auf. Deutliche Zunahmen sieht man hingegen in den Auslaufzonen der Rutschungen, wo sich die zusätzlich fallenden Niederschläge (v. a. als Schnee in den höheren Regionen, wo die Rutschungen herkommen) besonders stark akkumulieren: auch wenn sich die Dauer des Vorhandenseins von Schnee in diesen Ablagerungszonen der Lawinen aufgrund der Temperaturzunahme verringert (siehe oben), fällt im Szenario deutlich mehr Schmelzwasser an als in der Referenzperiode.

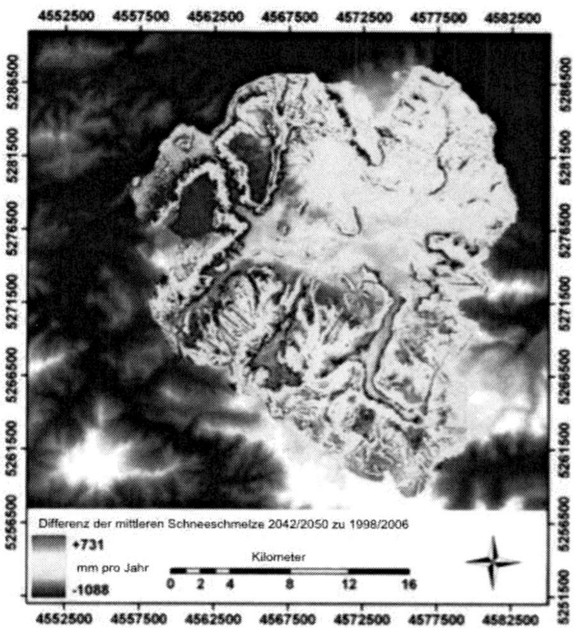

Abb. 12*: Muster der mittleren jährlichen Differenz der aggregierten Schneeschmelze im Untersuchungsgebiet Berchtesgadener Alpen zwischen den Perioden 2042 – 2050 und der Referenzperiode 1998 – 2006.

Die vorgestellten Ergebnisse sind Resultat zweier gegeneinander wirkender Prozesse, nämlich steigender Temperaturen und vermehrter Niederschläge. Sie sind damit ohne Einsatz eines Modells nur schwer abzuschätzen, vor allem in ihrer räumlichen Ausprägung. Für eine genauere Betrachtung der zeitlichen Dynamik der Schmelzabflüsse in ihrer Auswirkung auf das Abflussverhalten wäre das Schneedeckenmodell mit einem Abflussmodell zu koppeln, welches die Hang- und Gerinneabflussprozesse abbildet und damit die Bestimmung des Durchflusses für bestimmte Fließgewässerabschnitte ermöglicht (was in einem begonnenen Forschungsprojekt geschieht – WaterNPB, http://www.nationalpark-berchtesgaden.bayern.de/projekte/klimawandel/hydrologie/index.htm). Die vorgestellten Ergebnisse zeigen aber eines: die beteiligten Prozesse des Aufbaus, des Abbaus und v. a. der Umverlagerung von Schnee im Hochgebirge sind nicht einfach genug, um ein einheitliches Verhalten der alpinen Schneedecke unter sich verändernden Klimabedingungen vorhersagen zu können.

3.3.2 Gletschereisschmelze – wesentlicher Anteil im Fließgewässer?

Der Einfluss der Eisschmelze zurückgehender Gletscher auf das Abflussgeschehen wird nun mit einer einfachen Modellvorstellung und -berechnung anhand der Verhältnisse des Vernagtferners (Ötztaler Alpen, Abb. 13) und seines Entwässerungssystems dargelegt (Strasser et al. 2008). Demnach hat im August 2003 eine wohldokumentierte Eisschmelze auf der gesamten Gletscherfläche stattgefunden (Weber 2008). Weiters gab es in den Monaten Juni-September nur sehr geringe Niederschläge, d. h. man kann davon ausgehen, dass in dieser Zeit die Gerinne nicht von Effektivniederschlag gespeist wurden. Im Folgenden wird der verzögerte Basisabfluss (=Niedrigwasserabfluss) vernachlässigt, d. h. die resultierenden Sommerabflüsse sind als Minimalgrenzen zu interpretieren. Diese Überlegungen erlauben im ersten Schritt, den Anteil des Eisschmelzwassers mit den wenige hundert Meter unterhalb der Gletscherzunge gemessenen Gerinneabflüssen des Vernagtbaches zu überlagern und damit zu zeigen, wie groß der Anteil der Eisschmelze an diesen Gerinneabflüssen ist, und zu verdeutlichen, wie letztere beschaffen wären, wenn es keinen Vernagtferner (mehr) gäbe (Abb. 14).

Um den Anteil des Eisschmelzanteils im Gerinneabfluss nun weiter zum Vorfluter des Systems, dem Inn, zu propagieren, ist noch folgende Überlegung notwendig: man kann davon ausgehen, dass die am Vernagtferner (von der Kommission für Glaziologie, Bayerische Akademie der Wissenschaften) genau beobachteten Verhältnisse so oder zumindest sehr ähnlich auch an allen anderen Gletschern im Entwässerungssystem der Ötztaler Ache stattgefunden haben. Setzt man nun voraus, dass die Menge der Eisschmelze linear mit der exponierten Gletscherfläche zunimmt, kann man durch einfache Konvertierung des

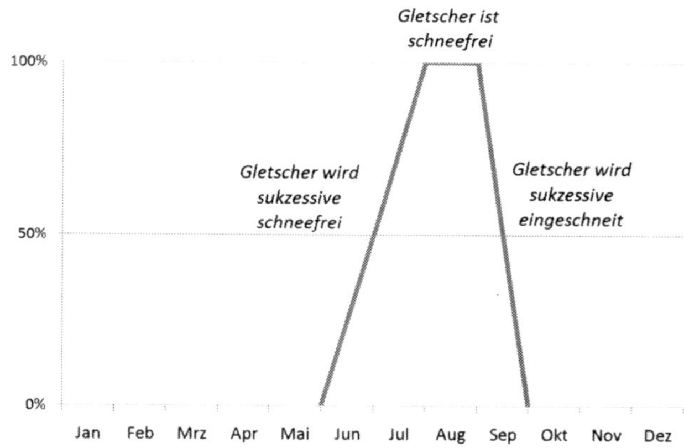

Abb. 13*: Geschätzter Anteil der Eisschmelze im Abfluss des Vernagtbaches während des Sommers 2003.

vergletscherten Flächenanteils eines Einzugsgebietes in eine Eisschmelzspende eine analoge Betrachtung wie für das Vernagtgletscher-Einzugsgebiet auch für alle flussabwärts gelegenen Gebiete anstellen, die mit einem Pegel ausgestattet sind und für die der Anteil der Vergletscherung im Einzugsgebiet dokumentiert ist (wir verwenden die Pegel Huben/Ötztaler Ache, Innsbruck/Inn und Achleiten/Donau, für welche Letzeres zutrifft). Das Ergebnis der Überlegungen bzw. Berechnungen zeigt Abbildung 14.

Beim Vernagtbach unterhalb des Gletschers (vergletscherter Anteil des Einzugsgebietes = 74 %) ist es so, dass im Monat der Schneeschmelze und des Schnee-Freiwerdens des Gletschers der Abfluss rapide sinkt, um dann im August bei Null zu stehen, d.h. außer Eisschmelze fliesst kein Wasser im Gerinne. Im September erst kommen zur abnehmenden Eisschmelze wieder die geringen Anteile des schmelzenden Herbstschnees hinzu. Selbst an der Ötztaler Ache bei Huben (vergletscherter Anteil des Einzugsgebietes = 17 %) gibt es im August noch kurze Phasen, in welchen der Fluss trockenfällt, was in der Realität sogar beobachtet und fotografiert wurde (Weber 2008). Allerdings sind hier die Eisschmelzanteile von den Gletschern des zugehörigen Einzugsgebietes deutlich geringer als oben am Vernagtbach. Weiter flussabwärts, am Inn bei Innsbruck (vergletscherter Anteil des Einzugsgebietes = 5 %), nimmt der Sommerabfluss während des Julis immer noch markant ab, und es gibt immer noch einige Tage der Trockenheit (welche wegen des hier schon bedeutenderen Grundwasserzustroms aus dem Flussbett des Inntales unter heutigen Klimabedingungen nicht vorkommen), der Anteil der Eisschmelze ist aber bedeutend geringer als noch im Oberlieger der Ache. Noch weiter flussabwärts (Donau bei Achleiten, vergletscherter Anteil des Einzugsgebietes = 0,5 %) wird der Anteil der Eis-

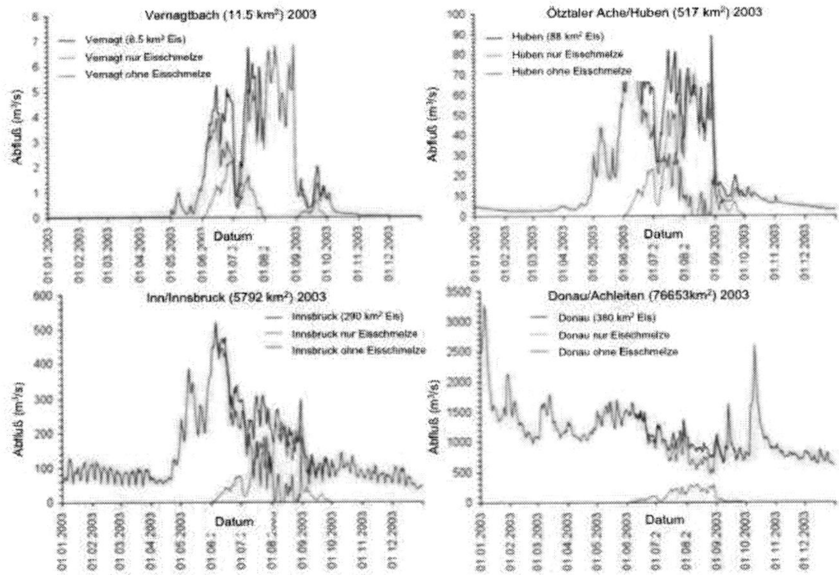

Abb. 14*: Geschätzter Anteil der Eisschmelze sowie des ohne Eisschmelze verbleibenden Gerinneabflusses für den Vernagtbach unterhalb des Gletschers (oben links), die Ötztaler Ache bei Huben (oben rechts), den Inn bei Innsbruck (unten links) und die Donau bei Achleiten (unten rechts) im Jahr 2003.

schmelze am Gerinneabfluss schließlich so gering, dass er nur noch geringfügig ins Gewicht fällt: dort braucht man wohl keine Angst zu haben, dass mit dem Eisfrei-Werden der Alpen die Donau trockenfallen kann.

Schwieriger zu beantworten ist die Frage, wann nun welche Gletscher in den Alpen ganz geschmolzen sein werden. Diese und ähnlich komplexe Fragen kann man nur mit aufwendigen Modellsimulationen beantworten, welche räumlich und zeitlich hoch aufgelöst die gesamte Palette der physikalischen Berechnungen durchführen, welche die beteiligten Prozesse des Massenhaushaltes der alpinen Gletscher steuern. Solche Versuche wurden unternommen (Weber et al. 2009), und die Ergebnisse bestätigen die hier angestellten, konzeptuellen Überlegungen. Für die Zukunft kann, qualitativ zusammengefasst, gesagt werden, wovon die Wissenschaftler derzeit ausgehen: nach einer Periode (die nächsten Dekaden), während derer die alpinen Gletscher verstärkt zurückgehen, ist mit einer zusätzlichen Abfluss-Spende aus vermehrter Eisschmelze zu rechnen, v. a. in den Monaten Juli und August. Irgendwann wird der Umkehrpunkt kommen, an welchem viele kleinere Alpengletscher verschwunden und nur noch die größeren mit hochgelegenen Firngebieten übrig sind. Letztere werden ihre hydrologischen Unterlieger während der Ablationsperiode noch lange weiterhin mit Schmelzwasser versorgen. Es folgt also, dass sich das Abflussverhalten vieler kleinerer Kopfeinzugsgebiete sehr unterschiedlich entwickeln wird, abhängig davon, ob ein Gletscher in den obersten Bereichen ganz verschwindet oder sich ein neuer, an veränderte Klimabedingungen angepasster Zustand (mit entsprechend verringerter Gletschergröße) einstellen wird. Das Ergebnis werden kleinräumig sehr variable Verhältnisse im sommerlichen Abflussgeschehen sein. Weiter unten an den alpinen Hauptflüssen wird allerdings auch unter stark veränderten Klimabedingungen weiterhin die Schneeschmelze den Haupteinfluss auf das Abflussgeschehen ausüben.

4 Der Blick auf die Praxis: Diskussion der Fallbeispiele

Die drei Fallbeispiele haben im Bereich von Monitoring und Modellierung sehr unterschiedliche methodische Zugänge gezeigt und auch die thematische Bandbreite der Effekte des Klimawandels angedeutet. Dies leitet zur Frage nach der Relevanz der erzielten Ergebnisse für die Aktivitäten des Menschen über, die im Folgenden angesprochen werden soll.

- Die methodisch standardisierte regelmäßige Nachmessung der Geometrie eines Gletschers (Kap. 3.1) schafft lange Zeitreihen, die die Reaktion eines mittelfristig auf Witterungs- und Klimaänderungen reagierenden Systems zeigen. Unmittelbare Auswirkungen des hiermit quantifizierten Gletscherschwundes sind – neben der Veränderung des Landschaftsbildes – veränderte Abflussverhältnisse (Kap. 3.3) und ein verändertes geomorphodynamisches Prozessgefüge. Letzteres kann sich in erhöhter Frequenz und Magnitude von gravitativen Massenbewegungen äußern, die hochalpine Infrastruktur (speziell Wege) und darauf sich bewegende Personen gefährden. Dieser Aspekt wird in jüngerer Zeit verstärkt untersucht (z. B. UMWELTDACHVERBAND 2006; LIEB et al. 2007).
- Das Monitoring von Prozessen im Permafrost, das neben geodätischen eine Reihe von weiteren Methoden anwendet (Kap. 3.2), lässt Beziehungen des Temperaturverlaufs zu Kriechprozessen in eisübersättigten Sedimenten erkennen. Hierüber ist bisher noch recht wenig bekannt, weshalb die Interpretation der dargelegten Ergebnisse auch noch Unsicherheiten aufweist. Dies gilt auch für die hierdurch induzierten Abtragungsprozesse, wenngleich kein Zweifel daran bestehen kann, dass die angesprochene Permafrost-Degradation in steilen Lagen zur Labilisierung von Substrat und somit zu potenziell gefährlichen Prozessen (z. B. Felsstürzen, Muren) führen kann. Die Auswirkungen auf die hydrologischen Gegebenheiten sind wegen der meist relativ geringen Eisgehalte alpiner Permafrostmilieus jedoch deutlich geringer als dies bei der Gletscherschmelze der Fall ist.

- Mit den beiden Fallbeispielen aus Kapitel 3.3 richtete sich der Fokus auf Fragen der Modellierung von Szenarien zu erwartender Effekte des Klimawandels auf die Schneedecke und Gletschereisschmelze. Die Bedeutung veränderter Abflussregime von Flüssen bedarf wohl keiner gesonderten Erläuterung, mit einem drastischen Rückgang der hochsommerlichen Wasserführung in den Kopfeinzugsgebieten mit heute schon kleinen Gletschern muss gerechnet werden. Weiter flussabwärts werden auch zukünftig die Schneeschmelze und der Grundwasserzustrom den wesentlichen Abflussanteil im Gerinne stellen. Für die Schneedecke ist hervorzuheben, dass sie – neben ihrer großen Bedeutung als Wasserspeicher – auch einen wichtigen Faktor für die Ernährung der (noch) vorhandenen Gletscher sowie die Bildung und den Erhalt von Permafrost darstellt – Interaktionen, die in der vorliegenden Arbeit nicht ausgelotet wurden. Die Beziehungen zwischen Klimawandel und Schneedecke haben auch in besonderer Weise Relevanz für den Tourismus, gehört doch die Gewährleistung von Schneesicherheit zu den großen Herausforderungen des Klimawandels für viele oft einseitig vom Wintertourismus abhängige Tourismusdestinationen.

Schließlich ist noch darauf hinzuweisen, dass sich alle Untersuchungsgebiete in Schutzgebieten befinden (Nationalparks Hohe Tauern und Berchtesgaden, Ruhegebiet Ötztaler Alpen). Das auf die jeweiligen Schutzzwecke abgestimmte Management benötigt Grundlagendaten gerade auch aus den angesprochenen Themenfeldern, um die Schutzgebiete selbst, aber auch ihre Umgebungen im Sinne von Modellregionen auch zukünftig im Sinne der Nachhaltigkeit zu entwickeln.

5 Fazit und Ausblick

Es konnte gezeigt werden, dass Effekte des Klimawandels durch eine breite Palette an Methoden des Monitorings detailreich erfasst und durch Modellierung zunehmend besser verstanden werden und prognostiziert werden können. Ein spezifisches Problem des Monitorings ist die weithin noch ungelöste Frage der Finanzierung von Langzeit-Beobachtungen, welche erst nach einem Vielfachen der Dauer herkömmlicher Forschungsprojekte ihren tatsächlichen Wert entfalten. Gerade vor dem Horizont sich ständig verbessernder Modellierungsalgorithmen steigt jedoch der Bedarf an hoch aufgelösten Messdaten im Gelände stetig an. Eine besondere Herausforderung sind jedoch neben der – vielfach schon betriebenen – Kooperation mit der Praxis (Kap. 4) die Konzeption und Etablierung von Forschungsaktivitäten, die auch das gesellschaftliche Umfeld gezielter ins Blickfeld nehmen.

In einer ganzen Reihe von Forschungsprogrammen, an denen österreichische Geographinnen und Geographen beteiligt sind, wird heute versucht, nicht nur mögliche zukünftige Entwicklungen der natürlichen Gebirgsökosysteme, sondern auch deren Auswirkungen auf Mensch und Wirtschaft sowie die entsprechenden (bi-direktionalen!) Wechselwirkungen abzuschätzen bzw. die komplexen Wirkgefüge verstehen zu lernen (oft im Rahmen nationaler Global Change-Programme, in Österreich z. B. derzeit aufgelegt von der ÖAW (2009)). Methodisch geschieht dies, wie an den Beispielen in diesem Artikel geschildert, unter Einsatz von Monitoring-Programmen, welche umfangreiche Messdaten liefern, und Modellrechnungen, die diese Daten zur Simulation der beteiligten Prozessgefüge und damit zur Abschätzung von Effekten des Klimawandels verwenden.

Die auf solchen disziplinären Bausteinen aufbauenden, in internationalen Forschungsprojekten entwickelten Simulationswerkzeuge stellen Integrationsplattformen dar für vielfältige methodische Ansätze und Forschungsgegenstände sowie -fragestellungen aus den unterschiedlichsten Disziplinen, welche einen raumrelevanten und dabei ökologischen, sozialen oder ökonomischen Bezug haben. Damit können hochkomplexe gesellschaftsrelevante Phänomene sowohl in ihren disziplinären Facetten als auch in ihrer Ganzheit analysiert werden. Mit diesen Instrumenten der Integration wird auf der einen Seite die Eigenständigkeit der Disziplinen in ihrer inhaltlichen Spezialisierung und methodischen Verfasstheit gewahrt, auf der anderen aber durch die gemeinsame Sprache Integration auf einer höheren Ebene möglich. So können Disziplinarität und Interdisziplinarität in einem komplementären Verhältnis zueinander stehen und die Grundlage für einen nachhaltigen wissenschaftlichen Umgang mit dem Klimawandel als Teilaspekt eines umfassenden „global change“ geschaffen werden. Das Zusammenspiel des geschilderten Methodeninstrumentariums des – immer möglichst langfristig ausgerichteten – Monitorings mit der Modellierung historischer und zukünftiger Effekte veränderter Bedingungen im Zeichen des Klimawandels ist ein erster Schritt, sich den heute weltweit erkannten „Grand Challenges“ der Erdsystemwissenschaften für Globale Nachhaltigkeit (Reid et al. 2010) zu stellen.

Danksagung

Die hier präsentierten Forschungen wurden von unterschiedlicher Seite unterstützt bzw. gefördert. Die Gletschermessungen (Kap. 3.1) finden im Rahmen des Gletschermessdienstes des Österreichischen Alpenvereins statt. Die Arbeiten zum Permafrost (Kap. 3.2) wurden in den Projekten ALPCHANGE (FWF, Projekt Nr. P-18304-N10) und PermaNET (European Territorial Cooperation Programm, finanziert durch den European Regional Development Fund in der Alpine Space-Programmschiene (www.alpinespace.eu)) durchgeführt, unser besonderer Dank gilt hierbei auch V. Kaufmann (TU Graz) für die Bereitstellung bisher unpublizierter Messergebnisse. Für die Bereitstellung von Daten und die generelle Unterstützung unserer Aktivitäten im Bereich Schneedecke und Gletscher-Abfluss (Kap. 3.3) danken wir H. Franz (Nationalparkverwaltung Berchtesgaden) und M. Weber (Kommission für Glaziologie, Bayerische Akademie der Wissenschaften).

Literatur

Auer I., Böhm R., Leymüller M. & Schöner W. (2002): Das Klima des Sonnblicks. In: Österreichische Beiträge zu Meteorologie und Geophysik 28. Wien, 305 S.

Auer I., Böhm R., Jurkovic A., Lipa W., Orlik A., Potzmann R., Schöner W., Ungersböck M., Matulla C., Briffa K., Jones P. D., Efthymiadis D., Brunetti M., Nanni T., Maugeri M., Mercalli L., Mestre O., Moisselin J.-M., Begert M., Müller-Westermeier G., Kveton V., Bochnicek O., Stastny P., Lapin M., Szalai S., Szentimrey T., Cegnar T., Dolinar M., Gajic-Capka M., Zaninovic K., Majstorovic Z. & Nieplova E. (2007): HISTALP – Historical instrumental climatological surface time series of the greater Alpine region 1760 – 2003. In: International Journal of Climatology 27: 17 – 46.

Avian M., Kellerer-Pirklbauer A. & Bauer A. (2009): LiDAR for monitoring mass movements in permafrost environments at the cirque Hinteres Langtal, Austria, between 2000 and 2008. In: Nat. Hazards Earth Syst. Sci. 9: 1087 – 1094.

Avian M., Lieb G. K., Kellerer-Pirklbauer A. & Bauer A. (2007): Variations of Pasterze Glacier (Austria) between 1994 and 2006 – combination of different data sets for spatial analysis. In: Kaufmann V. & Sulzer W.: Proceedings of the 9th International Symposium on High Mountain Remote Sensing Cartography, Graz (14.–15. 9. 2006), 79 – 88. (= Grazer Schriften der Geographie und Raumforschung 43)

Buck S. & Kaufmann V. (2010): The Influence of Air Temperature on the Creep Behaviour of Three Rockglaciers in the Hohe Tauern. In: Kaufmann V. & Sulzer W.: Proceedings of the 10th International Symposium on High Mountain Remote Sensing Cartography, ICIMOD, Kathmandu, Nepal: 159 – 170. (= Grazer Schriften der Geographie und Raumforschung 45)

Delaloye R., Perruchoud E., Avian M., Kaufmann V., Bodin X., Hausmann H., Ikeda A., Kääb A., Kellerer-Pirklbauer A., Krainer K., Lambiel Ch., Mihajlovic D., Staub B., Roer I. & Thibert E. (2008): Recent Interannual Variations of Rock Glacier Creep in the European Alps. In: Douglas L. K. & Hinkel K. M.: Proceedings of the 9th International Conference on Permafrost, University of Alaska Fairbanks 1, 343 – 348.

Hauck C. & Kneisel C. (2008): Applied Geophysics in Periglacial Environments. Cambridge.

Hynek B., Schöner W., Kroisleitner C., Koboltschnig G., Binder D. & Weyss G.

(2008): Pasterze 2004/05, Hohe Tauern, Austria (1:25000 Mass Balance Map). In: WGMS (ed.) / Haeberli W., Zemp M., Kääb A., Paul F. & Hoelzle M. (Hrsg.): Fluctuations of Glaciers 2000 – 2005, Vol. IX.Zurich: 57 – 58.

IPCC (2007): Contribution of Working Group I to the Fourth Assessment Report of the Intergovernmental Panel on Climate Change (http://www.ipcc.ch/publications_and_data/ar4/wg1/en/contents.html) (30. 12. 2010).

Kaufmann V. & Ladstädter R. (2007): Mapping of the 3D surface motion field of Doesen rock glacier (Ankogel group, Austria) and its spatio-temporal change (1954 – 1998) by means of digital photogrammetry. In: Kaufmann V. & Sulzer W.: Proceedings of the 9th International Symposium on High Mountain Remote Sensing Cartography, Graz (14.–15. 9. 2006), 127 – 144. (= Grazer Schriften der Geographie und Raumforschung 43).

Kaufmann V., Ladstädter R. & Kienast G. (2007): 10 years of monitoring of the Doesen rock glacier (Ankogel group, Austria) – A review of the research activities for the time period 1995 – 2005. In: Petrovič D. (ed.): Proceedings, 5th Mountain Cartography Workshop, 29 March – 1 April 2006, Bohinj, Slovenia, 129 – 144.

Keller F. (1992): Automated mapping of mountain permafrost using the program PERMAKART within the Geographical Information System ARC/INFO. In: Permafrost and Periglacial Processes 3: 133 – 138.

Kellerer-Pirklbauer A. (2008a): The Supraglacial Debris System at the Pasterze Glacier, Austria: Spatial Distribution, Characteristics and Transport of Debris. In: Z. Geomorph. N.F. 52 (Suppl. 1): 3 – 25.

Kellerer-Pirklbauer A. (2008b): The Schmidt-hammer as a Relative Age Dating Tool for Rock Glacier Surfaces: Examples from Northern and Central Europe. In: Douglas L. K. & Hinkel K. M.: Proceedings of the 9th International Conference on Permafrost (NICOP), University of Alaska, Fairbanks, June 29 – July 3, 2008, 913 – 918.

Kellerer-Pirklbauer A., Avian M., Lieb G. K. & Rieckh M. (2008a): Temperatures in Alpine Rockwalls during the Warm Winter 2006/2007 in Austria and their Significance for Mountain Permafrost: Preliminary Results. In: Douglas L. K. & Hinkel K. M.: Proceedings of the 9th International Conference on Permafrost (NICOP), University of Alaska, Fairbanks, June 29 – July 3, 2008, 131 – 132.

Kellerer-Pirklbauer A., Avian M., Lieb G. K. & Pilz A. (2008b): Automatic Digital Photography for Monitoring Snow Cover Distribution, Redistribution and Duration in alpine Areas (Hinteres Langtal Cirque, Austria). In: Geophysical Research Abstracts 10: EGU2008-A-11359.

Kellerer-Pirklbauer A. & Lieb G. K. (2011): Recent rock glacier velocity behaviour and related natural hazards in the Hohe Tauern Range, central Austria. PermaNET Project Report – Contribution of IGRS to Action 6.2/Group 1 – Rock glacier (im Druck).

Kellerer-Pirklbauer A, Lieb G. K., Avian M. & Carrivick J. (Angenommen): Climate change and rock fall events in high mountain areas: Numerous and extensive rock falls in 2007 at Mittlerer Burgstall, Central Austria. In: Geografiska Annaler.

Kellerer-Pirklbauer A., Lieb G. K., Avian M. & Gspurning J. (2008c): The response of partially debris-covered valley glaciers to climate change: The Example of the Pasterze Glacier (Austria) in the period 1964 to 2006. In: Geografiska Annaler, 90 A (4): 269 – 285.

Kellerer-Pirklbauer A., Lieb G. K. & Kleinferchner H. (2010): A new rock glacier inventory at the eastern margin of the European Alps. In: Geophysical Research Abstracts 12: EGU2010 - 13110.

Kenyi L. M. & Kaufmann V. (2003): Measuring rock glacier surface deformation using SAR interferometry. In: Philips M., Springman S. M., Arenson L. U.: Proceedings of the 8th International Conference on Permafrost, Zurich, Switzerland, 537 - 541.

Kienast G. & Kaufmann V. (2004): Geodetic measurements on glaciers and rock glaciers in the Hohe Tauern National Park (Austria). In: Institut Cartogràfic de Catalunya: Proceedings, 4th ICA Mountain Cartography Workshop, 30 September - 2 October 2004, Vall de Núria, Catalonia, Spain, Monografies tècniques 8, Barcelona, 101 - 108.

Klemes V. (1990): The modelling of mountain hydrology: the ultimate challenge. In: IAHS Publ. 190: 29 - 43.

Lieb G. K. (1991): Die horizontale und vertikale Verteilung der Blockgletscher in den Hohen Tauern (Österreich). In: Z. Geomorphol. N. F. 35: 345 - 365.

Lieb G. K. (1996): Permafrost und Blockgletscher in den östlichen österreichischen Alpen. In: Arbeiten aus dem Institut für Geographie der Karl-Franzens-Universität Graz 33: 9 - 125.

Lieb G. K. (1998): High-mountain permafrost in the Austrian Alps (Europe). In: Lewkowicz A. G. & Allrad M.: Proceedings of the 7th International Conference on Permafrost, Yellowknife, 663 - 668.

Lieb G. K., Kellerer-Pirklbauer A. & Avian M. (2007): Preliminary Map of Geomorphological Hazards caused by Climate Change in the Großglockner Mountains (Austria). In: Kellerer-Pirklbauer A., Keiler M., Embleton-Hamann Ch. & Stötter J. (eds.): Geomorphology for the Future - Conference Proceedings. Innsbruck, 137 - 144.

Lieb G. K., Kellerer-Pirklbauer A. & Kleinferchner H. (2010): Blockgletscherinventar von Zentral und Ostösterreich erstellt im Rahmen des Projektes PermaNET. Institut für Geographie und Raumforschung, Graz (unpubl.).

Lieb G. K., Kellerer-Pirklbauer A., Sulzer W. & Wakonigg H. (2009): Physische Geographie in Österreich - ausgewählte Forschungsleistungen und fachliche Perspektiven. In: Musil R. & Staudacher C. (Hrsg.): Mensch.Raum.Umwelt. Entwicklungen und Perspektiven der Geographie in Österreich. Wien, 79 - 92.

Marsh P. (1999): Snowcover formation and melt: recent advances and future prospects. In: Hydrol. Process. 13: 2117 - 2134.

ÖAW (Österreichische Akademie der Wissenschaften) (2009): Global Change Programme. http://www.oeaw.ac.at/deutsch/forschung/programme/change.html (15. 10. 2010).

Pomeroy J. W., Gray D. M., Shook K. R., Toth B., Essery R. L. H., Pietroniero A. & Hedstrom N. (1998): An evaluation of snow accumulation and ablation for land surface modelling. In: Hydrol. Process. 12: 2339 - 2367.

Reid W. V., Chen D., Goldfarb L., Hackmann H., Lee Y. T., Mokhele K., Ostrom E., Raivio K., Rockström J, Schellnhuber H. J. & Whyte A. (2010): Earth System Science for Global Sustainability: Grand Challenges. In: Science 330: 916 - 917.

Schmöller R. & Fruhwirth R. K. (1996): Komplexgeophysikalische Untersuchung auf dem Dösener Blockgletscher (Hohe Tauern, Österreich). In: Arbeiten aus dem Institut für Geographie der Karl-Franzens-Universität Graz, 33: 165 - 190.

Smith M. W. & Riseborough D. W. (2002): Climate and the limits of permafrost: a zonal analysis. In: Permafrost and Periglacial Processes 13: 1 - 15.

Strasser U. (2008): Die Modellierung der Gebirgsschneedecke im Nationalpark Berchtesgaden. Modelling of the mountain snow cover in the Berchtesgaden National Park. Berchtesgaden. (= Berchtesgaden National Park research report, Band 55).

Strasser U. & Mauser W. (2006): Using a stochastic climate generator for simulating global warming effects on the water resources in a mountain basin. In: Geophysical Research Abstracts, Abstracts of the European Geosciences Union General Assembly 2006, Vienna, Austria.

Strasser U., Weber M. & Prasch M. (2008): How important is glacier melt in the water balance? In: Abstracts of the Alpine Glaciological Meeting, March 2008, Chamonix.

Taucher W. (2010): Climatic conditions of six selected sites in the Hohe and Niedere Tauern Range 1961 – 2006. Unpubl. Diplomarbeit, Universität Graz, 156 S.

Umweltdachverband (Hrsg.) (2006): Auswirkungen der Klima- und Gletscheränderung auf den Alpinismus. Wien. (= text.um 1/06)

Wakonigg H. (1991): Die Nachmessungen an der Pasterze von 1879 bis 1990. In: Arbeiten aus dem Institut für Geographie der Universität Graz 30: 271 – 307. (= Festschrift für Herbert Paschinger)

Wakonigg H. & Lieb G. K. (1996): Die Pasterze und ihre Erforschung im Rahmen der Gletschermessungen. In: Kärntner Nationalpark-Schriften 8: 99 – 115.

Weber M. (2008): Persönliche Mitteilung.

Weber M., Prasch M. & Braun L. (2009): Die Bedeutung der Gletscherschmelze für den Abfluß der Donau gegenwärtig und in der Zukunft. In: Mitteilungsblatt des hydrographischen Dienstes in Österreich, Heft 86: 1 – 29.

Gerhard Gerold

Wasserhaushalt in Regenwaldeinzugsgebieten – regionale Folgen von Landnutzungsänderung und „climate change"

1 Einleitung

Rockström et al. (2009) behandeln „land use change" und „climate change" als zwei der zehn wichtigsten globalen Parametern, die das planetarische Umweltsystem verändern und gefährden („planetary boundaries"). Während der planetarische Grenzwert des atmosphärischen CO_2-Gehaltes, der eingehalten werden müsste, um die globale Temperaturerhöhung auf +2° C zu begrenzen, bereits überschritten ist, liegt die globale Umwandlungsrate von naturnahen Landoberflächen in Acker- und Weideland noch innerhalb des vorgeschlagenen Grenzwertes. Die Tropen mit den immergrünen Regenwaldgebieten stellen seit 30 – 40 Jahren einen Schwerpunkt der Waldkonversion dar, mit einer jährlichen Rodungsrate von 0,43 % (FAO 2005), wobei die höchsten absoluten Flächenumwandlungen in Amazonien (Brasilien -0,6 %/a) und Indonesien (-2,0 %/a) (n. FAO 2007) stattfanden. Obwohl die Ökosystemservicefunktionen regional wie global mit Biodiversitätsschutz, Wasserversorgung und Kohlenstoffspeicherung seit den 80iger Jahren verstärkte internationale Bemühungen und Projekte zum Erhalt der Regenwälder mit sich brachten, geht die Waldkonversion unvermindert weiter. So werden weltweit jährlich ca. 13 Mio. ha Regenwaldfläche zerstört (FAO 2007), was zu einer C-Emission von 8,8 Gt (Nabuurs et al. 2007) und Verlust von 14.000 – 40.000 Tier- und Pflanzenarten führt (Hughes et al. 1997).

Neben der Frage der regionalen Auswirkungen der Waldkonversion auf den Wasserhaushalt wird zunehmend die prognostizierte Klimaänderung im Rahmen von „climate change" im Zusammenhang mit Szenarien zukünftiger Landnutzungsänderung thematisiert, vor allem im Hinblick auf Niederschlagsänderungen, insbesondere mit Studien in Amazonien (s. Da Silva et al. 2006). Bei den natürlichen interannuellen Klimafluktuationen stehen in Amazonien wie SE-Asien besonders die ENSO-Ereignisse im Focus der Analysen und Klimaszenarien, da der Rückgang der Niederschläge in El Niño-Jahren gekoppelt mit der Waldkonversion hin zu Ackerland oder Weideland verstärkte

Effekte auf den regionalen Wasserhaushalt und damit auf den Erhalt des Regenwaldökosystems erwarten lässt (s. „dieback-Hypothese", MALHI et al. 2008; NEPSTAD et al. 2006).

Basierend auf den bisherigen Forschungsergebnissen in Amazonien und SE-Asien sowie eigenen Projektarbeiten in Regenwaldeinzugsgebieten auf Sulawesi (Indonesien) (GEROLD & LEEMHUIS 2010) werden die Konsequenzen von Regenwaldkonversion und die Auswirkungen von saisonaler Trockenheit während El Niño-Jahren auf die Wasserhaushaltskomponenten Abfluss und Verdunstung in mesoskaligen Einzugsgebieten diskutiert.

2 Konsequenzen der Regenwaldkonversion für Wasserhaushaltskomponenten

Als hydrologische Konsequenzen der Landnutzungsänderung mit Waldkonversion wird vielfach ein Rückgang der Niederschlagsspeicherung in der Vegetation (Interzeption) und der Verdunstung (Interzeptionsverlust und Transpiration) mit Erhöhung des Abflusses beschrieben. Dabei wird von einer erhöhten Abflussvariabilität, Zunahme der Hochfluten und des fluvialen Sedimenttransportes ausgegangen (z. B. LAURANCE 1998). Das von LAL (1993) erstellte Schema der Entwaldungseffekte auf den hydrologischen Kreislauf verdeutlicht generell die betroffenen Wasserhaushaltskomponenten (Abb. 1). In einer umfangreichen Literaturauswertung zu hydrologischen Konsequenzen der Regenwaldrodung hat BRUIJNZEEL (2004) die widersprüchlichen quantitativen Ergebnisse bisheriger Einzugsgebietsuntersuchungen beschrieben. Danach sind Auswirkungen auf den Niederschlag fraglich, eine Abflusszunahme ist zwar meist gegeben, aber nicht generell beobachtbar in Abhängigkeit von Einzugsgebietscharakteristik (Substrat- und Reliefverhältnisse), Einzugsgebietsskala, Jahresvariabilität der Niederschläge und vor allem von dem Anteil an Sekundärvegetation und Landnutzungsart einige Jahre nach der Rodung. Zunahme der Hochwasser (Landnutzungs- oder Witterungseinfluss) und insbesondere die Veränderung des Basisabflusses (Trockenwetterabfluss) sind weiterhin umstritten und im Vergleich der Studien widersprüchlich. So konnten WILK et al. (2001) für große Einzugsgebiete in Thailand trotz einer Waldumwandlung von 50 % der Fläche durch Brandrodungsfeldbau keine signifikanten Abflussveränderungen feststellen. Die vor allem in außertropischen kleinen Einzugsgebieten (Australien, USA) festgestellte Korrelation zwischen Änderung der Waldbedeckung und Jahresabflusssumme (BROWN et al. 2005) kann von BRUIJNZEEL (2004) für die Tropen nicht generell bestätigt werden.

Nach der allgemeinen Wasserhaushaltsgleichung (bei mehrjähriger Be-

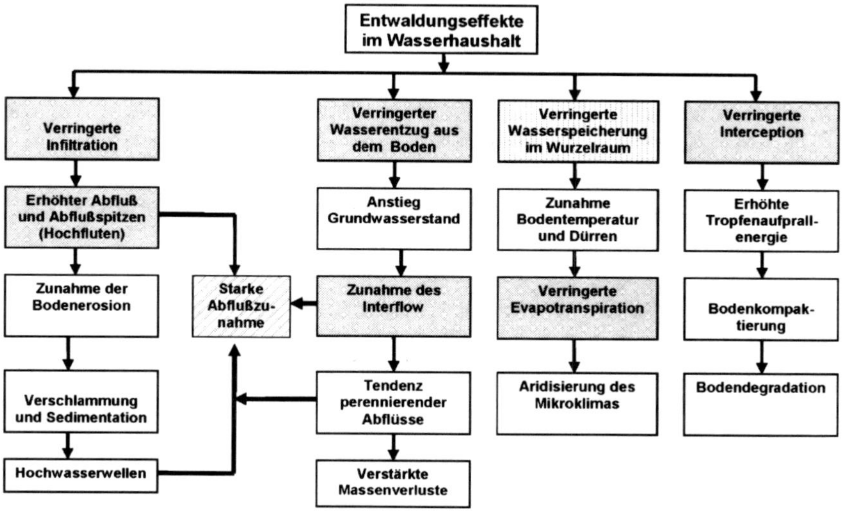

Abbildung 1: Entwaldungskonsequenzen für den Wasserhaushalt (n. Lal 1993)

trachtung) vermindert sich mit einer Abflusserhöhung die Gebietsverdunstung (aktuelle Evapotranspiration aET). Dabei nimmt man an, dass sich das ober- und unterirdische Einzugsgebiet decken und es keine zusätzlichen Wasserverlustquellen (wie unterirdische Leckagen, anthropogene Wasserentnahme) gibt. Zu erforschen ist jedoch, wie sich unterschiedliche Boden-/Vegetations- und Landnutzungsareale im Einzugsgebiet auf die Wasserhaushaltskomponenten auswirken, da in der Hydrologie sehr häufig auch zur Entwicklung und Kalibrierung von N-A-Modellen der kleinskalige „paired catchment"-Ansatz (< 1 km^2) ohne innere Landnutzungsdifferenzierung verwendet wird. Neben den experimentellen Einzugsgebietsuntersuchungen helfen Wasserhaushaltssimulationen nach erfolgreicher Kalibration und Verifikation durch Veränderung nur eines Faktors (wie Waldanteil zu einer Landnutzungsart, Niederschlagsänderung), die Konsequenzen der Regenwaldkonversion zu verstehen.

3 Untersuchungsmethodik im Regenwaldeinzugsgebiet Sulawesis (Indonesien)

3.1 Das experimentelle Einzugsgebiet Nopu

Das kleine Einzugsgebiet Nopu, Teil des mesoskaligen Gumbasa-Einzugsgebietes, wurde mit Beginn des SFB 552 2001 als experimentelles Einzugsgebiet mit einem abgewandelten „paired catchment"-Ansatz mit drei Messwehren instrumentiert (Abb. 2). Das Einzugsgebiet (01°11'-12'S, 120°05'E) liegt an der Nordost-Grenze des Lore Lindu-Nationalparks und hat eine Größe von 2,6 km^2. Es fallen ganzjährig hohe Niederschläge mit 2090 mm (trockenes Jahr) bis 3190 mm (Messzeitraum 2002 – 2009), die Jahresmitteltemperatur liegt bei 24,5°C. In maximal 1 – 2 Monaten unterschreiten die Monatsniederschläge 100 mm. Die Konversion von Regenwaldflächen in Kakao-Plantagen über den ersten Schritt der Brandrodung (1 – 2 Jahre Mais) erfolgt vom Beckenbereich ausgehend in einer beständig den Hang hinauf schreitenden Rodungsfront. Mit einem Rechteck-Trapezwehr in 924 m ü.M. (W3) wurde ein oberes Teileinzugsgebiet (80,6 ha, 924 – 1423 m ü.M.) mit naturnahem submontanen Regenwald abgegrenzt. Mit gleicher Konstruktion (s. Kleinhans 2003) wurde im mittleren Hangbereich ein mittleres Wehr (W2) in 675 m ü.M. errichtet (675 – 1408 m ü.M.), das mit 101,8 ha den seit 2001 verstärkt fortschreitenden Rodungsprozess (Konversion-Teileinzugsgebiet) erfasst. Das untere Abschlusswehr in 605 m ü.M. umfasst mit seinem Teileinzugsgebiet (W1, 77,6 ha) vor allem den unteren flachen Hangbereich (5,5° gegenüber 21,3° für W2 und 24,5° für W3) mit älteren Kakaokulturen (Abb. 3).

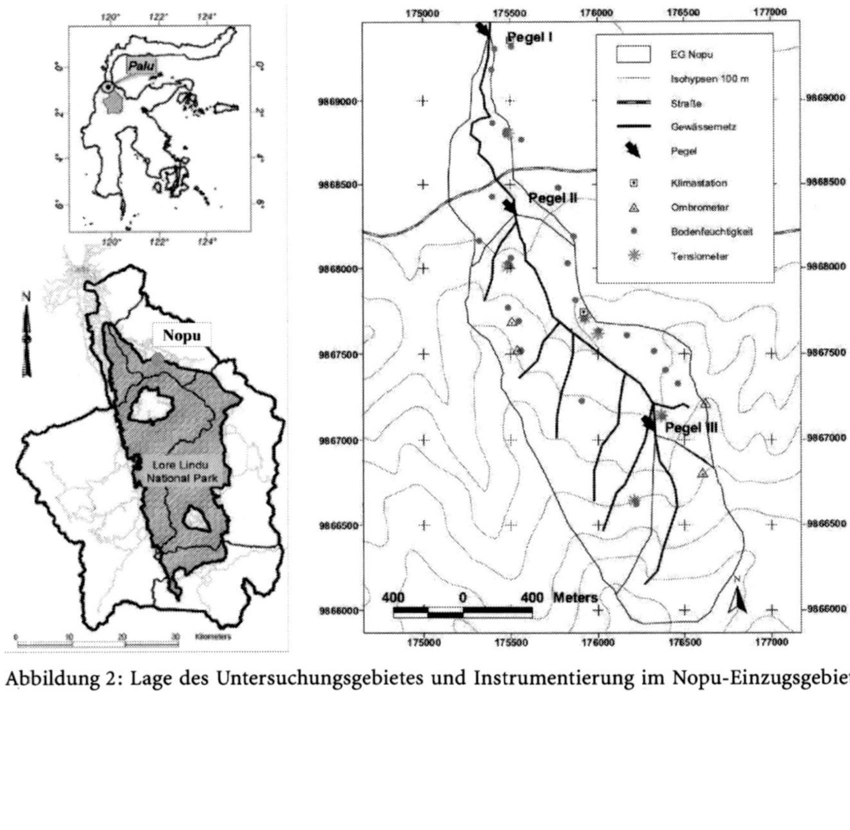

Abbildung 2: Lage des Untersuchungsgebietes und Instrumentierung im Nopu-Einzugsgebiet

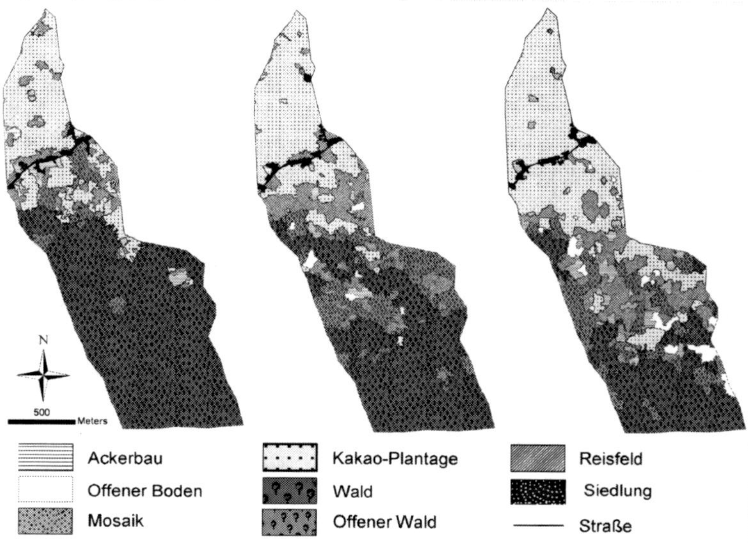

Abbildung 3: Landnutzungsentwicklung im Nopu-Einzugsgebiet

An allen drei Wehren erfolgte eine kontinuierliche Messung des Wasserstandes mit Drucksensoren (1 mm Auflösung) sowie zusätzlichen Winkelcodierern (1 cm Auflösung) ab September 2001 bis Mai 2009 mit 10-minütiger Datenspeicherung (Geräte SEBA Hydrometrie GmbH). Ferner erfolgte mittels Multiparametersonde mit 10-minütigem Messintervall (MPS-D, SEBA-Hydrometrie) eine Erfassung an Wehr 3 und 2 von: Temperatur, O_2-Gehalt, pH, Leitfähigkeit und Trübung). Die Niederschlagserfassung erfolgte mittels vier automatischer digitaler Niederschlagskippwaagen (Friedrichs: 0,2 mm Auflösung) (Lage s. Abb. 2), ergänzt ab Juni 2007 durch die Bulk-Depositionsmessungen im Rahmen der speziellen Untersuchungen zur hydrochemischen Charakterisierung des Bestandsniederschlags im Vergleich von Kakao- und Regenwaldplots (s. GUTZLER et al. 2010). Ein Bodenfeuchtemessnetz (29 Messstellen, 5 Tiefenstufen bis 1,80 m, System IMKO TRIME FM3-T3 s. KLEINHANS 2003) für die unterschiedlichen Boden-Vegetations-Landnutzungstypen ermöglichte den Abgleich der Verdunstungsbestimmung über die Einzugsgebietsbilanz mittels der Bodenwasserbilanz (KLEINHANS 2003).

Die Wasserstands-Abflussbeziehung wurde über die Wehrgeometrie berechnet und über direkte Abflussgeschwindigkeitsmessungen zu verschiedenen Wasserständen sowie über das Salzmischverfahren validiert (KLEINHANS 2003). Für die Anwendung des Wasserhaushaltsmodells WASIM-ETH wurden die Modellparameter von Relief/Topographie, Vegetation/Landnutzung und Boden flächendeckend erfasst (s. KLEINHANS 2003).

3.2 Das mesoskalige Gumbasa-Einzugsgebiet

Das Gumbasa-Einzugsgebiet ist Teil des Palu-Einzugsgebietes in Zentralsulawesi nahe am Äquator (1°S, 120°E). Es drainiert 1275 km², ist im Bergland mit Ausnahme von El Niño-Jahren ganzjährig humid und besitzt einen Gebietsniederschlag von 2000 mm im Jahr mit bimodaler Verteilung (Maxima April/Mai u. Oktober/November) durch das asiatische Monsun-System (LEEMHUIS 2005). Bei einem mittleren Abfluss von 22 m^3s^{-1} variiert die jährliche und saisonale Abflussmenge in Abhängigkeit von der monsunalen Witterung (MNQ_{Monat} 14,5 $ls^{-1}km^{-2}$, MHQ_{Monat} 38,8 $ls^{-1}km^{-2}$, Palu 1981 – 85) mit einem Pardé-Koeffizienten von über 0,6 in allen Monaten, typisch für äquatoriale tropische Waldgebiete (LEEMHUIS 2005). Die Höhenverhältnisse variieren von 99 – 2491 m ü.M. mit einer mittleren Hangneigung von 10,4°. 76 % des Einzugsgebietes besitzt Hangneigungen von über 10° (n. digitaler Reliefanalyse, LEEMHUIS 2005). Die bewässerten Reisflächen des „Gumbasa Irrigation Scheme“ befinden sich in den Tälern und intramontanen Becken. Nach Satellitenbildauswertung (LANDSAT ETM 2002) waren 86 % des Einzugsgebietes bewaldet (LEEMHUIS et al. 2007).

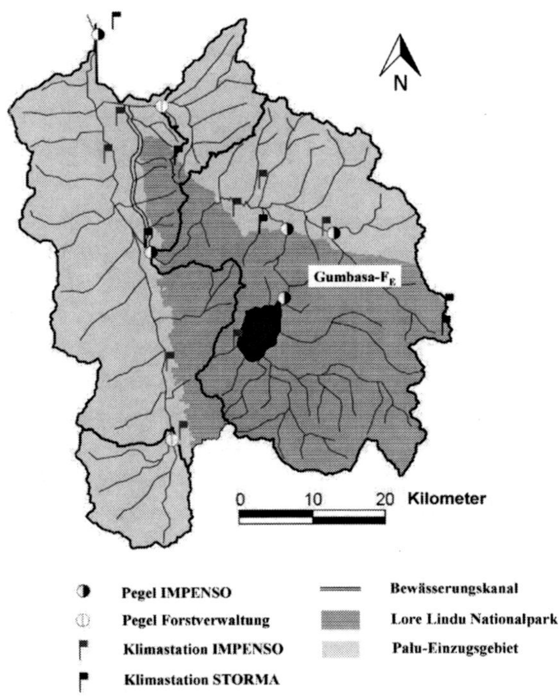

Abbildung 4: Lage der klimatischen und hydrologischen Messstationen im Palu-Projektgebiet

Aufgrund unzureichender Datenlage im Palu-Einzugsgebiet wurden für das Gumbasa-Einzugsgebiet im August 2002 vier automatische Pegelschreiber (R20P mit Drucksonde Firma Ott, 10-minütige Datenspeicherung) für das Gesamteinzugsgebiet und drei Teileinzugsgebiete installiert (Messzeitraum 2002–2004, Leemhuis 2005) (Abb. 4). 14 Klimastationen ermöglichten in dem stark reliefierten Gebiet die Ermittlung des jeweiligen Gebietsniederschlages (Abb. 4).

Ähnlich wie im Nopu-Einzugsgebiet wurden die räumlichen Datensätze zur Anwendung des Wasserhaushaltsmodells WASIM-ETH aus den verfügbaren Datenquellen, eigenen Erhebungen und literaturbasierten Extrapolationsverfahren (wie Pedotransferfunktionen) abgeleitet (Tab. 1). Die Ableitung der spezifischen Topographie-, Vegetations- und Bodenparameter ist in LEEMHUIS (2005) detailliert beschrieben.

Tab. 1 Räumliche Datengrundlagen im Gumbasa-Einzugsgebiet

Attributdateien	abgeleitet von	Methode	Rasterweite
DGM	TK 1 : 50.000 (1980)	Digitalisierte Höhenlinien u. Anwendung von SAGA[1]	50, 250, 500
Boden	Bodenkarte 1 : 1 Mio. (2000), eigene Hangtransekte, MACKENSEN et al. 1999	Digitale Reliefanalyse mit SAGA, Ableitung potenziell homogener Relief-Boden-Einheiten (PHA)[1]; Ableitung der pedohydrologischen Parameter über Nopu-Bodenkartierung u. Zuordnung zu PHA's	50, 250, 500
Vegetation/ Landnutzung	Landsat-ETM+ vom 24.08.2001 + 28.09.2002	Manuelle u. automatische Satellitenbildinterpretation mit ground check[2] ; Vegetations-parameter mit Literaturdatensätzen u. Messungen im SFB-Projektgebiet[3] zugeordnet	30

1 SAGA = System automatisierter geoökologischer Analyse
2 LEEMHUIS et al. 2007
3 ERASMI et al. 2004; JUHRBANDT et al. 2004

3.3 Modellanwendung mit WASIM-ETH

Entsprechend den Pegelmessstationen wurde das Gumbasa-Einzugsgebiet in vier Teileinzugsgebiete eingeteilt: Takkelemo, Danau Lindu, Sopu, Nopu (Abb. 4, Pegelmessstationen). Die Abflusssimulation mit WASIM-ETH erfolgte für Nopu mit einem 30 m-Raster (KLEINHANS 2003), für die Gumbasa-Teileinzugsgebiete mit einem 250 m-Raster und für das gesamte Gumbasa-Einzugsgebiet mit einem 500 m-Raster. Nach Leemhuis (2005) war die Modelleffizienz bei Vergröberung auf 500 m bei täglicher und wöchentlicher Zeitauflösung nur geringfügig schlechter. Aufgrund der eigens erst zu schaffenden meteorologischen und hydrologischen Datenreihen – in den Tropen vielfach in der Mesoskala notwendig – wurde der Kalibrierungszeitraum auf 1.09.2002 – 31.08.2003 und der Validierungszeitraum auf den 1.09.2003 – 31.08.2004 gesetzt. Im Nopu-Einzugsgebiet waren dies die Zeiträume 1.11.2001 – 31.03.2002 und 1.04.2002 – 19.02.2003 (Kleinhans 2003).

Tab. 2 Gütemaß der Kalibrier- und Validierperiode in Gumbasa-Teileinzugsgebieten (täglich, $R^{2,}$ Modellgüte*)

Teileinzugsgebiet (km2)		Kalibrierperiode		Validierperiode		Gesamtperiode	
Nopu W1	(2,6)	0,83	ausreichend	0,87	gut	0,85	gut
Nopu W2	(1.02)	0,85	gut	0,81	ausreichend	0,82	ausreichend
Nopu W3	(0,8)	0,84	ausreichend	0,86	gut	0,85	gut
Lindu See	547	0,83	ausreichend	0,61	gering	0,74	ausreichend
Sopu	592	0,79	ausreichend	0,58	gering	0,69	gering
Takkelemo	79	0,58	gering	0,41		0,45	

R^2 n. Nash & Sutcliffe 1970
* n. Anderson et al. 2001

Aufgrund der eingeschränkten Kalibrierperiode und der Sensitivität der pedohydrologischen Modellparameter, die nur auf Basis der PHAs abgeschätzt und mittels der automatischen Parameterbestimmung über PEST angepasst wurden, ergibt sich für die größeren Teileinzugsgebiete eine zum Teil nur geringe bis ausreichende Modellgüte. Der Übereinstimmungsindex *d (index of agreement,* n. Willmot 1981*)* von > 0,80, die Modellsensitivitätsanalyse mit PEST und der graphische Vergleich von gemessenem und simuliertem Jahresgang des Abflusses bestätigt eine gute Modellanwendung für die Szenariensimulation (s. Leemhuis 2005, Fig. 6.12, 6.13, 6.14).

Abb. 5 und 6 zeigen beispielhaft den Vergleich der simulierten Abflüsse für das Lindu-Einzugsgebiet und im Nopu-Einzugsgebiet. Die Abflussvarianz über die Hauptniederschlagszeit von März bis Juni wird gut wiedergegeben, der Basisabfluss entspricht realistischen Größenordnungen. So gibt Kleinhans (2003) für Nopu (W2, W3 in 2002) einen Jahresmindestbasisabfluss von 220 – 250 mm an (ermittelt über die Trockenwetterauslaufkurven), die Simulation ergibt 270 mm.

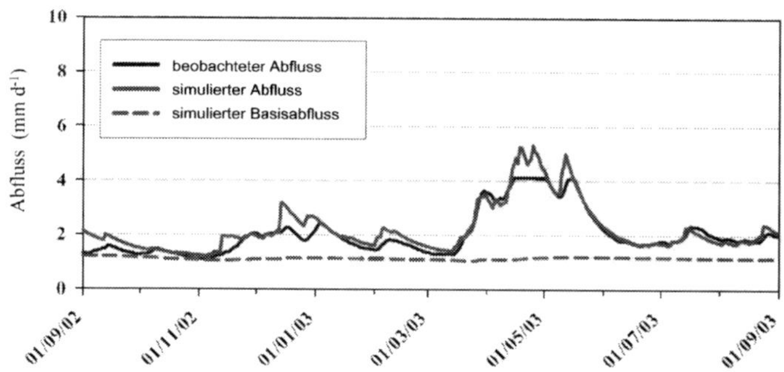

Abbildung 5: Gemessener und simulierter Abfluss im Danau Lindu Teileinzugsgebiet (tägliche Auflösung, $R^2 = 0{,}83$)

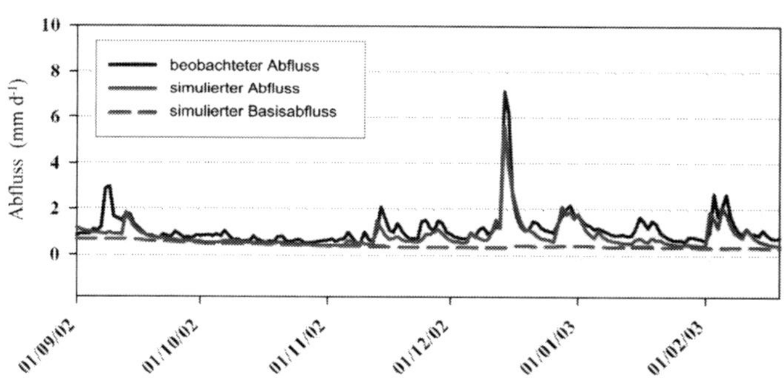

Abbildung 6: Gemessener und simulierter Abfluss im Nopu Teileinzugsgebiet (tägliche Auflösung, $R^2 = 0{,}84$)

4 Regenwaldkonversion und Wasserhaushalt – experimentelle Ergebnisse versus Modellierung

4.1 Veränderung der Wasserhaushaltskomponenten – plot- und micro-catchment-basierte Ergebnisse in Amazonien

Mit der Diskussion um die Auswirkungen von Waldkonversion und Landnutzungsänderungen auf den Wasserhaushalt und damit indirekt um Folgewirkungen für das Regenwaldökosystem wurden in den letzten 10 Jahren zunehmend experimentelle Studien mit Kleinsteinzugsgebieten nach der Methodik der „paired catchments" in Amazonien durchgeführt (Bonell 2005; Chaves et al. 2008; de Moraes et al. 2006). Von 1990 bis 2000 erfolgten in Amazonien große Forschungsprogramme (ABRACOS-, LBA-Projekt) zur Erfassung der Boden-Vegetation-Atmosphärenparameter für eine bessere globale Klimamodellierung (GCMs) zu den Auswirkungen der Amazonasentwaldung (Lean & Rowntree 1997). In beiden Ansätzen wurden vor allem die Extremszenarien von Entwaldung hin zu Weideland analysiert.

Bei vergleichbaren Relief- und Bodenverhältnissen ist eine starke Zunahme des Abflusses bei der Konversion von Regenwald zu Weideland gegeben, was vor allem auf die Verschlechterung der Infiltrationsbedingungen (Reduktion k_{sat}) mit deutlicher Zunahme von schnellen Abflusskomponenten (Oberflächenabfluss HOF u. SOF, oberflächennaher schneller Interflow SSF) zurückzuführen ist (Chaves et al. 2008). Der deutlich höhere Abflusskoeffizient für den Regenwald in Zentralamazonien ergibt sich aus einem hohen Anteil langsamer Abflusskomponenten (Basisabflussanteil 90 %), bei hoch durchlässigen Substrat-/Bodeneigenschaften (Tab. 3). Die Abflusszunahme bei einer 100 %igen Änderung der Vegetation von +270 bzw. +360 mm liegt im Rahmen der von Bruijnzeel (2004) aufgezeigten Wertespanne (+100 – 500 mm pro Jahr). – Für das makroskalige Einzugsgebiet des Rio Tocantins in Amazonien (175.360 km^2) geben Costa & Foley (1999) im Vergleich der mittleren Wasserbilanz 1949 – 1968 und 1979 – 1998 mit Zunahme der Landnutzungsfläche von 30,2 % (1960) auf 49,2 % (1995) eine Abflusserhöhung von +24 % (+88 mm) an. Gegenüber dem „paired catchment"-Ansatz führt der Skalenwechsel zur deutlichen Abschwächung der Waldkonversionsauswirkungen, was mit der zunehmenden Heterogenität der Oberflächenbedeckung mit schnellem Aufwuchs von Sekundärvegetation auf Brachflächen zusammenhängt.

Tab. 3 Jährliche Wasserhaushaltskomponenten für Regenwald (R) und Weideland (W) in Amazonien (Kleinsteinzugsgebiete, in mm)

Einzugsgebiet	Ostamazonien[1]		SW-Amazonien[2]		Zentral-Amazonien[3]
	R	W	R	W	R
Lage	2°59'S/47°31'W		10°18'S/62°52'W		03°08'S/60°02'W
Fläche (ha)	0,33	0,72	1,37	0,73	1,3
N_J	1790	1790	2184*	2184*	2209
A_J	46	320	17	378	716
aET_J	1629	1419	(2167)	(1806)	1493
aET (mm/d)	4,5	3,9	(7,8)	(6,5)	4,1
N/A (%)	2,6	17,8	0,8	17,3	32,4

1 de Moraes et al. 2006 (Alter der Weide: 30 Jahre)
2 Chaves et al. 2008
3 Leopoldo et al. 1995
* Messzeitraum Regenzeit August 2004 – April 2005 (keine geschlossene Wasserbilanz)

Eine Auswertung von 13 Studien mit meteorologisch-physikalischer Verdunstungsbestimmung (Penman, Budyko, Thornthwaite) sowie Wasserdampftransport anhand 20-jähriger Reanalysedaten (NCEP/NCAR) zeigt für das Amazonasbecken eine durchschnittliche Tagesverdunstung (aET) von 3,1 – 4,6 mm (Costa et al. 2003). Regenwald- und Weideverdunstung (Tab. 3) befinden sich somit innerhalb dieser Wertespanne.

Auch die plot-basierten Ergebnisse des ABRACOS-Projektes (Lean & Rowntree 1997) belegen eine Abflusserhöhung von +18 % und eine Verdunstungsminderung von -19 % bei Übergang von Regenwald zu Weideland (Tab. 4).

Tab. 4 Klima- und Wasserhaushaltskomponenten im plot-Vergleich von Regenwald und Weideland (ABRACOS-Projekt)

Parameter	Regenwald	Weide	Δ (%)
Oberflächentemperatur	23.8	26.1	+ 10
Niederschlag (mm/d)	6.56	6.13	- 7
Evapotranspiration (mm/d)	4.32	3.51	- 19
Interception (mm/d)	1.56	1.07	- 31
Bodenfeuchte (mm)	346.0	150.4	- 57
Abfluss (mm/d)	2.21	2.60	+ 18
Oberflächenabfluss (mm/d)	0.52	2.22	+ 327

n. Lean & Rowntree 1997

4.2 Änderung der Wasserbilanz in Nopu durch fortschreitende Waldkonversion

Zentrale Fragen der experimentellen Untersuchungen im Einzugsgebiet Nopu waren (Gerold 2010):

1. Wie beeinflusst die Waldkonversion die Wasserbilanzkomponenten und den Abfluss?
2. Welche Auswirkungen hat eine zukünftig fortschreitende Umwandlung von Regenwald in Kakaoplantagen auf den Abfluss (Landnutzungsszenarien)?

Bedingt durch die Kontrollschwäche und fehlendes Durchsetzungspotenzial der Nationalparkverwaltung nahmen am Rande des Lore Lindu-Nationalparks die slash & burn-Aktivitäten ab 2003/2004 deutlich zu (Erasmi et al. 2004). Anhand von Satellitenbildern und der Vor-Ort-Detailkenntnis seit 2001 wurde die Entwicklung der Landnutzungsänderung von 2001 über 2004 bis 2007 quantitativ erfasst (Tab. 5, Abb. 3).

Tab. 5 Waldkonversion und Landnutzungsentwicklung in den Nopu-Teileinzugsgebieten W2 und W3 von 2001 bis 2007 (W2 = 101,9 ha; W3 = 80,6 ha)

Jahr	2001				2004				2007			
	W3		W2		W3		W2		W3		W2	
Landnutzung	ha	%	ha	%	ha	%	ha	%	ha	%	ha	%
Regenwald	80.6	100	83.7	*82.1*	76.5	94.9	39.4	*38.7*	62.8	77.9	15.4	*15.1*
Sekundärwald			5.0	4.9	3.0	3.7	30.5	29.9	8.5	10.5	22.0	21.6
Mosaik[1]			3.5	3.4	1.0	1.3	21.1	20.7	3.7	3.0	27.5	27.0
Kakaopflanzung			7.4	7.3	0.03		7.0	6.9	1.7	1.4	23.0	22.6
Annuelle Kult.[2]			2.2	2.2	0		1.9	1.9	1.0	0.8	10.5	10.3

Quelle: IKONOS 07.01.2001, Quick Bird 23.06.2004, Quick Bird 27.05.2007
[1] Mischung aus Kakao, annuelle Kultur, Naturwaldflecken und Sekundärwald
[2] Mischung aus annuellen Kulturen – meist Mais, Cassava, Erdnuss

Von 2001 bis 2004 nahm die naturnahe Regenwaldfläche bereits um 52 % ab, sodass der Landnutzungsanteil am Teileinzugsgebiet W2 von 12,9 % auf 29,5 % anstieg. Nach 2004 erfolgte nochmals eine Abnahme von über 50 % auf einen Regenwaldanteil von nur noch 15 %, wobei nach 2004 vor allem junge Kakaopflanzungen entstanden. Das obere Einzugsgebiet (W3) kann mit 78 % Regenwald auch bis 2007/2008 weiterhin als naturnahes Teileinzugsgebiet betrachtet werden. Die Rodung erfolgte mittels Brandrodung manuell und auch der Anbau (im 1. Jahr meist Mais) sowie das Setzen der jungen Kakaobäume erfolgte manuell mit der Hacke. Untersuchungen zum Infiltrationspotenzial nach Brandrodung mit Messungen der gesättigten Wasserleitfähigkeit (Gerold 2008) zeigten für die neuen Anbauflächen noch hohe Werte von 100 – 150 mm h^{-1}, während ältere Kakaoböden (15 Jahre) bereits eine Abnahme von k_{sat} auf 30 – 40 mm h^{-1} zeigten (Regenwald 150 – 300 mm h^{-1}).

Mit der Abflusserfassung seit 2002 für die Teileinzugsgebiete W2 und W3 kann der Einfluss der Landbedeckung (Zunahme der Waldrodung) nicht als alleinige Ursache für Änderungen interpretiert werden. Bei in den ersten Jahren weiterhin hohen Infiltrationsbedingungen der Braunerden (Cambisols n. FAO-WRB) auf den Brandrodungsflächen bedingen vor allem veränderte Interzeptions- und Transpirationsbedingungen mit Erhöhung des Bestandsniederschlags und der Bodenfeuchte die Abflussveränderungen. Zu berücksichtigen ist ferner die hohe Varianz der tropischen Jahresniederschläge mit einer Spanne von 2090 mm (W3-Teileinzugsgebiet; leichtes El Niño-Jahr 2004) und 3193 mm in 2007.

Betrachtet man die Jahre mit ähnlich hohen Niederschlägen (2002, 2003, 2005, 2006, 2008), so steigt der Abflusskoeffizient in Teileinzugsgebiet W2 von 44 % (2002/2003) auf 52 % (2005) mit + 240 mm, um dann noch einmal auf 63 % (2008) anzusteigen (+ 340 mm) (Abb. 7). Dem steht im Teileinzugsgebiet W3 ein

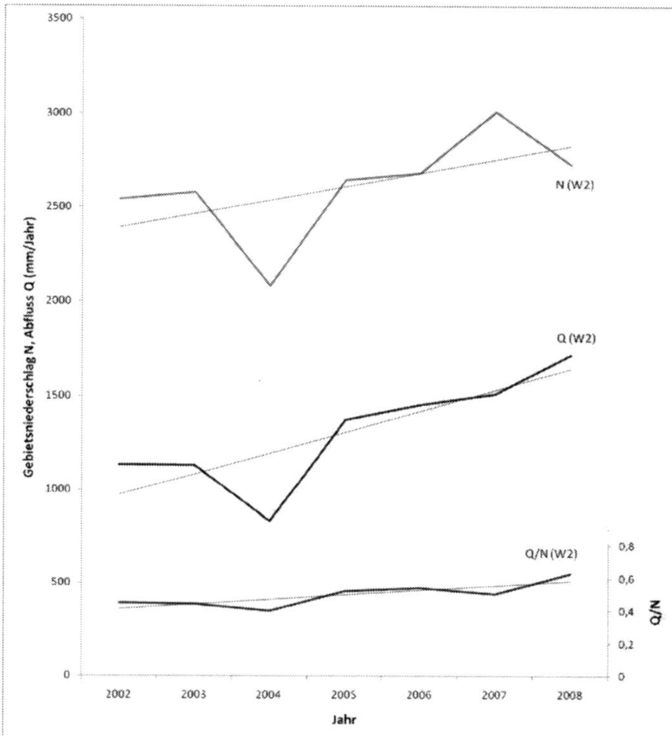

Abbildung 7: Entwicklung von Gebietsniederschlag und Abfluss im Teileinzugsgebiet W2

Anstieg von ca. 31 – 35 % (2003/2005) auf 37 % (2008) gegenüber. Bei vergleichbarem Jahresniederschlag (2005, 2006, 2008) ist der Abfluss absolut kaum angestiegen (Tab. 6). Damit liegt die absolute Abflusszunahme bei einer Reduktion der Regenwaldbedeckung von 82 % auf 39 % (2001 – 2004/2005 Tab. 5) im Bereich der von Bruijnzeel angegebenen 100 – 300 mm (2004, Fig. 2). Die weitere Waldkonversion auf 15 % Deckungsanteil mit einer Abflussänderung von +580 mm (2003 zu 2008) befindet sich im oberen Wertebereich von Bruijnzeel (2004). Bei hohen Jahresniederschlägen (2005 – 2007) bleibt im Waldeinzugsgebiet der Hochflutabfluss mit 10 mm d^{-1} (Q5) stabil, während er im Konversionsgebiet ansteigt (Tab. 6). In niederschlagsreichen Jahren wie 2007 werden hohe Tagesniederschläge auch im Waldeinzugsgebiet aufgrund gesättigter Böden rasch in direkte schnelle Abflusskomponenten (oberflächennaher Interflow) umgesetzt. Eine Abflusskomponentenseparation mittels digitaler Filterung (TSPROC n. Doherty 2003) weist im Jahresmittel dem Direktabfluss (schneller Interflow und Oberflächenabfluss) einen Anteil von 35 % (W3) und 27 % (W2) zu. Hochflutereignisse erreichen Maxima direkter Abflussanteile von

88 % (W2) und 93 % (W3) pro Stunde, bedingt durch die relativ geringe Grundwasserspeicherkapazität (57 mm bei W3, 82 mm bei W2) und hohe Hangneigungen im obersten Teileinzugsgebiet (KLEINHANS 2003). – Betrachtet man die Entwicklung der Hochflutereignisse ($\geq$ 5 mm d^{-1}) in beiden Teileinzugsgebieten, so wird die Tendenz erhöhter Abflüsse bei W2 durch die Waldkonversion bestätigt. Von 44 – 62 Tagen (2003, 2005) erhöhten sich die Hochwassertage pro Jahr auf 102 (W2, 2008), während W3 54 Hochwassertage hat (2008) (Tab. 6).

Tab. 6 Wasserbilanzkomponenten Gebietsniederschlag (N), Abfluss (Q), Verdunstung (aET) und hydrologische Kennzahlen (Qc, Q5, Hochfluten) im Vergleich beider Teileinzugsgebiete W3 (Naturwald) und W2 (Waldkonversion) von 2002 – 2008

Jahr/Pegel	Gebietsniederschlag N (mm)	Abfluss Q (mm)	aET (mm)	Qc (% of P)	Q5 (mm d^{-1})*	Hochfluten (n)**
2002/W3	2550	729	1821	28,6	9,2	33
2002/W2	2542	1138	1404	44,8	5,0	32
2003/W3	2734	849	1885	31,1	7,1	33
2003/W2	2579	1133	1446	43,9	4,4	44
2004/W3	2090	353	1737	16,8	2,2	0
2004/W2	2081	830	1251	39,9	2,8	0
2005/W3	2942	1032	1910	35,1	10,8	44
2005/W2	2645	1376	1269	52,0	5,2	62
2006/W3	2843	1049	1794	36,9	10,6	56
2006/W2	2682	1455	1227	54,3	5,3	113
2007/W3	3193	1356	1837	42,4	10,0	75
2007/W2	3013	1512	1501	50,2	6,8	74
2008/W3	2950	1096	1854	37,2	10.2	54
2008/W2	2726	1719	1007	63,1	7,2	102

* 5 % der Tage im Jahr besitzen einen gleichen oder größeren Tagesabfluss
** Hochfluten bemessen am Pegelstand W3 = 0,10 m (4.030 m^3 d^{-1}) und W2 = 0,13 m (9.120 m^3 d^{-1})

Betrachtet man die Gebietsverdunstung aus der Wasserbilanz, so zeigt sich, dass der submontane immergrüne Regenwald eine Jahresverdunstung von ca. 1850 mm aufweist (Transpiration ca. 1330 mm), was bei Vergleich mit anderen Einzugsgebieten in SE-Asien und tropischen Regenwaldgebieten recht hoch erscheint (BRUIJNZEEL 1990). Für Kontinentalränder und Inseln mit hohem Niederschlag werden jedoch für den Regenwald auch Jahresverdunstungen von 2000 – 2400 mm angeführt (BRUIJNZEEL & HAMILTON 2000). Die mittlere Tagesevapotranspiration von 4,8 – 5,2 mm liegt damit über den plot- und Kleinsteinzugsgebietsergebnissen (Tab. 3; 4). Für Regenwaldbäume in

Zentralsulawesi (DIERICK et al. 2010) und Vietnam (GIAMBELLUCA et al. 2003) werden tägliche Transpirationsraten von 4,6 mm d^{-1} aufgeführt. Für das Konversionsgebiet mit heterogener Vegetationsbedeckung (s. Tab. 5) reduziert sich die Verdunstung gegenüber dem Regenwald um ca. 1,5 mm d^{-1}. Von 2005/2006 zu 2008 reduziert sich die Gebietsverdunstung noch einmal deutlich auf 2,8 mm d^{-1}, was mit der verstärkten Umwandlung von Sekundärbuschflächen und annuellen Kulturen (Mais) in neue Kakaopflanzungen zusammenhängen kann (offene Bodenflächen mit geringer Vegetationsbedeckung).

Wasserhaushaltssimulation

Basierend auf der Modellkalibration mit WASIM-ETH (s. 3.3) wurden für das Nopu-Einzugsgebiet drei Extremszenarien simuliert (KLEINHANS 2003). Zum einen wurde der Abfluss bei voller Bewaldung rekonstruiert, dann die Veränderung bei kompletter Entwaldung hin zu annuellen Kulturen (Brandrodungsfeldbau mit Mais/Cassava) und die komplette Entwaldung zugunsten von Kakaokulturen (Tab. 7).

Tab. 7 Simulierte Wasserbilanzen mit WASIM-ETH im Nopu-Einzugsgebiet für unterschiedliche Landnutzungsszenarien (Wald, Kakao, annuelle Kulturen) im Vergleich zur realen Landnutzung 2002

Simulierte Wasserbilanz [mm y^{-1}]	Landnutzung 2002	Landnutzungsszenarien					
		Wald	[%]	Kakao	[%]	Annuelle Kultur	[%]
Gebietsniederschlag	2360	2360	–	2360	–	2360	–
Interception	409	480	17,4	309	-24,4	114	-72,1
Bestandsniederschlag	1951	1880	-3,6	2051	5,1	2246	15,1
Evapotranspiration	1436	1526	6,3	1219	-15,1	1346	-6,3
Abfluss	987	923	-6,5	1153	16,8	1064	7,8
Oberflächenabfluss	227	181	-20,3	318	40,1	414	82,4
Interflow	489	476	-2,7	542	10,8	403	-17,6
Basisabfluss	271	266	-1,8	293	8,1	247	-8,9
Speicheränderung	-63	-89	41,3	-12	-81,0	-50	-20,6

Die simulierte Abflusszunahme von +140 – 230 mm (Mais/Kakao) gegenüber dem Waldszenario liegt in der experimentell ermittelten Größenordung von Teileinzugsgebiet W2, wenn man die Jahre 2002/2003 und 2005/2006 vergleicht und dabei erhöhte Jahresniederschläge in 2005/2006 (ca. 100 mm) berücksichtigt. Die stärkere Reduktion der Verdunstung bei Kakao gegenüber Mais ist simulationsbedingt durch den hohen minimalen Oberflächenwiderstand (Rc) gegenüber Mais in der Modellparametrisierung (KLEINHANS 2003, S.92). In der Tendenz bestätigt wird dies durch sehr geringe Transpirationsraten von Kakaobäumen (0,47 mm d^{-1}) gegenüber Regenwaldbäumen in Zentralsulawesi

(z. B. *Swietenia macrophylla* 2,38 mm d^{-1}), abgeleitet von Saftflussmessungen (Dierick et al. 2010).

Deutlich wird die hohe Zunahme der Oberflächenabflusskomponente (Tab. 7) bei annuellen Kulturen und der erhöhte Anteil von Interflow, außerdem eine leichte Basisabflusszunahme beim Kakaoszenario.

4.3 Landnutzungs- und Klimaszenarien im Gumbasa-Einzugsgebiet

Wasserbilanzkomponenten

Für das gesamte Gebiet und die Teileinzugsgebiete des Gumbasa (Abb. 4) sind die simulierten Wasserbilanzkomponenten für das Bezugsjahr 2002/2003 in Tab. 8 zusammengestellt. Mit einem Abflussanteil von 30 – 41 % des Gebietsniederschlags liegen die drei Teileinzugsgebiete in der Größenordnung des bewaldeten oberen Nopu-Teileinzugsgebietes, was zusammen mit der geringen Oberflächenabflusskomponente den Einfluss der noch hohen Waldbedeckung anzeigt. Der im Sopu-Teileinzugsgebiet deutlich niedrigere simulierte Basisabfluss ist durch die deutlich höhere Reliefenergie mit verringerter Infiltration bedingt. Die Interceptionsverdunstung liegt im Bereich tropischer Regenwälder (Bruijnzeel 1990) und wird bestätigt durch die in Nopu (Gutzler et al. 2010) und Toro (Dietz et al. 2006) im submontanen Regenwald gemessenen Werte. Ebenso ist die Abnahme der Verdunstung zum Teileinzugsgebiet Lake Lindu hin aufgrund der mittleren Höhendifferenz von ca. +150 m plausibel.

Tab. 8 Wasserbilanzkomponenten im Gumbasa-Einzugsgebiet (mit WASIM-ETH simulierter Zeitraum 01.09.2002 – 31.08.2003, in % von N)

Wasserbilanz [%]			Lake Lindu		Sopu		Takkelemo		Gumbasa	
Gebietsniederschlag			*2192 mm*		*2080 mm*		*2259 mm*		*2150 mm*	
(%) Anteil Waldbedeckung			95		95		79		82	
Interception			19		24		23		22	
Oberflächenabfluss			9		9		3		5	
Infiltration			71		66		74		73	
Evaporation + Transpiration			43		48		45		56	
Interflow			30		20		31		21	
Basisabfluss			20		9		19		16	
Abfluss Gesamt,	*(%*	*mm)*	*41*	*896*	*30*	*624*	*36*	*804*	*27*	*590*
aET Gesamt	*(%*	*mm)*	*59*	*1296*	*70*	*1456*	*64*	*1455*	*73*	*1560*
Speicheränderung			18		8		17		13	

Auch die simulierte Gebietsverdunstung mit 1300 – 1560 mm pro Jahr befindet sich im Bereich anderer mesoskaliger Einzugsgebiete in SE-Asien (Bruijnzeel 1996; Leemhuis 2005, Fig. 6.10), liegt jedoch deutlich niedriger als in Nopu. Neben dem

Einfluss von Regionalklima, Topographie und Vegetationstypen beeinflusst auch der Skalensprung (Nopu gegenüber Gumbasa) Genauigkeit und Größenordnung der Wasserhaushaltskomponenten. Ferner fehlen langjährig gemessene regionale Vegetationsmodellparameter (wie stomatäre Leitfähigkeiten, Durchwurzelungstiefe) für die Wasserhaushaltssimulation (Modellunsicherheiten).

Landnutzungs- und Klima-Szenarien (ENSO-Szenarien)

Fortschreitende Waldkonversion mit einer Jahresrate von 0,6 % in Zentralsulawesi zugunsten landwirtschaftlicher Nutzungsflächen prägen die jüngste Entwicklung (Erasmi et al. 2007). Dabei dominiert illegale Holzentnahme im Nationalpark und Expansion der Kakaoanbauflächen, die in der STORMA-Projektregion (Fig. 1 in Erasmi et al. 2007) ca. 19.000 ha umfassen (2,6 %). Dabei befinden sich 80 % der Anbauflächen unterhalb von 1200 m ü.M. (Erasmi et al. 2007). Die Wasserhaushaltssimulation für ein Jahr mit realer Waldkonversion ergibt daher mit 0,2 % Jahresabflusszunahme ein nicht signifikantes, aber nachvollziehbares Ergebnis (Leemhuis et al. 2007).

Zur Langfristabschätzung der fortschreitenden Rodungswirkung wurden daher zwei Landnutzungsszenarien gebildet: (A1) Waldkonversion mit annuellen Kulturen (Mais als Leitkultur) bis 1.200 m ü.M. und (A2) Kakaopflanzungen bis 1.200 m ü.M..; oberhalb dieser Kulturen jeweils natürlicher Regenwald. Niederschlagsbezug ist das Jahr 2002/2003 der Simulationsperiode (s. 3.3). Das A1-Szenario zeigt einen starken Anstieg des Jahresabflusses von 36 – 42 % im Gumbasa-Einzugsgebiet (200 – 300 mm), während im A2-Szenario der Abfluss um 22 – 24 % (100 – 200 mm) zunimmt. Abb. 8 zeigt, dass vor allem die Hochflutspitzen mit der Waldkonversion deutlich zunehmen, mit starkem Anstieg beim A1-Szenario. Im Jahresverlauf ist beim mittleren Hochwasserabfluss während der niederschlagsreichsten Jahresphasen März bis Mai und sekundär November die stärkste Abflusszunahme zu verzeichnen (MHq + 1 mm d^{-1} (A2), + 2,5 – 3 mm d^{-1} (A1), Leemhuis et al. 2007). Dies entspricht der im Nopu-Einzugsgebiet gemessenen Zunahme von Q5 (Tab. 6). Die Simulations- wie auch die Messergebnisse in Nopu belegen, dass die Waldkonversion einen höheren Einfluss auf die Hochwasserführung hat als auf die Niedrigwasserführung (Trockenwetterabfluss, MNq $< +0{,}25$ mm (A1)–nicht signifikant). Die Landnutzungsszenarien zeigen somit einen höheren Einfluss auf die Hochwasserführung als auf die Niedrigwasserführung.

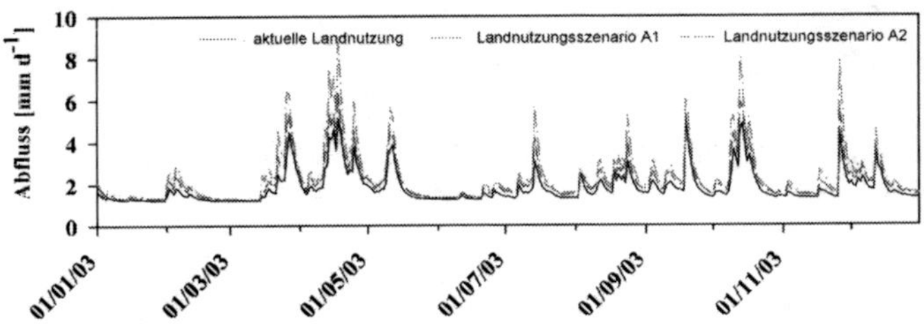

Abbildung 8: Szenario-Simulation des Tagesabflusses (Gumbasa-Einzugsgebiet) mit zwei Landnutzungsentwicklungen (A1 = Regenwaldkonversion ≤ 1.200 m ü.M. mit annuellen Kulturen (Mais); A2 = Regenwaldkonversion ≤ 1.200 m ü.M. in Kakaoplantagen

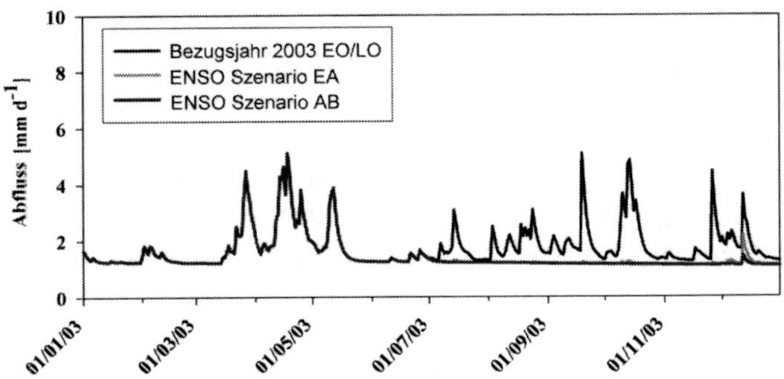

Abbildung 9: Szenario-Simulation des Tagesabflusses (Gumbasa-Einzugsgebiet) mit zwei ENSO- Ereignissen (El Nino) (EA = Durchschnittsjahr mit Niederschlagsabnahme 1.07.–30.11. 2003 von -60 %; EB = Extremjahr mit Niederschlagsabnahme von -90 %

ENSO-Szenario

ENSO-Jahre haben in SE-Asien einen signifikanten Einfluss auf das Regionalklima. Sie bewirken eine Niederschlagsanomalie, die sich in Zentralsulawesi von Juni bis Oktober mit einer ausgeprägten Trockenheit bemerkbar macht (Aldrian 2003). Trockenjahre durch El Niño waren 1982, 1987, 1991, 1997, 2004 – wobei in 1982/83 und 1997/98 extreme Niederschlagsanomalien auftraten. Anhand der verfügbaren längeren Niederschlagsdaten (1981 – 1999, Tages- und Monatsdaten) von 5 Klimastationen im Untersuchungsgebiet (Abb. 4) wurden statistisch zwei ENSO-Szenarien abgeleitet: ein „Normal-ENSO-Jahr EA" mit dem Mittel der Jahre 1987/1991/1994/1997 und ein „Extrem-ENSO-Jahr EB" mit dem Jahr 1997. Anhand des Niederschlagsmessnetzes im Projektgebiet (8 IMPENSO- und 5 STORMA-Stationen) wurde relief- und lageabhängig eine ENSO-Bezugsstation jeweils für die Regionalisierung der Gebietsniederschläge verwandt (Leemhuis 2005). Als „Normaljahr" für die Abflussmodellierung konnte 2003 herangezogen werden (Gerold et al. 2008). Für die Abflussmodellierung der zwei ENSO-Szenarien wurden nur die Niederschlagsanomalien berücksichtigt, ohne Rückkopplungseffekte mit weiteren Klima-, Vegetations- und Bodenparametern einzubeziehen.

Im Szenario EA reduziert sich der Jahresniederschlag um 25 %, für den Zeitraum 1.07.–30.11.2003 um 60 %, im Extremjahr EB um 26 % und um 90 % von Juli bis November. Aus der Modellsimulation ergibt sich eine nur geringe Verminderung der Verdunstung (aET, Tab. 9) von 3 %. Dies deutet darauf hin, dass die Wasserversorgung der Vegetation auch über die ENSO-Monate aus der ungesättigten Bodenzone vom ersten Halbjahr her gedeckt wird. Erst mit der kombinierten Anwendung des ENSO- und Landnutzungsszenarios reduziert sich die Verdunstung entsprechend der Vegetationsänderung (Tab. 9). Für beide ENSO-Szenarien ergibt sich eine Abnahme des Abflusses aufgrund der fehlenden Abflussspitzen und vorherrschenden Trockenwetterabflusses (Abb. 9) von 32 % bzw. 33 %! Vergleicht man dies mit der Abflussabnahme in Nopu im gegenüber 2003 trockenen Jahr 2004 (Tab. 6, N -20-25 %), so wurde dort eine Abflussreduktion von -27 % (W2) und -59 % (W3) gemessen. Ähnlich wie im Gumbasa-Einzugsgebiet besitzt das Teileinzugsgebiet W2 ein höheres Grundwasserspeichervolumen (für mittlere Niedrigwasserspende MNQ des Basisabflusses bei W2 2-fach gegenüber W3, Kleinhans 2003), sodass die Abflussreduktion im flachgründigen, steilen obersten Teileinzugsgebiet deutlich stärker ausfällt (W3). Bei den Gumbasa-Teileinzugsgebieten fällt die Abflussreduktion im fast voll bewaldeten Lindu-Teileinzugsgebiet mit 24 % niedriger aus, was vor allem mit der geringeren Abnahme der Niederschläge und der Verdunstung zusammenhängt.

Tab. 9 Wasserhaushaltsbilanz 2002/2003 im Vergleich zu ENSO- und Landnutzungsszenarien im Gumabasa-Einzugsgebiet (Δ = Änderung von Niederschlag, Verdunstung und Abfluss in % zu Kontrolljahr 2002/2003)

Szenario	Einzugsgebiet Waldanteil (%)	Niederschlag		Verdunstung		Abfluss	
		N (mm)	Δ (%)	aET (mm)	Δ (%)	Q (mm)	Δ (%)
Klima und Landnutzung 2003/2002 E0/L0	Gumbasa (82)	2150	-	1543	-	590	
	L. Lindu (95)	2192	-	1295	-	896	
	Takkelemo(79)	2259	-	1428	-	804	
Klima 2003/2002 und annuelle Kultur[1] E0/A1	Gumbasa (45)	2150	-	1265	-20.0	838	42.0
	L. Lindu (65)	2192	-	1112	-14.1	1218	35.9
	Takkelemo (39)	2259	-	1124	-21.3	1113	38.4
Klima 2003/2002 und Kakao-Anbau[2] E0/A2	Gumbasa (45)	2150	-	1361	-11.8	724	22,7
	L. Lindu (65)	2192	-	1144	-11.7	1097	22.4
	Takkelemo (39)	2259	-	1222	-14.4	1000	24.4

(Fortsetzung)

Szenario	Einzugsgebiet Waldanteil (%)	Niederschlag		Verdunstung		Abfluss	
		N (mm)	Δ (%)	aET (mm)	Δ (%)	Q (mm)	Δ (%)
Durchschnitts-ENSO und Landnutzung 2003 EA/L0	Gumbasa (82)	1614	-24.9	1496	-3.0	401	-32.0
	L. Lindu (65)	1710	-22.0	1281	-1.1	684	-23.6
	Takkelemo (39)	1724	-23.7	1423	-0.4	561	-30.2
ENSO 1997 und Landnutzung 2003 EB/L0	Gumbasa (82)	1586	-26.2	1487	-3.1	397	-32.7
	L. Lindu (65)	1699	-22.5	1279	-1.2	684	-23.6
	Takkelemo (39)	1709	-24.4	1421	-0.5	557	-30.7
ENSO 1997 und annuelle Kultur[1] EB/A1	Gumbasa (45)	1586	-26.2	1234	-19.6	606	-2.7
	L. Lindu (65)	1699	-22.5	1088	-16.0	827	-7.7
	Takkelemo (39)	1709	-24.4	1110	-22.3	804	-0.0
ENSO 1997 und Kakao- Anbau[2] EB/A2	Gumbasa (45)	1586	-26.2	1351	-12.0	515	-12.7
	L. Lindu (65)	1699	-22.5	1167	-9.9	769	-14,2
	Takkelemo (39)	1709	-24.4	1239	-13.2	715	-11.1

[1] Waldkonversion mit annuellen Kulturen (Mais) bis 1200 m ü.M.
[2] Waldkonversion mit Kakaopflanzungen bis 1200 m ü.M.

Die Einzugsgebietscharakteristik, sprich der höhere Waldanteil in höheren Lagen (L. Lindu-Teileinzugsgebiet) sowie die hohe räumliche Niederschlagsvarianz, muss bei der Bewertung des ENSO-Effektes mit höherer Abflussvarianz bei Takkelemo und Gumbasa berücksichtigt werden. Die wenigen Studien aus den Tropen (Amarasekera et al. 1996; Anderson et al. 2001; Cluis 1998) zeigen, dass ENSO-Ereignisse zu höherer interannueller Abflussvarianz führen und dass vor allem der mittlere Abfluss und der Niedrigwasserabfluss betroffen sind. Die Kombination aus ENSO und Waldkonversion (Szenario EB/A1, EB/A2) führt zu einer deutlichen Zunahme der Abflussvarianz sowohl mit höheren mittleren Hochwasser- wie niedrigeren mittleren Niedrigwasserspenden im Jahresverlauf (s. Leemhuis 2005, Fig. 7.6). Die Jahresabflussreduktion während der ENSO-Trockenphase wird aufgrund höherer Abflusswellen in der ersten Jahreshälfte zum Teil kompensiert (Tab. 9).

5 ENSO-Ereignisse und Regenwaldkonversion – global vergleichbare hydrologische Auswirkungen?

Während die Auswirkungen der ENSO-Klimaanomalien auf das Niederschlagsgeschehen weltweit untersucht und dokumentiert wurden (Aldrian 2003; Marengo 1992; Liebmann & Marengo 2001), sind Arbeiten zu hydrologischen Konsequenzen und Konnektionen selten. Auch wenn die Skala mit den eigenen Untersuchungen in Indonesien nicht vergleichbar ist, so zeigen die Untersuchungen zu den Auswirkungen von El Niño auf den Wasserhaushalt in

Amazonien doch in der Tendenz eine Abnahme der Abflussmenge infolge abnehmender Niederschläge während der Hauptregenzeit (Foley et al. 2002). Dabei sind Niederschlagsabnahme und Abflussreduktion auf die nördlichen und südöstlichen Teileinzugsgebiete konzentriert und je nach betrachtetem Zeitraum im Amazonasbecken sehr unterschiedlich. So geben Richey et al. (1989) basierend auf dem Zeitraum 1903 – 1985 eine Korrelation von El Niño-Jahren mit der Niedrigwasserführung des Amazonas (Station Manacapurú) an, was für den Zeitraum 1985 – 1993 von Zeng (1999) an der Station Obidos bestätigt wird, während Foley et al. (2002) für den Zeitraum 1970 – 1995 keine signifikante Korrelation feststellen können. Zum einen wirken sich ENSO-Jahre regional sehr differenziert auf das Niederschlagsgeschehen in Amazonien aus, zum anderen sind die Ursachen von Trockenjahren in Amazonien vielschichtig und nicht allein auf El Niño zurückzuführen. So korrelieren im Zeitraum 1970 – 1995 von sechs ausgeprägten Trockenjahren mit extrem niedriger Wasserführung des Amazonas am Unterlauf (Obidos) nur drei statistisch signifikant mit El Niño (Foley et al. 2002). Die jüngsten extremen Trockenjahre in Amazonien 2005 und 2010 können mit auf den Einfluss der Oberflächentemperaturanomalien des tropischen Nordatlantik zurückgeführt werden (Marengo et al. 2008; Lewis et al. 2011). Die analysierten El Niño-Jahre in Amazonien beeinflussten in stärkerem Umfang das Niederschlags- und Abflussgeschehen in SE-Brasilien (südl. Amazonaszuflüsse) mit einer Abflussabnahme von 8 – 10 % (Foley et al. 2002, Fig. 10). Zu berücksichtigen ist jedoch, dass gerade die oberen Einzugsgebiete von Rio Tapajos, Xingu und Tocantins seit den 90iger-Jahren verstärkt Rodungsprozessen unterliegen (Soares et al. 2006).

Während plot-basierte und „paired catchment"-basierte Untersuchungen mit der Waldrodung eine deutliche Zunahme von Abflussmenge und Abflussvarianz belegen, führt der Übergang in die Makroskala mit dem Amazonasbecken aufgrund der regional differenzierten Auswirkungen auf Niederschlags- und Verdunstungsgeschehen sowie unterschiedlicher GCM-Modelle zu teilweise kontroversen Ergebnissen. Mit der Entwaldung (Szenario business as usual bis 2050) ist generell eine Abnahme der Verdunstung gegeben. Die jedoch je nach GCM-Modell unterschiedliche Prognose der Niederschlagsänderung von deutlicher Abnahme (-1 mm d^{-1}) bis zu deutlicher Zunahme (+1 mm d^{-1}) führt in der langjährigen Wasserhaushaltsbilanz zu Zu- wie Abnahmen des Abflusses (Tab. 10). So steht mit den jüngeren GCM-Modellsimulationen einer Abflussabnahme von –0,50 mm d^{-1} (CCM2-Modell) eine Abflusszunahme von +0,92 mm d^{-1} (ECHAM4) gegenüber.

Tab. 10 Entwaldungskonsequenzen in Amazonien für den Wasserhaushalt (Simulationsergebnisse für 2050 nach unterschiedlichen GCMs)

Autoren	GCM	Δ T (°C)	Δ N (mm/d)	Δ aET (mm/d)	Δ Q (mm/d)
Lean & Warrilow 1989	UKMO	+ 2,40	-1,43	-0,85	-0,40
Nobre et al. 1991	NMC	+2,50	-1,76	-1,36	-0,40
Henderson-Sellers et al. 1993	CCM1	+0,60	-1,61	-0,64	-0,90
Lean & Rowntree 1993	UKMO	+2,10	-0,81	-0,55	-0,20
Dirmeyer & Shukla 1994	COLA	+2,00	+0,24	-0,31	+0,02
Polcher & Laval 1994	LMD	+3,80	+1,08	-0,27	+3,70
Sud et al. 1996	GLA	+2,00	-1,48	-1,22	-0,26
Manzi & Planton 1996	EMERAUDE	-0,50	-0,40	-0,31	+0,33
Lean et al. 1996	HC	+2,30	-0,43	-0,81	+0,39
Lean & Rowntree 1997	HC	+2,30	-0,27	-0,76	+0,51
Hahmann & Dickinson 1997	CCM2	+1,00	-0,99	-0,41	-0,50
Costa & Foley 2000	GENESIS	+1,40	-0,70	-0,60	-0,10
Kleidon & Heimann 2000	ECHAM4	+2,50	-0,38	-1,30	+0,92
Voldoire & Royer 2004	ARPEGE	-0,01	-0,40	-0,40	-0,01

n. D'Almeida et al. 2007
Δ T = Temperaturänderung, Δ N = Niederschlagsänderung, Δ aET = Verdunstungsänderung, Δ Q = Abflussänderung

Generell kommt es mit der Waldkonversion zu einer Abnahme von Interception und Transpiration, was bei Kurzgrasvegetation (Weideland) nach den GCM-Simulationen zu einer Abnahme der Verdunstung von 165 – 500 mm a^{-1} in Amazonien führt (Werth & Avissar 2002). Nach den GCM-Simulationen (GISS GCM II) kommt es dann mit fortschreitender Entwaldung zu einer Abnahme der Niederschläge und verstärkter Wirksamkeit von El Niño-Jahren (Dürreintensität) (Da Silva et al. 2006). Mit der Anwendung eines regionalen Atmosphärenmodells (RAMS), geeicht für die Jahre 1997 – 2000 und angewandt für Entwaldungsszenarien 2030, 2050 und totale Entwaldung, konnten Da Silva et al. (2006) eine regional deutlich abweichende Niederschlagssimulation aufzeigen. Unter Berücksichtigung von den Rückkopplungseffekten auf die Oberflächenenergiebilanz, vertikalen latenten und fühlbaren Wärmeenergieflüsse, Bewölkung, Topographie und makroskaligem Luftmassentransport (wie Passatströmung vom Atlantik) zeigen die Entwaldungsszenarien regional sehr unterschiedliche Niederschlagsänderungen: Abnahme im Westen, Zunahme im Osten und kaum Änderung im südl.-zentralen Amazonien. El Niño-Jahre führen generell zu einer Niederschlagsabnahme, die allerdings ab 40 % Entwaldung nicht mehr zunimmt. Während die Mehrheit der GCMs eine Abnahme der Niederschläge voraussagt, ändert sich die Niederschlagsmenge über ganz Amazonien gemittelt nach Da Silva et al. (2006) in Normaljahren kaum.

6 Schlussfolgerungen

Standörtliche und experimentelle Kleinsteinzugsgebietsuntersuchungen in den humiden Tropen belegen deutliche Konsequenzen der Regenwaldkonversion auf die Wasserhaushaltskomponenten mit Verdunstungsreduktion und Zunahme von Abflussvarianz und Abflussmenge. Umfang und Art der Abflussänderung in Relation zur Zunahme der Waldrodung und Art der Landnutzungsänderung sind je nach Skala, Einzugsgebietscharakteristik und Veränderung von Vegetations- und Bodenparametern bei ähnlichem Niederschlagsinput sehr unterschiedlich. Die experimentellen Einzugsgebietsuntersuchungen in Zentralsulawesi (Indonesien) belegen bei fortschreitender Waldkonversion eine deutliche Zunahme von Abflussmenge und Hochfluten. Die Anwendung des Wasserhaushaltsmodells WASIM-ETH mit Szenarien für annuelle Kulturen und Kakaoanbau bestätigt die Abflusserhöhung mit einer fast doppelt so hohen Jahresabflusserhöhung bei annuellem Feldbau (Mais) gegenüber Kakaoanbau im Gumbasa-Einzugsgebiet. Dabei ist eine Zunahme der mittleren Hochwasserspende gegeben, während für den Niedrigwasserabfluss keine eindeutigen Veränderungen gegeben sind. Mit Agroforstsystemen tritt jedoch eine Dämpfung der Abflussspitzen gegenüber annuellem Feldbau auf. Ohne Bodenverdichtung kann mit dem Kakaoanbau die sonst häufig bei Waldkonversion zu beobachtende starke Erhöhung der Oberflächenabflusskomponente mit Bodenerosionsgefährdung vermieden werden (Lipu 2007).

Basierend auf der statistisch abgeleiteten Niederschlagsreduktion in der zweiten Jahreshälfte in El Niño-Jahren in Zentralsulawesi wurden Auswirkungen der interannuellen natürlichen Klimaanomalie (ENSO) auf den Wasserhaushalt im mesoskaligen Regenwaldeinzugsgebiet Gumbasa simuliert. El Niño-Ereignisse führen zu einer deutlichen Abflussabnahme (- 32 %), so dass in der zweiten Jahreshälfte die Reisbewässerungsflächen im Palutal auf zwei Drittel eingeschränkt sind (Leemhuis 2005). Ein Vergleich mit Untersuchungsergebnissen zu den Auswirkungen von ENSO-Jahren auf den Wasserhaushalt in Amazonien zeigt für die südlichen Amazonaszuflüsse eine Verringerung der Abflussmenge, macht aber auch die Unsicherheit in der Anwendung der Wasserhaushaltssimulation aufgrund der regionalen Niederschlagsheterogenität und des regional differenzierten Landnutzungswandels deutlich. Eine räumliche Modellierung des Wasserhaushaltes mit Klima- und Landnutzungsszenarien trägt zu einem besseren Verständnis potenzieller Änderungen in Abflussmenge und Hochflutrisiken bei. Für exakte quantitative Prognosen fehlen jedoch gerade in Entwicklungsländern (wie Indonesien) häufig räumlich gut auflösende Einzugsgebietsdaten. Dazu kommt gerade in den Tropen die schnelle Veränderung der Modellparameter nach Auflassen der Anbauflächen (Brache- und Sekundärvegetationsphase) sowie die zunehmende Heterogenität der Landbedeckung durch die Landschaftsfragmentierung (vgl. KRUMMEL et al. 2008). So nähert sich z. B. der latente Wärmestrom der Sekundärvegetation innerhalb von fünf Jahren dem Wert des Regenwaldes an (GIAMBELLUCA 2002).

Eine wissenschaftliche Herausforderung in Erfassung und Simulation der Konsequenzen der Waldrodung und Landnutzungsänderung ist die adäquate Abbildung der heterogenen Einzugsgebietsdifferenzierung mit den Modellparametern. So belegen erste Untersuchungsergebnisse im regionalen Maßstab in Amazonien (fragmentierte Entwaldung 10^2–10^5 km^2), dass durch Waldrandeffekte der Niederschlag um 5 – 10 % ansteigt, was bei einer Verdunstungsreduktion von 5 – 10 % in der Wasserbilanz zu einer leichten Abflusserhöhung führen kann (D'ALMEIDA et al. 2007; MALHI et al. 2008; DA SILVA et al. 2006). Ferner ist die Kopplung des vertikalen Wärmeenergieflusses und der Konvektionsströme mit der makroskaligen Tropenzirkulation zu berücksichtigen. Nach CHEN et al. (2001) kann eine veränderte Tropenzirkulation die Auswirkungen der Regenwaldrodung auf die Niederschläge unterdrücken. Die vorhergesagte Zunahme der Dürregefährdung mit der Waldrodung mit Schwerpunkt im Südosten und Osten Amazoniens nach den GCM-Simulationen (MALHI et al. 2008) muss daher kritisch betrachtet werden.

Literatur

ALDRIAN E. (2003): Simulations of Indonesian Rainfall with a Hierarchy of Climate Models. Dissertation, Universität Hamburg, 159 S.

AMARASEKERA K. N., LEE R. F., WILLIAMS E. R. & ELTAHIR E. (1996): ENSO and the natural variability in the flow of tropical rivers. In: Journal of Hydrology (200) 1 – 4: 24 – 39.

ANDERSON M-L., KAVVAS M. L. & MIERZWA M. D. (2001): Probalistic/ensemble forecasting: a case study using hydrologic response distributions with El Nino Southern Oscillation (ENSO). In: Journal of Hydrology (249) 1 – 4: 134 – 147.

BONELL M. (2005): Runoff generation in tropical forests. In: Bonell M. & Bruijnzeel L. A. (eds.): Forests, Water and People in the Humid Tropics. Cambridge, 314 – 406.

BROWN A., ZHANG L., MCMAHONT T., WESTERN A. & VERTESSY R. (2005): A review of paired catchment studies for determining changes in water yield resulting from alterations in vegetation. In: Journal of Hydrology (310) 1 – 4: 28 – 61.

BRUIJNZEEL L. A. (1990): Hydrology of moist tropical forests and effects of conversion: a state of knowledge review. In: UNESCO Int. Hydrological Programme. Paris: 20 pp.

BRUIJNZEEL L. A. (2004): Hydrological functions of tropical forests: not seeing the soil for the trees? In: Agriculture, Ecosystems & Environment (104) 1: 185 – 228.

BRUIJNZEEL L. A. & HAMILTON L. S. (2000): Decision time for cloud forests. In: IHP Humid Tropics Program Series (13). Paris: 41 pp.

CHAVES J., NEILL CH., GERMER S., NETO S. G., KRUSCHE A. & ELSENBEER H. (2008): Land management impacts on runoff sources in small Amazon watersheds. In: Hydrological Processes (22) 12: 1766 – 1775.

CHEN T. C., YOON J. H., ST.CROIX K. J. & TAKLE E. S. (2001): Suppressing impacts of the Amazonian deforestation by the global circulation change. In: Bulletin of the American Meteorological Society (82), 10: 2209 - 2216.

CLUIS D. (1998): Analysis of long runoff series of selected rivers of the Asia-Pacific region in relation with climate change and El Nino effects. In: Global Runoff Center (Report 21). Koblenz: 61 pp.

COSTA M. H., BOTTA A. & CARDILLE J. A. (2003): Effects of large-scale changes in land cover on the discharge of the Tocantins River, Southeastern Amazonia. In: Journal of Hydrology (283) 1 - 4: 206 - 217.

COSTA M. H. & FOLEY A. (1999): Trends in the hydrologic cycle of the Amazon basin. In: Journal of Geophysical Research (104), D12: 189 - 198.

D'ALMEIDA C., VÖRÖSMARTY C. J., HURTT G. C., MARENGO J. A., DINGMAN S. L. & KEIM B. D. (2007): The effect of deforestation on the hydrological cycle in Amazonia: a review on scale and resolution. In: Int. Journal of Climatology (27) 5: 633 - 647.

DA SILVA R. R., WERTH D. & AVISSAR, R. (2006): The future of the Amazon Basin Hydroclimatology. In: Journal of Climate: 1 - 19.

DIERICK D., KUNERT N., KÖHLER M., SCHWENDENMANN L. & HÖLSCHER D. (2010): Comparison of tree water use characteristics in reforestation and agroforestry stands across the tropics. In: Tscharntke T., Leuschner Ch., Veldkamp E., Faust H., Guhardja E. & Arifuddin B. (eds.): Tropical Rainforests and Agroforests under Global Change. Berlin, 293 - 308.

DIETZ J., HÖLSCHER D., LEUSCHNER C. & HENDRAYANTO A. (2006): Rainfall partitioning in relation to forest structure in differently managed montane forest stands in Central Sulawesi, Indonesia. In: Forest Ecology and Management (237) 1 - 3: 170 - 178.

DOHERTY J. (2003): PEST: Model-Independent Parameter Estimation: Brisbane, Australia: 1 - 9.

ERASMI S., KNIEPER CH., TWELE A. & KAPPAS M. (2007): Monitoring inter-annual land cover dynamics at the rainforest margin in Central Sulawesi, Indonesia. In: Bochenek Z. (ed.): New Developments and Challenges in Remote Sensing. Rotterdam, 297 - 308.

ERASMI S., TWELE A., ARDIANSYAH M., MALIK A. & KAPPAS M. (2004): Mapping deforestation and land-cover conversion at the rainforest margin in Central Sulawesi, Indonesia. In: EARSeLeProceedings (3) 3: 388 - 397.

FAO (2006): Global Forest Resources Assessment 2005: Progress towards sustainable forest management. In: FAO Forestry Paper. FAO, Rome, p 320.

FAO (2009): State of the Worlds forests 2009. FAO, Rome, p 252.

FOLEY J. A., BOTTA A., COE M. T. & COSTA M. H. (2002): El Nino-Southern oscillation and the climate, ecosystems and rivers of Amazonia. In: Global Biogeochemical Cycles (16), 4: 1 - 17.

GEROLD G. & LEEMHUIS C. (2008): Modelling the effects of ENSO-events and rainforest conversion on river discharge in Central Sulawesi (Indonesia) - problems and solutions for coarse spatial parameter distribution. In: Sanchez-Marre M., B'ejar J., Comas J., Rizzoli A. & Guariso G. (Eds.): Int. Congress on Environmental Modelling and Software Integrating Sciences and Information Technology for Environmental Assessment and Decision Making. Barcelona, 553 - 565.

GEROLD G. & LEEMHUIS C. (2010): Effects of "ENSO-events" and rainforest conversion on river discharge in Central Sulawesi (Indonesia). In: Tscharntke T., Leuschner Ch.,

Veldkamp E., Faust H., Guhardja E. & Arifuddin B. (eds.): Tropical Rainforests and Agroforests under Global Change. Berlin, 327 – 350.

Giambelluca T. W. (2002): Hydrology of altered tropical forest. In: Hydrological Processes (16) 8: 1665 – 1669.

Giambelluca T. W., Ziegler A. D., Nullet M. A., Truong D. M. & Tran L. T. (2003): Transpiration in a small tropical forest patch. In: Agricultural and Forest Meteorology (117) 1 – 2: 1 – 22.

Gutzler C., Koehler S. & Gerold G. (2010): A comparison of throughfall rate and nutrient fluxes in rainforest and cacao plantation in Central Sulawesi, Indonesia. In: Tscharntke T., Leuschner Ch., Veldkamp E., Faust H., Guhardja E. & Arifuddin B. (eds.): Tropical Rainforests and Agroforests under Global Change. Berlin, 309 – 326.

Hughes J. B., Daily G. C. & Ehrlich P. R. (1997): Population diversity. Its extent and extinction. In: Science (278) 5338: 689 – 692.

Juhrbandt J., Leuschner Ch. & Hölscher D. (2004): The relationship between maximal stomatal conductance and leaf traits in eight Southeast Asian pioner tree species. In: Forest Ecology Management (202) 1 – 3: 245 – 256.

Kleinhans A. (2003): Einfluss der Waldkonversion auf den Wasserhaushalt eines tropischen Regenwaldeinzugsgebietes in Zentral Sulawesi (Indonesien). Dissertation Universität Göttingen, 137 S.

Krummel T., Hohnwald S., Erasmi S. & Gerold G. (2008): Satellite-based qunatification of tree-dominated pasture degradation stages in north-eastern Paré, Brazil. In: GEOÖKO (29) 3 – 4: 217 – 242.

Lal R. (1993): Challenges in Agriculture and Forest Hydrology in the Humid Tropics. In: Bonell M., Hufschmidt M. M. & Gladwell J. S. (eds.): Hydrology and water management in the humid tropics – Hydrological Research Issues and Strategies for Water Management. Cambridge, 395 – 404.

Laurance W. F. (1998): A crisis in the making: responses of Amazonian forests to land use and climate change. In: TREE (13) 10: 411 – 415.

Lean J. & Rowntree P. R. (1997): Understanding the sensitivity of a GCM simulation if Amazonian deforestation to the specification of vegetation and soil characteristics. In: Journal of Climate (10) 6: 1216 – 1235.

Leemhuis C. (2005): The Impact of El Niño Southern Oscillation Events on Water Resource Availability in Central Sulawesi, Indonesia. A hydrological modelling approach. Dissertation Universität Göttingen, 144 S.

Leemhuis C., Erasmi S., Twele A., Kreilein H., Oltchev A. & Gerold G. (2007): Rainforest conversion in Central Sulawesi, Indonesia: Recent development and consequences for river discharge and water resources – An integrated remote sensing and hydrological modelling approach. In: Erdkunde (61) 3: 284 – 293.

Leopoldo P. R., Franken W. K. & Villa Nova N. A. (1995): Real evapotranspiration and transpiration through a tropical rain forest in central Amazonia as estimated by the water balance method. In. Forest Ecology and Management (73) 1 – 3: 185 – 195.

Lewis S. L., Brando P. M., Phillips O. L., van der Heijden G. M. F. & Nepstad D. (2011): The 2010 Amazon Drought. In: Science (331) 6017: 554

Liebmann B. & Marengo J. A. (2001): Interannual variability of the rainy season and rainfall in the Brazilian Amazon basin. In: Journal of Climate (14) 22: 4308 – 4318.

LIPU S. (2007): Rainforest conversion consequences on the suspended material load and output in the Nopu Catchment in Central Sulawesi, Indonesia. EcoRegio (22), pp 129

MALHI Y., ROBERTS J. T., BETTS R. A., KILLEEN T. J., LI W. & NOBRE C. A. (2008): Climate change, deforestation and the fate of the Amazon. In: Science (319) 5860: 169 - 172.

MARENGO J. A., JONES R., ALVES L. & VALVERDE M. (2009): Future change of temperature amd precipitation extremes in South America as derived from the PRECIS regional climate modelling system. In: Int. Journal of Climatology (29) 15: 2241 - 2255.

MARENGO J. A., NOBRE C., TOMASELLA J., OYAMA M., OLIVEIRA G., DE OLIVEIRA R., CAMARGO H. & MUNIZ L. (2008): The Drought of Amazonia 2005. In: Journal of Climate (21) 3: 495 - 516.

DE MORAES J. M., SCHULER A. E., DUNNE Th., FIGUEIREDO R. DE O. & VICTORIA R. L. (2006): Water storage and runoff processes in plinthic soils under forest and pasture in Eastern Amazonia. In: Hydrological Processes (20) 12: 2509 - 2526.

NABUURS G. J. (2007): Forestry. In: Metz B., Davidson O. R., Bosch P. R., Dave R. & Meyer L. A. (eds): Climate Change 2007: Mitigation. Contribution of Working Group III to the Fourth Asessment Report of the IPCC. Cambridge, 541 - 584.

NASH J. E. & SUTCLIFFE J. V. (1970): River flow forecasting through conceptual models. In: Journal of Hydrology (10) 3: 282 - 290.

NEPSTAD D. C. (2007): Der Teufelskreis am Amazonas. WWF International. Gland, Schweiz,p 23.

RICHEY J. E., NOBRE C. & DESER C. (1989): Amazon river discharge and climate variability: 1903 to 1985. In: Science (246) 4926: 101 - 103.

ROCKSTRÖM J., STEFFEN W., NOONE K., PERSSON A., CGAPIN F. S., LAMBIN E. F., LENTON T. M., SCHEFFER M., FOLKE C., SCHELLNHUBER H. J., NYKVIST B., DE WIT C. A., HUGHES T., VAN DER LEEUW S., ROHDE H., SÖRLIN S., SNYDER P. K., COSTANZA R., SVEDIN U., FALKENMARK M., KARLBERG L., CORELL R. W., FABRY V. J., HANSEN J., WALKER B., LIVERMAN D., RICHARDSON K., CRUTZEN P. & FOLEY J. A. (2009): A safe operating space for humanity. In: Nature (461): 472 - 475.

SOARES-FILHO B. S., NEPSTAD D. C., CURRAN L. M., CERQUEIRA G. C., GARCIA R. A., RAMOS C. A., VOLL E., McDONALD A., LEFEBVRE P. & SCHLESINGER P. (2006): Modeling conservation in the Amazon basin. In: Nature (440): 520 - 523.

WERTH D. & AVISSAR R. (2002): The local and global effects of Amazon Deforestation. In: Journal of Geophysical Research (107), D20: 8087, doi:10.1029/2001JD000717

WILK J., ANDERSSON L. & PLERMKAMON V. (2001): Hydrological impacts of forest conversion to agriculture in a large river basin in northeast Thailand. In: Hydrological Processes (15) 14: 2729 - 2748.

WILLMOT C. J. (1981): On the validation of models. In: Physical Geography (2): 184 - 194.

ZENG N. (1999): Seasonal cycle and interannual variability in the Amazon hydrologic cycle. In: Journal of Geophysical Research (104), D8: 9097 - 9106.

Christina Benighaus / Ortwin Renn

Wahrnehmung und Kommunikation von Naturgefahren

1 Naturkatastrophen und Vulnerabilität

Naturkatastrophen entstehen aus dem Zusammentreffen von Mensch und Natur: ein Naturereignis wird zu einer Naturkatastrophe, wenn es seine zerstörerische Wirkung in einer vom Menschen bewohnten und kultivierten Region entfaltet. Beispiele sind Erdbeben in Haiti, China oder der Türkei, Winterstürme in Europa oder den USA, oder ein Hochwasser an Oder oder Weichsel. Das Ausmaß der Schäden trifft den Menschen selbst, die errichtete Infrastuktur oder Einrichtungen (vgl. Plapp 2003, 55).

Naturkatastrophen werden also durch ein Naturereignis ausgelöst, welches einen „natürlichen Ursprung“ besitzt, im Gegensatz zu vom Menschen verursachten „Umweltkatastrophen“. Eine Trennung ist jedoch nicht immer vollständig möglich, da beispielsweise Ereignisse, die durch den Klimawandel verursacht werden, eine Mischung aus menschlicher Aktivität (Klimawandel) und zum Beispiel dem Naturereignis „Sturm“ darstellen.

In die Kategorie „Naturkatastrophe“ werden neben meteorologischen Ereignissen wie Stürmen und Extremniederschlägen auch geophysikalische Ereignisse wie Erdbeben und Vulkanausbrüche eingeordnet. Auch die Auswirkungen dieser Ereignisse wie Hangrutschungen, Hochwasser, Waldbrände und Lawinen zählen in die Katgeorie Naturkatastrophen (Plate et al. 2001, 2; Plapp 2003, 61).

Nach Angaben der Münchner Rückversicherung haben sowohl die Anzahl der Ereignisse großer Naturkatastrophen als auch das Ausmaß der Schadenssummen in den letzten Jahrzehnten deutlich zugenommen und die Tendenz ist steigend (vgl. Abb. 1 und Abb. 2). Dazu registrierte die Münchner Rückversicherung die Schadensereignisse „Großer Naturkatastrophen“ seit 1950 in der NatCat-Datenbank mit zurzeit mehr als 285 Schadensereignissen. Ein Naturereignis wird als „Große Naturkatastrophe“ in die Datenbank aufgenommen, wenn das Ausmaß des Schadens in einer Region überregionale oder internationale Hilfe erfordert, die Zahl der Todesopfer in die Tausende, die Zahl der

Obdachlosen in die Hundertausende geht und es zu erheblichen wirtschaftlichen Schäden gekommen ist (MÜNCHENER RÜCKVERSICHERUNG 2010).

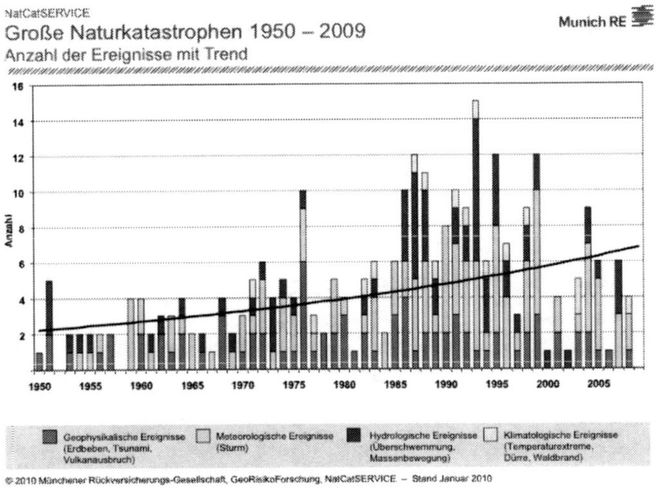

Abbildung 1*: Große Naturkatastrophen 1950 – 2009: Anzahl der Ereignisse (MÜNCHENER RÜCKVERSICHERUNG 2010).

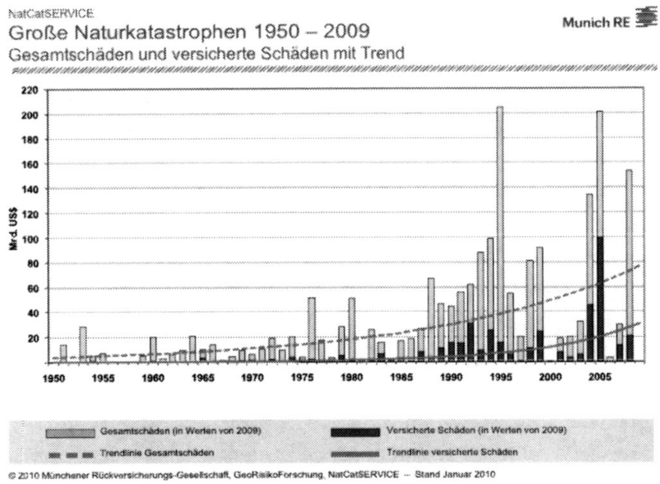

Abbildung 2*: Große Naturkatastrophen 1950 – 2009: Gesamtschäden und versicherte Schäden im Trend (MÜNCHENER RÜCKVERSICHERUNG 2010).

2 Ursachen der Zunahme von Naturkatastrophen und ihre Schäden

Die Zunahme der Ereignisse und Schadenssummen hat vielfältige Ursachen. Zum einen erhöhen das Bevölkerungswachstum und der damit verbundene Besiedlungsdruck die Verstädterung von gefährdeten Gebieten. Naturereignisse richten häufig große Schäden in den dicht besiedelten Küstengebieten an, da diese häufig Überschwemmungen, Stürmen oder auch Tsunamis ausgesetzt sind. Aber auch der höhere Lebensstandard und die Nutzung moderner Technologien, wie Computersysteme, erhöhen die Vulnerabilität und Versicherungswerte der Bevölkerung. Zudem hat auch der Anteil an versicherten Werten an der gesamten Schadensmenge zugenommen.

Darüber hinaus sind die Veränderungen durch den Menschen an den natürlichen Gegebenheiten in der Umwelt deutlich zu spüren. Neben Bodenversiegelung, Trockenlegung von Auenwäldern und Abholzung von Flächen, die Einfluss auf den Wasser-Bodenkreislauf haben und zu vermehrten Überschwemmungsereignissen führen, treten vor allem die Auswirkungen des Klimawandels immer stärker hervor (Plapp 2003, 57). Der Klimawandel führt zu einer Steigerung von Extremwetterereignissen mit starken Niederschlägen oder Extremtemperaturen. „Auf mittel- bis langfristigen Zeitskalen bleibt der Wandel im globalen Klimasystem unverkennbar. Er wird künftig weiterhin häufigere Extremwerte bei Niederschlägen und Temperaturen nach sich ziehen und damit typischerweise auch die Volatilität der Schäden vergrößern“ (Münchener Rückversicherung 2009, 31).

Mit der Zunahme der technischen Gefahrenpotenziale wächst der Bedarf an Risikowissenschaft und -management (Beck 2006). Wenn wir die Zukunft als von Menschen zumindest teilweise gestaltbar ansehen, ist es möglich, potenzielle Naturgefahren zu vermeiden oder deren Auswirkungen zumindest abzumildern. Die Gesellschaft ist daher angehalten, Vorsorge und Prävention zu betreiben, um die Auswirkungen von Naturkatastrophen zu mildern oder sogar zu vermeiden. Voraussetzung für die Vorhersage von möglichen Gefahren ist allerdings, dass kausale Beziehungen zwischen dem natürlichen Auslöser der Gefahr und den Auswirkungen gezogen werden können. Um überhaupt Vorsorge und Schadensvermeidung betreiben zu können, muss die Öffentlichkeit über Naturgefahren und ihre Auswirkungen informiert werden. Dazu ist es wichtig zu wissen, wie Naturgefahren bzw. -katastrophen in der Öffentlichkeit wahrgenommen und akzeptiert werden, denn die Menschen richten ihr Verhalten nach ihrer Wahrnehmung und nicht nach wissenschaftlichen Risikoabschätzungen aus. Folgende Kernfragen stehen im Raum:

1. Wie werden Naturgefahren und -katastrophen wahrgenommen? Werden sie als natürliche Gefahren angesehen oder ist den Menschen ein Zusammenhang zwischen eigenem Verhalten und der Auslösung von Naturgefahren bewusst?
2. Welche Konzepte liegen der Wahrnehmung zugrunde und wie sollten auf der Grundlage der Wahrnehmung die Gefahren von Naturkatastrophen und deren Management kommuniziert werden?

3 Naturgefahren und ihre Wahrnehmung

Wahrnehmungen sind eine Realität eigener Natur: So wie in Zeichentrickfilmen die gemalten Figuren erst dann in den Abgrund stürzen, wenn sie mitten in der Luft stehend plötzlich der Gefahr gewahr geworden sind, so konstruieren auch Menschen ihre eigene Realität und stufen Risiken nach ihrer subjektiven Wahrnehmung ein. Diese Form der intuitiven Risikowahrnehmung basiert auf der Vermittlung von Informationen über die Gefahrenquelle, auf den psychischen Verarbeitungsmechanismen von Unsicherheit und auf früheren Erfahrungen mit Gefahren. Das Ergebnis dieses mentalen Prozesses ist das wahrgenommene Risiko, also ein Bündel von Vorstellungen, die sich Menschen aufgrund der ihnen verfügbaren Informationen und aufgrund des „gesunden Menschenverstandes" (Common Sense) über Gefahrenquellen machen (Renn 1989; Renn et al. 2007).

Das Augenmerk liegt also auf der Ebene der konstruierten Realität, d.h. der Welt der Vorstellungen und Assoziationen, mit deren Hilfe Menschen ihre Umwelt begreifen und auf deren Basis sie ihre Handlungen ausführen. Die Tatsache, dass soziales Handeln nicht durch objektive Gegebenheiten, sondern durch die subjektive Wahrnehmung dieser Gegebenheiten motiviert wird, macht die Bedeutung der Wahrnehmungsforschung aus. Wenn wir menschliches Handeln, sei es Apathie, Protest oder Loyalität, verstehen und erklären wollen, bleibt es uns nicht erspart, uns mit der Innenwelt menschlicher Urteilsbildung zu beschäftigen. Wie kommen Menschen zu Urteilen über natürliche Gefahrenquellen und nach welchen Regeln bewerten sie deren Gefährlichkeit? Menschen haben schon immer mit Risiken leben müssen. Aus der Verhaltensforschung kennen wir drei Arten, mit Bedrohungen des eigenen Lebens fertig zu werden: Kampf, Flucht oder Tot-Stellen. Diese drei einfachen Grundmuster der Reaktionen auf Risiken können wir auch in modernen Lebensumständen erkennen. Hier kann der BSE-Skandal als Beispiel dienen: Konfrontiert mit dem Risiko, von der unheilbaren Kreuzfeldt-Jakob-Krankheit heimgesucht zu werden, gab es zum einen eine Reihe von Menschen, die aktiv nach neuen Fleischquellen gesucht haben, sich vehement für eine neue Form der Tierhaltung aussprachen und die alles daran gesetzt haben, sich aktiv dem Risiko zu entziehen (Kampftyp). Eine zweite Gruppe hat sich konsequent dem Fleischkonsum entzogen und erst dann wieder mit dem Konsum begonnen, als ihrer Ansicht nach die Gefahr vorüber war (Fluchttyp). Eine dritte Gruppe wollte von der Gefahr nichts wissen: Sie machte die Medien für die Panikmache verantwortlich und änderte keine ihrer lieb gewonnenen Gewohnheiten (Totstell-Typ).

Die drei Reaktionstypen sind jedoch im Verlauf der kulturellen Evolution viel weiter differenziert worden. Inzwischen hat die Forschung der Risikowahrnehmung eine Reihe von Vorstellungsmustern identifizieren können, die in der Bevölkerung zur Wahrnehmung und Bewertung von Risiken herangezogen werden. Als besonders bedeutsam haben sich folgende Wahrnehmungsmuster entpuppt (Renn 2008, 111 ff.):

- Risiko als unmittelbare Bedrohung,
- Risiko als Schicksalsschlag,
- Risiko als Herausforderung der eigenen Kräfte,
- Risiko als Glücksspiel und
- Risiko als Frühindikator für Gefahren.

Für die Beurteilung von Naturgefahren ist das Wahrnehmungsmuster „Risiko als Schicksalsschlag“ besonders bedeutsam. Natürliche Katastrophen werden meist als unabwendbare Ereignisse angesehen, die zwar verheerende Auswirkungen nach sich ziehen, die aber als „Launen der Natur“ oder als „Ratschluss Gottes“ (in vielen Fällen auch als mythologische Strafe Gottes für kollektiv sündiges Verhalten) angesehen werden und damit dem menschlichen Zugriff entzogen sind (Watson 1987). Sie sind in der Terminologie Niklas Luhmanns Gefahren, denen man ausgesetzt ist. Die technischen Möglichkeiten, auch Naturkatastrophen zu beeinflussen und deren Auswirkungen zu mildern, haben sich noch nicht so weit in das Bewusstsein der meisten Menschen eingeprägt, dass natürliche Katastrophen die gleiche Bewertung des damit verbundenen Risikos erhalten wie technische Unfälle.

Natürliche Belastungen und Risiken werden als vorgegebene, quasi unabwendbare Schicksalsschläge betrachtet, während technische Risiken als Konsequenzen von Entscheidungen und Handlungen angesehen werden. Diese Handlungen werden nach anderen Maßstäben bewertet und legitimiert. Schicksalsschläge können höchstens mythologisch oder religiös gerechtfertigt werden. Wenn niemand außer Gott zur Verantwortung gezogen werden kann, lässt sich auch durch menschliches Handeln keine Besserung der Situation herbeiführen. Als Alternativen verbleiben nur noch Flucht oder Verdrängung der gefährlichen Situation. Je seltener das Ereignis, desto eher wird die reale Gefahr verneint oder verdrängt; je häufiger das Ereignis, desto eher ist Rückzug aus der Gefahrenzone die Folge. Insofern ist es verständlich, wenn auch nicht unbedingt rational, wenn Menschen in Erdbeben- oder Überflutungsgebieten siedeln und häufig nach eingetretener Katastrophe in diese Gebiete zurückkehren. Im Gegensatz zur Situation der technischen Bedrohung ist die Zufälligkeit des Ereignisses nicht der Angst-auslösende Faktor (weil Zufall hier Schicksal und nicht unvorhersehbare Verstrickung von Fehlverhalten beinhaltet). Im Gegenteil, die relative Seltenheit des Ereignisses ist ein psychischer Verstärker für die Verdrängung der Gefahr.

Durch die zunehmende Beeinflussung natürlicher Katatrophen durch menschliche Aktivitäten hat sich das Risikomuster des Schicksalsschlages verändert: Risiken werden nun verstärkt als durch Menschen geschaffene Bedrohung angesehen. Dies drückt sich beispielsweise dadurch aus, dass nach Naturkatastrophen die Frage nach der Verantwortung gestellt wird und dass dabei auch die Unterlassung von möglichen vorbeugenden oder nachsorgenden Maßnahmen als Schuld angesehen wird (Douglas 1966; Wiedemann 1993).

Experten setzen Risiko mit durchschnittlicher Verlusterwartung pro Zeiteinheit gleich. In einigen Fällen werden darüber hinaus noch Faktoren in die Begriffsbestimmung aufgenommen, die entweder die Unsicherheiten bei der Abschätzung von Wahrscheinlichkeit und Schadensausmaß oder weitere Schadensmerkmale aufgreifen (Bonß 1996).

Laien dagegen nehmen Risiken als ein komplexes, mehrdimensionales Phänomen wahr, bei dem subjektive Verlusterwartungen keine große Rolle spielen (geschweige denn die statistisch gemessene Verlusterwartung), während der Kontext der riskanten Situation, der in den unterschiedlichen semantischen Bedeutungen des Risikobegriffs zum Tragen kommt, maßgeblich die Höhe des wahrgenommenen Risikos beeinflusst (Jungermann & Slovic 1993; Slovic 1987). Vergleicht man etwa statistisch gegebene mit den intuitiv wahrgenommenen Verlusterwartungen, dann weisen die meisten Studien überraschenderweise eine relativ große Übereinstimmung zwischen Expertenschätzung und Laienperzeption nach, sofern man einen ordinalen Vergleichsmaßstab ansetzt (Ordnen von Risiken nach Größenordnung der Verlusterwartung (Pidgeon et al. 1992).

Das heißt: Es ist nicht so sehr die Ignoranz der Laien in Bezug auf die tatsächlichen Risikoausmaße einer Risikoquelle, die zur Diskrepanz zwischen Laienurteil und Expertenurteil führt, sondern vielmehr die Zahl und Art der Faktoren, die zur Charakterisierung von Risiken herangezogen werden. Bezugspunkt beim kalkulierten Risiko durch Experten ist der erwartete Schaden, Bezugspunkte beim subjektiven Risiko sind darüber hinaus Begleitumstände der Risikosituation sowie soziale Folgen und Implikationen, etwa als ungerecht empfundene Belastungen. Für die Kommunikation über Risiken bedeutet das: Auch wenn man jemanden wahrheitsgemäß über die durchschnittliche Verlusterwartung aufklärt, hält die betreffende Person möglicherweise nach wie vor an ihrer intuitiven Risikobewertung fest, weil die durchschnittliche Verlusterwartung nur einen Bestimmungsfaktor unter vielen zur Beurteilung der subjektiv empfundenen Riskantheit darstellt (OTWAY & VON WINTERFELDT 1982).

3.1 Über- und Unterschätzung von Risiken

Unterschiede zwischen wahrgenommenen und statistisch berechneten Verlusterwartungen sind bei den meisten Risikoquellen nicht dramatisch, sie weisen aber eine Reihe von systematischen Eigenschaften auf, durch die auftretende Diskrepanzen erklärt werden können. Darunter fallen (TVERSKY & KAHNEMAN 1974; GOULD et al. (1988):

- Je einfacher und schneller Risiken mental verfügbar sind, je stärker sie also im Gedächtnis abgespeichert sind, desto eher wird ihre Wahrscheinlichkeit überschätzt. Je weiter etwa eine Naturkatastrophe zurückliegt, desto geringer ist die Sorge um eine Wiederholung dieser Katstrophe und desto schwieriger wird es sein, Menschen von Schutzmaßnahmen zu überzeugen.
- Je stärker Risiken Assoziationen mit bereits bekannten Ereignissen wecken, desto eher wird ihre Wahrscheinlichkeit überschätzt. So werden Überflutungen im Gefahrenpotenzial meist höher geschätzt als Stürme, obwohl in Deutschland die Schadensbilanz von Stürmen weitaus größer ist als die von Überflutungen. Die vielen medialen Berichte über Überschwemmungen haben wahrscheinlich die Wahrnehmung dahingehend beeinflusst.
- Je kontinuierlicher und gleichförmiger Verluste bei Risikoquellen auftreten und je eher katastrophale Auswirkungen ausgeschlossen sind, desto eher wird das Ausmaß der durchschnittlichen Verluste unterschätzt. Auch dies führt zur Unterschätzung von Stürmen, weil durch sie zwar immer wieder Verluste auftreten, diese aber weniger dramatisch sind als bei Überschwemmungen. Menschen sind also nicht indifferent gegenüber der Verteilung von Risiken über die Zeit: sie bevorzugen gleichmäßige Verlustverteilungen gegenüber singulären Katastrophen. Diese Schlussfolgerung ist ein wesentlicher Bestandteil der sogenannten Prospect Theory, nach der die Bewertung von Risiken und Gewinnen von der jeweiligen Verteilung von Wahrscheinlichkeit und Ausmaß von Gewinn und Verlust abhängt. (KAHNEMAN & TVERSKY 1979).
- Je mehr Unsicherheit über die Verlusterwartung besteht, desto eher erfolgt eine Abschätzung der durchschnittlichen Verluste in der Nähe des Medians aller bekannten Verlusterwartungen. Demgemäß kommt es oft zu einer Überschätzung von Verlusterwartungen bei objektiv geringfügigen Risiken und zu einer Unterschätzung der Risiken bei objektiv hohen Risiken (RENN 1984). Vor allem werden dadurch technische Risiken meist überschätzt und natürliche eher unterschätzt.

Die Überschätzung oder Unterschätzung von Verlusterwartungen ist aber nicht das wesentliche Kriterium in der Wahrnehmung von Risiken. Die Kontextabhängigkeit der Risikobewertung ist der entscheidende Faktor. Diese Abhängigkeit von den Begleitumständen ist nicht willkürlich, sondern folgt gewissen Gesetzmäßigkeiten. Diese lassen sich durch gezielte psychologische Untersuchungen aufdecken.

Die Forschung hat inzwischen ellenlange Listen von Begleitumständen, den sogenannten „qualitativen Faktoren", aufgestellt. In der Regel werden diese Listen mithilfe der Faktorenanalyse auf wenige bedeutsame Mischfaktoren reduziert (Slovic, Fischhoff & Lichtenstein (1981). Untersuchungen in den USA, in Großbritannien, in den Niederlanden, in Österreich und in der Bundesrepublik Deutschland haben folgende Faktoren als relevant identifizieren können (Renn & Rohrmann 2000; Renn 1989):

- Gewöhnung an die Risikoquelle,
- Freiwilligkeit der Risikoübernahme,
- persönliche Kontrollmöglichkeit des Riskantheitsgrades,
- Katastrophenfähigkeit der Risikoquelle,
- Sicherheit fataler Folgen bei Gefahreneintritt,
- unerwünschte Folgen für kommende Generationen,
- Sinnliche Wahrnehmbarkeit von Gefahren,
- Eindruck der Reversibilität der Risikofolgen,
- wahrgenommene Natürlichkeit des Auslösers,
- Vertrauen in die öffentliche Kontrolle und Beherrschung von Risiken,
- Erfahrungen (kollektiv wie individuell) mit Naturgefahren,
- Eindeutigkeit der Informationen über Naturgefahren.

Die Bedeutung dieser qualitativen Merkmale zur Beurteilung von Risiken bietet eine naheliegende Erklärung für die Tatsache, dass ausgerechnet die Naturgefahren unterbewertet werden, die nach Expertenschätzung besonders verlustreich sind, während andere Gefahren, die statistisch unbedeutender sind, eher überschätzt werden.

Zentral für die Risikowahrnehmung ist aber weniger die Art der Gefahr als vielmehr der Kontext, also die Begleitumstände, unter denen die betroffenen Menschen die Naturgefahren erleben. Als bedeutsam haben sich vor allem die bisherige persönliche Erfahrung mit Naturgefahren, die Plausibilität der eigenen Gefährdung und das Vertrauen in die Regulations- und Katastrophenschutzbehörden erwiesen.

Die Bedeutung dieser qualitativen Merkmale zur Beurteilung von Naturgefahren bietet auch eine naheliegende Erklärung für die Tatsache, dass Naturgefahren, wie Erdbeben mit großen Schadensausmaß und vielen Todesopfern, die selbst wenig kontrollierbar sind, in der intuitiven Wahrnehmung besonders intensiv wahrgenommen und oft deutlich mehr gefürchtet sind als vergleichbare Ereignisse wie ein Hurricane. Dies liegt zum einen an der fehlenden sinnlichen Wahrnehmbarkeit der Gefahr und der mangelnden Fähigkeit der Menschen, auf Expositionen mit eigenen Schutzmaßnahmen zu reagieren. Zum anderen liegt es an der persönlichen Kontrollierbarkeit: Bei Erdbeben ist der Betroffene im Moment des Bebens der Gefahr machtlos ausgeliefert, einem Hurricane hingegen kann er frühzeitig ausweichen und damit zu einem gewissen Grad kontrollieren.

Auch spielt der Grad der persönlichen Betroffenheit und die geographische Nähe eine Rolle: Schäden durch ein lokales Hochwasser oder einen Sturm werden stärker wahrgenommen als das letzte Hochwasser in Pakistan im Juli / August 2010 mit ca. 1.400 Toten.

Mit den psychologischen Untersuchungen der Risikowahrnehmung kommt man daher einen Schritt weiter in der Analyse der realen Risikobewertung in der Gesellschaft. Die zu beobachtende Diskrepanz zwischen den Ergebnissen der Risikoabschätzungen der Experten und den intuitiven Bewertungen dieser Risiken durch die Bevölkerung ist nicht in erster Linie eine Folge der Unwissenheit über statistisch gegebene Erwartungswerte oder Ausdruck nicht nachvollziehbarer Gedankengänge, sondern Zeichen eines multidimensionalen Bewertungsrasters, in dem der erwartbare Schaden nur einen Faktor unter vielen darstellt.

3.2 Vorausschauende Risikopolitik

Die Beschäftigung mit der Risikowahrnehmung von Naturgefahren ist auch im Sinne einer vorausschauenden und rational verfassten Risikopolitik aus mehreren Gründen wichtig.

Zum Ersten richten Menschen ihr Verhalten nach ihrer Wahrnehmung und nicht nach wissenschaftlichen Risikomodellen aus. Das bedeutet, dass sich in Gefahrensituationen die Menschen dem entsprechend verhalten, wie sie die Gefahr einschätzen und nicht wie sie von Experten bewertet wurde. Das kann zu spontanen Evakuierungen führen, die nicht notwendig sind, oder umgekehrt zur Ignorierung von behördlichen Anweisungen, weil deren Notwendigkeit nicht eingesehen wird. In beiden Fällen können Verluste eintreten, die auf den Wahrnehmungen von Menschen beruhen und nicht von den Risikomerkmalen selbst abhängen. Im Endeffekt ist dann das Risiko des Katastrophenfalles eine Kombination von statistisch zu erwartenden Verlusten und den durch die Wahrnehmung ausgelösten Reaktionen (Aurand et al. 1993).

Zum Zweiten nehmen Menschen neben den beiden Größen Ausmaß und Wahrscheinlichkeit andere Risikoeigenschaften auf, die nicht nur ihre Präferenzen widerspiegeln, sondern auch unter normativen Gesichtspunkten in einer rationalen Risikopolitik berücksichtigt werden sollten. Wie durch Studien zur intuitiven Risikowahrnehmung herausgefunden wurde, verbinden Menschen mit Risiken nicht nur physische Schäden, sondern auch Beeinträchtigungen sozialer und kultureller Werte (Überblick in: Fischhoff et al. 1978; Covello 1983; Slovic 1987; Brehmer 1987; Gould et al. 1988; Renn 1989; Drottz-Sjöberg 1991; Pidgeon et al. 1992; Jungermann & Slovic 1993; Rohrmann 1995b). Ob eine Schadensmöglichkeit reversibel ist oder nicht, ob sich ein potenzieller Schaden noch auf andere Menschen oder auf kommende Generationen auswirken kann, sind Dimensionen, die in klassischen Risikoabschätzungen meist ausgeklammert werden.

Zum Dritten sind die meisten Menschen nicht indifferent gegenüber Verteilungsmustern von Schäden über Zeit und Raum. Die Risikoabschätzung geht definitionsgemäß von relativen Häufigkeiten aus, wodurch zwangsläufig eine Mittelung über Raum und Zeit erfolgt. Ob aber eine Risikoquelle 1.000 Menschen auf einen Schlag oder 1.000 Menschen kontinuierlich über einen bestimmten Zeitraum schädigt, ist in der Wahrnehmung der meisten Menschen keineswegs der gleiche Sachverhalt (Jungermann & Slovic 1993). Auch normativ mag es sinnvoll sein, Verteilungsmuster als eigenständige Bewertungsgröße in die Analyse aufzunehmen, da punktuelle Schäden häufig mehr Mittel zur Kompensation erfordern als kontinuierlich anfallende Schäden. Darüber hinaus verbinden Menschen mit Verteilungsmustern auch Konzepte der sozialen Gerechtigkeit. Eine asymmetrische Verteilung von Nutzen und Risiken bedarf in den meisten Kulturen einer besonderen gesellschaftlichen Rechtfertigung. Ob ein Risiko als fair oder zumutbar gilt, richtet sich weniger an der Größe des Risikos aus als an einem individuellen oder kulturellen Maßstab der Gerechtigkeit. Zu diesem Punkt machen klassische Risikoabschätzungen ebenfalls keine Aussagen. Auch wenn Verteilungsasymmetrien weitgehend auf technische Risikoquellen bezogen sind, treten sie doch zunehmend auch als Bewertungsmuster bei Naturkatstrophen auf. Beispielsweise wird gefragt, ob die Reichen in einer Stadt eher gewarnt werden als die Armen oder ob die Katastrophenschutzmaßnahmen bestimmten Bevölkerungsteilen eher zugute kommen als anderen.

Entscheidungen über die Zumutbarkeit von Risiken beruhen letztendlich immer auf einer subjektiven Abwägung von Folge- und Orientierungswissen. Geeignete Verfahren für eine rationale Abwägung zu finden, ist umso wichtiger, je unsicherer die Interpretation der Datenlage ist und je mehr Annahmen in die Erkenntnisse einfließen.

4 Kommunikation von Naturgefahren

Kommunikation von Naturgefahren kann nur in einem intensiven, verständigungsorientierten Dialog mit den Akteuren und der interessierten Öffentlichkeit erfolgen (AD HOC-KOMMISSION 2003, 74). Die Kommunikation sollte zudem ein integrierter Bestandteil des Vorsorge-, Bewertungs- und Managementprozesses sein wie es zum Beispiel das IRGC-Modell vorschlägt (IRGC 2006). Die Kommunikation von Naturgefahren ist aber kein einseitiger Prozess, der Information vom Sender zum Empfänger vermittelt, sondern findet im Dialog parallel auf unterschiedlichen Ebenen mit verschiedenen Akteuren statt (vgl. Abb. 3). Kommunikation ist daher als ein zweiseitiger, offener Prozess des gegenseitigen Austauschs von Informationen und Argumenten zu verstehen. Alle Akteure sind dabei gleichzeitig Informationsgeber und -nehmer unter Einbeziehung der fachlichen und gesetzlich vorgegebenen Zuständigkeiten und Kompetenzen (AD HOC-KOMISSION 2002, 74).

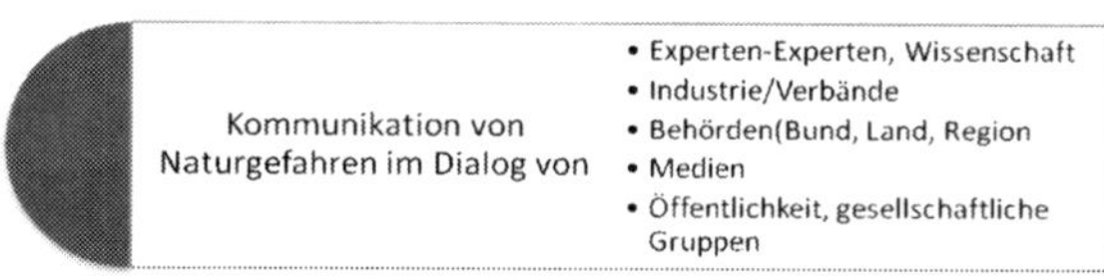

Abbildung 3*: Dialog von verschiedenen Akteuren in der Kommunikation von Naturgefahren

So kommunizieren Experten aus unterschiedlichen Fachrichtungen und -gremien miteinander, ebenso wie Vertreter von Behörden aus Bund, Land und der Kommune. Im Dialog stehen auch Akteure der Industrie/Industrieverbände, Medien und die Öffentlichkeit. Betrachtet man diesen bunten Strauß an Akteuren, wird schnell deutlich, dass alleine das unterschiedliche Vorwissen, unterschiedliche Fachbegriffe und Interessen zu ganz unterschiedlichen Wahrnehmungen und Interpretationen von Risiken von Naturgefahren führen. Die Kommunikation über Naturgefahren kann sehr unterschiedliche Reaktionen hervorrufen.

4.1 Funktionen der Kommunikation

Folgende fünf Funktionen sollte die Kommunikation von Naturgefahren daher übernehmen (in Anlehnung an AD HOC-KOMMISSION 2003):

1) Der Stand der wissenschaftlichen Forschung zu den Risiken und Auswirkungen von Naturgefahren auf Mensch und Umwelt sollte erläutert werden. Ziel ist ein kommunikativer Austausch zum Sachstand, Beobachtungen und

Bewertungen zwischen den Akteuren herbeizuführen und eine konsistente Bewertung der Risiken zu erhalten (im Konsens oder im Dissens).

2) Es sollte eine Abstimmung der Akteure untereinander erfolgen und die betroffene Bevölkerung sollte über mögliche Vorsorge- und Schutzmaßnahmen und Verhaltensanpassungen informiert werden (einschließlich der kommunikativen Vorbereitung für Notfallmaßnahmen).
3) Die verwendeteten Verfahren zur Abschätzung, Bewertung und Abwägung der Risiken von Naturgefahren sollten vorgestellt und erläutert werden, damit die eingeflossenen Experten- und Werturteile für alle Aktuere nachvollziehbar und transparent sind.
4) Kommunikative Verfahren zur problemangemessenen Beteiligung der verschiedenen Akteure am Prozess der Regulierung von Naturgefahren sollten angeboten werden.
5) Der Kommunikationsprozess zu den Risiken und Auswirkungen der Naturgefahren sollte der Öffentlichkeit ermöglichen, eine persönliche Beurteilung der jeweiligen Risiken auf Grundlage des Sachstandes und der verbleibenden Unsicherheiten zu treffen. Die Bewertung sollte den eigenen oder den für die Gesellschaft ethisch gebotenen Kriterien entsprechen.

4.2 Prinzipien der Risikokommunikation

Um erfolgreich die Risiken von Naturgefahren zu kommunizieren, ist ein transparenter und sachgerechter Prozess der Risikoregulierumg notwendig, der die Werte der Gesellschaft einbindet. Die Kommunikation der Naturgefahren sollte zudem *phasen-, kontext- und adressatengerecht* erfolgen (Ad hoc-Kommisssion 2003):

- Eine *phasengerechte* Kommunikation setzt auf die inviduelle Kommunikation der Inhalte und Informationen, die in der jeweiligen Phase zur Verfügung stehen.
- Die Information zum Risiko sollte *kontextbezogen* erfolgen und lokale oder individelle Wissens- und Wertebestände, kollektive Vorlieben und Gewohnheiten sowie Ansprüche an die Gestaltung der eigenen Lebenswelt berücksichtigen.
- *Adressatengerecht* kommunizieren bedeutet, die Informationen so aufzubereiten, dass sie von der Zielgruppe verstanden und angenommen werden können.

Die *Frühwarnung und Kommunikation von Vorsorgemaßnahmen* ist in der Risikovorsorge von Naturgefahren besonders entscheidend. Ein Frühwarn- und Vorsorgesystem auf der Ebene von Behörden und Wissenschaft dient dem frühzeitigen Erkennen von potenziellen Naturgefahren. Eine Einbindung von Vertretern der Verbände und Medien ist in der Kommunikationsphase immer sinnvoll. Die Öffentlichkeit sollte frühzeitig auf mögliche Gefahren aufmerksam gemacht und sensibilisiert werden. Gerade wenn die Erkenntnisse noch einen hohen Unsicherheitfaktor haben, ist eine frühzeitige Kommunikation hilfreich. Sie bedarf aber besonderer Kommunikationsmaßnahmen, damit keine Verunsicherung auftritt. Dabei kommt dem Internet als Medium des Informationsaustausches zunehmende Bedeutung zu. Neben einer reinen Informationsquelle dient es auch als ein Medium des Austausches, um Einwände und Bedenken bei der Bewertung des Risikos und möglicher Schutzmaßnahmen zu äußern.

Der Bevölkerung vor Ort kommt im Rahmen der Vorsorgepolitik ein besonderes Gewicht zu. Deshalb sind regionale und lokale Formen der aktiven Beteiligung, wie Runde Tische zum Hochwasser, zielführend, um Risiken aus der Sicht der davon Betroffenen zu identifizieren und mögliche Gegenmaßnahmen zu ergreifen.

5 Schlussfolgerungen

Menschen sind im Alltag vielen unterschiedlichen Arten von Risiken und Gefahren ausgesetzt, die sie zum Teil sehr unterschiedlich wahrnehmen und mit denen sie umgehen müssen. Naturgefahren sind nur ein Teil davon. Die mentale Vorstellung über ein Risiko basiert dabei auf einem komplexen Wechselspiel von der Vermittlung von Informationen, der Verarbeitung von Unsicherheit und früheren Erfahrungen.

Leider werden natürliche Risiken und drohende Naturkatastrophen häufig unzureichend wahrgenommen und in ihren Konsequenzen unterschätzt. Sie werden als „unabwendbare Schicksalsschläge" aufgefasst, denen man nur bedingt entkommen kann.

Kommunikation von Naturgefahren soll der Öffentlichkeit die Möglichkeit bieten, eine eigene Bewertung des Risikos vornehmen zu können. Dazu sollten die Kenntnisse zu den möglichen Auswirkungen, den verbleibenden Unsicherheiten und dem Interpretationsspielraum der Experten als Informationen vermittelt werden.

Um dieses hohe Ziel der Informationsvermittlung zu erreichen, sollten folgende Leitprinzipien der Kommunikation beachtet werden:

- Die Kommunikation von Naturgefahren und ihren Auswirkungen sollte immer prozessbegleitend von der Vorphase der Frühwarnung über die Bewertung und Charakterisierung bis zum Management des Risikos erfolgen (vgl. Ad hoc-Kommission 2003; IRGC 2006). Die Kommunikation der Naturgefahren sollte als Aufgabe für Institutionen der Risikoabschätzung und des Risikomanagements gleichermaßen verpflichtend sein.

- Die Kommunikation ist nicht als ein einseitiger Prozess, sondern als ein wechselseitiger Informationsaustausch auf der Basis verständlicher, vollständiger und transparenter Informationen zu den Verfahren der Risikoabschätzung zu sehen. Hierzu ist eine vollständige und nachvollziehbare Dokumentation und Kommunikation der Verfahrensschritte und der jeweiligen Bewertungen auf jeder Stufe des Risikoabschätzungs- und Managementprozesses notwendig.
- Erfolgreiche Kommunikation kann nur im Dialog mit den beteiligten Akteuren und mit dem Ziel eines gemeinsamen Verständnisses zur Charakterisierung des Risikos und zur Auswahl der risikoreduzierenden Maßnahmen erfolgen (Ad hoc-Kommission 2003).

Literatur

Ad hoc-Kommission (2003): Risikokommission, ‚Neuordnung der Verfahren zur Risikobewertung und Standardsetzung im gesundheitlichen Umweltschutz der Bundesrepublik Deutschland'. (Geschaftsstelle c/o Bundesamt für Strahlenschutz) Salzgitter.

Aurand K., Hazard B. P. & Tretter F. (Hrsg.) (1993). Umweltbelastungen und Ängste. Erkennen - Bewerten - Vermeiden. Opladen.

Beck U. (2006): Weltrisikogesellschaft. Frankfurt am Main.

Bonß W. (1996): Die Rückkehr der Unsicherheit. Zur gesellschaftstheoretischen Bedeutung des Risikobegriffes. In: Banse G. (Hrsg.): Risikoforschung zwischen Disziplinarität und Interdisziplinarität. Berlin, 166 – 185.

Brehmer B. (1987): The Psychology of Risk. In: Singleton W. T. & Howden J. (eds.): Risk and Decisions. New York, 25 – 39.

Covello V. T. 1983: The Perception of Technological Risks: A Literature Review. In: Technological Forecasting and Social Change, 23: 285 – 297.

Douglas M. (1966): Purity and Danger: Concepts of Pollution of Taboo. London.

Drottz-Sjöberg B.-M. (1991): Perception of Risk: Studies of Risk Attitudes, Perceptions, and Definitions. Stockholm, Sweden.

Fischhoff B., Slovic P., Lichtenstein S., Read S. & Combs B. (1978): How Safe is Safe Enough? A Psychometric Study of Attitudes Toward Technological Risks and Benefits. In: Policy Science, 9: 127 – 152.

Gould L. C., Gardner G. T., DeLuca D. R., Tiemann A. R., Doob L. W. & Stolwijk J. A. J. (1988): Perceptions of Technological Risks and Benefits. New York, 45 – 59.

IRGC (International Risk Governacne Council) (2006): White Paper on Risk Governance. Towards an Integrative Approach. (Author: O. Renn with Annexes by P. Graham. Geneva.

Jungermann H. & Slovic P. (1993): Die Psychologie der Kognition und Evaluation von

Risiko. In: Bechmann G. (Hrsg.): Risiko und Gesellschaft. Grundlagen und Ergebnisse interdisziplinärer Risikoforschung. Opladen, 167 - 207.

Kahneman D. & Tversky A. (1979): Prospect Theory: An Analysis of Decision under Risk. In: Econometrica, 47: 263 - 291.

Münchener Rückversicherung (2009): TOPICS GEO Naturkatastrophen 2009 Analysen, Bewertungen, Positionen. München.

Münchener Rückversicherung (2010): NatCatService. Stand Januar 2010, München.

Otway H. & von Winterfeldt D. (1982): Beyond Acceptable Risk: On the Social Acceptability of Technologies. In: Policy Sciences, 14: 247 - 256.

Pidgeon N. F., Hood C. C., Jones D. K. C., Turner B. A. & Gibson R. (1992): Risk Perception. In: Royal Society Study Group (Hrsg.): Risk Analysis, Perception and Management. London, 89 - 134.

Plapp S. T. (2003): Wahrnehmung von Risiken aus Naturkatastrophen. Eine empirische Untersuchung in sechs gefährdeten Gebieten Süd- und Westdeutschlands. Dissertation Universität Karlsruhe.

Plate E. J., Merz B., Eikenberg C. (2001): Naturkatastrophen: Herausforderung an Wissenschaft und Gesellschaft. In: Plate, E. J. & Merz B. (Hrsg.): Naturkatastrophen. Stuttgart, 1 - 45.

Renn O. (1984): Risikowahrnehmung der Kernenergie. Frankfurt am Main / New York, 151.

Renn O. (1989): Risikowahrnehmung: Psychologische Determinanten bei der intuitiven Erfassung und Bewertung von Risiken. In: Hosemann G. (Hrsg.): Risiko in der Industriegesellschaft: Analyse, Vorsorge, Akzeptanz. Erlangen, 167 - 192.

Renn O. (2008): Risk Governance. Coping with Uncertainty in a Complex World. London.

Renn O. & Rohrmann B. (Hrsg.) (2000): Cross-Cultural Risk Perception. A Survey of Empirical Studies. Dordrecht / Boston.

Renn O., Schweizer P.-J., Dreyer M. & Klinke A. (2007): Risiko. Über den gesellschaftlichen Umgang mit Unsicherheit. München, 80 ff.

Rohrmann B. (1995): Technological Risks - Perception, Evaluation, Communication. In: Melchers R. E. & Stewart M. G. (eds.): Integrated Risk Assessment New Directions. Rotterdam, The Netherlands, 7 - 12.

Slovic P. (1987): Perception of Risk. In: Science, 236: 280 - 285.

Slovic P., Fischhoff B. & Lichtenstein S. (1981): Perceived Risk: Psychological Factors and Social Implications. In: Proceedings of the Royal Society, A376: 17 - 34.

Tversky A. & Kahneman D. (1974): Judgment under Uncertainty. Heuristics and Biases. In: Science, 85: 1124 - 1131.

Watson M. (1987): In Dreams Begin Responsibilities: Moral Imagination and Peace. In: Andrews V., Bosnak R. & Goodwin K.W. (Hrsg.): Facing Apocalypse. Dallas, 70 - 95.

Wiedemann P. M. (1993): Tabu, Sünde, Risiko: Veränderungen der gesellschaftlichen Wahrnehmung von Gefährdungen. In: Bayerische Rückversicherung (Hrsg.): Risiko ist ein Konstrukt. Wahrnehmungen zur Risikowahrnehmung. München, 43 - 67.

Marten Lößner

Konfliktfeld Biodiversität: Zwischen Auslöschung und Milliardengewinnen?!

1 Hintergrund

Der Mensch nutzt Ökosysteme und die darin lebenden Arten vornehmlich auf zwei Weisen: (1) durch Konversion natürlicher Ökosysteme, d. h. die irreversible Umwandlung natürlicher bzw. naturnaher Ökosysteme (z. B. den tropischen Regenwald) in stark anthropogen geprägte landwirtschaftliche Nutzflächen und (2) durch Erforschung von speziellen Eigenschaften einzelner Arten bzw. deren biochemischer Bestandteile, z. B. zur Herstellung von Medikamenten. Während die Konversion von Ökosystemen zu landwirtschaftlichen Nutzflächen mit einem enormen Biodiversitätsrückgang verbunden ist und eine relativ geringe Gewinnspanne ermöglicht, hat die Extraktion und Nutzung einzelner Bestandteile von Lebewesen und deren synthetische Herstellung geringe Folgen für das Ursprungsökosystem und ermöglicht je nach Branche sehr hohe Gewinnspannen (z. B. bis zu 30 % in der Pharmabranche (Sleegers & Stock 2006)).

Die Biodiversität ist auf der Erde sehr unterschiedlich verteilt und nimmt generell vom Äquator zu den Polen hin ab. Länder mit hoher Biodiversität, sogenannte Megadiversity Countries, findet man vor allem unter Entwicklungsländern in den Tropen, wohingegen die Technologie und das Kapital für deren Nutzung in den Industrieländern des Nordens vorhanden sind (Mittermeier 1988, Mittermeier & Werner 1990). Um einen fairen und gerechten Vorteilsausgleich zwischen den Herkunftsländern der biologischen Ressource und den Industriestaaten zu gewährleisten, wurde 1992 in Rio das Übereinkommen über die Biologische Vielfalt (CBD) verabschiedet. Ziel des Abkommens ist es, die Aspekte Schutz und nachhaltige Nutzung der biologischen Vielfalt miteinander zu vereinen, damit auch künftigen Generationen die Ressource Biodiversität zur Verfügung steht.

Im Folgenden wird erläutert, was Biodiversität ist und wie sie durch den Menschen bedroht wird, welchen wirtschaftlichen Wert biologische Ressourcen haben und wie ein gerechter Handel zwischen Geberländern und Industriestaaten geregelt werden kann, ohne dass Biopiraterie betrieben wird.

2 Was versteht man unter Biodiversität?

Der Begriff Biodiversität wurde erstmals 1986 auf der Tagung „National Forum on Biodiversity“ in Washington als Kurzform für biologische Diversität verwendet (Löffler 2001, 4). Im Übereinkommen über die biologische Vielfalt von Rio 1992 wird biologische Vielfalt definiert als *„die Variabilität unter lebenden Organismen jeglicher Herkunft, darunter unter anderem Land-, Meeres- und sonstige aquatische Ökosysteme, und die ökologischen Komplexe, zu denen sie gehören; dies umfasst die Vielfalt innerhalb der Arten und zwischen den Arten und die Vielfalt der Ökosysteme“* (Art. 2 CBD).

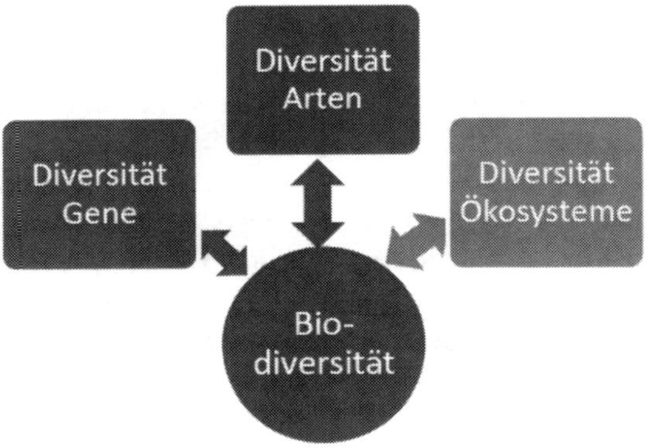

Abb. 1*: Dimensionen des Begriffs Biodiversität (verändert nach WBGU 2000, 12)

So beinhaltet der Begriff Biodiversität über die Diversität der Arten hinaus die Diversität der Gene und die Diversität der Ökosysteme (vgl. Abb. 1) (WBGU 2000, 12). Barthlott et al. (1996) haben auf Basis der Anzahl der höheren Gefäßpflanzen eine Weltkarte der Verbreitung der Biodiversität auf unserem Planeten erstellt und weisen sechs Diversitätszentren mit einem Diversitätsindex von 10 (= über 5000 Pflanzenarten pro 10.000 km^2) aus: (1) Choco-Costa-Rica-Zentrum (südliches Zentralamerika), (2) Tropisches Ostanden-Zentrum (Kolumbien, Ecuador), (3) Atlantisches Brasilien-Zentrum, (4) Osthimalaya-Yunnan-Zentrum, (5) Nordborneo-Zentrum, (6) Neuguinea-Zentrum (vgl. Abb. 2).

Beispielsweise leben in dem 13,7 km^2 großen Gebiet des La Selva Waldreservats in Costa Rica 1500 Pflanzenarten, was etwa die Artenzahl der Pflanzen Großbritanniens (243.500 km^2) übersteigt (WCMC 1992, 154). Die Beobachtung, dass sich die Biodiversität in einigen Ländern konzentriert, unterstützt die Untersuchung von McNeely et al. (1990), die auf Basis von länderbezogenen Artenlisten von Wirbeltieren, höheren Pflanzen und Schwalbenschwanzschmetterlingen zwölf *Megadiversity Countries* (Mexiko, Kolumbien, Ecuador,

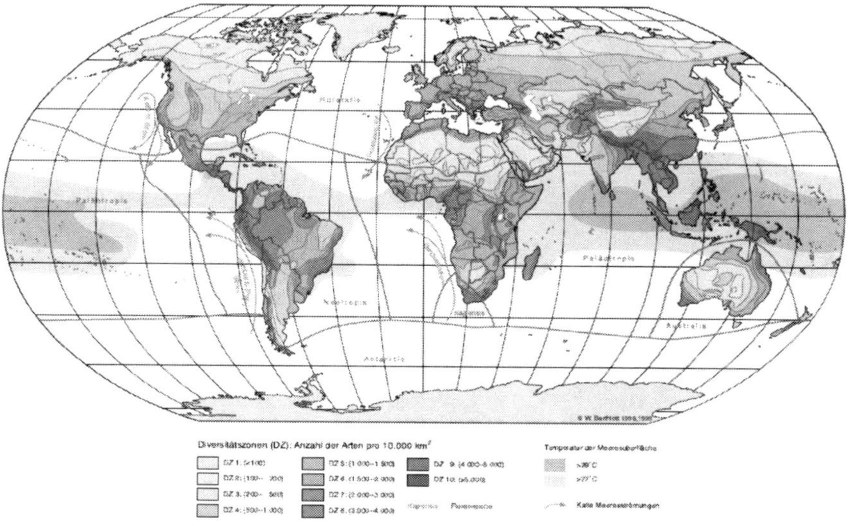

Abb. 2*: Globale Biodiversität: Artenzahlen von Gefäßpflanzen (Barthlott et al. 1999, verändert nach Barthlott et al. 1996 nach WGBU 2000, 39)

Peru, Brasilien, Zaire, Madagaskar, China, Indien, Malaysia, Indonesien und Australien) bestimmten, die zusammen über 70 % der Artenvielfalt der beobachteten Organismengruppen aufweisen.

Folglich sind die artenreichsten Gebiete unseres Planeten die Gebirgsräume in den Tropen, wohingegen die Industrieländer in den gemäßigten Breiten nur eine geringe Biodiversität aufweisen.

Derzeit sind weltweit ca. 1,75 Millionen Arten bekannt, von denen 950.000 Insektenarten sind (Heywood 1997). Die Gesamtzahl aller Arten auf unserem Planeten wird nach der mittleren Artenzahlabschätzung von Heywood auf 13,6 Millionen geschätzt. Folglich sind bisher nur ca. 12 % der Arten bekannt (vgl. Tab. 1) (Heywood 1997). Insbesondere bei den Gruppen der Insekten, Pilze, Bakterien und Viren wird ein hohes Potenzial unentdeckter Arten angenommen.

Tab. 1: Abschätzung der weltweiten Artenzahl nach Organismengruppen (Heywood 1997)

Gruppe	Beschriebene Arten	Geschätzte Anzahl von Arten		
		Untergrenze	Arbeits-schätzung	Obergrenze
Insekten	950.000	2.000.000	8.000.000	100.000.000
Pilze	72.000	200.000	1.500.000	2.000.000
Bakterien	4.000	50.000	1.000.000	3.000.000

(Fortsetzung)

Gruppe	Beschriebene Arten	Geschätzte Anzahl von Arten		
		Untergrenze	Arbeits-schätzung	Obergrenze
Spinnentiere	75.000	300.000	750.000	1.000.000
Viren	4.000	50.000	400.000	1.000.000
Algen	40.000	150.000	400.000	1.000.000
Fadenwürmer	25.000	100.000	400.000	1.000.000
Gefäßpflanzen	270.000	300.000	320.000	500.000
Einzeller	40.000	60.000	200.000	200.000
Mollusken	70.000	100.000	200.000	200.000
Krebstiere	40.000	75.000	150.000	200.000
Wirbeltiere	45.000	50.000	50.000	55.000
Rest	115.000	200.000	250.000	800.000
Gesamt	*1.750.000*	*3.635.000*	*13.620.000*	*110.995.000*

Seit der Entstehung des Lebens auf der Erde hat es nachweislich fünf Perioden großen Artensterbens gegeben (vgl. Abb. 3) (Barbault & Sastrapradja 1995). Eine sechste, vom Menschen verursachte Aussterbewelle ist gerade im Gang. Ursache für das anthropogen bedingte Artensterben ist die nicht nachhaltige Wirtschaftsweise des Menschen, das ungebremste Bevölkerungswachstum und die steigenden materiellen Ansprüche der Menschen in den Schwellenländern. Diese Entwicklungen haben zur Folge, dass der Mensch immer mehr naturbelassene Flächen nutzbar macht, die Nutzung bereits genutzter Flächen intensiviert und das globale Ökosystem immer stärker mit Schadstoffen belastet.

So sind derzeit nur noch 27 % der mit Vegetation bedeckten Erdoberfläche vom Menschen nicht gestört (vgl. Abb. 4) (Hannah et al. 1994).

Besonders dramatisch im Hinblick auf den Verlust von Biodiversität ist die andauernde Zerstörung der artenreichen tropischen Regenwälder. Jedes Jahr werden in Südamerika ca. 4 Millionen Hektar und in Afrika 3,6 Mio. ha Wald zerstört (FAO 2010, XVI).

Die natürliche Aussterberate von Spezies liegt bei ein bis drei Spezies pro Jahr (May et al. 1995), wohingegen die anthropogen bedingte Aussterberate auf zwischen 1 und 130 Spezies pro Tag (!) bzw. auf 1 – 9% des Grundbestands pro Dekade geschätzt wird (WBGU 2000, 13). In den letzten 400 Jahren gelten aber lediglich 1.000 Arten als ausgestorben, was mit mangelndem Wissen begründet werden kann, außerdem mit der Regelung, dass eine Spezies 50 Jahre nicht mehr gesichtet worden sein darf, damit sie als ausgestorben gilt (WBGU 2000, 13; Wolters 1995, 21). Zusammenfassend kann festgehalten werden, dass der Mensch bisher nur einen Bruchteil der Arten unseres Planeten kennt, aber in der Vernichtung derselben wesentlich schneller ist als in deren Erforschung. Dies

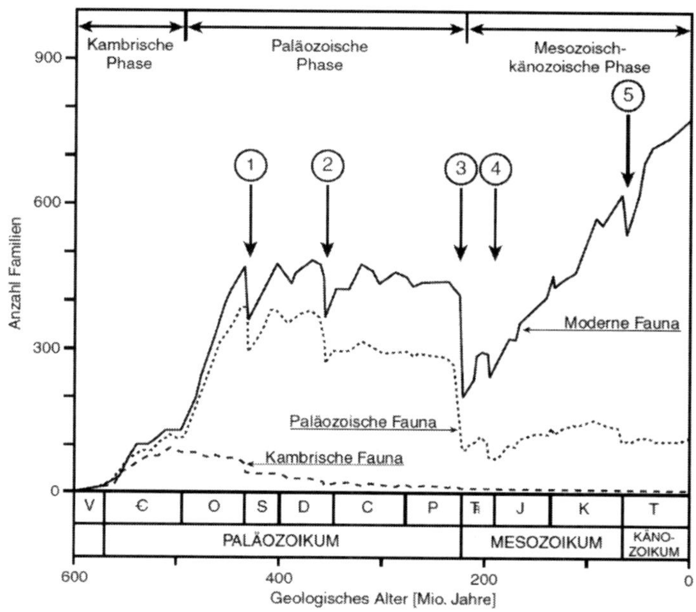

Abb. 3: Änderung der globalen Artenvielfalt, dargestellt am Beispiel mariner Tierfamilien. Aussterbeereignisse: 1. Ende Ordovizium, 2. Ober-Devon, 3. Ende Perm, 4. Ende Trias, 5. Kreide-Tertiär (Barbault & Sastrapradja 1995, WGBU 2000, 38)

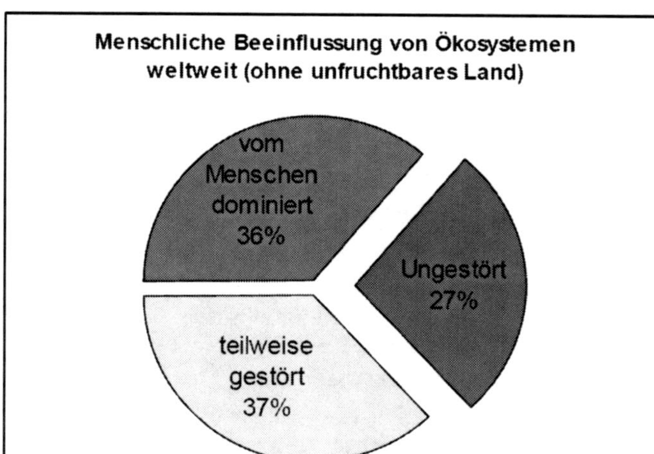

Abb. 4*: Anteil der Landfläche nach dem Grad der menschlichen Beeinflussung in % (Hannah et al. 1994)

zeigt auch der Rückgang des Living Planet Index, der die Gesundheit von Ökosystemen widerspiegelt, indem er die Entwicklung von ca. 8000 Wirbeltierpopulationen seit 1960 beschreibt (WWF 2010, 22). Seit 1970 hat der Living Planet Index um 30 % abgenommen, wobei der Rückgang der tropischen Arten bei 60 % liegt (WWF 2010, 22). Ein Grund dafür ist der enorme Ressourcenverbrauch unserer Spezies. Dieser kann durch den ökologischen Fußabdruck gemessen werden, der den jährlichen Konsum von natürlichen Ressourcen misst und ins Verhältnis zu dem setzt, was das globale Ökosystem in einem Jahr an Ressourcen bereitstellt. Die Menschheit verbraucht zur Zeit 50 % mehr Ressourcen als das globale Ökosystem im Jahr zur Verfügung stellen kann (WWF 2010, 36).

Wenn diese Entwicklung anhält, werden wir im Jahr 2050 aufgrund unseres Ressourcenverbrauchs zwei Planeten benötigen (WWF Österreich 2007, 4) und einen Großteil der Biodiversität vernichtet haben.

3 Die wirtschaftliche Bedeutung der Biodiversität

Der Mensch nutzt die Biodiversität auf dreifache Weise: (1) als Lieferant für Biomasse (z. B. Getreide, Holz, Fleisch), (2) als Vorbild in Technik und Forschung (z. B. Lotos-Effekt) und (3) für den Tourismus und die Naherholung. Neben diesen Nutzwerten trägt die Biodiversität einen großen Anteil zu den Leistungen des globalen Ökosystems, wie z. B. der Klimaregulation und der Prävention von Bodenerosion, bei.

Schon früh erkannten die Menschen den Nutzwert einzelner Arten und waren bestrebt, neue Arten zu finden und deren Eigenschaften zu erforschen, wie folgende Beispiele aus der Geschichte zeigen.

Die Ägypter haben bereits 1495 v. Chr. eine Expedition ins benachbarte Punt (heutiges Äthiopien und Somalia) geschickt, um die weihrauchproduzierende Pflanze Boswellia nutzbar zu machen, und die Römer erwarben 300 v. Chr. den Apfelbaum von den Persern und verbreiteten ihn im Mittelmeerraum (Juma 1989, MLR BW 2000, 2). In der Kolonialzeit veränderten Nutzpflanzen aus der neuen Welt, wie der 1492 auf der karibischen Insel Hispaniola entdeckte Mais und die aus dem Hochland Lateinamerikas stammende Kartoffel, die Landwirtschaft weltweit. Erst durch die Nutzbarmachung dieser Arten wurde die Nahrungsmittelversorgung in Europa gesichert und ein Grundstein für die spätere Industrialisierung gelegt (Hehn 1911; Kaller-Dietrich 2004; McNeill 1999). Mithilfe der Innovationen in der Chemie und Biotechnologie im 20. Jahrhundert war es möglich, einzelne Inhaltsstoffe von Lebewesen zu extrahieren, ihre Wirkungsweise zu erforschen und sie synthetisch nachzubauen.

Folglich wurde nun jedes Lebewesen auf unserem Planeten zu einer potenziellen Quelle neuer Produkte für diverse Industriebranchen (Lebensmittel, Pharma, Chemie), wobei neben den Inhaltsstoffen des Lebewesens auch dessen genetische Information von wirtschaftlichem Interesse sind. Beispielhaft für die erfolgreiche Entwicklung und Vermarktung von auf biologischen Ressourcen aufbauenden Produkten sind das aus der Weidenrinde stammende und 1899 patentierte Aspirin, welches noch heute zu den meistverkauften Medikamenten auf allen Kontinenten zählt (WBGU 2000, 74), der aus einem Pilz gewonnene Cholesterinsenker Zocor mit einem Umsatz von über 4 Mrd. US-Dollar im Jahr 2003 und die Krebsmedikamente Taxol und Taxotere, die aus der Eibenart Taxus baccata gewonnen wurden (Umsatz 2,3 Mrd. US-Dollar im Jahr 2000 (Beattie 2005, 283)) (vgl. Abb. 5). Welcher Anteil des weltweiten Umsatzes mit pharmazeutischen Produkten auf Produkte, die auf Basis biologischer Ressourcen hergestellt wurden, zurückgeht, ist nicht genau zu klären[1], da bei der Patentierung eines Wirkstoffes nicht die Quelle genannt werden muss (vgl. Brühl & Meyer 2001, 38).

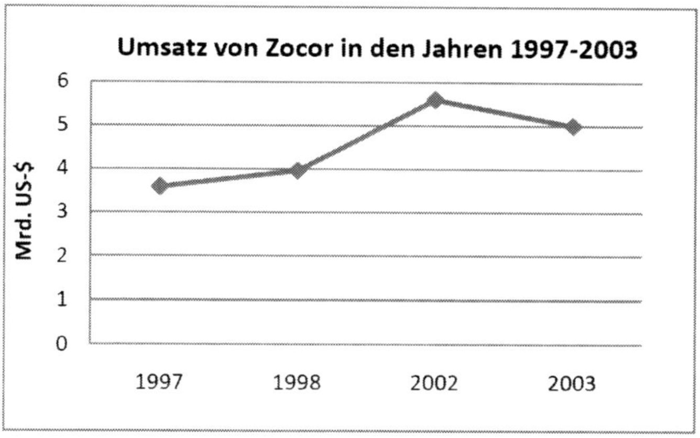

Abbildung 5*: Umsatz des Cholesterinsenkers Zocor in den Jahren 1997 – 2003 (Quelle: Laird 2002, Merck & Co 2003; 2004)

Grifo et al. (1997) kamen bei ihrer Untersuchung bezüglich der Herkunft der 150 am häufigsten verschriebenen Medikamente in den USA zu dem Ergebnis, dass 57 % davon mindestens einen Wirkstoff enthalten, der *„now or once derived or patterned after compounds from biological diversity"*. Newman und Laird (1999, 333 f.) untersuchten die 25 weltweit am häufigsten verkauften Medikamente und stellten fest, dass 10 davon (also 42 %) auf Basis biologischer Ressourcen entwickelt wurden. Mendelsohn und Balick (1997) schätzen, dass der

1 Bzgl. der Probleme der Bewertung des Wertes biologischer Ressourcen siehe Beattie et al. (2005, 284)

Wert unentdeckter Medikamente in Pflanzen des Tropischen Regenwalds 109 Mrd. US-Dollar beträgt. Dass auch außerhalb der Tropen gewinnbringende Organismen zu finden sind, belegt der Pilz *Tolypocladium inflatum* (vgl. Tab. 2), der 1969 von der Firma Novartis in Norwegen gesammelt und auf seine Inhaltsstoffe hin analysiert wurde. Sie isolierten das Medikament Cyclosporin, das sich als erfolgreich erwies und 1997 einen Umsatz von 1,8 Mrd. CHF einbrachte. Da dies vor Abschluss der CBD geschah, sind Zahlungen an das Herkunftsland nicht nötig und werden auch nicht freiwillig getätigt (Svarstad et al. 2000, 1528).

Es lässt sich festhalten, dass der ökonomische Wert biologischer Ressourcen für die Pharmaindustrie beträchtlich ist, wie die Beispiele in Tabelle 2 veranschaulichen, und das in Zukunft auch bleiben wird. Jedoch partizipieren die biodiversitätsreichen Länder des Südens bisher kaum davon.

Tab. 2 Pharmazeutische Produkte auf Basis biol. Ressourcen (Nader & Mateo 1999; Kaden 2003), eigene Darstellung

Produkt	Quelle		Anwendung
Aspirin	*Salix*		Schmerzmittel
Tubocurarine	*Chondodendron tomentosum*		Muskelrelaxantium
Vincristin & Vinblastin	*Catharantus roseus*	Pflanzen	Krebstherapie
Taxol	*Taxus baccata* & *Taxus brevifolia*		Krebstherapie
Calcitonin (Salcitonin)*	Lachs		Osteoporose
Magainin	Froschhaut		Antibiotika
Tissue Plasminogen Activator	Vampirfledermaus	Tiere	Anticoagulant
Hirudin*	Blutegel		Anticoagulant
Zocor	*Aspergillus terreus*		Cholesterinsenker
Penicillin	*Penicillium*	Pilze	Antibiotika
Cyclosporin	*Tolypocladium inflatum*		Immunsupressivum

(* = mit Hilfe der Gentechnik entwickelt)

4 Der Zugang zu biologischen Ressourcen und die Möglichkeit, Schutz und Nutzung der Biodiversität miteinander zu vereinen

Die Biodiversitätskonvention von Rio (1992) hat das Ziel, den Schutz und die Nutzung biologischer Ressourcen miteinander zu verbinden. Die Vorteile, die aus der Nutzung biologischer Ressourcen entstehen, sollen auch dem Herkunftsstaat der Ressource zugute kommen (Art. 15 ff. CBD). Es soll ein gerechter Vorteilsausgleich zwischen den Nutzern der biologischen Ressourcen und den Geberländern geregelt werden, d. h. zwischen den Industriestaaten des Nordens bzw. stellvertretend den multinationalen Unternehmen in der Life-Science-Branche, die das technische Know-how und die finanziellen Rücklagen für die langjährige Forschung, Entwicklung und Patentierung der Produkte haben, und den biodiversitätsreichen Ländern des Südens und deren Einwohnern, die über Generationen angesammeltes traditionelles Wissen über deren Verwendung besitzen, das so nicht patentierbar ist.

So sollen die Geberländer der biologischen Ressourcen am Gewinn der daraus entstandenen Produkte beteiligt werden, damit sie dann ein Interesse und die nötigen Mittel haben, um die Biodiversität ihres Landes zu bewahren und nicht zugunsten von landwirtschaftlichen Nutzflächen zu zerstören. Im Idealfall würde ein Interessent (z. B. ein Konzern) einen Vertrag mit dem Eigentümer der biologischen Ressource bezüglich eines Biosprospektionsvorhabens abschließen. Der Interessent dürfte dann Proben von biologischen Ressourcen in dem Land sammeln und analysieren (vgl. Abb. 6). Sofern der Interessent auf Basis der von ihm gesammelten biologischen Ressource ein gewinnbringendes Produkt entwickeln würde, wäre er verpflichtet, einen vorher festgelegten Teil des Gewinns, sogenannte Royalties, an das Geberland abzutreten. Das Geberland sollte einen Teil des Gewinns wiederum in den Schutz der biologischen Vielfalt und deren nachhaltige Nutzung investieren bzw. indigene Volksgruppen, die mit ihrem traditionellen Wissen zur Produktentwicklung beigetragen haben, am Gewinn partizipieren lassen (vgl. Art. 8j CBD).

Folglich könnte der Handel mit biologischen Ressourcen allen Parteien nutzen und gleichzeitig zum Schutz der Natur in den Geberländern führen. Dass das Ziel des gerechten Vorteilsausgleichs oft nicht erreicht wird, machen die seit Jahren bekannten Biopiraterie-Beispiele des Neem-Baums und der Hoodia-Pflanze deutlich.

Der immergrüne Neembaum (*Melia azadirachta*) stammt aus Indien und seine Anwendungsmöglichkeiten in Medizin und Landwirtschaft sind dort seit über 2000 Jahren bekannt. In der indischen Landwirtschaft werden Teile des Neembaums eingesetzt, da sie starke insektizide und fungizide Wirkung haben

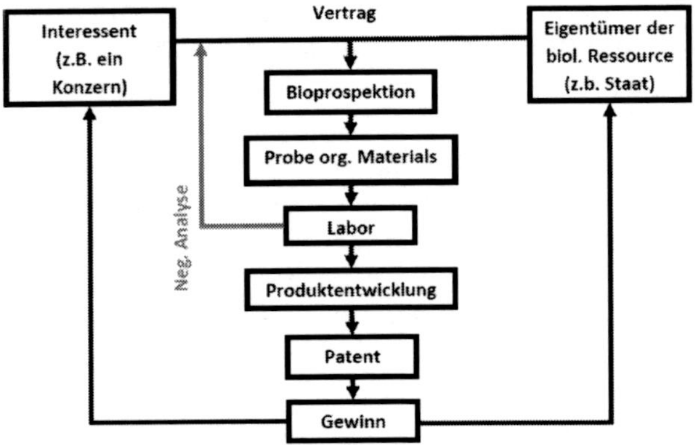

Abb. 6*: Ablauf eines Bioprospektionsvorhabens und anschließender Produktentwicklung mit Gewinnbeteiligung des Geberlandes (Lößner 2005, 43, veränderte Darstellung)

(Kein Patent auf Leben 2000, 3), und aus seinen Blättern, Blüten, Samen, Wurzeln und seiner Rinde werden Arzneimittel gegen diverse Hauterkrankungen, Entzündungen, Fieber, Malaria und Pocken hergestellt.

1994 meldete die Firma Grace (USA) zusammen mit dem US-Landwirtschaftsministerium das Patent EP 0 436 257 B1 auf das Pilzschutzmittel Margosan-O aus dem Öl der Samen des Neembaums an, wobei die Erkenntnis um die fungizide Wirkung des Öls als die Erfindung bei diesem Patent galt. Der genaue Titel des Patents lautet: „Method for controlling fungi on plants by the aid of a hydrophobic extracted neem oil" (Europäisches Patentamt 1996). In Indien war diese Nutzungsweise des Neembaums allerdings schon lange bekannt. Deswegen legte *Neem Campaign*, eine Organisation von indischen LandwirtInnen, Einspruch gegen das Patent ein, da dieses keine Erfindung, sondern lediglich eine Erweiterung der traditionell schon lange bekannten Anwendungsformen darstelle und ausschließlich die Monopolisierung der Nutzung des Neembaums zugunsten der Firma bezwecke (Erklärung von Bern 2001). Das Patent machte aus einer bisher frei zugänglichen Ressource das Privateigentum der Firma Grace. Es dauerte mehr als 10 Jahre, bis das Patent wegen des Fehlens „erfinderischer Tätigkeit" vom Europäischen Patentamt für nichtig erklärt wurde. Zurzeit gibt es weitere 65 Patente auf Eigenschaften des Neembaums, aber der NGO-Koalition fehlen die Mittel, diese anzufechten (FOAM 2005, www.biopiraterie.de). Die Möglichkeit, Lebewesen bzw. Bestandteile oder Eigenschaften von ihnen zu patentieren, gibt es seit 1980 in den USA und seit 1997 in der EU (Wörner 2002, 22; Europäisches Parlament und Rat der Europäischen Union 1998). Seitdem ist die Zahl der Patente auf Lebewesen rasant angestiegen und betrug 2003 im Bereich der Gentechnologie schon 30.000 (BUKO-Kampagne gegen Biopiraterie 2005, 60). Während sich auf der einen Seite viele Firmen Rechte an Lebewesen sichern, stehen auf der anderen Seite die lokalen Bauern, die diese Eigenschaft schon seit Generationen nutzen und wie im Fall Neem jahrelang gegen ein einziges Patent kämpfen, während gleichzeitig weitere Patente angemeldet werden. Im Fall Neem wurden die indischen Bauern auf zwei Arten geschädigt: zum einen wurden sie nicht als wahre Entdecker der Eigenschaft des Neembaums benannt und an den Gewinnen beteiligt und zum anderen wurde ihre Nutzung des Neembaums aufgrund des Patents eingeschränkt, da ein Patent die Nutzungsberechtigung auf den Patentanmelder monopolisiert und alle anderen Nutzer lizenzgebührenpflichtig gegenüber dem Patentinhaber werden. Die Patentanmeldungen beschränken sich nicht auf eine einzelne Eigenschaft eines Lebewesens, wie z. B. die durch Kreuzung mit der indischen Landsorte Nap Hal verbesserte Weizensorte (Galahad-7). Vielmehr versucht die Life-Science-Industrie den gesamten Produktionsweg vom Saatgut bis zum gebackenen Brot lizenzpflichtig zu machen (Then 2003; Tippe 2009). Diese Entwicklung macht die Erzeuger stärker vom Patentinhaber abhängig, erhöht deren Kapitaleinsatz (für Saatgut und Lizenzgebühren) und vermindert indirekt die Agrobiodiversität, da lokale Sorten durch wenige ertragreichere Sorten der Konzerne verdrängt werden (vgl. Institut für ökologische Wirtschaftsforschung 2004, 29). Um Missbrauch von Patenten auf biologische Ressourcen, d. h. die unrechtmäßige Aneignung von Eigenschaften der biologischen Ressource ohne die Zustimmung und faire Beteiligung der Geberländer zu verhindern, ist ein transparentes Patentrecht notwendig, dass den Patentanmelder verpflichtet, detailliert über die Herkunft des zu patentierenden Materials sowie über die rechtmäßige Erlangung desselben zu informieren. Um diesen Sachverhalt in die Realität umzusetzen, hat das EU-Parlament 1997 einen Paragraph in den Entwurf der Biopatentrichtlinie eingebracht, der diese Informationspflicht forderte. Jedoch strich die EU-Kommission diesen Paragraphen nach der großen PR-Kampagne „Patents for Life" der Pharmaindustrie (Brühl & Meyer 2001, 38). Folglich können Patente auf Basis biologischer Ressourcen weiterhin angemeldet werden, ohne dass deren Herkunft offengelegt werden muss. Dieser Sachverhalt erleichtert Biopiraterie, da die geschädigten Geberländer womöglich nie herausfinden, dass z. B. ein neues Medikament auf Basis ihrer Ressource entwickelt wurde.

Ein weiteres Beispiel für die Schwierigkeiten, den Eigentümer der biologischen Ressource an den möglichen Profiten bei der Entwicklung eines neuen Produktes zu beteiligen, ist die südafrikanische Hoodia-Pflanze (*Hoodia gordonia*). Der indigenen Volksgruppe der San ist die appetitzügelnde Wirkung der Pflanze seit mehreren Generationen bekannt. Sie nutzten sie, um den Hunger bei langen Jagden zu unterdrücken. South Africa's Council for Scientific and Industrial Research (CSIR) extrahierte aus der Hoodia-Pflanze den Wirkstoff P57, der 1996 patentiert wurde. Anschließend wurde das Patent der englischen

Firma Phytopharm überlassen, die es kurzzeitig an Pfizer weiterverkaufte, zurückbekam und zurzeit an der Entwicklung des Medikaments forscht. Erst als die San mit internationaler Unterstützung ihre Rechte einforderten, kam es zu ihrer Beteiligung an den aus dem Patent stammenden Gewinnen (vgl. Beattie 2005, 286). Anzumerken ist, dass in der Schweiz und in Deutschland zur Zeit Hoodia-Produkte verkauft werden, deren Hersteller keine Erlaubnis der San haben, diese zu vermarkten.

5 Fazit

Die Ressource Biodiversität bietet ein immenses ökonomisches Potenzial, wie am Beispiel der Pharmabranche aufgezeigt werden konnte. Dieses Potenzial wird bisher aber nur in Ansätzen genutzt, da derzeit nur ca. 12 % der Arten unseres Planeten bekannt sind und die derzeitige nicht-nachhaltige Wirtschaftsweise des Menschen dazu führt, dass die Biodiversität schneller vernichtet wird als sie erforscht werden kann. Der Schutz der Biodiversität in den Ländern des Südens wird nur gelingen, wenn diese an dem ökonomischen Wert ihrer Ressource beteiligt werden, d. h. wenn die Nutzer der biologischen Ressourcen aus den Industriestaaten, die das nötige Know-how und Kapital haben, eine gerechte und angemessene Vorteilsteilhabe mit den Geberländern vereinbaren. Nur so kann durch das in die Geberländer zurückfließende Geld und die damit einhergehende Inwertsetzung der Biodiversität im Bewusstsein der lokalen Bevölkerung der Schutz dieser Ökosysteme gewährleistet werden. Um für die Geberländer einen Gewinnanteil zu sichern, ist eine Änderung des Patentrechts unabdingbar notwendig, und zwar dahingehend, dass die Herkunft des zu patentierenden Materials zunächst offengelegt werden muss. Nur so ist es möglich, den Geberländern die in der Biodiversitätskonvention von Rio geforderte Beteiligung sicherzustellen und die indigenen Volksgruppen am Gewinn ihrer biologischen Ressourcen teilhaben zu lassen. Dieser Gewinnanteil muss selbstverständlich für die Geberländer juristisch einklagbar und vollstreckbar sein, damit die Ziele der Biodiversitätskonvention in die Realität umgesetzt werden können.

Literatur

BARBAULT R. & SASTRAPRADJA S. (1995): Generation, maintenance, and loss of biodiversity. In: Heywood V. H.; Watson R. T. (eds.): Global biodiversity assessment. Cambridge, New York, 193 – 274.

BARTHLOTT W., LAUER W. & PLACKE A. (1996): Global Distribution of Species Diversity in Vascular Plants: Towards a World Map of Phytodiversity. In: Erdkunde (50)4: 317 – 327.

BEATTIE A. J. et al. (2005): New Products and Industries from Biodiversity. In: Scholes R., Hassan R., Ash N. (eds.): Ecosystems and Human Well-Being: Current State and Trends. Findings of the Condition and Trends Working Group. London, 273 – 295. (=The millennium ecosystem assessment series Volume 1)

BRÜHL T. & MEYER H. (2001): Die Umsetzung des Übereinkommens über die biologische Vielfalt in Deutschland. Bonn.

BUKO-KAMPAGNE GEGEN BIOPIRATERIE (Hrsg.) (2005): Grüne Beute. Biopiraterie und Widerstand. Argumente, Hintergründe, Aktionen. Frankfurt.

CBD (Convention on Biological Diversity), Rio de Janeiro, 5. Juni 1992. In Kraft getreten am 29. Dezember 1993. In: 31 I.L.M. 818 (1992). Deutsche Übersetzung in: BGBl. 1993 II:1742. http://www.cbd.int/convention/text/ (28. 12. 2010)

ERKLÄRUNG VON BERN (Hrsg.) (2001): Background paper on the Neem patent challenge. http://www.evb.ch/index.cfm?page_id=448&archive=none (27. 12. 2010).

EUROPÄISCHES PARLAMENT UND RAT DER EUROPÄISCHEN UNION (Hrsg.) (1998): Richtlinie 98/44/EG des Europäischen Parlaments und des Rates vom 6. Juli 1998 über den rechtlichen Schutz biotechnologischer Erfindungen.

EUROPAL: http://www.europarl.eu.int/comparl/tempcom/genetics/links/directive_44_de.pdf (27. 12. 2010)

EUROPÄISCHES PATENTAMT (Hrsg.) (1996): European Patent Specification. Publication Number 0 436 257 B1.

EUROPAT: https://register.epoline.org/espacenet/application?lng=de&number=EP90250319 (27. 12. 2010)

FAO (2010): Global Forrest Ressource Assessment – Main Report. Rome.

FOAM (International Federation of Organic Agriculture Movements) (2005): A Briefing Paper on the First Legal Defeat of a Biopiracty Patent: the Neem Case patent challenge. http://www.ifoam.org/press/press/pdfs/Briefing_Neem.pdf (27. 12. 2010)

GRIFO F., NEWMAN D., FAIRFIELD A.S., BHATTACHARYA B., GRUPENHOFF J. T. (1997): The Origins of Prescription Drugs. In: Grifo F. & Rosenthal J. (Hrsg.): Biodiversity and Human Health. Washington DC, 131 – 163.

HANNAH L., LOHSE D., HUTCHINSON C., CARR J. L. & LANKERA-NI A. (1994): A preliminary inventory of human disturbance of world ecosystems. Ambio (23)4/5: 246 – 250.

HEHN V. (1911): Kulturpflanzen und Haustiere in ihrem Übergang aus Asien nach Griechenland und Italien sowie in das übrige Europa. Berlin.

HEYWOOD V. H. (1997): Information needs in biodiversity assassments: From genes to ecosystems. In: Hawksworth D. L., Kirk P. M. & Dextre Clarke S. (Hrsg.): Biodiversity information: Needs an option. Wallingford, 5 – 50.

INSTITUT FÜR ÖKOLOGISCHE WIRTSCHAFTSFORSCHUNG, ÖKO-INSTITUT E.V., SCHWEISfurth-Stiftung, Freie Universität Berlin, Landesanstalt für Großschutzgebiete (Hrsg.) (2004): Agrobiodiversität entwickeln! Handlungsstrategien für eine nachhaltige Tier- und Pflanzenzucht. Endbericht. Berlin 2004. http://www.agrobiodiversitaet.net/site/page/downloads/Positionspapier.pdf (27.12.2010)

Juma C. (1989): The Gene Hunters: Biotechnology and the Scramble for Seeds. Princton.

Kaden M. (2003): Taxol/Paclitaxel/Docetaxel: Naturwirkstoffe – Waffen gegen Krebs. Hamburg. http://www.heilpflanzen-welt.de/2003-08-Taxol-Paclitaxel-Docetaxel-Naturwirkstoffe-Waffen-gegen-Krebs/ (27.12.2010)

Kaller-Dietrich M. (2004): Mais – Ernährung und Kolonialismus in Südamerika. http://www.lateinamerika-studien.at/content/geschichtepolitik/mais/mais-titel.html (27.12.2010)

ten Kate K. & Laird S. A. (1999): The commercial use of biodiversity. Access to genetic resources and benefit-sharing. London.

Kein Patent auf Leben (Hrsg.) (2000): Biopiraterie I. Neem-Patente. München. http://www.keinpatent.de/index.php?id=20&L=0 (27.12.2010)

Löffler K. (2000): Genetische Ressourcen. Biodiversitätskonvention und TRIPS-Abkommen. Berlin.

Lößner, M. (2005): Nutzung der Biodiversität – Eine Analyse struktureller Umsetzungsmodelle der CBD. Aachen.

May R. M., Lawton J. H. & Nigel E. S. (1995): Assessing extinctionrates. In: Lawton J. H. & May R. M. (eds.): Extinctionrates. Oxford, 1–24.

McNeill W. H. (1999): How the potato changed the world's history. In: Social Research (66)1: 67–83.

Mendelsohn R. & Balick, M. J. (1997): Notes on economic plants. In: *Economic Botany* (51)3: 328.

Merck & Co (eds.) (2003): Annual Report 2002. http://www.merck.com/finance/annualreport/ar2002/merck_financial_section.pdf (27.12.2010).

Merck & Co (eds.) (2004): Annual Report 2003. http://www.merck.com/finance/annualreport/ar2003/financial_section/merck2003_ar_financials.pdf (27.12.2010)

Mittermeier R. A. (1988): Primate diversity and the tropical forest: case studies from Brazil and Madagascar and the importance of the megadiversity countries. In: Wilson E. O. & Peter F. M. (eds.): Biodiversity. Washington DC, 145–154.

Mittermeier R. A. & Werner T. B. (1990): Wealth of plants and animals unites ‚megadiversity' countries. Tropicus (4)1:1: 4–5.

MLR BW (Ministerium für Ernährung und ländlichen Raum Baden Württemberg) (2000): Rund um den Apfel – Informationen und Rezepte. http://www.landwirtschaft-mlr.baden-wuerttemberg.de/servlet/PB/show/1046620_l1/apfel_br.pdf (27.12.2010)

Nader W. & Mateo N. (1998): Biodiversity – resource for new products, development and self-reliance. In: Barthlott W. & Winiger M.: Biodiversity, A Challenge for Development Research and Policy. Berlin, 181–197.

Newman D. J., Laird S.A. (1999): The influence of natural products on 1997 pharmaceutical sales figures. In: ten Kate K. & Laird, S. A. (eds.) The Commercial Uses of Biodiversity. London, 333–335.

Sleegers A. & Stock O. (2006): Novartis, Roche und Co.: Pharma-Gewinne sprudeln. http://www.handelsblatt.com/unternehmen/industrie/pharma-gewinne-sprudeln;1111040 (27.12.2010)

SVARSTAD H., BUGGE H. C. & DHILLION S. S. (2000): From Norway to Novartis: cyclosporin from *Tolypocladium inflatum* in an open access bioprospecting regime. In: Biodiversity and Conservation 9: 1521 – 1541.

THEN C. (2003): Natur als Eigentum. Wie Unternehmen versuchen, sich Patentrechte an Lebewesen zu sichern. In: Frankfurter Allgemeine Zeitung. Nr. 232 vom 07. 10. 2003: B5.

TIPPE R. (2009): Privatisierter Weizen. In: Gen-ethischer Informationsdienst (GID), H. 163: 46 – 48.

WBGU (Wissenschaftlicher Beirat der Bundesregierung Globale Umweltveränderungen) (Hrsg.) (2000): Welt im Wandel: Erhaltung und nachhaltige Nutzung der Biosphäre. Jahresgutachten 1999. Berlin.

WCMC (World Conservation Monitoring Centre) (Hrsg.) (1992): Global biodiversity. Status of the Earth's living resources. London.

WWF ÖSTERREICH (Hrsg.) (2007): The Living Planet Report 2006. http://www.wwf.de/fileadmin/fm-wwf/pdf_neu/Living_Planet_Report_Zusammenfassung_DE.pdf (27. 12. 2010)

WWF SCHWEIZ (Hrsg.) (2010): The Living Planet Report 2010. http://www.wwf.de/fileadmin/fm-wwf/pdf_neu/Living-Planet-Report-2010.pdf (18. 11. 2010)

Fachdidaktik, Methodik

Johann-Bernhard Haversath

Transformation, Globalisierung und Fragmentierung. Lernen an der Welt im Blickpunkt

Das Jahr 1990 schlug wie ein Blitz ein: Zuerst verschwand die Zweite Welt, das Lager der sozialistischen Länder. Im nächsten Schritt wurde dem ideologischen West-Ost-Gegensatz der Boden unter den Füßen entzogen, in einem dritten Schritt erschienen – heftig umstritten – Neuinterpretationen der Welt. Die größte allgemeine Aufmerksamkeit erzielte hierbei der *Clash of Civilizations* (HUNTINGTON 2002), Gegenkonzepte zum Miteinander der Kulturen (MÜLLER 2001) wurden nur begrenzt von der Öffentlichkeit wahrgenommen, differenziertere Analysen (z. B. REUBER & WOLKERSDORFER 2002; SCHOLZ 2003; NISSEL 2004; KREUTZMANN 2006) bleiben dem Fachpublikum vorbehalten.

1 Begriffe

‚Globalisierung' und ‚Fragmentierung' sind seitdem häufig benutzte Begriffe, die in der Geographie unter aktualistischem Blickwinkel definiert sind (MÜLLER-MAHN 2002). Sie werden „als Prozesse der Intensivierung weltweiter wirtschaftlicher wie auch kultureller und sozialer Beziehungen" (GEBHARDT 2002, 61) bezeichnet und als dynamische, offene Prozesse charakterisiert. Die Neuartigkeit des Handelns kommt in strategischen Optionen und Allianzen mächtiger Akteure, z. B. transnationaler Unternehmen, zum Ausdruck. Diese schaffen es, vielen gesellschaftlichen Diskursen den Stempel der Ökonomisierung aufzudrücken, den öffentlichen Sektor zugunsten des freien Marktes zurückzudrängen (Deregulierung), dem Neoliberalismus Akzeptanz zu verschaffen, die sozialen Errungenschaften früherer Generationen infrage zu stellen und dies politisch durchzusetzen (Sozialabbau). So entstehen in kleinen Schritten, aber unübersehbar neue, kaum durchschaubare Machtstrukturen (NUHN 2001) jenseits des staatlichen Zugriffs (Entgrenzung).

Mit dem Begriff ‚Fragmentierung' (SCHOLZ 2002) werden spezifische Prozesses ins Visier genommen. „Verkürzt ausgedrückt stürzen aufgrund von Machtwirtschaft und Globalisierung immer mehr Menschen insbesondere in den Entwicklungsländern in Armut und Verwundbarkeit [...] [es kommt zur] Festschreibung bestehender Benachteiligungen und [zur] Schaffung neuer Gegensätze" (GEBHARDT 2002, 62). ‚Fragmentierung' beleuchtet nicht allein die lokale und regionale Ebene, betont sie jedoch (SCHOLZ 2006). In den mächtigen ökonomisierten Diskursen bleiben diese Aspekte allerdings weitgehend ausgeblendet; dass es zur Globalisierung keine Systemalternative gebe (GEBHARDT 2002, 62), wird immer wieder behauptet.

Doch Begriffe sind Konstrukte. Schon die Wortbedeutung von ‚Globalisierung' legt die Konnotation einer weltweiten ökonomischen, kulturellen und sozialen Vernetzung nahe. Manche Autoren ersetzen den Begriff jedoch durch Triadisierung (OßENBRÜGGE 2001; BARTZ 2006), um die überragende Dominanz der Staaten Nordamerikas, der EU und Ostasiens auszudrücken. Es kommt hinzu, dass sich die drei Termini überlappen – Globalisierung, Fragmentierung und Triadisierung bilden drei Facetten eines komplexen Prozesses.

Analog verhält es sich bei der ‚Transformation'. Der Begriff – bereits in den 1990er-Jahren intensiv diskutiert (FASSMANN 1997) – fand mit seinen Nuancen erstmals 2002 Eingang in ein geographisches Lexikon (BRUNOTTE et al. 2002, Bd. 3, 367–368). In der Geographie verwenden wir ihn in zahlreichen Facetten: Die räumlichen Aspekte (plötzlicher, grundlegender Wandel von Raumstrukturen) sind nur ein Teilbereich; es kommen die politischen, zeitlichen, wirtschaftlichen Aspekte hinzu (tief greifende Veränderungen in einem Staat oder Wirtschaftssystem), deren Einfluss auf symbolischer Ebene besonders ins Auge sticht. Nicht zu vergessen sind die gesellschaftlichen Aspekte (abrupter, aus Sicht vieler Betroffener sogar dramatischer Wechsel), welche die Individuen mitunter stark tangieren, wenn sie sich etwa plötzlich in völlig neuen Lebenssituationen wiederfinden und sich mit Erwerbslosigkeit, sozialem Absturz und Armut konfrontiert sehen. Über Nacht werden komplette Biografien auf- oder abgewertet.

2 Konzept

Mit dem Ende des Drei-Welten-Konstrukts vollzieht sich Schritt für Schritt ein Paradigmenwechsel. Alte Kategorien (Wettlauf der Systeme, Dichotomisierung der Welt usw.) sind überholt und haben keinen praktischen Wert mehr. Jetzt gewinnt der vernetzende Ansatz an Bedeutung. Räumliche, zeitliche, wirtschaftliche, ethnische, religiöse, soziale, individuelle, kulturelle und ökologische Aspekte werden in übergreifenden Zusammenhängen gesehen. In der Wissenschaft rückt die umfassende global change-Thematik in den Mittelpunkt des Interesses. Altlasten, bedenkliche Ökobilanzen, neue Kriege, ungeahnte Migrationsbewegungen, soziale Schieflagen, Städtemonster, Kinderarbeit und / oder Vulnerabilität sind Beispiele für Themen (vgl. SCHOLZ 2006), die in neuen Zusammenhängen gesehen werden. Mithilfe des Netzes werden zwar die Interdependenzen sichtbar und weiterführende Erkenntnisse gewonnen, es bleibt jedoch unklar, in welchem Maße sie untereinander verbunden sind.

Die so verstandene Akzentverschiebung hat Konsequenzen für den Unterricht, der die sechs- bis achtzehnjährigen Adressaten in altersgemäßer Weise berücksichtigen muss. Die tradierte Entwicklungsländerproblematik ist überholt; sie muss als Reflex des Drei-Welten-Konstrukts gelten, dessen Erklärungsgehalt bei Weitem zu kurz greift. Auch das Konzept des Globalen Lernens, das sich aus dem Ansatz der Einen Welt entwickelte (BIRKENHAUER & VOSSEN 1999), kann die o.g. Kritikpunkte nicht überwinden, da es sich vom disziplingeschichtlichen Erbe nicht befreien konnte.

Unter Einbeziehung der Kritik am Begriff ‚Globalisierung' sowie des Kenntnisstandes zur interkulturellen Erziehung (AUERNHEIMER 2007; SCHRÜFER 2009), zum Globalen Lernen (SCHREIBER & SCHULER 2005; BMZ 2007; ENGELHARD, MÖNTER & OTTO 2009), zur nachhaltigen Entwicklung (BAHR 2007; 2008; SCHOCKEMÖHLE 2009) und zur Umwelterziehung (WILHELMI 2006) ist Lernen an der Welt als erweitertes Konzept zu sehen, das die aktuellen gesellschaftlichen und wissenschaftlichen Diskurse integriert. Der Weg hierhin (z. B. FRAEDRICH 1996; FLATH & FUCHS 1998; RINSCHEDE 2007, 197 – 199) ist kleinschrittig und vielfältig. Lernen an der Welt schließt ENGELHARDS Entwicklungsdimensionen (^{3}2007) ein und lässt hohe Erwartungen aufkommen. Im Längsschnitt-Vergleich zeichnet es sich durch den Konzeptbaustein der Gerechtigkeit aus, welcher mithilfe des Unterbegriffs Partizipation vom Odium der Selbstgerechtigkeit befreit werden soll. Das Konzept nimmt weiterhin die Verteilungs- und Verantwortungsfragen auf – so schwierig sie auch sind –, die Institutionen und Menschen der Welt begegnen einander auf Augenhöhe. Lernen an der Welt lebt vom ständigen Maßstabs- und Perspektivenwechsel; der Nahraum ist nicht mehr reiner Vergleichsraum, um die Schüler bei ihren Positionen abzuholen bzw. um Unterschiede deutlich zu machen, sondern *eine* Position im weltumspannenden Netz der vielfältigen Standorte.

Gerechtigkeit und Partizipation stellen darüber hinaus das finale Element des Lernens an der Welt dar. Beide sind daher von besonderer Wichtigkeit. Sie geben der Analyse eine Richtung und sind dazu geeignet, Perspektiven zu entwickeln.

3 Fallbeispiele

Die Länder zwischen Ostsee und Schwarzem Meer erhielten im Rahmen des neuen Konzepts ein neues Gewicht. Nach dem Ende der wechselseitigen West-Ost-Betriebsblindheit rückt dieser Raum nun allmählich ins allgemeine Interesse. Dabei wird deutlich, dass Defizite und mentale Barrieren nach wie vor in nicht unbeträchtlichem Ausmaß bestehen (Haversath 2007; 2008).

Als Fallbeispiele dienen Polen und Rumänien, zwei Länder, deren Fremdwahrnehmung verbesserungsbedürftig ist. Ihre Präsentation soll dazu beitragen, das Bild dieser Länder in bunten Farben zu zeichnen, ihre Vielfalt als ebenso differenziert erscheinen zu lassen wie in der Eigenwahrnehmung als Heimatland. Diesem Ziel dient das Darstellungsmittel der Entwicklungspfade. Hierdurch wird in klar abgesteckten Bahnen erkennbar, welchen Weg die Menschen in diesen Ländern gegangen sind und wohin sie sich bewegen. Da beide Länder Mitglieder der EU sind, muss die tradierte Reserviertheit überwunden und die ererbte Wahrnehmungslücke geschlossen werden.

Polen ist Deutschlands östlicher Nachbar (Loboda 1996); der Süden des Landes war bis zum Ende des Ersten Weltkriegs mit Österreich verbunden. In der Mitte Zentralpolens liegt Łódż, eine Stadt mit 750.000 Einwohnern – vor Beginn der Transformation waren es noch 850.000.

Diese Stadt war rund 170 Jahre das Synonym für Textilindustrie in Polen (Eckart 1983, 166–179; Pelzer 1991, 242–245). Als Łódż nach der dritten polnischen Teilung 1815 zum zaristischen Russland gekommen war, begann ab 1823 der Aufbau der Textilindustrie, der in den großen Betrieben von Izrael Poznański und Carl Scheibler gipfelte. Auch im polnischen Manchester galt der Grundsatz, dass es Stadt und Bewohnern gut gehe, solange der Fabrikschornstein rauche. Die Masse der zuziehenden Arbeiter wohnte in Werkskolonien, die sich im nahen Umfeld der Fabriken befanden. Die damals angelegte industrielle Monostruktur hatte bis 1990, dem Jahr der politischen Wende, Bestand (Bonisławski 2005).

1990 endet dieses Kapitel abrupt. Die massive Zäsur provozierte Unsicherheit, die ein Denken in groben Kategorien favorisierte: Marode, heruntergekommene Altbauten und spiegelnde Hochhausfassaden stehen einander antithetisch gegenüber. Graue Hinterhöfe werden vorschnell abgewertet, dabei sind bunte Werbefronten mitunter nicht besser. Die Veränderungen sind so massiv, dass wir als Zeitzeugen mit einer sicheren Einordnung oft überfordert sind.

Mit der Globalisierung nimmt der Wandel ungeahnte Fahrt auf. Aus Izrael Poznańskis Textilfabrik in der Mitte der Stadt wird ein urban entertainment center, wie es aus Warschau, aus Bratislava (SK) oder aus anderen Ballungsräumen Europas bekannt ist. Die verschiedenen Ebenen sind mit Rolltreppen verbunden, ein Shuttlebus sorgt für die bequeme Anbindung an den Öffentlichen Personennahverkehr, eine differenzierte Gastronomie findet sich im Innen- und Außenbereich, genau geplante Events sorgen dafür, dass der Käuferstrom nicht abreißt. Mit aller Wucht haben Transformation und Globalisierung ihre Spuren hinterlassen. Nichts ist mehr wie vorher (Pütz 1998).

Dahinter stecken schwierige und komplexe Prozesse, die stark vereinfachend

Abbildung 1*: Alt und Neu/Erneuert in Łodż (Aufn. Haversath 2009)

mit der Bezeichnung ‚Rückkehr der Regionen' (FASSMANN 1997) zusammengefasst werden können. Dies zeigt sich im größeren zeitlichen und räumlichen Rahmen: Polen musste am Ende des Zweiten Weltkriegs seine Ostgebiete in der heutigen Ukraïne, in Weißrussland und in Litauen abgeben und erhielt zum Ausgleich die ehemals deutschen Ostgebiete. Auf der Fahrt durch den Südosten Polens bemerkt man von den Prozessen der letzten Jahrzehnte heute nichts mehr – zumindest nicht auf den ersten Blick. Sobald jedoch die kleinteilige Flur von großen Schlägen abgelöst wird, ist Vorsicht geboten (HAASE 2002). Hier haben wahrscheinlich bis 1947 Ukraïner gelebt; 1947, nach dem Ende des Bürgerkriegs, wurden diese Gruppen im Rahmen der Aktion Weichsel in die neuen polnischen Westgebiete umgesiedelt, um den Widerstand zu brechen. Erst in den 1990er-Jahren begann man mit der Aufarbeitung der verschwiegenen Vergangenheit, aus Anlass des 50. Jahrestages der Vertreibungen wurden Gedenksteine und -tafeln angebracht. Die Leiden der Flucht und Vertreibung auf polnischer, ukraïnischer und deutscher Seite (aber auch auf russischer, litauischer, slowakischer und ungarischer Seite) können dadurch nicht wiedergutgemacht werden, die Erinnerung kann aber dazu beitragen, das Leid zu verarbeiten und den Blick nach vorne zu richten. Auf den Friedhöfen vieler Beskidendörfer erkennt man aus den Grabaufschriften noch die Spirale der Gewalt, die unter nationalistischen Vorzeichen immer weiter angezogen wurde. Das multiethnische Erbe passte mit nationalistischen Orientierungen nicht zusammen.

Doch die ethnische Ebene allein reicht nicht aus, um den vielschichtigen Prozess zu verstehen. Auf der Ebene der Religionen ist ebenfalls ein vielfältiges Bild zu erkennen. Nur auf den ersten Blick ist in Polen die Architektur der katholischen Kirche so dominant, dass alles Weitere unterdrückt wird. Im Osten und Südosten des Landes kann der Sidestream des orthodoxen Paradigmas mit den Facetten der ukraïnisch-orthodoxen, der unierten (griechisch-katholischen) und der griechisch-orthodoxen Kirche nicht übersehen werden. Noch sind die Restitutionsansprüche der verschiedenen Gemeinschaften nicht zufriedenstellend gelöst, doch man nähert sich Schritt für Schritt; in Przemyśl, dem geistigen Zentrum und Bischofssitz der verschiedenen Richtungen, macht man hierbei große Fortschritte (Haase 2002).

Im Grenzgebiet zu Weißrussland, nordöstlich von Białystok, liegt Bohoniki. Bei den Einwohnern handelt es sich um muslimische Tartaren, die sich im 17. Jahrhundert unter König Jan III. Sobieski als Dank für ihre Verdienste hier niederlassen durften – und bis heute hier leben. Sie haben nicht nur eine eigene Moschee, sondern auch einen eigenen Friedhof. Die Namen künden von dem, was als identity switching bezeichnet wird: Mit muslimischen Vornamen und polnischen / polonisierten Nachnamen schafft man es, die verschiedenen Identitäten unter einen Hut zu bringen und sich je nach Bedarf mal so, mal so zu positionieren.

Es sind die Differenzen, das Nicht-Identische oder die Heterogenität, welche zwar immer vorhanden sind, aber leicht übersehen oder verdrängt werden. Daher fordert der Philosoph Jacques Derrida (1930 – 2004) mit Nachdruck, diese dem Vergessen zu entreißen; Ludwig Wittgenstein (1889 – 1951) formuliert mit anderen Worten Analoges: die Verhexung des Verstandes durch die Mittel unserer Sprache aufzulösen (Gamm & Schürmann 2005, 350 – 351).

In Entwicklungspfaden können diese divergierenden Prozesse verdichtet dargestellt werden (s. Abb. 1). In einem vielfältigen und differenzierten Land wie Polen stehen mehrere Pfade nebeneinander, von denen drei ausgewählt werden, um einerseits die ganze Bandbreite und andererseits die verschiedenen Maßstabsebenen zu spiegeln. Für Łódż lassen sich die aufgezeigten Entwicklungen mit den drei Adjektiven agrarisch, industriell und postmodern umreißen.

Schon auf regionaler Ebene (Ostpolen) kommen weitere Aspekte hinzu. Das russische Paradigma dominierte in diesem Teil des Landes, bis es 1921 vom national-polnischen abgelöst wurde. Ab 1945 breitete sich das sozialistische Paradigma aus, dessen Ende mit dem Beginn der Transformationszeit (1990) gesetzt wird. Der Beitritt in die EU schließlich läutet 2004 das (EU-)europäische Paradigma ein.

Wieder anders sieht es auf staatlicher / nationaler Ebene aus. Dem Königreich

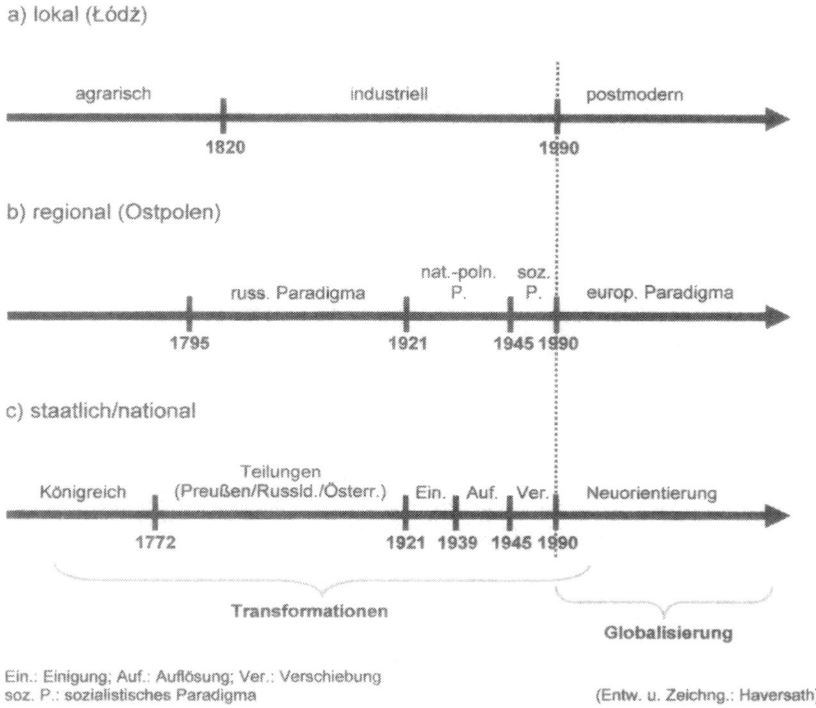

Abbildung 2: Entwicklungspfade Polens

folgt die Zeit der Teilungen, ab 1921 geht es Schlag auf Schlag: Nach der nominellen Wiederkehr des Landes auf die Bühne der Geschichte und der Wiedervereinigung der drei Landesteile folgt schon bald die erneute Auflösung, anschließend die Westverschiebung und schließlich die Neuorientierung in der Welt und in Europa. Nur das Jahr 1990 erscheint auf allen drei Ebenen, es bildet jedoch nicht die alleinige Zäsur, es sind vielmehr zahlreiche Transformationen, die diesem Ereignis vorausgingen.

Mit der Globalisierung kommt es zu weiteren Interferenzen, die die verschiedenen Sachebenen (ökonomisch, sozial, räumlich, kulturell, religiös, sprachlich u. a.) miteinander verschmelzen lassen. Die Zäsuren, Brüche und Wechsel scheinen Bestandteile des Lebens zu sein. Sie formen polygenetische Kulturlandschaften, wie sie generell für Mitteleuropa typisch sind, sie konfrontieren die Betroffenen mit veränderten Lebenssituationen, verändern die Gesellschaft und leiten zu andersartigen individuellen Perspektiven und sozialen Rahmenbedingungen über.

Rumänien ist ganz anders – und wird nochmals anders wahrgenommen

(Birtel & Kissau 2006). An vielen Stellen entstehen neue (orthodoxe) Kirchen, an anderen bestimmen sie mit der Vertikalen schon lange die Skyline (wenn auch nicht unumstritten). Dagegen treten die Kirchen von Minderheiten sowie von minderprivilegierten Gruppen deutlich zurück. Die Minderheit der Roma schließlich ist nicht über eigene symbolische Orte in zentraler Lage vertreten. Auch kleine, historisch bedeutsamere Gruppen wie die armenisch-orthodoxen Christen müssen sich mit Standorten zweiter oder dritter Wahl und mit weniger auffälligen Gebäuden begnügen.

Die ethnischen Differenzen – das Land hat 18 anerkannte Minderheiten – rücken nach jahrzehntelanger Unterdrückung erst allmählich ins breite Bewusstsein. Gerechtigkeit im Umgang mit den Menschen und ihrer Geschichte bedeutet auch hier Toleranz, Transparenz, Partizipation. Das gilt in besonderem Maß für den Umgang mit der muslimischen Minderheit, die in der Dobrudscha (am Schwarzen Meer) am stärksten vertreten ist (Kahl 2005; Sallanz 2007).

Wenn so viele Differenzen, so viele Heterogenitäten aufeinandertreffen, wird von allen Beteiligten besonderes Feingefühl und detailreiche Kenntnis erwartet. Die Realität ist aber oft anders. Schlimme (2003) fasst diese Diskrepanz unter dem Titel ‚Führt Unkenntnis zur Ablehnung?' zusammen. Vieles spricht für diese Hypothese, die jedoch zum Glück nicht alleine steht. Mit der präpositionalen Wendung ‚zwischen Faszination und Stigma' lassen sich die konträren Positionen einander gegenüberstellen.

Um den Hintergrund auszuleuchten, müssen wir auch hier einen Blick in die Geschichte werfen. Um 1550 gab das Osmanische Reich im heutigen Rumänien den Ton an. Die Fürstentümer Siebenbürgen, Moldau und Walachei hatten einen Vasallen-Status, die Dobrudscha und das Banat waren Provinzen. 1812 ist der Einfluss der Hohen Pforte bereits durch Österreich und den russischen Zaren erheblich eingedämmt. Dieser im Einzelnen sehr verwickelte und widersprüchlich verlaufende Prozess ist am Vorabend des Ersten Weltkriegs schon zu einem vorläufigen Abschluss gekommen. Aus der Walachei, der Moldau und der Dobrudscha entsteht 1881 das Königreich Rumänien, wohingegen Siebenbürgen, das Banat, Maramuresch und die Bukowina noch zu Österreich-Ungarn gehören. Zwischen den beiden Weltkriegen schließlich wächst das Land unter Einschluss von Moldawien und anderen Gebieten (südwestliche Ukraïne, südliche Dobrudscha, nördliche Bukowina) erheblich über seine aktuellen Grenzen hinaus. Unter nationalstaatlichem Paradigma erscheinen die Rumänen als Hauptakteure; sie drängen die ehemals mächtigen Osmanen, Österreicher bzw. Ungarn und die Russen komplett zurück (Bruckmüller et al. 2002).

Das ist ein sehr widersprüchlicher, antagonistischer Prozess. In der Zwischenbilanz kann Rumänien bis in die zweite Hälfte des 19. Jahrhunderts eine ausgeprägte Heterogenität attestiert werden. Sie äußert sich in der Territorialgeschichte, in den Ethnien des Landes, deren Namen, die uns mitunter wenig vertraut sind (wer kennt schon Aromunen, Vlachen, Lipovener?), in den Religionen, den gesellschaftlichen Gruppen, der Wirtschaft, in den Kulturen und Sprachen. So viel Heterogenität überrascht (vor allem bei Unkenntnis) und verleitet vielleicht den einen zur Glorifizierung, den anderen zur Ausgrenzung.

Vor allem in der Zwischenkriegszeit erhielt unter nationalistischem Einfluss das Homogenisierungsparadigma Rückenwind. Nationalisten setzten ihr Konzept von Romanitas durch: Rumänien wird als romanische Insel im slawischen Meer präsentiert (Verseck 2001) – was angesichts der ungarischen Nachbarschaft eine gezielte Verfälschung ist. Hierbei werden die Rumänen vom faschistischen Italien nach Kräften unterstützt. An vielen Stellen Siebenbürgens mit seiner ungarischen Mehrheit, besonders aber in der Hauptstadt Cluj (der ungarische Name Kolozsvár wird zurückgedrängt, der deutsche [Klausenburg] und der jiddische [Kloisnburg] ebenso) werden Denkmäler aufgestellt, welche die Capitolinische Wölfin (Abb. 3) zeigen und mit der Aufschrift ‚Alla città di Cluj. Roma madre' das romanische Element zum Ärger der Ungarn herausstreichen. Identity switching ist in dieser Epoche nicht mehr erwünscht. Man folgt einem primordialen Ansatz von Ethnizität mit festen, kaum veränderbaren Elementen, mit Zuschreibungen von kulturellen Eigenschaften und Zugehörigkeiten. Der Wettlauf um das früheste Erscheinen auf der lokalen Bühne, von Historikern als Protochronismus bezeichnet, wird mit den Mitteln der Archäologie ausgetragen. Das Sahnehäubchen folgt in sozialistischer Zeit, als Cluj 1974 den lateinischen Zweitnamen Napoca erhält – um zu zeigen, wer an welcher Stelle der zeitlichen Reihenfolge steht. Bereits 1932 hatte Weißenburg/Gyulafehérvár die lateinische Bezeichnung Alba Iulia erhalten. Die allgemeine Rumänisierung/Romanisierung Siebenbürgens (ungarisch Erdély) kommt nicht zuletzt im Namen Transsilvanien zum Ausdruck.

Jetzt ist es besonders schwer, Entwicklungspfade zu zeichnen. Der Versuch erfolgt im Sinne der Vergleichbarkeit mit dreifacher Differenzierung (vgl. Abb. 4). Es werden zwei gegensätzliche regionale Profile (Siebenbügen sowie Moldau und Walachei) einem nationalen Profil gegenübergestellt.

Siebenbürgen folgte bis 1918 dem ungarischen bzw. dem k.u.k.-Paradigma. 1896, bei der pompös inszenierten Jahrtausendfeier der ungarischen Landnahme, kam dies u. a. in Cluj durch bombastische Feiern und symbolische Orte wirkungsvoll zum Ausdruck. Mit dem Mathiasdenkmal, dem Museum für Volkskunde, dem Justizpalast, dem neuen Bahnhofsgebäude und weiteren exponierten Bauwerken kamen um das Jahr 1900 weitere Glanzlichter hinzu (Feischmidt 2003, 67–77). Der rumänische Nationalstaat setzte der früheren Magyarisierungspolitik nach dem Ersten Weltkrieg ein jähes Ende; jetzt wurde von Ungarisch auf Rumänisch umgeschaltet. In sozialistischer Zeit wurde diese Linie trotz erheblicher Verschiebungen in vielen Bereichen (Schaser & Volkmer 2008) als sozialistisches Paradigma weitergeführt. In der Transformati-

Abbildung 3*: Capitolinische Wölfin in Cluj (Haversath 2005)

onsphase gab es – je nach politischer Mehrheit in den Städten und der Region – zwar unterschiedliche Akteure, sie folgten aber zumeist nationalen Paradigmen, mal von ungarischer, mal von rumänischer Seite. Erst langsam konsolidierte sich die Entwicklung, weniger durch zentralstaatliche als vielmehr durch EU-europäische Einflussnahme. Das 2007 einsetzende europäische Paradigma ist unter diesen Voraussetzungen eher eine Perspektive oder ein Versprechen für die Zukunft als eine feste Burg (Nève & Olteanu 2008).

In der Moldau und der Walachei sind die Voraussetzungen anders. Das osmanische bzw. russische Paradigma verlor bereits 1878 seine Gültigkeit. Nur in Moldawien konnte sich Russland (mit einer Unterbrechung von 1918/20–1947) bis zum Ende der UdSSR durchsetzen; die Landessprache blieb zwar Rumänisch, das Russische behielt jedoch seine Funktion als Lingua Franca .

Das nationalstaatliche Paradigma dauerte folglich fast eindreiviertel Jahrhundert. Es konnte in diesen Regionen förmlich Wurzeln schlagen. Im Namen Altrumänien kommt dies heute noch zum Ausdruck. Der national orientierte Sozialismus Ceauşescus perpetuierte diese Linie bis in die Transformationsphase hinein (Verseck 2001). Vom EU-Beitritt profitiert schließlich die Walachei als funktionale Mitte eines zentralistischen Landes mit der Hauptstadt Bukarest, einer Primatstadt, in besonderem Maße. Dagegen fallen Räume wie die Bărăgan-Steppe, die südliche Bukowina, die Moldau oder die Dobrudscha vor allem infolge ihres historischen

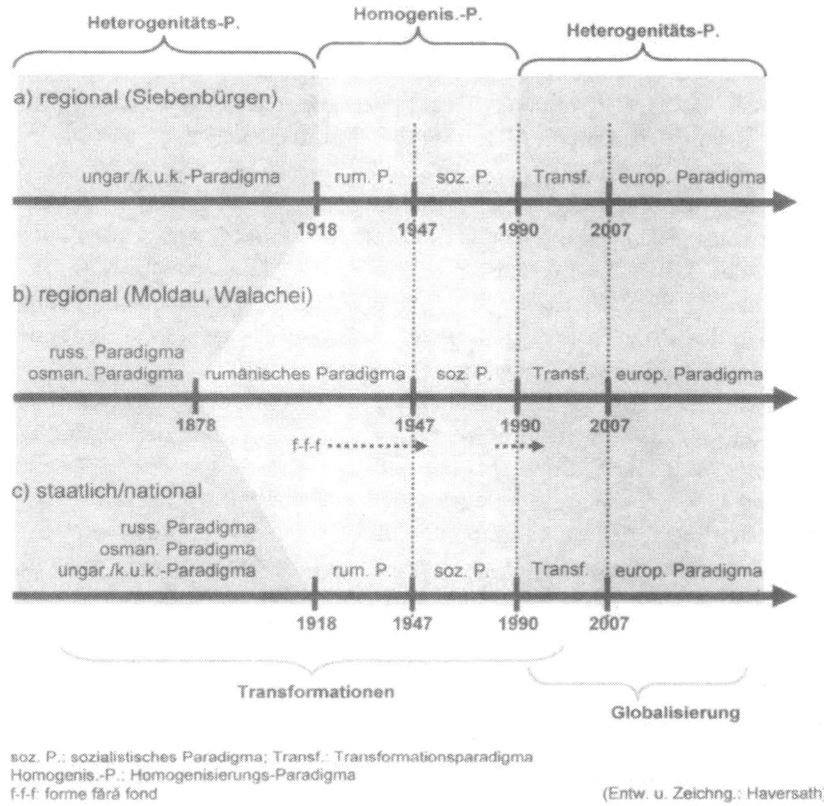

Abb. 4: Entwicklungspfade Rumäniens

Erbes in dieser Etappe wieder erheblich zurück (SALLANZ 2007) – die Rückkehr der Regionen macht sich auch in Rumänien breit.

Auf staatlicher / nationaler Ebene summieren sich die beiden Stränge zu einem neuen. Bis 1918 stehen drei Paradigmen nebeneinander, in denen Ethnizität nicht den vorderen Rang einnimmt, der primordiale Ansatz wird durch einen situativen ersetzt. Damit ist allerdings ab diesem Zeitpunkt schlagartig Schluss. Ab 1947 marschiert das ganze Land förmlich im Gleichschritt – Ausnahmen vom verkündeten Paradigma sind unerwünscht. Sie bekommen erst mit den EU-Beitritt und dem Konzept eines Europas der Regionen wieder Oberwasser.

Betrachten wir nun die drei Entwicklungspfade, dann gibt es bei drei Markierungen Koinzidenzen: 1947, 1990 und 2007. Es handelt sich hierbei um drei Transformationen, die natürlich um frühere Zäsuren, Brüche und Wechsel zu ergänzen sind. Zwei Aspekte akzentuieren die Situation: 1. Der junge Einschnitt der Globalisierung trifft das Land – ähnlich wie Polen – in der aktuellen Wirtschafts- und Finanzkrise trotz der gebremsten internationalen Einbindung unübersehbar. 2. Der geistig-kulturelle Weg Altrumäniens trägt Spuren aus den Jahrhunderten im Osmanischen Reich; die Mächte Zentral- und Westeuropas kamen nicht hierher. Titu Maiorescu, ein konservativ orientierter Philosoph des 19./20. Jahrhunderts, drückte diesen Sonderweg mit einem Schlagwort aus, das jedem Rumänen bekannt ist: forme fără fond – Formen ohne Gehalt. Er wandte sich damit gegen eine unkritische Nachahmung west- und mitteleuropäischer Kultur und gegen eine unhinterfragte Übernahme fremder Gesellschaftsmodelle (Verseck 2001, 147). Doch auch ein genereller Marginalitätskomplex (Murgescu 2008, 324) findet hierin Ausdruck. In der Zusammenschau wird deutlich, dass neben der schon in Bezug auf Polen erwähnten Polygenese in Rumänien markante Antagonismen die Bandbreite erweitern.

Zur Verdeutlichung der tief greifenden Einschnitte und der Verwerfungen dient, quer über die Entwicklungspfade gedacht, eine Zusammenfassung der drei Stränge. Dabei kann die Zeit bis etwa 1918, in der Moldau und der Walachei nur bis 1878, als Epoche des Heterogenitätsparadigmas bezeichnet werden. Das Osmanische Reich, die k.u.k.-Monarchie und das zaristische Russland waren mutatis mutandis Oberhoheiten über multiethnische Gemeinwesen, in denen die Ethnien zwar einem politisch-sozialen Ranking folgten, ohne hiermit allerdings eine nationalistische Bewertung der einzelnen Gruppen zu verbinden. Die Umsetzung eines multikulturellen Ansatzes wäre besonders im Osmanischen Reich möglich gewesen; Csortán (2009, 307) vertritt ausdrücklich die Position, dass dies in der Dobrudscha gelungen sei, während es in Siebenbürgen nicht dazu kam. Die Grenzen der erlaubten bzw. tolerierten Heterogenität waren und sind also unterschiedlich gezogen.

Von 1918 bis 1990 folgte das Homogenisierungsparadigma. Es bekennt sich zum Konstrukt der Romanitas, zur primordialen Ethnizität und zum Protochronismus. Hier ist für Minderheiten, die oft über Nacht in Folge neuer Grenzziehungen entstanden waren, Unterordnung angesagt, identity switching ist unerwünscht. Der Magyarisierung folgte eine mindestens ebenso deutliche Romanisierung.

1990 hieß es abermals: Kommando zurück! Ein neues Heterogenitätsparadigma setzt ein, wenn auch mit regionalen Verzögerungen. Die Homogenisierung der vergangenen Jahrzehnte hat ihre Spuren hinterlassen, aber nicht alles überfahren. Heraklit von Ephesus prägte hierfür den Begriff πάντα ῥεῖ – alles fließt. Nur periphere Regionen wie das Donaudelta oder die südliche und mittlere Dobrudscha haben noch heute eine große ethnische, religiöse, kulturelle und sprachliche Vielfalt. All das macht das Land zu einem Musterbeispiel für Lernen an der Welt.

Die konträren, z. T. übergangslos aufeinander folgenden Paradigmata Polens und Rumäniens werfen ein Licht auf die Unausgewogenheit der Diskurse und

Narrationen, sie deuten gravierende Unterschiede an, erklären die Brüche und Zäsuren und führen – vielleicht – zum Verständnis. Derartige Situationen sind keine Ausnahmen (SIX-HOHENBALKEN 2009), sie lassen sich in geistes-, kultur- und sozialgeschichtliche Strömungen einordnen und schaffen auf diese Weise generelle Zugänge zu Mythen, Imaginationen und ihren Folgen.

4 Bilanz

Die Fülle der Details scheint uns auf den ersten Blick zu erschlagen. Andererseits ist genau das unser Geschäft: die adressatenorientierte Vermittlung komplexer Themen. Die zahlreichen Vorarbeiten, die es hierzu gibt (vgl. FLATH & FUCHS 1998; RINSCHEDE ^{3}2007, 197–199), können an dieser Stelle nicht aufgelistet werden, sie lassen sich aber perspektivisch summieren. Monolithische, uniforme Blöcke hatten in der Zeit des Kalten Krieges Konjunktur. Diese Metapher ist in den Köpfen noch weit verbreitet; das aktuelle Weltverstehen und das Lernen an der Welt werden hierdurch erschwert. Daher erscheint es besonders wichtig, die Heterogenitäten, das Nicht-Identische, die zahlreichen Farbtöne, die vielfältigen Facetten sowie die Prozesse und die Dynamik zu betonen.

Lernen an der Welt ist durch folgende Parameter zu charakterisieren.

1. Es ordnet die Phänomene in einen weltweiten Rahmen ein, schafft Überblicke und Einsichten.
2. Es erarbeitet unterschiedliche Interdependenzen / Vernetzungen mit besonderer Betonung der jeweils eigenen Zusammenhänge, ohne im Ozean der Einmaligkeiten ertrinken zu wollen.
3. Es basiert im Sinne einer altersgestuften und einer individuellen Differenzierung auf Angeboten, die auf spezifische Typen von Lernenden zugeschnitten sind.
4. Es nimmt im Rahmen der Gerechtigkeitsdebatte eine deutliche Position ein; diese reicht z. B. von Klimagerechtigkeit zwischen Nord und Süd bis zur sozialen Gerechtigkeit vor Ort.
5. Es ist das Ziel, die Welt mit ihren Nuancen und Schattierungen in den Blick zu bekommen, überraschende und widersprüchliche Situationen zuzulassen und ihre Erklärung zu suchen, d. h. Komplexität wird nicht als Abschreckung und Überforderung, sondern als Eckpfeiler differenzierten Weltverstehens empfunden.
6. Lernen an der Welt versteht sich als konzeptionelle Antwort auf drängende Fragen der Gegenwart. Es beginnt vor der Haustür, entreißt das Nicht-Identische dem Vergessen und tastet die Welt ab, es ist eine Gegenwarts- und Zukunftsaufgabe.

Literatur

Auernheimer G. ([5]2007): Einführung in die interkulturelle Pädagogik. Darmstadt.

Bahr M. (Mod.) (2007): Bildung für eine nachhaltige Entwicklung. In: Praxis Geographie 37, Heft 9: 10 – 12.

Bahr M. (Hrsg.) (2008): Syndrome globalen Wandels. In: Praxis Geographie 38, Heft 6, 66 S.

Bartz D. et al. (Red.) (2006): Atlas der Globalisierung. Die neuen Daten und Fakten zur Lage der Welt. Berlin.

Birkenhauer J. & Vossen J. (1999): Globalisierung. In: Böhn D. (Hrsg.): Didaktik der Geographie. Begriffe. München, 63 – 64.

Birtel M. & Kissau K. (2006): Makrostrukturelle Entwicklungen in Rumänien und die Wahrnehmung des Landes in Deutschland. In: Europa regional 14: 143 – 154.

Bonisławski R. (2005): Łódż. Miasto w sercu Europy. Łódż.

Bruckmüller E. et al. (Hrsg.) (2002): Putzger. Atlas und Chronik zur Weltgeschichte. Berlin.

Brunotte E. et al. (Hrsg.) (2002): Lexikon der Geographie. Heidelberg, Berlin.

Bundesministerium für wirtschaftliche Zusammenarbeit und Entwicklung (BMZ) (Hrsg.) (2007): Orientierungsrahmen für den Lernbereich Globale Entwicklung im Rahmen einer Bildung für nachhaltige Entwicklung. Bonn.

Csortán F. (2009): Das Architekturerbe der Muslime Rumäniens und seine Bedeutung für die Identität der Minderheit. In: Kahl T. & Lienau C. (Hrsg.): Christen und Muslime. Interethnische Koexistenz in südosteuropäischen Peripheriegebieten. Berlin, 307 – 325.

Eckart K. (1983): Polen. Regionale und strukturelle Entwicklungsprobleme eines sozialistischen Landes. Paderborn.

Engelhard K. ([3]2007): Welt im Wandel. Informations- und Arbeitsheft für die Sekundarstufe II. Stuttgart.

Engelhard K., Mönter L. O. & Otto K.-H. (2009): Die Welt im Wandel. Praxis Geographie 39, Heft 9: 4 – 8.

Fassmann H. (1997): Die Rückkehr der Regionen – regionale Konsequenzen der Transformation in Ostmitteleuropa: Eine Einführung. In: Fassmann H. (Hrsg.): Die Rückkehr der Regionen. (=Beiträge zur Stadt- und Regionalforschung 15) Wien, 13 – 35.

Feischmidt M. (2003): Ethnizität als Konstruktion und Erfahrung. Symbolstreit und Alltagskultur im siebenbürgischen Cluj. Zeithorizonte. (=Perspektiven Europäischer Ethnologie 8) Münster, Hamburg, London.

Flath M. & Fuchs G. (Hrsg.) (1998): „Globalisierung“. Beispiele und Perspektiven für den Geographieunterricht. Beiträge zum 5. gothaer forum zum geographieunterricht. Gotha, Stuttgart.

Fraedrich W. (Hrsg.) (1996): Entwicklungsländer. Sammelband geographie heute. Velber.

Gamm G. & Schürmann E. (2005): Von Platon bis Derrida. 20 Hauptwerke der Philosophie. Darmstadt.

Gebhardt H. (2002): Globalisierung. In: Brunotte E. et al. (Hrsg.): Lexikon der Geographie. Band 2. Heidelberg, Berlin, 61 – 63.

HAASE A. (2002): Südostpolen zwischen Umbruch und Neuorientierung. (=Beiträge zur regionalen Geographie 56) Leipzig.

HAVERSATH J.-B. (2007): Zwischen Ostsee und Karpaten – Slowakei und Rumänien in neuer Perspektive. In: Geschichte, Politik und ihre Didaktik. Zeitschrift für historisch-politische Bildung 35, Heft 1/2: 137–142.

HAVERSATH J.-B. (2008): Zwischen Ostsee und Schwarzem Meer. Menschen und Räume im Transformationsprozess. (=Mitteilungen der Geographischen Gesellschaft für das Ruhrgebiet 27, 2004–2007) Essen, 85–108.

HUNTINGTON S. (2002): Der Kampf der Kulturen – The Clash of Civilization. Die Neugestaltung der Weltpolitik im 21. Jahrhundert. München.

KAHL T. (2005): Die muslimische Gemeinschaft Rumäniens: Der Weg einer Elite zur marginalisierten Minderheit. In: Europa regional 13: 94–101.

KREUTZMANN H. (2006): Neue Drei-Welten-Lehren in der Entwicklungsforschung. Kluft und Konflikt im globalen Spannungsfeld. In: Geographische Rundschau 58, Heft 10: 4–13.

LOBODA J. (1996): Unser Nachbar Polen. Braunschweig.

Müller H. (2001): Das Zusammenleben der Kulturen. Ein Gegenentwurf zu Huntington. Frankfurt.

MÜLLER-MAHN D. (2002): Globalisierung: Definitionen und Fragestellungen. Geographische Rundschau 54, Heft 10: 4–5.

MURGESCU M.-L. (2008): Rumänische Historiographie und Geschichtsbilder. In: Kahl T., Metzeltin M. & Ungureanu M.-R. (Hrsg.): Rumänien. Berlin, 313–325.

NÈVE D. DE & OLTEANU T. (2008): Die rumänische Gesellschaft in der Transformation. In: Kahl T., Metzeltin M. & Ungureanu M.-R. (Hrsg.): Rumänien. Berlin, 509–523.

NISSEL H. (2004): Mumbai: Megacity im Spannungsfeld globaler, nationaler und lokaler Interessen. In: Geographische Rundschau 56, Heft 4: 55–60.

NUHN H. (2001): Megafusionen. Neuorganisation großer Unternehmen im Rahmen der Globalisierung. In: Geographische Rundschau 53, Heft 7–8: 16–25.

OßENBRÜGGE J. (2001): Politik im „glokalisierten" Raum. Alternative Optionen zur entgrenzten Weltwirtschaft. In: Geographische Rundschau 53, Heft 7–8: 4–9.

PELZER F. (1991): Polen. Eine geographische Landeskunde. Darmstadt.

PÜTZ R. (1998): Einzelhandel im Transformationsprozess. Das Spannungsfeld von lokaler Regulierung und Internationalisierung am Beispiel Polen. (=Geographische Handelsforschung 1) Passau.

REUBER P. & WOLKERSDORFER G. (2002): *Clash of Civilization* aus der Sicht der kritischen Geopolitik. In: Geographische Rundschau 54, Heft 7–8: 24–28.

RINSCHEDE G. (³2007): Geographiedidaktik. Paderborn.

SALLANZ J. (2007): Bedeutungswandel von Ethnizität unter dem Einfluss von Globalisierung. Die rumänische Dobrudscha als Beispiel. (=Potsdamer Geographische Forschungen 26) Potsdam.

SCHASER P. & VOLKMER G. (2008): Rumänien unter kommunistischer Herrschaft. In: Kahl T., Metzeltin M. & Ungureanu M.-R. (Hrsg.): Rumänien. Berlin, 297–312.

SCHLIMME H. (2003): Unbekanntes Rumänien. Führt Unkenntnis zur Ablehnung? In: geographie heute 216: 14–19.

SCHOCKEMÖHLE J. (2009): Partizipation in Regionen durch Bildung fördern – Entwicklung und Evaluierung des Konzeptes Regionales Lernen 21+ als Bildungsstrategie für eine nachhaltige Entwicklung. Vechta (Diss.).

Scholz F. (2002): Die Theorie der „fragmentierenden Entwicklung“. In: Geographische Rundschau 54, Heft 10: 6 – 11.

Scholz F. (2003): Globalisierung und „neue Armut“. In: Geographische Rundschau 55, Heft 10: 4 – 10.

Scholz F. (2006): Entwicklungsländer. Entwicklungspolitische Grundlagen und regionale Beispiele. Braunschweig.

Schreiber J.-R. & Schuler S. (2005): Wege Globalen Lernens unter dem Leitbild einer nachhaltigen Entwicklung. In: Praxis Geographie 35, Heft 4: 4 – 10.

Schrüfer G. (2009): Vom diffusen Konzept zum gestuften Modell. Ein Beitrag zur Optimierung der interkulturellen Erziehung im Geographieunterricht. In: Geographie und ihre Didaktik 37: 153 – 177.

Six-Hohenbalken M. (2009): Verzerrte Grenzen. Zur Geschichte der Muslime auf Kreta. In: Kahl T. & Lienau C. (Hrsg.): Christen und Muslime. Berlin, 121 – 140.

Verseck K. (^{2}2001): Rumänien. (=Beck'sche Reihe Länder, 868) München.

Wilhelmi V. (2006): Nachhaltigkeit und Umwelterziehung. Leitbilder des Geographieunterrichts. In: Praxis Geographie 36, Heft 2: 4 – 8.

Leif Mönter

Die integrative Behandlung von Phänomenen des Globalen Wandels – Ein einlösbares Versprechen des geographischen Unterrichts?

Kennzeichen von Prozessen und Phänomenen, die sich unter dem Begriff des Globalen Wandels bzw. ‚Global Change' (vgl. MAUSER 2007, 966) zusammenfassen lassen, sind ihnen zugrunde liegende Wechselwirkungen zwischen den verschiedenen Dimensionen Gesellschaft, Wirtschaft, Politik und Umwelt. Dazu gehören insbesondere die Auswirkungen der Globalisierung, die demographische Entwicklung sowie weltumspannende Umweltveränderungen (vgl. ENGELHARD et al. 2009, 4 ff.). Letztere zeigen sich etwa in Form des Klimawandels, des Verlusts von Biodiversität, der zunehmenden Desertifikation und der Umwandlung von Wäldern und Steppen in Agrarflächen.

Eine didaktische Auseinandersetzung mit diesen Themenbereichen, die Erklärungs-, Beurteilungs- und Handlungskompetenz anstrebt, muss sich, wie bereits im Aktionsprogramm der „Konferenz von Rio" 1992 formuliert, „sowohl mit der Dynamik der physikalischen / biologischen und der sozioökonomischen Umwelt als auch mit der menschlichen [...] Entwicklung befassen" (Agenda 21, Kapitel 36, vgl. BMUNR 1992, 281).

Aufgrund der Positionierung an der Schnittstelle zwischen Naturwissenschaften und Gesellschaftswissenschaften bzw. Sozialwissenschaften scheint die Geographie fachspezifisch prädestiniert, sich dieser Fragestellungen anzunehmen. Grundlage ist die Erkenntnis, dass menschliches und gesellschaftliches Handeln und Wirken im Raum häufig nur unter Berücksichtigung der physiogenen Voraussetzungen sowie der relevanten natürlichen Ereignisse und Prozesse erklärt werden kann. Umgekehrt sind im Kern physiogene Sachverhalte fast immer beeinflusst durch menschliche Aktivitäten in der Vergangenheit. Einigkeit besteht deshalb weitestgehend darin, dass Raumsachverhalte maßgeblich einer systemischen und integrativen Erklärung bedürfen (vgl. KÖCK 2008, 31 ff., REMPFLER & UPHUES 2010, 207). Doch vor welchen Herausforderungen steht eine systemische und integrative Betrachtung? Und wie kann der geographische Unterricht dazu beitragen, Schülerinnen und Schülern tatsächlich einen integrativen Zugang zur Erklärung aktueller Prozesse und Phänomene zu eröffnen, der dem Anspruch einer disziplinär getragenen „Brückenfunktion" zwischen Natur- und Sozialwissenschaften gerecht wird?

Um diesen Fragen nachzugehen, werden im Folgenden Vorgaben, Empfehlungen und Lehrpläne für den geographischen Unterricht hinsichtlich integrativer Zielsetzungen untersucht. Hierbei werden auch Dokumente berücksichtigt, die sich auf den Geographieunterricht *in* Integrationsfächern beziehen, wenngleich der inhaltliche Schwerpunkt auf der Betrachtung des Geographieunterrichts *als* Integrationsfach liegt. Im Fortgang wird die disziplintheoretische Diskussion zur innergeographischen Integration nachgezeichnet, um vor diesem Hintergrund Möglichkeiten integrativer Ansätze für den geographischen Unterricht aufzuzeigen. Um einen Einblick zu bekommen, wie es aktuell um die Berücksichtigung integrativer Themenbereiche im geographischen Unterricht bestellt ist, bildet eine exemplarische Analyse aktueller Schulbücher die Grundlage für ein abschließendes Fazit.

1 Integrative Zielsetzungen in Vorgaben und Empfehlungen

In nahezu allen übergeordneten Vorgaben und Empfehlungen für den Geographieunterricht finden sich Verweise auf die zentrale Bedeutung der integrativen Auseinandersetzung, etwa im Positionspapier „Geowissenschaften und Globalisierung" des Verbands Deutscher Schulgeographen (2004, 10), in den „Grundsätzen und Empfehlungen für die Lehrplanarbeit im Schulfach Geographie" der Arbeitsgruppe Curriculum 2000+ der Deutschen Gesellschaft für Geographie (DGfG) (2002, 8) und in den „Bildungsstandards im Fach Geographie für den Mittleren Schulabschluss" der DGfG (2010a, 5 ff.) (siehe Abb. 1). Auch in der „Leipziger Erklärung zur Bedeutung der Geowissenschaften in Lehrerbildung und Schule" der Alfred-Wegener-Stiftung für Geowissenschaften in Gemeinschaft mit der Deutschen Gesellschaft für Geographie e.V. und dem Institut für Länderkunde in Leipzig (1996, 4) sowie in der „Internationalen Charta der Geographischen Erziehung" der Internationalen Geographischen Union (IGU 1992, 9) sind derartige Erklärungen enthalten.

Da es sich hierbei maßgeblich um Empfehlungen für den Geographieunterricht bzw. für die Lehrplanarbeit handelt, stellt sich weiter die Frage, ob derlei Akzentuierungen auch in den länderspezifischen curricularen Vorgaben verankert sind.

Untersucht wurden insgesamt 48 digital vorliegende curriculare Vorgaben aus allen Bundesländern, die sich auf den Geographieunterricht bzw. den integrativen Unterricht mit geographischen Anteilen vom Ende der Grundschule bis zur fachgebundenen bzw. allgemeinen Hochschulreife erstrecken und im Juli 2010 gültig waren. Dazu zählen maßgeblich Vorgaben für die Hauptschule, die

Dokumente zum geographischen Unterricht **(Auswahl)**

Geowissenschaften und Globalisierung

„Das Fach integriert in seinen Gegenständen Systemzusammenhänge der Erdnatur mit Systemzusammenhängen von Technik, Gesellschaft, Wirtschaft und Politik."

(Verband Deutscher Schulgeographen ²2004, S. 10)

Grundsätze und Empfehlungen für die Lehrplanarbeit im Schulfach Geographie

„Das Schulfach Geographie ist ein unentbehrliches Bildungsfach, das natur-/geowissenschaftliche und sozialwissenschaftliche Ansätze, Inhalte und Methoden verbindet."

(Arbeitsgruppe Curriculum 2000+ der DGfG 2002, S. 8)

Bildungsstandards im Fach Geographie für den Mittleren Schulabschluss

„Der spezielle Beitrag des Faches Geographie zur Welterschließung liegt in der Auseinandersetzung mit den Wechselbeziehungen zwischen Natur und Gesellschaft in Räumen verschiedener Art und Größe."
„Schülerinnen und Schüler erleben [...] die notwendige Vernetzung von natur- und gesellschaftswissenschaftlichem Denken."

(DGfG ⁶2010, S. 5 ff.)

Abb. 1*: Verankerung integrativer Betrachtung in ausgewählten Dokumenten zum geographischen Unterricht

Realschule und das Gymnasium. Länderspezifische Schulformen, etwa die Werkrealschule in Baden-Württemberg oder die Sekundarschule in Sachsen-Anhalt, wurden dabei ebenso berücksichtigt wie spezifische Integrationsfächer, z. B. „Weltkunde" an den Gesamtschulen in Schleswig-Holstein oder „Gemeinschaftskunde" in Rheinland-Pfalz.

Die Untersuchung erfolgte in einem mehrschrittigen Verfahren: Zunächst wurde nach Schlüsselbegriffen gesucht. Anschließend wurde geprüft, ob und in welcher Form sich die Fundstellen auf eine integrative Betrachtung beziehen. Abschließend wurden diejenigen Vorgaben, in denen keine Schlüsselbegriffe enthalten waren, daraufhin geprüft, ob eine integrative Zielsetzung mit anderen Begrifflichkeiten formuliert wurde.

Die Auswertung ergab, dass in allen untersuchten Vorgaben aus allen Bundesländern die Auseinandersetzung mit den Wechselbeziehungen zwischen Natur und Gesellschaft explizit als zentrale Zielsetzung des Faches genannt wird. Das entsprechende Vokabular, mit dem dies in den 48 Vorgaben zum Ausdruck kommt, sowie der prozentuale Anteil sind Abb. 2 zu entnehmen.

Der Geographieunterricht scheint folglich nicht nur prädestiniert dafür zu

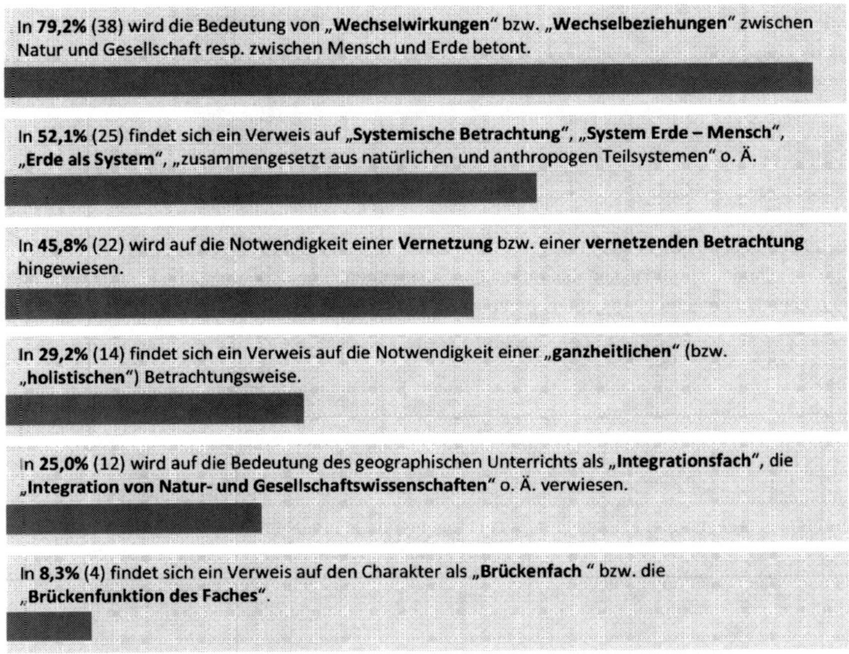

Abb. 2*: Exemplarische Analyse von 48 curricularen Vorgaben aus allen Bundesländern.

sein, die Komplexität des Globalen Wandels integrativ und vernetzend zu thematisieren, sondern sieht sich auch in besonderem Maße dafür gewappnet; jedenfalls wird ihm dies vonseiten der Verfasser von Vorgaben und Lehrplänen zugesprochen, ohne dass ein Zweifel an der Umsetzbarkeit erkennbar wird. Auf mögliche Implikationen integrativen Arbeitens wird nicht eingegangen. Erkennbar ist, dass sich die Verweise zumeist in allgemeinen Ausführungen zur Zielsetzung des Faches finden. Eine Konkretisierung findet sich zumeist nicht. Um der Frage nachzugehen, welche Möglichkeiten und Probleme sich tatsächlich für integratives Arbeiten im Geographieunterricht ergeben, scheint es ratsam, sich mit der innerfachlichen Diskussion zumindest in Ansätzen zu beschäftigen.

2 Skizzierung der disziplintheoretischen Diskussion zur innergeographischen Integration

Die Geographie hält sich zugute, ein „Brückenfach" zu sein, das natur- und sozialwissenschaftliche Betrachtungsweisen miteinander verbindet und „eine globale Synthese" (HAGGET 2004) ermöglicht. Zugleich sind Planung und Konstruktion solcher Brücken mit großen Schwierigkeiten verbunden, weshalb sie häufig unterbleiben. Angesichts „der Atomisierung der Wissenschaften und dem Auseinanderdriften ihrer Teildisziplinen" (KROß 2002, 42) scheint sich die traditionelle Brückenfunktion der Geographie kaum noch einlösen zu lassen. WARDENGA und WEICHHART (2006, 12) gehen deutlich weiter, wenn sie anmerken, dass „die ‚fachliche Einheit' [...] ausschließlich über die Studienpläne, Tradition und Mythos sowie bestenfalls durch die gemeinsame ‚räumliche Perspektive' produziert und durch fachpolitische Strategien reproduziert [wird]". Und nach ZIERHOFER (2003, 194) leidet das Fach gar an „methodologischer Schizophrenie und führt ein administratives Zwitterdasein".

Die Frage nach den Möglichkeiten einer innergeographischen Integration beschäftigt die Disziplin schon seit Langem und hat „mehr Hitze als Licht verbreitet", wie BARTELS und HARD (1975, 80) anmerken. Dennoch soll hier in knapper Form auf den Kontext der neueren geographischen Forschung eingegangen werden und sollen Eckpunkte der disziplintheoretischen Diskussion, die bis heute andauert, so weit skizziert werden, wie sie für die geographiedidaktische Auseinandersetzung mit den Möglichkeiten und Implikationen integrativer Ansätze relevant erscheinen.

In ihren Ursprüngen konzentrierte sich die Geographie auf die „Beschreibung der Erde in ihrer Unterschiedlichkeit" (BARTELS 1970, 25). Die Herausbildung von zwei grundsätzlichen Richtungen erfolgte gegen Ende des 19. Jahrhunderts. Die Einheit des Faches fußte aber auf theoretischen Konzepten, aus denen die Möglichkeit und Notwendigkeit einer integrativen Behandlung zwingend abgeleitet werden konnte: das länderkundliche Schema, die Integrationsstufenlehre und das Landschaftskonzept (vgl. WARDENGA & WEICHHART 2006, 12). Dem Landschaftskonzept kam dabei die Funktion zu, die Dichotomie zwischen Natur und Kultur zu überwinden. Im Landschaftsbegriff sollten die komplexen Zusammenhänge aller natürlichen und kulturellen Elemente vereinigt sowie Emergenzphänomene und Systemzusammenhänge (nomologisch) dargestellt werden (vgl. ebd., 18). Als Integrationsprodukt natürlicher und kultureller Geofaktoren begründete es die Sinnhaftigkeit einer „einheitsgeographischen" Länderkunde. Die Länderkunde galt in der deutschsprachigen Hochschulgeographie vom Ende des 19. Jahrhunderts bis in die 1960er Jahre als „Kernbereich disziplinärer Forschung, Lehre und Darstellung" (WARDENGA 2007, 66). Mit der

Länderkunde als dem zentralen Thema der Geographie ließen sich sowohl naturwissenschaftliche wie sozialwissenschaftliche Themen behandeln. Basierend auf der Untersuchung der verschiedenen Geofaktoren, von den abiotischen bzw. anorganischen über die biotischen bzw. organischen zu den menschlichen bzw. gesellschaftlichen Gegebenheiten, postulierte das länderkundliche Schema einen teils deterministisch, teils possibilistisch gedeuteten Zusammenhang zwischen den Faktoren, der in einer (idiographischen) Beschreibung und Erklärung der Länder als Individuen mündete (vgl. Abb. 3).

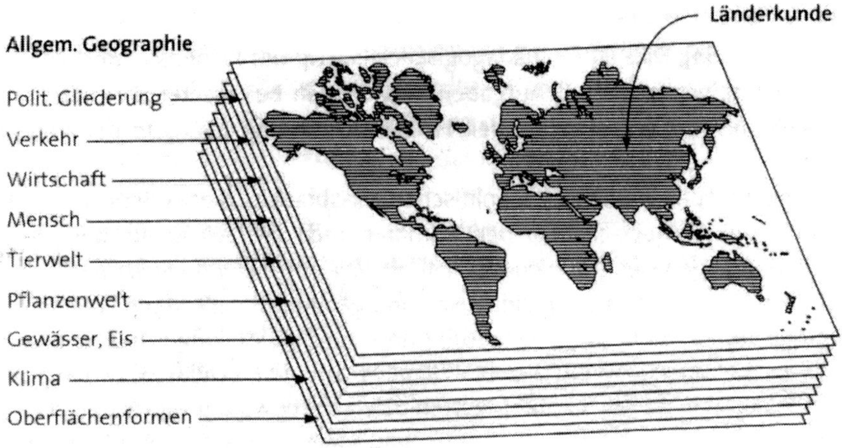

Abb. 3: Länderkundliches Schema (Köck & Stonjek 2005, 155. Nach Weigt 1964, 33).

Die Länderkunde tendierte aber zu geodeterministischen Erklärungen oder führte trotz des einigenden Universalgedankens zu einer pragmatischen Unterscheidung zwischen Natur- und Kulturraumforschung. Das Landschaftskonzept erwies sich dabei als räumlich zu stark eingrenzend, da komplexere Sachverhalte bzw. umfassendere Strukturzusammenhänge ausgeblendet wurden (vgl. Schindler 2005, 16). Nach Bartels (1970, 29) stellt die Herausbildung zweier Forschungsperspektiven und damit die Trennung in Physio- und Humangeographie die notwendige Konsequenz der Entwicklung von der Erdkunde mit dem formalen Erkenntnisziel der Deskription hin zur modernen, auf Strukturanalysen zielenden Forschungsdisziplin dar. Bereits um die Mitte der 1960er-Jahre hatten sich Physio- und Humangeographie methodisch und letztlich auch methodologisch auseinanderentwickelt. Sozialwissenschaftliche Methoden erfuhren eine stärkere Berücksichtigung in der Geographie, und es vollzog sich eine strikte Trennung von Natur- und Sozialwissenschaft. „Region, Landschaft und Raum konnten nicht länger als methodologische Klammern dienen, die für die Geographie eine Einheit jenseits der Unterscheidung von

Natur und Kultur garantieren sollten." (Zierhofer 2003, 197) Es erfolgte eine institutionelle Zergliederung in spezialisierte Teilgebiete, welche die Geographie in Forschung und Lehre vertraten. Dies führte zunächst jedoch nicht zu einer veränderten methodologischen Grundauffassung innerhalb der Disziplin, sondern geschah „mit relativ wenig Rücksicht auf didaktische Belange sowie auf die methodisch-methodologischen und disziplinstrukturellen Integrationsabsichten der Geographie" (Leser 1986, 12).

Als Konsequenz aus dem immer offensichtlicher werdenden Reformstau leitete schließlich der Kieler Geographentag 1969 den Bruch mit der Länder- und Landschaftskunde und die Neuausrichtung auf allgemeingeographische Ansätze in Deutschland ein. Nach Weichhart (2003, 21) waren es weniger ideologische als vielmehr sachliche und methodische Begründungen, die zur entschiedenen Aufspaltung in Physio- und Humangeographie führten. Ohne neue „Hintergrundtheorien" erschien die Möglichkeit einer „Einheitsgeographie" obsolet (vgl. Wardenga & Weichhart 2006, 18).

Dennoch sprechen einige Gründe für die Bemühungen um eine „Reintegration" des Faches. Aufgrund der Positionierung an der Schnittstelle zwischen Natur- und Sozialwissenschaft erscheint die Geographie in besonderer Weise prädestiniert, an der Erforschung der Mensch-Umwelt-Interaktionen, die an Relevanz gewinnt, mitzuwirken. Die fachliche Einheit stellt nach Ansicht der Befürworter einer Reintegration ein Wesensmerkmal der Geographie dar, welches gerade angesichts der zunehmenden Bedeutung integrativer Forschung nicht aufgegeben werden dürfe (vgl. Meurer & Bähr 2001; Ehlers & Leser 2002; Blümel 2003).

Gegen derlei Reintegrationsbemühungen spricht letztlich aber, dass sich Physio- und Humangeographie in ihren Kernbereichen weit auseinanderentwickelt haben und einander gewissermaßen als „Vertreter unterschiedlicher Wissenschaftskulturen" gegenüberstehen (Gebhardt et al. 2007, 69). Viele aktuelle Arbeitsgebiete und relevante Fragen geographischer Forschung lassen sich „durch keinen Trick oder Kunstgriff" auf die Mensch-Umwelt-Interaktion zurückbeziehen (Weichhart 2003, 23). In beiden Bereichen dominieren spezielle Arbeitskreise, die zumeist eine stärkere Affinität zu Nachbarwissenschaften zeigen als zum anderen geographischen Teilbereich (vgl. Leser 2003, 44). Nach Weichhart (2003, 18) sind es letztlich pragmatische und forschungspolitische Gründe, die für die Trennung verantwortlich sind. Diese lieferten allerdings „sehr starke und überzeugende Argumente, die aus heutiger Sicht eine vollständige Reintegration als nicht opportun und nicht sinnvoll erscheinen lassen". Ferner fänden sich bei den Vertretern einer Reintegration letztlich keine neuen konzeptionellen Ansätze, denen es gelänge, den Implikationen länder- und landschaftskundlicher Ansätze zu begegnen.

Als Gegenentwurf zu einem allgemeinen Reintegrationsansatz wird deshalb von verschiedenen Seiten das „Drei Säulen-Modell" präferiert (vgl. etwa GEBHARDT et al. 2007; Weichhart 2005). Die Ausgangsthese besagt, dass die Beschäftigung mit der Interaktion von Gesellschaft und Umwelt ein eigenständiges Erkenntnisobjekt konstruiert, welches durch spezifische Fragestellungen gekennzeichnet ist, die weder in der Physio- noch in der Humangeographie bearbeitet werden (vgl. WEICHHART 2003, 25). GEBHARDT et al. (2007, 68 f.) plädieren deshalb dafür, sich von der Brücken-Metapher zu verabschieden, die eher einer (re-)integrativen Vorstellung entspricht, und von dem Drei-Säulen-Modell auszugehen, in dem die Eigenständigkeit der Physiogeographie und der Humangeographie respektiert wird und die Gesellschaft-Umwelt-Forschung einen eigenen Bereich darstellt (siehe Abb. 4).

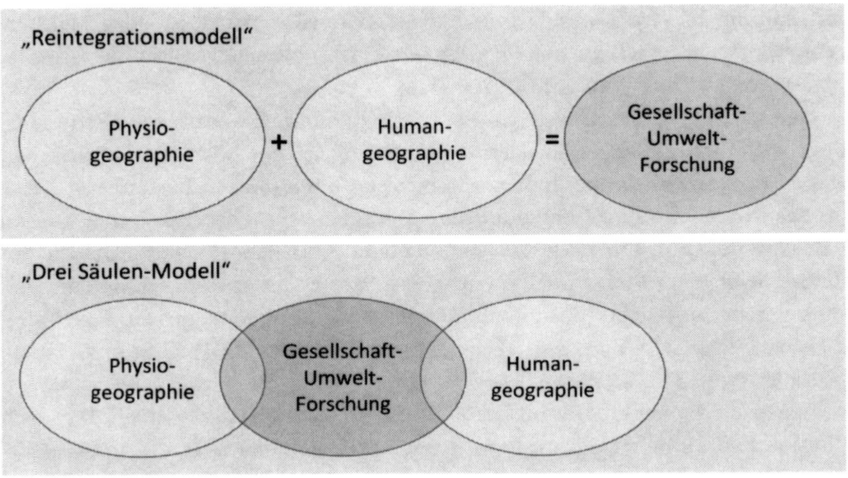

(Weichhart 2003, S. 25)

Abb. 4*: „Reintegrationsmodell" und „Drei Säulen-Modell" (nach WEICHHART 2003, 25; 2005, 112)

Eine derartige „Gesellschaft-Umwelt-Forschung" (WEICHHART 2003), die in Anlehnung an BECKER und JAHN (2006) auch als „Soziale Ökologie" bezeichnet werden kann und sich mit den Wechselbeziehungen zwischen Natur und Kultur beschäftigt, sieht sich jedoch mit einigen Problemen konfrontiert. Eine zentrale Herausforderung stellt die dichotome Gegenüberstellung von Natur und Kultur selbst dar. Denn tradierte dichotome Vorstellungen der in der abendländischen Philosophie etablierten Differenzierung zwischen Kultur und Natur geraten zunehmend ins Wanken. In der dichotomen Betrachtung stellt die Kultur die Sphäre dar, in der der Mensch sich verwirklicht; die Natur hingegen „dient der Kultur als Ausgangspunkt und Verbrauchsmaterial, um sich selbst zu vervollkommnen“ (ZIERHOFER 2003, 193). Da sich der Mensch aber weltweit zum „dominanten ökologischen Ingenieur“ entwickelt hat, der wesentlich bestimmt, wie die Lebensräume aussehen, ist die „Natur“ zu einer Gestaltungsaufgabe geworden (VOGT 2006, 12). In diesem Zusammenhang findet auch der Begriff des „Anthropozän“ Verwendung, mit dem – analog zu geologischen Zeitbegriffen – die immense Bedeutung des menschlichen Einflusses auf globale Veränderungsprozesse ausgedrückt werden soll (vgl. HEINRITZ 2003, 12). Es wird erkennbar, dass die Differenzierung zwischen Kultur und Natur keine Objektivität beanspruchen kann, sondern abhängig ist von Zeitgeist und Perspektive: „Die Auffassung des Natürlichen ist stets kulturell vermittelt und daher einem geschichtlichen Wandlungsprozess unterworfen“ (VOGT 2006, 12), weshalb BECKER und JAHN (2006) von „gesellschaftlichen Naturverhältnissen“ sprechen. Es lassen sich verschiedene grundlegende Bedeutungsvarianten von Natur unterscheiden (vgl. VOGT 2006, 14; RHODE-JÜCHTERN 2009, 40 ff.). Daraus ergibt sich für die Geographie die Notwendigkeit, Natur und Kultur nicht nur als zu untersuchende Gegenstandsbereiche zu begreifen, sondern auch die gesellschaftlichen Verhältnisse und Entwicklungen in den Blick zu nehmen, in denen die Bedeutung der Begriffe gebildet und verändert wird (ZIERHOFER 2007, 934).

Einen weiteren Problembereich stellt die Verknüpfung verschiedener Wissenschaftskulturen dar. So existieren zwischen naturwissenschaftlichem und sozialwissenschaftlichem Selbstverständnis Kontroversen etwa zwischen Realismus und Konstruktivismus, bezüglich dualistischen und universalistischen Wissenschaftskonzepten oder zwischen Naturalismus und Kulturalismus (BECKER & JAHN 2006, 110; vgl. auch EHLERS & LESER 2002, 13). Auch bezüglich der Zugangsweisen verschiedener Wissenschaften lässt sich ein (methodischer) Dualismus konstatieren, insbesondere zwischen hermeneutisch-verstehenden und empirisch-erklärenden Methodologien (vgl. HABERMAS 1983, 51). WEINHART (2003, 23) weist allerdings darauf hin, dass die Unterschiede zwischen den „Denkkulturen“ der verschiedenen Wissenschaftsschulen geringer ausfallen als dies gemeinhin vermutet wird (vgl. dazu auch KÖCK 2008, 35).

Gerade in der Beschäftigung mit „hybriden Existenzen“, also Bereichen, in denen sich Natur und Kultur durchdringen, etwa in Bezug auf Umweltprobleme, kann sich nach ZIERHOFER (2003, 211) die Geographie als Disziplin profilieren. Er betont zugleich, dass dies jedoch nicht auf Kosten des erreichten Differenzierungsgrades natur- und sozialwissenschaftlicher Methoden geschehen dürfe. „Versuche, menschliche Interaktionen als Ausdruck räumlicher Gesetze (‚Sozialmechanik‘) oder Landschaften als Träger von Bedeutungen (‚Landschaftshermeneutik’) aufzufassen, wurden mit Gründen, die auch heute noch ernst zu nehmen sind, verworfen.“ (ebd.). Wichtig bleibt weiterhin die Feststellung, dass, wenngleich dies von manch einem Geographen gerne so gesehen wird, die

Geographie im Wissenschaftssystem bei Weitem nicht das einzige Fach ist, das sich mit der Mensch-Umwelt-Thematik auseinandersetzt (vgl. Heinritz 2003, 12).

Vor dem Hintergrund des hier Skizzierten lassen sich nach Weichhart (2003, 32) drei Schlussfolgerungen formulieren. Erstens müsse die Geographie, sofern sie in der Gesellschaft-Umwelt-Forschung eine Rolle spielen wolle, verstärkt den aktuellen Stand der Forschung anderer Disziplinen zu diesem Thema aufgreifen. Zweitens würden „Umweltprobleme" durch gesellschaftliche Prozesse verursacht, weshalb eine geowissenschaftliche Zugangsweise lediglich einzelne Symptome oder Auswirkungen solcher Prozesse beschreiben könne. Und drittens müssten neue und angemessene theoretische und konzeptionelle Zugänge entwickelt werden, da eine Referenz auf die klassische Landschaftsgeographie bei Weitem nicht ausreiche.

3 Integrative Ansätze für den geographischen Unterricht

Welche Konsequenzen lassen sich daraus für den Geographieunterricht bzw. die Geographiedidaktik als Vermittlungsinstanz zwischen der Wissenschaft Geographie und anderen Geowissenschaften, den Anforderungen der Gesellschaft und den Bedürfnissen der Schule (vgl. Kroß 2002, 45) ziehen?

Das Spektrum von aktuellen Themen und relevanten Problemen im Geographieunterricht, die eine integrative Betrachtung erfordern, ist groß. In Befragungen von Geographielehrerinnen und -lehrern (Hemmer & Obermeier 2003) und Fachleiterinnen und Fachleitern (Hemmer & Hemmer 2000) kommt jedoch übereinstimmend die zu hohe Spezialisierung im Rahmen der Lehrerausbildung zur Sprache. Kritisiert wird maßgeblich eine unzureichende Orientierung am Lehrplan (ebd. 85) sowie eine ungenügende Vermittlung von Überblickswissen und Vernetzungen zwischen den Teilbereichen im Rahmen der Ausbildung (Hemmer & Obermeier 2003, 94). Kanwischer et al. (2004) kommen bei einer Untersuchung zum Fachverständnis von Thüringer Lehrerinnen und Lehrern zu dem Ergebnis, dass dort eine starke naturwissenschaftliche Orientierung der Geographie vorherrscht, was sich maßgeblich durch die Ausrichtung des Faches in der DDR erklären lässt. Deutlich wird daran, dass sich eine einmal übernommene „fachliche Identität" nur schwerlich revidieren lässt.

Zusammenfassend kann festgehalten werden, dass sich die Spezialisierung von Human- und Physiogeographie und die geringe Zahl integrativer Ansätze in der Ausbildung von Lehramtsstudenten widerspiegelt, die später in der Schule das Fach in seiner ganzen Breite unterrichten müssen (Kanwischer 2006, 132). Dabei ist zu berücksichtigen, dass der Geographieunterricht auch alle anderen

Geowissenschaft in der Schule repräsentiert, und die Universitätsgeographie nicht die einzige „Bezugswissenschaft" darstellt (vgl. SCHULTZE 1996, 36 f., OTTO 2010, 427).

Notwendig im Rahmen der Lehrerausbildung und für die schulische Praxis sind deshalb Konzeptionen bzw. „methodisch-didaktische Grundfiguren" (KANWISCHER 2006, 137), die für einen integrativ orientierten Geographieunterricht nutzbar gemacht werden können. Um zumindest ein qualitatives Verständnis integrativer Systeme vermitteln zu können, müssen die zu untersuchenden Systeme in handhabbaren Modellen gefasst werden. Auch in einer reduzierten Darstellung gilt es dabei, die relevanten und integrativen Systemmerkmale adäquat zu repräsentieren (vgl. REMPFLER & UPHUES 2010, 214). Vor diesem Hintergrund springen vor allem zwei aktuelle Ansätze ins Auge, auf die im Folgenden eingegangen wird: Das Konzept der „Bildung für nachhaltige Entwicklung" und das Syndromkonzept.

4 Eine Bildung für nachhaltige Entwicklung

Bei der „Bildung für nachhaltige Entwicklung" handelt es sich um ein normatives Bildungskonzept, mit dem das Ziel verfolgt wird, Individuen zur Analyse und Bewertung aktueller globaler Entwicklungsprozesse zu befähigen, um auf dieser Basis das Handeln als Einzelner und in Gruppen, lokal wie global, an Kriterien der Nachhaltigkeit auszurichten.

Im Rahmen der Konferenz der Vereinten Nationen über Umwelt und Entwicklung im Jahre 1992 in Rio des Janeiro wurde die Agenda 21 verabschiedet (vgl. BMUNR 1992), in der nachhaltige Entwicklung („sustainable development') als Leitbild für die Menschheit im 21. Jahrhundert definiert wurde. Mit der im Jahr 2002 durch die Vereinten Nationen ausgerufenen Weltdekade „Bildung für nachhaltige Entwicklung" für die Jahre 2005 bis 2014 wurde dieser Agenda besonderer Nachdruck verliehen. Ziel der internationalen Initiative ist es, die Prinzipien nachhaltiger Entwicklung weltweit in den nationalen Bildungssystemen zu verankern.

Neben Initiativen um eine Bildung für nachhaltige Entwicklung wie das von einer Arbeitsgruppe um de Haan initiierte und durch das Bundesministerium für Bildung und Forschung (BMBF) geförderte BLK-Programm „Transfer-21" (vgl. http://www.transfer-21.de) oder das Informations- und Arbeitsheft „Welt im Wandel" (ENGELHARD 2007) stellt der gemeinsam von der Kultusministerkonferenz (KMK) und dem Bundesministerium für wirtschaftliche Zusammenarbeit und Entwicklung (BMZ) herausgegebene „Orientierungsrahmen für den Lernbereich Globale Entwicklung" das bedeutsamste konzeptionelle Resultat der Umsetzungsbemühungen in Deutschland dar. Betont wird darin der notwendige Zusammenhang von Umwelt und Entwicklung. Den konzeptionellen Ausgangspunkt des Orientierungsrahmens bilden vier Entwicklungsdimensionen, die den vier Zieldimensionen der deutschen Entwicklungspolitik entsprechen. Sie bilden eine Struktur zur Gliederung von komplexen Fragen globaler Entwicklung, ohne dass wechselseitige Beeinflussungen und Interdependenzen bzw. Zielkonflikte ausgeblendet werden. Differenziert werden diese durch Handlungsebenen, die von der individuellen bis zur globalen Ebene reichen (vgl. Abb. 5). Angestrebt wird damit ein „zukunftsoffenes Instrument zur systemorientierten Analyse, mit dem sich die komplexen Sachverhalte in der Schule strukturieren und untersuchen lassen" (KMK & BMZ 2007, 29; für einen Überblick vgl. Böhn 2007, Böhn & Otto 2009).

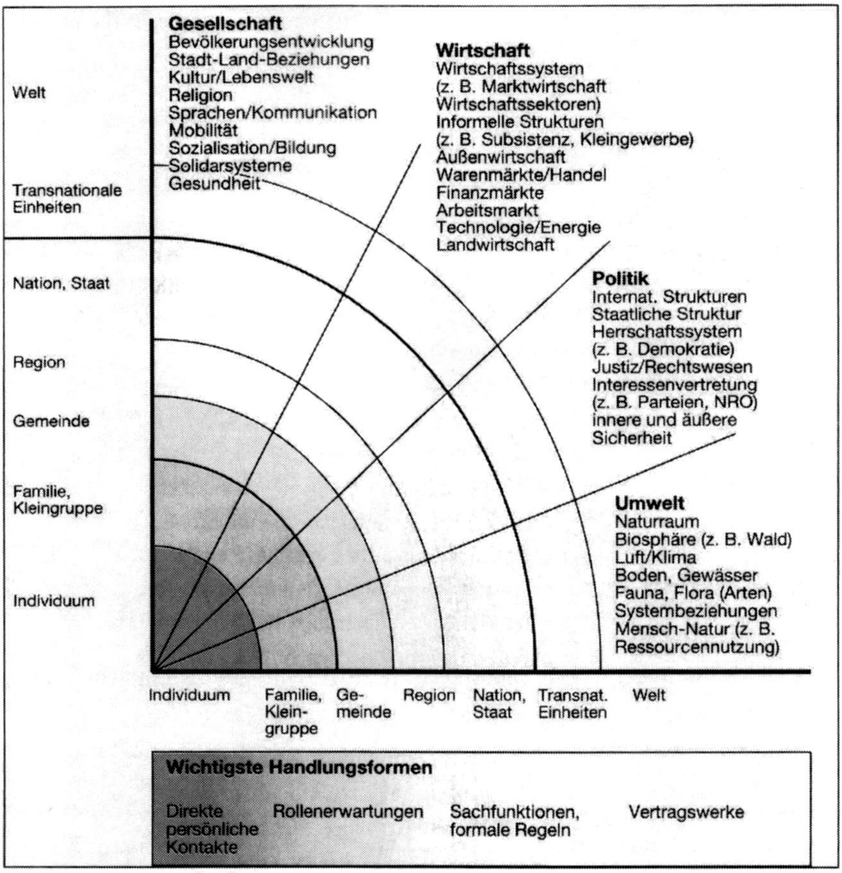

Abb. 5*: Die Entwicklungsdimensionen – Elemente und Aspekte sowie Handlungsebenen (Engelhard et al. 2009, 7. Ergänzt nach KMK & BMZ 2007, 30)

Während häufig das Thema Nachhaltigkeit stark auf die Bewahrung der Umwelt reduziert wurde, wird im Orientierungsrahmen auch die Bedeutung der wirtschaftlichen Entwicklung (nicht nur in der sogenannten Dritten Welt) ins Zentrum gestellt. Gerade darin ist dieser Ansatz für die integrative Behandlung von Phänomenen und Prozessen des Globalen Wandels interessant. Er bietet ein übersichtliches Konzept, berücksichtigt Phänomene der Emergenz, veranschaulicht Zielkonflikte und ermöglicht einen Perspektivwechsel bzw. eine diskursanalytische Betrachtung. Kritisch anzumerken ist jedoch die stark normative Setzung, die als Voraussetzung nicht hinterfragt wird, sowie die bisher kaum vorhandenen unterrichtspraktischen Umsetzungsbeispiele.

5 Das Syndromkonzept

Mit dem vom Wissenschaftlichen Beirat der Bundesregierung Globale Umweltveränderungen (WBGU 1996, 111 ff.) vorgestellten Syndromkonzept liegt ein interdisziplinäres Konzept vor, das zur Analyse und Therapie von vorherrschenden Merkmalen des Globalen Wandels herangezogen werden kann. Dem medizinischen Prinzip der Diagnostizierung folgend soll es ermöglichen, globale „Krankheitsbilder", sogenannte Syndrome, auf Basis der zugrunde liegenden Ursache-Wirkungs-Muster der kennzeichnenden Symptome zu untersuchen (vgl. Schindler 2005, 12). Die Grundthese des Syndromkonzepts besagt, dass sich der Globale Wandel in seiner Dynamik auf eine überschaubare Zahl von Kausalmustern in den Mensch-Umwelt-Beziehungen zurückführen lässt, innerhalb derer nicht nachhaltige Entwicklungsverläufe identifizierbar sind (vgl. Cassel-Gintz & Bahr 2008, 4). Verschiedene Trends der Globalen Entwicklung werden im Syndromkonzept deutlich voneinander abgegrenzt. So erscheint es möglich, sie als grundlegende Elemente einer systemanalytischen Beschreibung der Dynamik des Globalen Wandels heranzuziehen.

Für die Geographie kann das Syndromkonzept nach Schindler (2005, 82) dazu dienen, a) eine vernetzende geographische Forschung zu initialisieren, b) die Vermittlung global vernetzter Problemstrukturen zu vereinfachen, insbesondere gegenüber Entscheidungsträgern, und c) im Geographieunterricht eingesetzt zu werden und dazu beizutragen, die geographiedidaktischen Ansprüche einer komplexen Welterschließung umzusetzen. Es erlaubt in der unterrichtlichen Praxis die Analyse einzelner Syndrome, ohne die notwendige ganzheitliche Betrachtung auszublenden.

Auf den ersten Blick mag es so erscheinen, als bestünden gravierende Ähnlichkeiten zwischen dem Syndromkonzept und der Geofaktorenlehre des länderkundlichen Schemas. In beiden Fällen findet eine Reduktion auf Sphären bzw. Geofaktoren statt. Während innerhalb der Geofaktorenlehre die verschiedenen Faktoren aber standardisiert von unten nach oben durchgegangen werden und in dieser Form ein (geo-)deterministischer Kausalzusammenhang unterstellt werden kann, sollen beim Syndromkonzept die emergenten Eigenschaften des Systems, d. h. die mögliche Herausbildung von neuen Eigenschaften oder Strukturen auf der Makroebene, sowie die Kontingenz, d. h. die Ungewissheit und Offenheit möglicher künftiger Entwicklungen von Beginn an mitgedacht werden. Ferner soll auch auf Basis der Berücksichtigung von Rückkopplungseffekten eine hierarchische und damit potenziell geodeterministische Sicht verhindert werden (vgl. RHODE-JÜCHTERN et al. 2008, 19 f.; RHODE-JÜCHTERN 2009, 123 ff.; OTTO 2007, 134 ff.).

Kritisch lässt sich jedoch anmerken, dass die Gleichsetzung von „Problemen" mit „Krankheitsbildern" zumindest fragwürdig ist. So wird im Syndromansatz etwa der Massentourismus als „Krankheit" gekennzeichnet, obwohl mit dieser Entwicklung auch viele Hoffnungen verbunden werden, gerade in ärmeren Regionen (vgl. HAHN 2006, 12). Weiter stellt sich die Frage, ob die komplexe Form der Darstellung angemessen ist, um Lehr-Lern-Prozesse sinnvoll zu strukturieren. Und schließlich wird die Eignung als „Basiskonzept für den Geographieunterricht" (RHODE-JÜCHTERN 2009, 123) u. a. von REMPFLER und UPHUES (2010, 207) infrage gestellt, da das zugrunde liegende Systemverständnis nicht transparent erscheine und somit kaum ein Beitrag zur Klärung des Systembegriffs geleistet werde.

6 Exemplarische Schulbuchanalyse

Wie ist es nun tatsächlich um die Berücksichtigung integrativer Themenbereiche im Geographieunterricht bestellt? Einen Einblick können aktuelle geographische Schulbücher erlauben. Denn wenngleich der Geographieunterricht nicht der Themenauswahl des Schulbuchs verpflichtet ist, dient es oftmals als Richtschnur des Unterrichts und steuert diesen (vgl. SCHMITHÜSEN 2003, 189). Häufig wird es von Lehrerinnen und Lehrern als Orientierungs- und Planungshilfe genutzt. Insofern ist die Bedeutung des Schulbuchwissens nicht nur für die Lernenden, sondern auch für Lehrende zu beachten. Die Bücher bieten für die Auswahl von Unterrichtsgegenständen, Themen und Intentionen einen Leitfaden, der häufig eine eigene Auseinandersetzung der Lehrkräfte mit der Thematik bzw. die Berücksichtigung der institutionellen Vorgaben ersetzt. Da Schulbücher unter Beachtung des Lernmittelfreiheitsgesetzes genehmigungspflichtig sind, orientieren sie sich mehr oder weniger eng an vorgegebenen Richtlinien und Lehrplänen und übernehmen so gewissermaßen deren Funktionen; sie avancieren mitunter zum „heimlichen Lehrplan" und dominieren die Unterrichtsgestaltung (vgl. EICKHOFF & PLETSCH 1998, 117; STEIN 2001, 840).

Im vorliegenden Fall wurden exemplarisch zwei aktuelle und weitverbreitete Lehrwerke für das Gymnasium in Nordrhein-Westfalen untersucht. Beschränkt wurde die Analyse auf den Bereich bis zur mittleren Reife, auf die sich die Bildungsstandards der DGfG (2010a) beziehen. Es handelt sich dabei um „Terra“ vom Ernst Klett Verlag, Band 1 bis 3, die in der ersten Auflage zwischen 2008 und 2009 erschienen sind (Brodengeier et al. 2008a; 2008b; 2009), sowie „Mensch und Raum – Geographie“ vom Cornelsen Verlag, Band 5/6 und 7–9, deren erste Auflage auf das Jahr 2008 datiert (Kron & Neumann 2008a; 2008b).

Das inhaltsanalytische Vorgehen erfolgte mithilfe eines Kodierbuchs. Zunächst wurden zusammenhängende Teilbereiche bzw. Unterkapitel identifiziert, häufig dem Doppelseitenprinzip folgend, die dann anhand verschiedener Kriterien analysiert wurden. Die Untersuchung erfolgte durch mehrere Kodierer, deren Ergebnisse in Pretests eine für inhaltsanalytische Untersuchungen angemessene Intercoder-Reliabilität aufwiesen. Insgesamt wurden über 1200 Seiten untersucht, die sich sinnvoll in 267 zusammenhängende Teilbereiche bzw. Unterkapitel untergliedern ließen. Um die Gewichtung der verschiedenen identifizierten Ausrichtungen deutlich zu machen, beziehen sich die im Folgenden angegebenen (Prozent-)Zahlen auf die absolute Seitenanzahl in Relation zur Gesamtseitenzahl.

Es zeigt sich, dass sich die Ergebnisse zu den beiden Lehrwerken ähneln. Der Gewichtung des Kernlehrplans (MfSW 2007) folgend dominieren ausschließlich oder deutlich humangeographisch orientierte Anteile eindeutig gegenüber solchen, die im Schwerpunkt physiogeographisch orientiert sind. Deutlich integrativ ausgerichtete Untersuchungseinheiten machen etwa ein Viertel der insgesamt untersuchten Schulbuchseiten aus.

Innerhalb der Untersuchungseinheiten, die einen deutlich integrativen Charakter aufweisen, machen solche Ansätze mit einem eher physisch-geographischen Schwerpunkt nur 9,6 % aus (bezogen auf die absolute Seitenzahl), während diejenigen mit einem eher humangeographischen Kern einen Anteil von 36,5 % haben. Mit 53,9 % überwiegen Einheiten, bei denen keine Schwerpunktsetzung erkennbar wird.

Bezogen auf die Klassenstufen wird deutlich, dass sich die Verteilung grundsätzlich ähnelt. Überraschen mag aber, dass der Anteil deutlich integrativ ausgerichteter Schulbuchbeiträge in den Klassen 5 und 6 mit 33,0 % größer ist als in den Büchern für die Klassen 7 bis 10 (19,4 %).

In den Klassen 5 und 6 sind die betreffenden Einheiten maßgeblich dem zweiten Inhaltsfeld („Arbeit und Versorgung in Wirtschaftsräumen unterschiedlicher Ausstattung“) und dem dritten Inhaltsfeld („Auswirkungen von Freizeitgestaltung auf Erholungsräume und deren naturgeographisches Gefüge“) des Kernlehrplans (MfSW 2007, 26) zuzuordnen. Eine integrative Auseinandersetzung findet sich insbesondere in Zusammenhang mit dem Thema

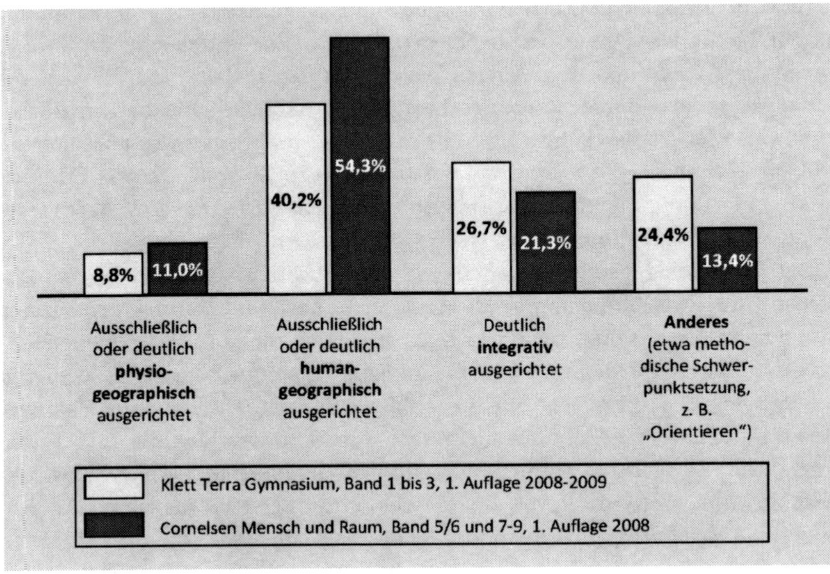

Abb. 6*: Untersuchte Lehrwerke im Vergleich

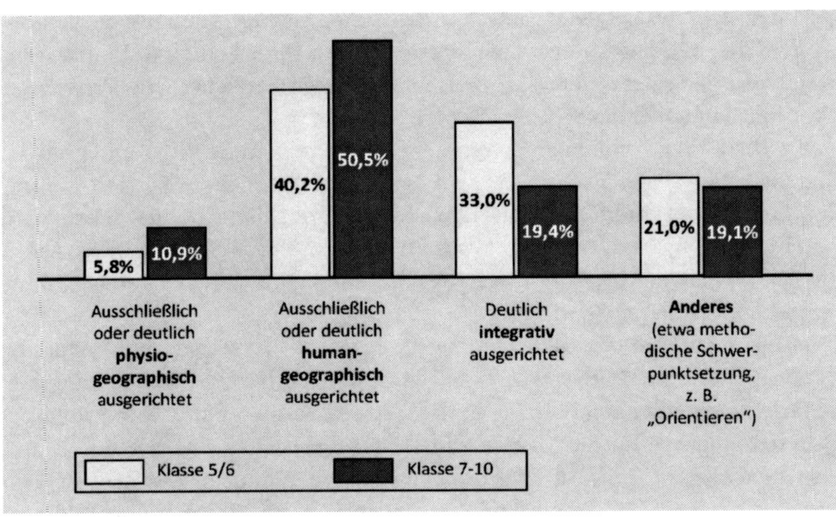

Abb. 7*: Ausrichtung der Schulbuchseiten in Bezug auf die Klassenstufen

Landwirtschaft (z. B. „Ackerbau in der Börde bringt hohe Erträge" oder „In der ‚Kornkammer' Osteuropas") und mit der Ferien- und Freizeitgestaltung (z. B. „Erholung im Gebirge" oder „Urlaub an der Nordseeküste"). Während im Kontext Landwirtschaft zumeist die Nutzung vor dem Hintergrund der naturräumlichen Voraussetzungen behandelt wird, werden im Zusammenhang mit Ferien- und Freizeitgestaltung auch integrative Rückkopplungseffekte thematisiert. Darüber hinaus finden sich integrative Auseinandersetzungen etwa bei Informationen zum Fach (z. B. „Erdkunde – mein neues Unterrichtsfach") oder bei Themen wie der Versorgung mit Strom und Wasser und der Entsorgung von Abfällen (z. B. „Projekt: Strom, Wasser, Müll – woher und wohin?" oder „Kaprun – Stromerzeugung mit Wasserkraft").

Bei den Büchern für die Jahrgangsstufe 7 bis 10 überwiegt eine integrative Behandlung im Zusammenhang mit dem vierten Inhaltsfeld („Naturbedingte und anthropogen bedingte Gefährdung von Lebensräumen"), insbesondere in Bezug auf Ursachen und Auswirkungen ausgewählter Naturereignisse (z. B. „Leben mit Naturrisiken", „Erdbeben in Kalifornien", „Gefahr aus dem Meer – Tsunamis", „Wo Wirbelstürme zuschlagen" oder „Zerstörung durch Flutkatastrophen"), in Bezug auf die Bedrohung von Lebensräumen durch unsachgemäße Eingriffe des Menschen in den Naturhaushalt (z. B. „Wie aus der Savanne Wüste wird" oder „Waldraubbau im Mittelmeerraum") sowie in Zusammenhang mit dem Klimawandel (z. B. „Herausforderung Klimawandel" oder „Verändert der Mensch das Klima?"). Des Weiteren finden sich integrative Betrachtungen maßgeblich in Übereinstimmung mit Inhaltsfeld 5 („Leben und Wirtschaften in verschiedenen Landschaftszonen") (z. B. „Vegetationszonen und landwirtschaftliche Nutzung", „Leben in der Kälte") und – über alle Bücher hinweg – im Zusammenhang mit Raumanalysen (z. B. „Borneo – eine Raumanalyse" oder „Wir untersuchen einen Raum vollständig – China").

Auf das Syndromkonzept wird bei den untersuchten Büchern nicht zurückgegriffen, wenngleich es in anderen Bundesländern durchaus etabliert ist und etwa in den Rahmenrichtlinien für das Unterrichtsfach Geographie in Sachsen-Anhalt bereits seit 2003 einen festen Platz einnimmt. Grundkonzepte einer „Bildung für nachhaltige Entwicklung" sind hingegen in beiden Lehrwerken auffindbar. Im Buch „Mensch und Raum 7–9" (Kron & Neumann 2008b, 200 f.) wird auf das Nachhaltigkeitsdreieck (Abb. 8) zurückgegriffen, das in Deutschland maßgeblich durch den Abschlussbericht der Enquete-Kommission „Schutz des Menschen und der Umwelt" (Deutscher Bundestag 1998) verbreitet und international durch die Abschlusserklärung des Weltgipfels von Johannesburg im Jahre 2002 betont wurde.

Demgegenüber wird Nachhaltigkeit im dritten Band des Terra-Lehrwerks im Kontext „Globale Herausforderungen" unter Verweis auf die Agenda 21 als Prinzip vorgestellt. Während in der beigefügten Abbildung die vier Dimensio-

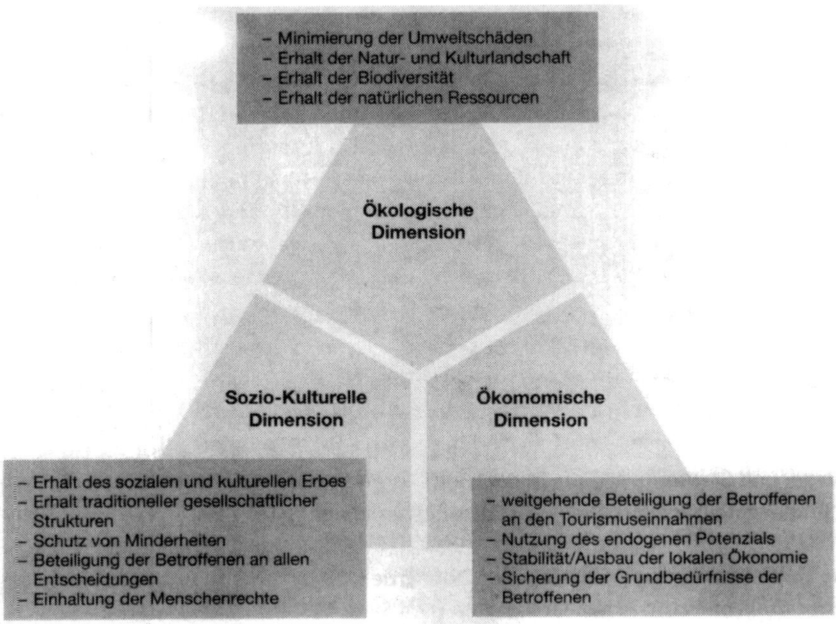

Abb. 8*: Dreieck „nachhaltiger Tourismus" (Kron & Neumann 2008b, 200; verändert)

nen dargestellt werden, wie sie im Orientierungsrahmen für den Lernbereich Globale Entwicklung (KMK & BMZ 2007, 30) aufgeführt sind (vgl. Abb. 9), wird im Text nicht auf die Differenzierung der sozialen Dimension in Gesellschaft und Politik eingegangen.

Weiterhin ist zu bemerken, dass im Fortgang des Buches auf eine explizite und konkrete Anwendung des Prinzips verzichtet wird, wie dies im Übrigen auch bei „Mensch und Raum" der Fall ist. In beiden Fällen findet sich kein Verweis auf methodische bzw. methodologische Implikationen, die eine integrative Betrachtung mit sich bringen kann.

Als ein zentrales Themengebiet integrativer Ansätze kann die Auseinandersetzung mit der Risikoforschung bzw. der Vulnerabilität gelten (vgl. etwa Bohle 2008; Felgentreff & Glade 2008; Mauser 2007). Da dieses Thema im Rahmen von Inhaltsfeld 4, das sich auf „naturbedingte und anthropogen bedingte Gefährdung von Lebensräumen" bezieht, in den untersuchten Schulbüchern eine zentrale Rolle spielt, soll darauf an dieser Stelle kursorisch eingegangen werden (für eine umfassendere Auseinandersetzung vgl. Otto 2009).

Exemplarisch sei hier auf eine Passage aus einem der Bücher verwiesen:

> „Vulkanausbrüche sind Naturkatastrophen, die Menschen in vielen Teilen der Erde bedrohen. Im Gegensatz zu meist überraschend auftretenden Erdbeben können sich

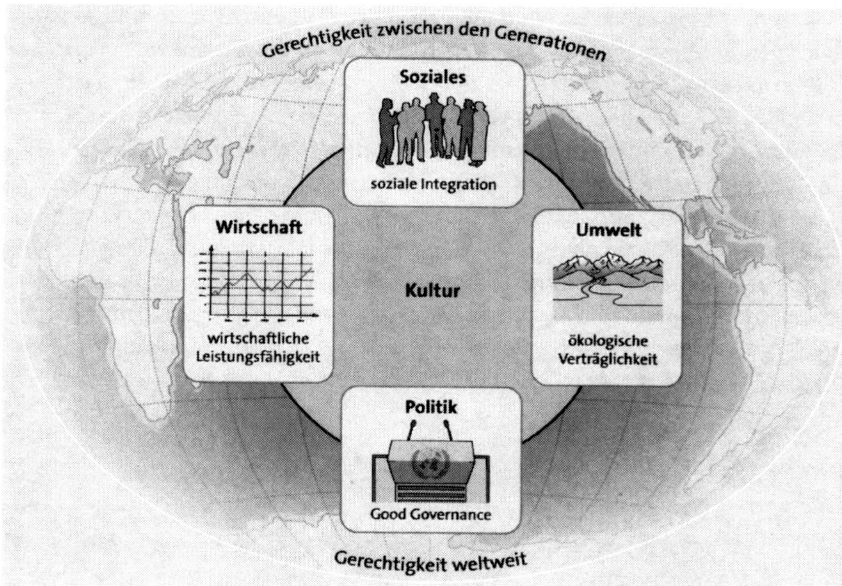

Abb. 9*: „Lösungsansatz Nachhaltigkeit" (Brodengeier et al. 2009, 9)

> Menschen bei Vulkanausbrüchen oft noch rechtzeitig in Sicherheit bringen oder zumindest ihr Leben retten. Manchmal allerdings brechen Vulkane auch plötzlich aus. Dabei können ganze Städte zerstört werden." (Kron & Neumann 2008b, 101)

Hervorzuheben ist, dass bei den untersuchten Büchern immer auf die Präventions- oder Reaktionsmöglichkeiten des Menschen bei Naturereignissen bzw. -risiken verwiesen wird. Nach wie vor findet aber der Begriff der Naturkatastrophe Verwendung. Bereits 1982 wies Schmidt-Wulffen (1982, 139) darauf hin, dass der „ex- oder implizite Verweis auf die Natur als Katastrophenverursacher [es nahe] legt – bei Nichtausblendung gesellschaftlicher Verantwortlichkeiten – [...], statt von Natur- von Sozialkatastrophen zu sprechen, um auf die ideologische Funktion des Naturverweises aufmerksam zu machen". Im Sinne einer integrativen Betrachtung, in der die Wechselwirkungen zwischen Mensch und Natur angemessen berücksichtigt werden, empfiehlt es sich deshalb, von „Naturrisiken und Sozialkatastrophen" zu sprechen, um zu vermeiden, dass gesellschaftliche Verantwortlichkeiten durch den im Begriff enthaltenen Naturverweis ausgeblendet werden (Felgentreff & Glade 2008, 2). In diesem Sinne könnte das obige Zitat zu Fehlvorstellungen verleiten. Denn auch wenn der Zeitpunkt eines Vulkanausbruchs nicht bestimmbar ist, so sind zumeist doch die möglichen Folgen kalkulierbar. Die Tatsache, dass ganze Städte von Zerstörung bedroht sind, obgleich Szenarien und Pläne für Schutzmaßnahmen vorliegen, für die aber der Wille und die Finanzmittel fehlen, u. a. in Ecuador oder in Indonesien, ist dann gerade nicht der Natur zu verdanken.

Zusammenfassend lässt sich festhalten, dass integrative Ansätze in den untersuchten Schulbüchern durchgehend enthalten sind. „Rückkopplungsschleifen“ finden sich in diesem Zusammenhang aber selten. Das Konzept der „Bildung für eine nachhaltige Entwicklung“ ist verankert, wenngleich die Verwendung eher singulär ausfällt. Der Syndromansatz hingegen kommt in den untersuchten Büchern nicht vor. Es finden sich aber methodische Einheiten sowohl für spezifische humangeographische (z. B. Befragung) wie für typisch physiogeographische Methoden (z. B. naturwissenschaftliches Experimentieren), jedoch zum Teil verbunden mit einer verbesserungsfähigen Darstellung der Methodik (etwa „Experimente“ ohne Kontrollansatz; vgl. LETHMATE 2005, 264 ff.).

7 Fazit

Das Münchner Symposium zur Zukunft der Geographie im Jahre 2003 stand unter dem Titel „Integrative Ansätze der Geographie – Vorbild oder Trugbild?“ (vgl. HEINRITZ 2003). Bezieht man diesen Titel auf die Geographiedidaktik und den aktuellen Geographieunterricht, so lässt sich festhalten, dass es sich nicht um ein Trugbild handelt. Integrative Phänomene und Prozesse werden identifiziert und aufgegriffen (vgl. RHODE-JÜCHTERN 2009, 117 ff.). Es gibt Konzepte für integratives Arbeiten, die sich darum bemühen, monoperspektivische Betrachtungen und monokausale Ansätze zu vermeiden. Anstelle von linearen und mithin möglicherweise (geo-)deterministischen Vorstellungen wird eine systemische bzw. vernetzende Betrachtung (vgl. REMPFLER & UPHUES 2010; KÖCK 2001) angestrebt.

In Bezug auf die Frage nach dem Vorbildcharakter ist jedoch anzumerken, dass eine breite fachliche Ausbildung angehender Lehrerinnen und Lehrer unter Einbeziehung integrativer Aspekte noch stärker berücksichtigt werden sollte (vgl. DGFG 2010b, 8 ff.; KANWISCHER 2006, 139 f.; KROß 2002, 45). Darüber hinaus empfiehlt es sich, Ansätze und Konzepte weiterzuentwickeln und stärker auf die Unterrichtspraxis zu beziehen. Besondere Beachtung verdient dabei weiterhin, eine logische Gleichsetzung naturwissenschaftlicher Gesetze und gewisser Regelhaftigkeiten im gesellschaftlichen Handeln im Sinne einer ‚Sozialmechanik‘ resp. einer ‚Landschaftshermeneutik‘ zu vermeiden bzw. kritisch zu hinterfragen. Strittig erscheint die Frage, ob es sinnvoll ist, „einen philosophischen Exkurs über die verschiedenen Wissens- und Erkenntnisformen der Wissenschaften und über den Begriff der Natur und ihre Ordnungen“ für eine „reflektierte Praxis in der Schule“ (RHODE-JÜCHTERN 2001, 3) im Rahmen des Geographieunterrichts zu initiieren, oder ob im schulischen Kontext „die fachwissenschaftliche Diskussion über die wissenschaftstheoretische Form und Berechtigung einer integrativen Forschung sowie die unterschiedliche Definition von Begriffen ausgeklammert werden [sollte]" (KANWISCHER 2006, 137). Eine stärkere Sensibilisierung der Schülerinnen und Schüler für wissenschaftstheoretische Grundlagen und spezifische Perspektiven und Methoden erscheint jedoch ratsam und stellt einen zentralen Beitrag zum Kompetenzbereich Erkenntnisgewinnung/Methoden dar, den gerade der geographische Unterricht an der Schnittstelle zwischen natur- und sozialwissenschaftlicher Ausrichtung leisten kann.

Literatur

ALFRED-WEGENER-STIFTUNG FÜR GEOWISSENSCHAFTEN (1996): Leipziger Erklärung zur Bedeutung der Geowissenschaften in Lehrerbildung und Schule. In Gemeinschaft mit der Deutschen Gesellschaft für Geographie e.V. und dem Institut für Länderkunde in Leipzig. Düsseldorf.

BARTELS D. (1970): Wirtschafts- und Sozialgeographie. Köln, Berlin.

BARTELS D. & HARD G. (^{2}1975): Lotsenbuch für das Studium der Geographie als Lehrfach. Bonn.

BECKER E. & JAHN T. (2006): Soziale Ökologie. Grundzüge einer Wissenschaft von den gesellschaftlichen Naturverhältnissen. Frankfurt, New York.

BLÜMEL W. D. (2003): Standortbestimmung Geographie. „2002 – Jahr der Geowissenschaften". Der Beitrag der Geographie zur geowissenschaftlichen Bildung. In: Schulgeographie in Baden-Württemberg, H. 2: 7–10.

BMUNR (Bundesministerium für Umwelt, Naturschutz und Reaktorsicherheit) (Hrsg.) (1992): Konferenz der Vereinten Nationen für Umwelt und Entwicklung im Juni 1992 in Rio de Janeiro. Dokumente. Agenda 21. Bonn.

BOHLE H.-G. (2008): Krisen, Katastrophen, Kollaps – Geographien von Verwundbarkeit in der Risikogesellschaft. In: Kulke E. & Popp H. (Hrsg.): Umgang mit Risiken. Katastrophen – Destabilisierung – Sicherheit. Deutscher Geographentag 2007 in Bayreuth. Bayreuth, Berlin, 69–82.

BÖHN D. (2007): Globale Entwicklung. Ein Orientierungsrahmen für Lehrplanarbeit und Schule. In: geographie heute 255/256: 64–67.

BÖHN D. & Otto K.-H. (2009): Orientierungsrahmen für den Lernbereich Globale Entwicklung. In: Praxis Geographie, 9/2009: 63–65.

BRODENGEIER E. et al. (2008a): Terra. Erdkunde 1. Gymnasium Nordrhein-Westfalen. Stuttgart.

BRODENGEIER E. et al. (2008b): Terra. Erdkunde 2. Gymnasium Nordrhein-Westfalen. Stuttgart.

BRODENGEIER E. et al. (2009): Terra. Erdkunde 3. Gymnasium Nordrhein-Westfalen. Stuttgart.

CASSEL-GINTZ M. & BAHR M. (2008): Syndrome globalen Wandels. Ein integriertes

Analyseinstrument des Globalen Wandels und seine Einsatzmöglichkeiten im Geographieunterricht. In: Praxis Geographie 6/2008: 4–9.

Deutscher Bundestag (Hrsg.) (1998): Abschlußbericht der Enquete-Kommission „Schutz des Menschen und der Umwelt – Ziele und Rahmenbedingungen einer nachhaltig zukunftsverträglichen Entwicklung" des 13. Deutschen Bundestages. Konzept Nachhaltigkeit. Vom Leitbild zur Umsetzung. Drucksache 13/11200. Bonn.

DGfG (Deutsche Gesellschaft für Geographie) (Hrsg.) (2002): Grundsätze und Empfehlungen für die Lehrplanarbeit im Schulfach Geographie. Arbeitsgruppe Curriculum 2000+ der Deutschen Gesellschaft für Geographie. O. O.

DGfG (Deutsche Gesellschaft für Geographie) (Hrsg.) (62010a): Bildungsstandards im Fach Geographie für den Mittleren Schulabschluss – mit Aufgabenbeispielen. Bonn.

DGfG (Deutsche Gesellschaft für Geographie) (Hrsg.) (22010b): Rahmenvorgaben für die Lehrerausbildung im Fach Geographie an deutschen Universitäten und Hochschulen. Bonn.

Ehlers E. & Leser H. (2002): Geographie heute – für die Welt von morgen. Gotha und Stuttgart.

Eickhoff S. & Pletsch A. (1998): Das Thema „Europa" im Geographieunterricht – Rahmenrichtlinien und Schulbücher im Vergleich. In: Internationale Schulbuchforschung. Zeitschrift des Georg-Eckert-Instituts für internationale Schulbuchforschung. (20)2: 175–203.

Engelhard K. (Hrsg.) (32007): Welt im Wandel. Ein Informations- und Arbeitsheft für die Sekundarstufe II. Stuttgart.

Engelhard K., Mönter L. & Otto K.-H. (2009): Die Welt im Wandel. In: Praxis Geographie, 9/2009: 4–8.

Felgentreff C. & Glade T. (2008): Naturrisiken – Sozialkatastrophen: zum Geleit. In: Felgentreff C. & Glade T. (Hrsg.) (2008): Naturrisiken und Sozialkatastrophen. Berlin, Heidelberg 2008, 1–10.

Gebhardt H., Glaser R., Radtke U. & Reuber P. (2007): Das Drei-Säulen-Modell der Geographie. In: dies. (Hrsg.): Geographie. Physische Geographie und Humangeographie. Heidelberg, 66–75.

Habermas J. (1983): Moralbewußtsein und kommunikatives Handeln. Frankfurt a. M.

Haggett P. (32004): Geographie. Eine globale Synthese. Stuttgart.

Hahn G. (2006): Ausbilden und Beraten für nachhaltiges Handeln. Beitrag auf dem 25. Internationaler Lehrgang über die berufliche Ausbildung, das Unterrichtswesen und die Beratung in der Landwirtschaft, 17. August 2006. O. O.

Heinritz G. (2003): Integrative Ansätze der Geographie – Vorbild oder Trugbild? Einführung in das Münchner Symposium zur Zukunft der Geographie. In: ders. (Hrsg.): Integrative Ansätze der Geographie – Vorbild oder Trugbild? Münchner Symposium zur Zukunft der Geographie, 28. April 2003. Eine Dokumentation. Passau, 9–16.

Hemmer M. & Hemmer I. (2000): Qualität der Lehrerausbildung im Fach Geographie aus der Sicht der Fachleiter/Seminarlehrer. Ergebnisse einer deutschlandweiten Befragung. In: Geographie und ihre Didaktik, (28)2: 61–87.

Hemmer I. & Obermaier G. (2003): Qualität der Lehrerbildung an der Universität – Lehrerbefragung zur Ausbildung in Geographie, Geographiedidaktik und in den Erziehungswissenschaften in Bayern. In: Geographie und ihre Didaktik, (31)2: 80–109.

IGU (Internationale Geographische Union / International Geographical Union) (1992): Internationale Charta der Geographischen Erziehung. O. O.

Kanwischer D. (2006). Der Doppelcharakter der Geographie und andere Katastrophen nebst einigen Bemerkungen zur fachdidaktischen Umsetzung. In: Horst U., Kanwischer D. & Stratenwerth D. (Hrsg.): Die Kunst sich einzumischen. Vom vielfältigen und kreativen Wirken des Geographen Tilman Rhode-Jüchtern. Von Freunden und Weggefährten zum 60. Geburtstag zugeeignet. Berlin, 127 – 142.

Kanwischer D., Köhler P., Oertel H., Rhode-Jüchtern T. & Uhlemann K. (2004): Der Lehrer ist das Curriculum? Eine Studie zu Fortbildungsverhalten, Fachverständnis und Lehrstilen Thüringer Geographielehrer. Bad Berka.

KMK & BMZ (Ständige Konferenz der Kultusminister der Länder in der Bundesrepublik Deutschland & Bundesministerium für wirtschaftliche Zusammenarbeit und Entwicklung) (Hrsg.) (2007): Orientierungsrahmen für den Lernbereich Globale Entwicklung im Rahmen einer Bildung für nachhaltige Entwicklung. Zusammengestellt und bearbeitet von Dieter Appelt und Hannes Siege. Bonn.

Köck H. (2001): Typen des vernetzenden Denkens im Geographieunterricht. Geographie und Schule 132, August 2001: 9 – 15.

Köck H. (2008): Thesen zur innergeographischen Integration von natur- und sozialwissenschaftlicher Dimension als Voraussetzung für eine mögliche Brückenfunktion. In: geographische revue (10)1: 31 – 39.

Köck H. & Stonjek D. (2005): ABC der Geographiedidaktik. Köln.

Kron E. A. & Neumann J. (Hrsg.) (2008a): Mensch und Raum. Geographie. Nordrhein-Westfalen 5 / 6. Berlin.

Kron E. A. & Neumann J. (Hrsg.) (2008b): Mensch und Raum. Geographie. Nordrhein-Westfalen 7 – 9. Berlin.

Kroß E. (2002): Hochschulgeographie und Schulgeographie. Herausforderungen für die Geographiedidaktik. In: geographie heute 200 / 2002: 42 – 45.

Leser H. (1986): Paradigmen, Betrachtungsweisen und System der Geographie. In: Köck H. (Hrsg.): Grundlagen des Geographieunterrichts. (= Handbuch des Geographieunterrichts, Band 1) Köln, 10 – 21.

Leser H. (2003): Geographie als Integrative Umweltwissenschaft: Zum transdisziplinären Charakter einer Fachwissenschaft. In: Heinritz G. (Hrsg.): Integrative Ansätze der Geographie – Vorbild oder Trugbild? Münchner Symposium zur Zukunft der Geographie, 28. April 2003. Eine Dokumentation. Passau, 35 – 52.

Lethmate J. (2005): „Geomethoden“. Kritische Anmerkungen zum fachdidaktischen Verständnis geographischer Arbeitsweisen. In: Geoöko, Jg. 26, H. 3 / 4: 251 – 282.

Mauser W. (2007): Globaler Wandel und Grenzen des Wachstums. In: Gebhardt H., Glaser R., Radtke U. & Reuber P. (Hrsg.): Geographie. Physische Geographie und Humangeographie. Heidelberg, 966 – 975.

Meurer M. &. Bähr J. (2001): Geographie – ein Fach im Wandel. Von Kant und Humboldt hin zur Globalisierung und Umweltforschung. Wissenschaften im Portrait. Forschung & Lehre, H. 10: 540 – 543.

MfSW (Ministerium für Schule und Weiterbildung des Landes Nordrhein-Westfalen) (Hrsg.) (2007): Kernlehrplan für das Gymnasium – Sekundarstufe I (G8) in Nordrhein-Westfalen. Erdkunde. Frechen.

Otto K.-H. (³2007): Umwelt und Entwicklung. In: Engelhard K. (Hrsg.) (2007): Welt im

Wandel. Ein Informations- und Arbeitsheft für die Sekundarstufe II. Stuttgart, 134–169.

Otto K.-H. (2009): Von Naturrisiken und Sozialkatastrophen – zur didaktischen Neukonzeption eines traditionellen Themas im Geographieunterricht. In: Geographie und ihre Didaktik (37)1: 29–48.

Otto K.-H. (^{3}2010): Geowissenschaften im Geographieunterricht. In: Wefer G. & Schmieder F. (Hrsg.) (2010): Expedition Erde. Wissenswertes und Spannendes aus den Geowissenschaften. Bremen, 426–427.

Rempfler A. & Uphues R. (2010): Sozialökologisches Systemverständnis. Grundlage für die Modellierung von geographischer Systemkompetenz. In: Geographie und ihre Didaktik (38)4: 205–217.

Rhode-Jüchtern T. (2001): Vernetztes Denken – Zauberwort mit Januskopf. In: Geographie und Schule 132, August 2001: 3–8.

Rhode-Jüchtern T. (2009): Eckpunkte einer modernen Geographiedidaktik. Stuttgart.

Rhode-Jüchtern T., Schindler J. & Schneider A. (2008): Transfer und Exemplarität. Empirische Illustrationen zum Syndromansatz. In: Geographie und Schule 176, Dezember 2008: 19–26.

Schindler J. (2005): Syndromansatz. Ein praktisches Instrument für die Geographiedidaktik. Münster.

Schmidt-Wulffen W. (1982): Katastrophen: Natur- und Sozialkatastrophen. In: Jander L., Schramke W. & Wenzel H.-J. (Hrsg.): Metzler Handbuch für den Geographieunterricht. Ein Leitfaden für Praxis und Ausbildung. Stuttgart, 137–143.

Schmithüsen F. (2003): Zum Wandel des Erdkundeschulbuchs seit dem Kieler Geographentag. In: Matthes E. & Heinze C. (Hrsg.): Didaktische Innovationen im Schulbuch. Bad Heilbrunn, 187–201.

Schultze A. (1996): Einführung. In: ders. (Hrsg.): 40 Texte zur Didaktik der Geographie. Gotha, 11–67.

Stein G. (2001): Schulbücher in berufsfeldbezogener Lehrerbildung und pädagogischer Praxis. In: Roth L. (Hrsg.): Pädagogik. Handbuch für Studium und Praxis. München, 839–847.

Verband Deutscher Schulgeographen (^{2}2004): Geowissenschaften und Globalisierung. Memorandum zur geographischen Bildung und Erziehung in Deutschland. Bretten.

Vogt M. (2006): Naturverständnis in der Moderne. Zwischen Wertvorstellungen und Weltbildern. In: Politische Ökologie 99: Die Zukunft der Natur (Sonderausgabe, hrsg. von Wolfgang Haber), 3/2006: 12–16.

Wardenga U. (2007): Länderkunde – Regionale Geographie. In: Gebhardt H., Glaser R., Radtke U. & Reuber P. (Hrsg.): Geographie. Physische Geographie und Humangeographie. Heidelberg, 66–67.

Wardenga U. & Weichhart P. (2006): Sozialökologische Interaktionsmodelle und Systemtheorien – Ansätze einer theoretischen Begründung integrativer Projekte in der Geographie? In: Mitteilungen der Österreichischen Geographischen Gesellschaft, Band 148/2006: 9–31.

WBGU (Wissenschaftlicher Beirat der Bundesregierung Globale Umweltveränderungen) (1996): Welt im Wandel. Herausforderung für die deutsche Wissenschaft. Jahresgutachten 1996. Berlin, Heidelberg.

Weichhart P. (2003): Physische Geographie und Humangeographie – eine schwierige Beziehung. Skeptische Anmerkungen zu einer Grundfrage der Geographie und zum Münchner Projekt einer „integrativen Umweltwissenschaft". In: Heinritz G. (Hrsg.): Integrative Ansätze der Geographie – Vorbild oder Trugbild? Münchner Symposium zur Zukunft der Geographie, 28. April 2003. Eine Dokumentation. Passau, 17–34.

Weichhart P. (2005): Auf der Suche nach der „dritten Säule". Gibt es Wege von der Rhetorik zur Pragmatik? In: Müller-Mahn D. & Wardenga U. (Hrsg.): Möglichkeiten und Grenzen integrativer Forschungsansätze in Physischer Geographie und Humangeographie (= Forum ifl, Band 2) Leipzig, 109–136.

Zierhofer W. (2003): Natur – das Andere der Kultur? Konturen einer nicht-essentialistischen Geographie. In: Gebhardt H., Reuber P. & Wolkersdorfer G. (Hrsg.) (2003): Kulturgeographie. Aktuelle Ansätze und Entwicklungen. Heidelberg, Berlin, 193–212.

Zierhofer W. (2007): Natur und Kultur als Konstruktion. In: Gebhardt H., Glaser R., Radtke U. & Reuber P. (Hrsg.): Geographie. Physische Geographie und Humangeographie. Heidelberg, 934–941.

Christof Schuppert

Archäologie im Archiv – GIS-gestützte historisch-geographische Untersuchungen im Umfeld ausgewählter frühkeltischer Fürstensitze in Südwestdeutschland

Die Studie „GIS-gestützte historisch-geographische Untersuchungen im Umfeld ausgewählter frühkeltischer Fürstensitze in Südwestdeutschland“ wurde im Rahmen des DFG-Schwerpunktprogamms „Frühe Zentralisierungs- und Urbanisierungsprozesse – Zur Genese und Entwicklung frühkeltischer Fürstensitze und ihres territorialen Umlandes“ (vgl. KRAUSSE 2009) unter der Leitung von Andreas Dix am Geographischen Institut der Universität Bamberg im Bereich Historische Geographie durchgeführt. Die Studie stellt auch das Thema der Dissertation des Verfassers dar.

1 Forschungsgegenstand Frühkeltische Fürstensitze

Die frühkeltischen Fürstensitze – der Begriff ‚Fürst‘ wird in der Hallstatt-Archäologie aus forschungsgeschichtlichen Gründen für eine bislang nicht näher definierbare gesellschaftliche Elite gebraucht und kann in keiner Weise mit mittelalterlichen oder neuzeitlichen Feudalstrukturen in Verbindung gebracht werden – waren prähistorische Siedlungszentren, deren Ursprung und Funktion bis heute nicht ausreichend geklärt sind. Die Entstehung der Fürstensitze geht zurück in die Späthallstattzeit (ca. 650 bis ca. 480 v. Chr.), einige Anlagen bestehen bis in die Frühlatènezeit (ca. 480 bis ca. 380 v. Chr.). Nördlich der Alpen lebten in diesem Zeitraum Kulturgruppen, die anders als die mediterranen Hochkulturen dieser Zeit, wie die Griechen oder Etrusker, keine schriftlichen Zeugnisse hinterlassen haben. Nach dem bedeutenden Fundort Hallstatt im Salzkammergut werden die im Alpengebiet und im nördlich vorgelagerten Raum verbreiteten Gruppen in der Archäologie als „Hallstattkulturen“ bezeichnet. Der westliche Zweig der Hallstattkulturen, der sogenannte Westhallstattkreis zwischen Burgund im Westen und Bayern im Osten, lässt sich mit den bereits historisch in Erscheinung tretenden Kelten in Verbindung bringen. Während dieser Zeit lag Mitteleuropa am Rande des Einflussbereiches griechischer Kolonien, die über den gesamten Mittelmeerraum verteilt waren. Griechische Handelswaren wie Amphoren oder Weinservice fanden auch den Weg über das Rhônetal oder über die Alpenpässe nach Mitteleuropa, teilweise sind sogar griechische Einflüsse in Lebensart und Architektur des Westhallstattkreises rekonstruierbar. In diesem Gebiet entstanden die frühkeltischen Fürstensitze. Als solche werden in der Prähistorischen Archäologie, entsprechend der von Wolfgang KIMMIG (1969) entwickelten Modellvorstellung, befestigte Siedlungen der späten Hallstattzeit bezeichnet, für die sowohl ein topographischer Bezug zu gleichzeitigen Prunkgräbern als auch mediterrane Importfunde nachweisbar sind. Archäologische Fundstätten, die diese Kriterien erfüllen, sind mit einem deutlichen Schwerpunkt in Ostfrankreich, Südwestdeutschland und der Schweiz bekannt (vgl. KRAUSSE 2008; BIEL & KRAUSSE 2005).

2 Ziele und Methodik der Studie

Ziel der historisch-geographischen Studie ist die Erschließung archivalischer Quellen in kartographischer und schriftlicher Form, die der Ergänzung des landschaftsgeschichtlichen Quellenspektrums des Schwerpunktprogramms dienen. Durch die GIS-gestützte Auswertung der historischen Quellen können Informationen gewonnen werden, die aufgrund starker Überprägung der Landschaft besonders innerhalb der letzten 200 Jahre auch in natürlichen Archiven wie Böden oder Pollenprofilen nicht mehr erschlossen werden können. Auf diese Weise können Kulturlandschaftselemente, die durch landwirtschaftliche Tätigkeit, Flurbereinigungsmaßnahmen sowie Straßenbau oder auch Wasserbaumaßnahmen verschwunden sind, rekonstruiert werden (vgl. BURGGRAAFF & KLEEFELD 1998; DIX & KLEEFELD 2005; SCHUPPERT & DIX 2009). Dadurch kann ein Beitrag zur Rekonstruktion der Ausmaße der frühkeltischen Fürstensitze gewonnen werden, die meist von großräumigen Wall-Graben-Systemen umgeben sind. Außerdem dienen diese Quellen dazu, Hinweise auf Faktoren zusammenzustellen, die zu den Zentralisierungsprozessen an den frühkeltischen Fürstensitzen geführt haben könnten. Um diese beiden Fragestellungen bearbeiten zu können, wird an den genannten Standorten je eine lokale und eine regionale Untersuchungsebene unterschieden. Auf der lokalen Untersuchungsebene werden Archivrecherchen in einem Radius bis zu etwa einem Kilometer durchgeführt, innerhalb dessen eine Rekonstruktion der historischen Topographie hinsichtlich kleinräumiger Kulturlandschaftselemente stattfindet. Auf der regionalen Untersuchungsebene geht es um die Auswertungen von Karten und schriftlichen Quellen im Umkreis von ca. 10 Kilometern zum Thema der historischen Entwicklung der Verkehrswege zu Wasser und zu Lande sowie um die historisch belegte Nutzung natürlicher Rohstoffe. Die Festlegung dieser Ebenen erfolgte nach Überlegungen bezüglich der Machbarkeit. Nach der Archivrecherche wurden die aus den historischen Quellen gewonnenen Informationen in ein Geoinformationssystem (GIS) integriert und einer GIS-gestützten Analyse unterzogen. Für die historisch-geographische Studie wurden vier frühkeltische Fürstensitze als Untersuchungsstandorte ausgewählt:

1. Die Heuneburg an der oberen Donau
2. Der Glauberg in der Wetterau nordöstlich von Frankfurt
3. Der Hohenasperg westlich von Stuttgart
4. Der Ipf im Nördlinger Ries

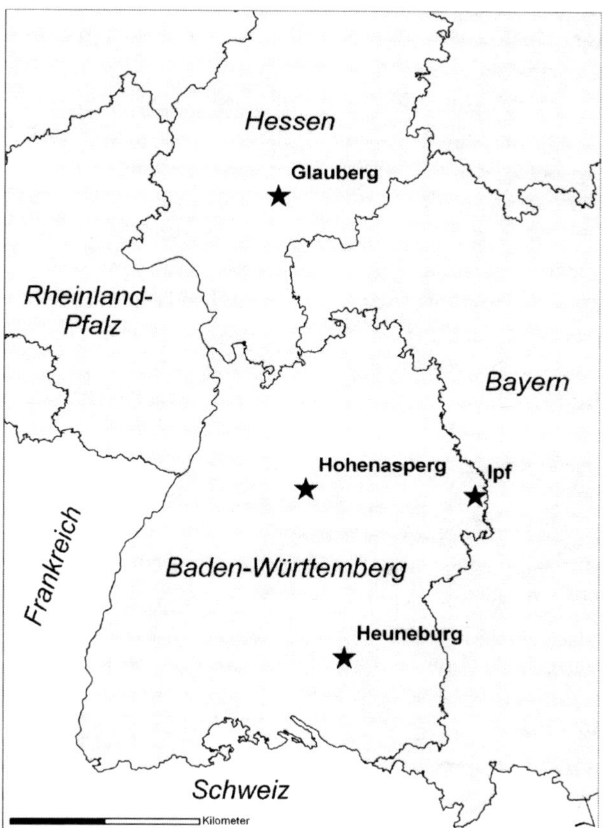

Abb. 1: Übersicht über die Untersuchungsstandorte

3 Aussagefähigkeit historisch-geographischer Quellen für archäologische Fragestellungen

Eine Herausforderung der Arbeit stellt die zeitliche Lücke zwischen der Späthallstattzeit und dem Einsetzen historischer Quellen dar. Daher ist neben einem breiten und möglichst weit zurückreichenden Quellenspektrum besonders die interdisziplinäre Ausrichtung einer historisch-geographischen Arbeit, die eine (landschafts-) archäologische Fragestellung verfolgt, wichtig. Auf diese Weise können durch die Auswertung historischer Quellen Forschungslücken gezielt bearbeitet werden. Gerade die flächenbezogene Herangehensweise der Studie im Sinne einer kleinräumigen historisch-geographischen Landesaufnahme, die eine Erfassung, Dokumentation und Kartierung von Kulturlandschaftsrelikten und Kulturlandschaftselementen beinhaltet (Denecke 2005), ermöglicht durch die Ergänzung des archäologischen Quellen- und Methodenspektrums in vielen Fällen neue Erkenntnisse bezüglich der Entwicklungsgeschichte der Kulturlandschaft. Durch die Auswertung archivalischer Quellen lassen sich persistente landschaftliche Strukturen fassen, die besonders durch die starke Überprägung seit dem Beginn der Industrialisierung verloren gegangen sind. Abbildung 2 zeigt eine Übersicht über die Prozesse, die den Kulturlandschaftswandel seit der Industrialisierung prägten und somit zum Verlust vorindustrieller Raumstrukturen führten. Folglich können historische Quellen, die vorindustrielle Kulturlandschaften dokumentieren, auch Hinweise auf vorgeschichtliche Strukturen enthalten.

Die größte Fülle an raumbezogenen historischen Informationen enthalten Altkarten und hier vor allem die großmaßstäbigen Werke im Maßstabsbereich bis ca. 1:50 000, die auch in der vorliegenden Studie die wichtigste Quellengattung darstellen (vgl. Chapman 2006). Dazu zählen handschriftliche Augenscheinkarten ohne Vermessungsgrundlage (ab dem 15. Jahrhundert), Karten mit einfachen Vermessungsgrundlagen (ab dem Ende des 17. Jahrhunderts mit dem Durchbruch der Triangulation) und Karten mit modernen Vermessungsgrundlagen (flächendeckende Landesaufnahmen ab ca. 1800). Bevor Informationen aus Altkarten entnommen werden, ist der Entstehungskontext einer Karte abzuklären, d. h. es muss hinterfragt werden, für welchen Zweck die Karte hergestellt wurde. Geschah das aus militärischen Gründen, für Verwaltungszwecke oder im Zusammenhang mit einem Gerichtsverfahren? Damit hängt zusammen, welche Elemente in der Karte enthalten sind und welche fehlen, weil sie für den Kartographen nicht relevant waren.

Die zweite wichtige Quellengattung sind die schriftlichen Quellen, etwa die seit dem späten Mittelalter in zunehmender Zahl vorhandenen Urbare sowie Lehens- und Salbücher, die Hinweise auf den Zustand der Landschaft liefern,

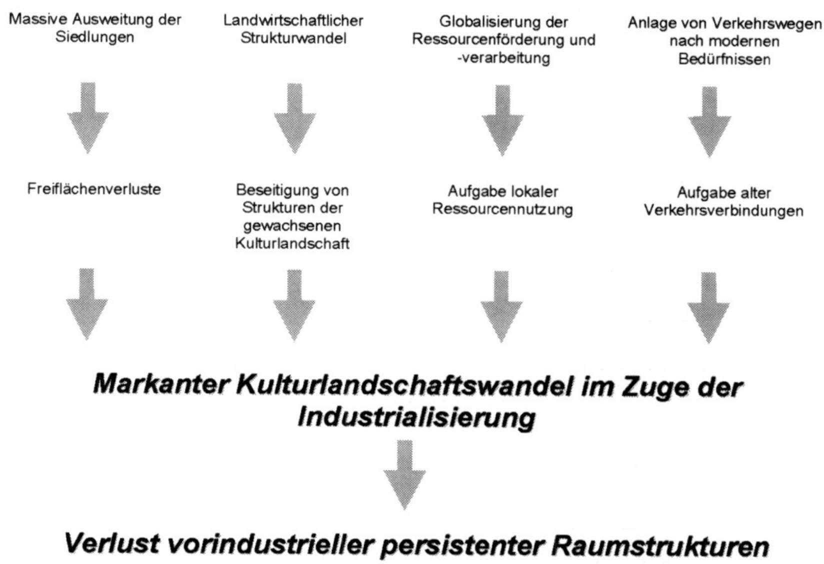

Abb. 2*: Folgen der Industrialisierung in der Kulturlandschaft

sowie Prozessakten, die zum Teil detaillierte Beschreibungen des betreffenden Streitgebiets enthalten. Außerdem wurden Akten, die während der frühen Neuzeit mit der Herausbildung moderner Verwaltungsapparate und der daraus folgenden Bürokratisierung an Umfang und Spezialisierung stark zunehmen, für die Untersuchung herangezogen. Dazu zählen ab dem 18. Jahrhundert beispielsweise Visitationsakten, die Hinweise auf Landschaftsveränderungen vor allem mit der Erwähnung von Verbesserungen der landwirtschaftlichen Verhältnisse geben, sowie Rechnungen, die etwa Hinweise auf Erdarbeiten enthalten können, und Akten der frühen Landesbeschreibung. Landschaftsveränderungen wurden außerdem anhand zahlreicher Spezialakten beispielsweise aus den Bereichen Straßen-, Wasser- und Bergbau sowie aus der Flurneuordnung rekonstruiert. Weitere Quellengattungen, die teilweise zur Verfügung stehen, sind historische Ansichten und frühe Luftbildaufnahmen. Letzte existieren teilweise schon ab dem Beginn des 20. Jahrhunderts in Form von Schrägluftbildern und liegen für das Untersuchungsgebiet nahezu flächendeckend seit dem 2. Weltkrieg vor.

4 GIS-gestützte Erfassung und Analyse historischer Rauminformationen

Auch in den historisch arbeitenden Forschungsdisziplinen wie der Historischen Geographie sind Geoinformationssysteme zu einem Standardwerkzeug geworden, das eine flächenhafte systematische Rekonstruktion vergangener Landschaftszustände aus historischen Quellen erheblich erleichtert (vgl. BENDER et al. 2005; BENDER 2007; DROSS 2006; EGLI et al. 2005; GREGORY 2003; GREGORY & ELL 2007; PLÖGER 2009; SCHUMACHER 2006). Ein GIS wird in der vorgestellten Studie zur Integration von Altkarten sowie zur Verortung von Informationen aus schriftlichen Quellen verwendet. In diesem Zusammenhang wird das GIS auch zu Aufbau und Verwaltung einer Geodatenbank aus Punkten (z. B. Grabhügel, Brücken, Furten), Linien (z. B. Wege- und Flussverläufe) und Flächen (z. B. Wall- und Grabenabschnitte, Pingen, Steinbrüche sowie generell Kartierung der Landnutzung) genutzt, die auf Grundlage der historischen Quellen digital erfasst werden. Der so aufgebaute Raster- und Vektordatenbestand dient als Basis für GIS-gestützte Analysen.

Während es sich bei der Verortung von Schriftquellen meist um eine Kartierung in Form von Punkten sowie um die Aufnahme der zugehörigen Metadaten (Klassifizierung der Quelle, Datierung, Güte der räumlichen Verortung, Quellenkritik) handelt, geht der Verwendung von Altkarten in einem GIS eine zum Teil aufwendige Aufbereitung voraus (BEINEKE 2001; FICHTINGER 2005; GROSSE 2003; MADRY 2006; MÜLLER 2002; WITSCHAS 2006). Zunächst müssen die Karten in einer ausreichenden Auflösung (in der Regel mindestens 300 dpi) mit einem geeigneten Gerät gescannt werden. Dann erfolgt die Nachbearbeitung mit Bildbearbeitungssoftware, etwa um Helligkeit und Kontrast zu verbessern oder um bei größeren Kartenwerken die Kartenränder zu beschneiden, um im GIS ein nahtloses digitales Kartenbild zu erhalten. Anschließend sollte die Genauigkeit der Karte mit spezieller Software (z. B. MapAnalyst, vgl. JENNY et al. 2007) überprüft werden, um grobe Fehler schon im Vorhinein zu erkennen. Dazu müssen wie bei der späteren Georeferenzierung Passpunkte festgelegt werden, auf deren Basis anschließend ein Fehlerraster erstellt wird. Der Grad der Schwierigkeit bei der nun folgenden Georeferenzierung ist stark von der Exaktheit der Karte abhängig. Um dabei eine höchstmögliche Genauigkeit zu erreichen, sind ausreichend Passpunkte zu ermitteln, die sowohl in der Altkarte als auch in einer aktuellen Referenzkarte vorhanden sind. Im Falle von Altkarten ist hierbei neben einer möglichst regelmäßigen Verteilung der Passpunkte die möglichst hohe diachrone Persistenz der gewählten Passpunkte zu beachten. Dazu zählen besonders Kreuzungen von Straßen und Grenzlinien (vor allem Gemarkungsgrenzen), markante Abschnitte in Straßen und Grenzlinien sowie

Kreuzungen von Flussläufen mit Straßen oder Grenzlinien (Kressner 2009, Schulz 2005). Je nach Maßstab, Zeitalter und Detaillierung der zu georeferenzierenden Karte kann auch auf Kirchen, Burgen oder andere persistente Bauwerke zurückgegriffen werden. Es ist jedoch zu beachten, dass diese oftmals nur symbolisch kartiert sind, sodass nur ein erfahrener Bearbeiter in der Lage ist, hier exakt zu differenzieren. Generell gilt, dass umso mehr Passpunkte notwendig sind, je mehr Ungenauigkeiten eine Karte enthält. Auch die Wahl des Transformationsgrades im Rahmen der Entzerrung hat einen entscheidenden Einfluss auf das Ergebnis. Je mehr bekannte Ungenauigkeiten eine Karte enthält, desto höher sollte der gewählte Transformationsgrad sein. Um einen hohen Transformationsgrad zu erreichen, ist allerdings eine höhere Anzahl an Passpunkten notwendig. Im Falle von Altkarten mit einfachen Vermessungsgrundlagen, wie etwa der sogenannten Schmitt'schen Karte von Südwestdeutschland, die 1793 – 1797 entstand, ist dies die polynomiale Transformation. Alternativ zu einer Polynomial-Transformation kann auch das Verfahren der maschenweisen Affintransformation (Rubber Sheeting) angewandt werden, dessen Vorteile in Bereichen gut verdichteter und gleichmäßig verteilter Passpunkte zur Geltung kommen (Walz & Berger 2003). Nach der Georeferenzierung und Entzerrung können Informationen mittels manueller oder halbautomatischer Vektorisierung aus der Altkarte extrahiert werden. Die ältesten großmaßstäbigen Altkarten, die sich auf diese Weise für eine Verwendung im GIS aufbereiten lassen, stammen aus dem 18. Jahrhundert. Ältere Werke sind nur durch höhere Transformationsgrade integrierbar, was bedingt durch das Ergebnis der Entzerrung die Auswertung erschweren statt erleichtern kann und somit den Aufwand für die Georeferenzierung teilweise nicht mehr rechtfertigt.

Im GIS werden die erhobenen Daten mit räumlichen Daten unterschiedlicher Herkunft zusammengeführt und analysiert, wodurch neue Informationen in Form von Geodaten gewonnen werden. Dazu werden neben aktuellen Geobasisdaten auch Geofachdaten vor allem aus den Bereichen Archäologie, Geologie und Bodenkunde herangezogen. Innerhalb der Geobasisdaten nehmen seit einigen Jahren die mittels Airborne Laserscanning erfassten digitalen LiDAR-Geländemodelle (basierend auf dem Prinzip des „Light Detection and Ranging"), die für die Untersuchungsstandorte in einer räumlichen Auflösung von 0,5 bis 1 Meter vorlagen, eine zunehmend bedeutende Rolle für die Archäologie und Kulturlandschaftsforschung ein, da durch deren Auswertung auch kleinräumige Relikte in der Kulturlandschaft bis hin zum Mikrorelief erfasst und mittels GIS systematisch ausgewertet werden können (vgl. Bofinger et al. 2006; Bofinger 2007; Boos et al. 2008; Posluschny 2008a; 2008b; Hesse 2010). Zu den angewandten GIS-gestützten Analysemethoden zählen neben der einfachen Überlagerung von Raster- und Vektordaten beispielsweise die Verschneidung oder Pufferung von Vektordaten. Durch Einbeziehung von LiDAR-Geländemodellen sind auch kleinräumige Analysen im Hinblick auf das Geländerelief (z. B. Höhenlage, Hangneigung, Hangausrichtung) möglich. Dieses GIS-gestützte Methodenspektrum dient dazu, mögliche räumliche Zusammenhänge der aus historischen Quellen erhobenen Daten mit potenziell vorgeschichtlichen Strukturen im Geländemodell zu überprüfen. Um die Menge an Informationen, die vor allem in den Altkarten enthalten sind, zu erfassen und zu bewerten, ist der Einsatz eines GIS zwingend erforderlich.

5 Ergebnisse

Im Folgenden werden einige Ergebnisse der Studie exemplarisch an den Untersuchungsstandorten Heuneburg und Glauberg vorgestellt.

5.1 Heuneburg

Die Heuneburg ist der bekannteste der frühkeltischen Fürstensitze im deutschsprachigen Raum. Es handelt sich dabei um einen an der oberen Donau in Oberschwaben gelegenen Talsporn, auf dem für die Späthallstattzeit mediterran beeinflusste Lehmziegelarchitektur in Form einer turmbewehrten Mauer sowie griechische und etruskische Importware nachgewiesen werden konnte (Gersbach 1989; Kurz 2007). Zahlreiche Grabhügelgruppen mit Großgrabhügeln – die sogenannten Fürstengräber wie der „Hohmichele" – unterstreichen die Bedeutung der Heuneburg während dieser Zeit.

Obwohl die Heuneburg schon seit Jahrzehnten Gegenstand archäologischer Untersuchungen ist und zu den am besten erforschten frühkeltischen Siedlungen in Mitteleuropa zählt, konnten durch Archivrecherchen neue Erkenntnisse gewonnen werden. So konnten auf der lokalen Untersuchungsebene anhand schriftlicher Quellen und georeferenzierter Flurkarten im 19. Jahrhundert eingeebnete Wall- und Grabenabschnitte teilweise rekonstruiert werden. Schriftlichen Aufzeichnungen waren teilweise sogar die damaligen Ausmaße der Wälle und Gräben zu entnehmen. Auf Flurkarten aus den Jahren um 1810, 1822 und 1824 wurde zudem eine Lücke im äußeren Wall entdeckt, die auf eine Torsituation hindeutete (siehe Abb. 3). An dieser Stelle wurde in den Jahren 2005 bis 2008 ein steinernes Kammertor ausgegraben, das für die Hallstattzeit nördlich der Alpen bislang einmalig ist (Kurz 2008). Vermutlich handelt es sich um das erste steinerne Tor in Mitteleuropa überhaupt.

Auch in Abbildung 4 ist die Torsituation gut zu erkennen. Um das georeferenzierte Flurkartenblatt aus dem Jahr 1822 mit der 3D-Darstellung des LiDAR-Geländemodells zu verknüpfen, wurden dessen Höhenwerte, die in einer

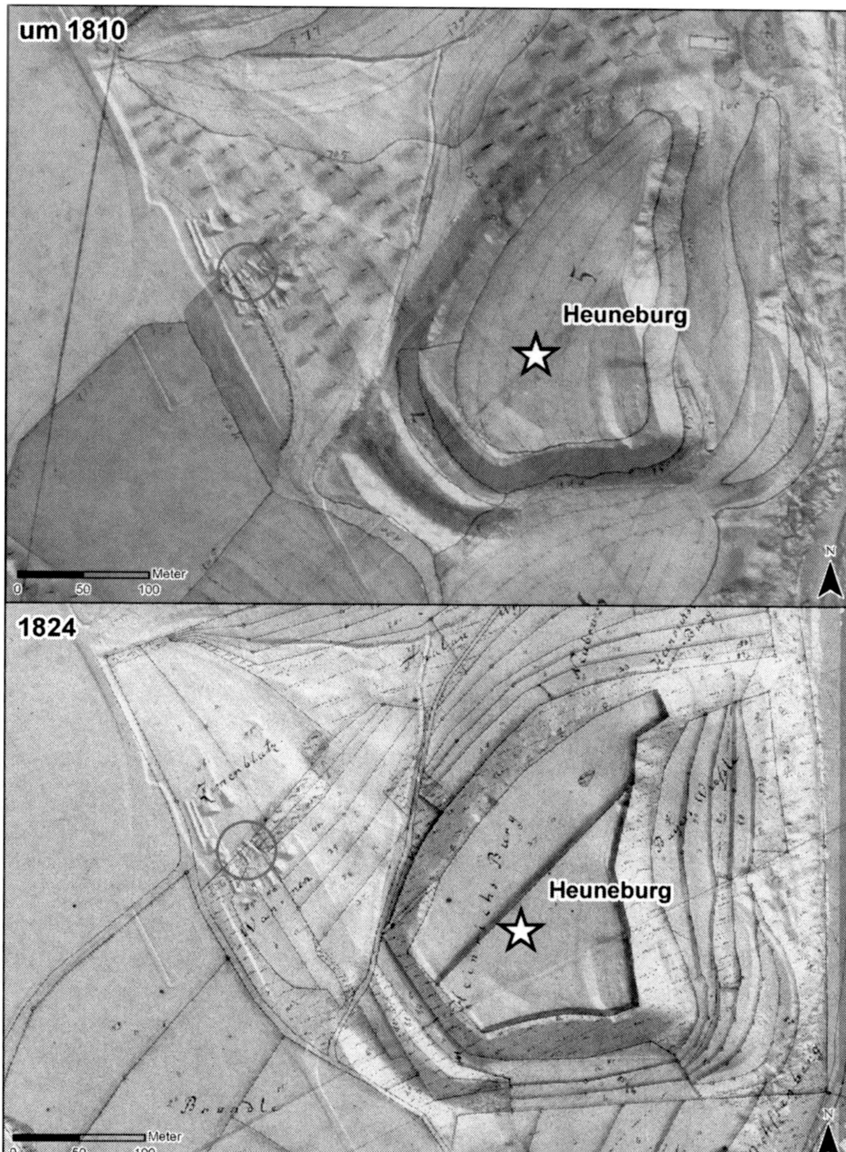

Abb. 3*: Heuneburg-Plateau mit westlich vorgelagerter Toranlage; oben: LiDAR-Daten überlagert mit Flurkarte von 1810 (© Landesarchiv Baden-Württemberg und Landesamt für Geoinformation und Landesentwicklung Baden-Württemberg); unten: LiDAR-Daten überlagert mit Flurkarte von 1824 (© Landesarchiv Baden-Württemberg und Landesamt für Geoinformation und Landesentwicklung Baden-Württemberg)

räumlichen Auflösung von 0,5 Metern vorliegen, dem Rasterdatensatz der Flurkarte zugewiesen. Da der LiDAR-Scan während der laufenden Ausgrabungen entstand, sind im Torbereich kleinere Erdaufwürfe zu erkennen.

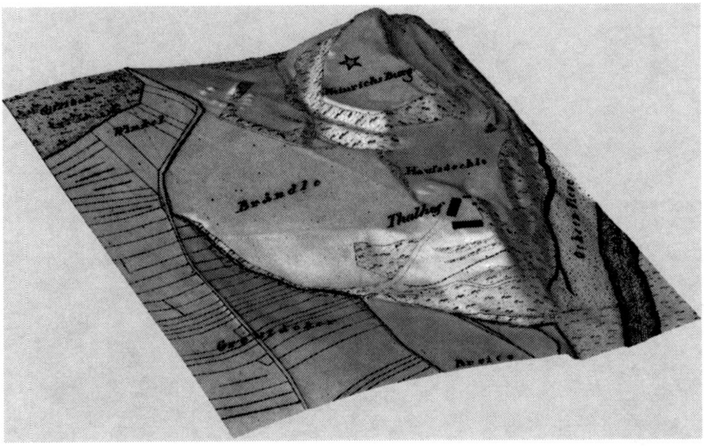

Abb. 4*: Urkatasterkarte von 1822 in der 3D-Ansicht von Südwesten auf Basis des LiDAR-Geländemodells (© Universitätsbibliothek Tübingen und Landesamt für Geoinformation und Landesentwicklung Baden-Württemberg)

Abbildung 5 zeigt einen Überblick über alle Landschaftselemente, die bislang auf der Basis von kartographischen oder schriftlichen Quellen im Umfeld der Heuneburg rekonstruiert werden konnten. Dazu zählen z. B. Graben- und Wallabschnitte, Altwege, vermutete Grabhügelgruppen und ehemalige Donauverläufe.

Um die historische Entwicklung der Wegeverbindungen zu rekonstruieren, wurden u. a. auf Grundlage georeferenzierter Blätter der Flurkarte des Königreichs Württemberg, die in den Jahren 1818 bis 1840 (im Bereich der Heuneburg 1822) in einem Maßstab von 1:2500 flächendeckend aufgenommen wurde, Wegeverbindungen vektorisiert und mit den Verkehrsflächen des Jahres 2007, die auch Feld- und Forstwege beinhalten, abgeglichen. Dabei konnte festgestellt werden, dass einige Wege, die 1822 kartiert wurden, heute nicht mehr vorhanden sind. Hier ist vor allem eine alte Wegeverbindung östlich der Heuneburg zu erwähnen, die im Zusammenhang mit dem Zugang zur Anlage durch das Osttor (Donautor) gestanden haben könnte. Sie ist auf der württembergischen Urflurkarte von 1822 noch als Fußweg oder Pfad verzeichnet, führte von Norden kommend an der Donau entlang auf die Donauterrasse östlich der Heuneburg und überquerte dabei den Graben an der Nordspitze der Heuneburg an der Stelle, wo 2004 und 2005 die Reste einer hallstattzeitlichen Brückenkonstruktion entdeckt wurden (Bofinger & Goldner-Bofinger 2008). Diese hölzerne

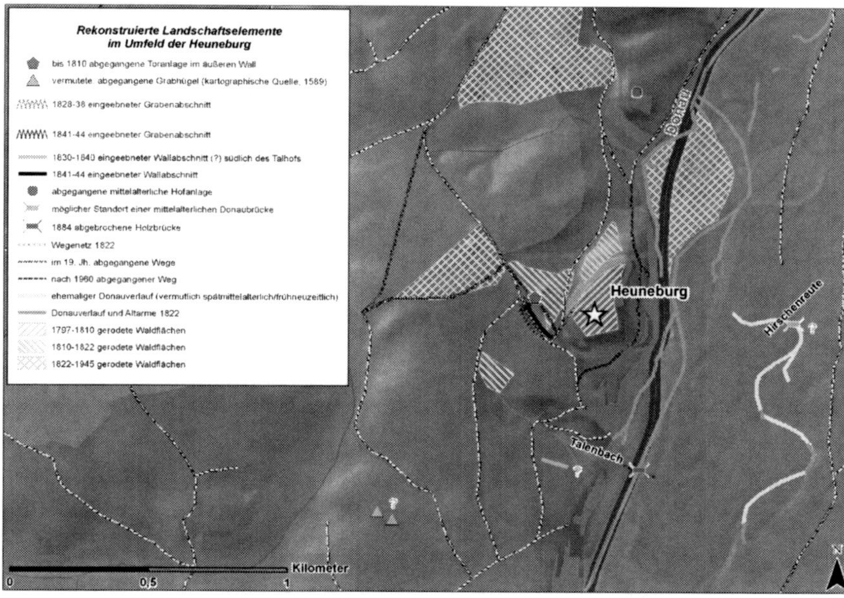

Abb. 5*: Überblick über die Ergebnisse auf der lokalen Untersuchungsebene an der Heuneburg (Kartengrundlage LiDAR-Daten, © Landesamt für Geoinformation und Landesentwicklung Baden-Württemberg)

Brücke, die offensichtlich über einen Verteidigungsgraben auf die Donauterrasse führte, deutet darauf hin, dass hier in frühkeltischer Zeit ein Weg bestanden hat (Abb. 5). Ein Weg wird auch in einem Lagerbuch von 1711 im „Hausösch", der Ackerfläche östlich und südlich der Heuneburg, erwähnt. Für den Bereich westlich der Heuneburg zeigt eine Flurkarte, die um 1810 entstand, dass durch das 2005 aufgefundene Steintor der ehemalige Weg von der Hauptstraße Binzwangen-Hundersingen zum Talhof verlief. Dieser Weg wurde noch bis zu Beginn des 19. Jahrhunderts genutzt, wie aus der neuzeitlichen Kiespflasterung hervorgeht, die bei der Ausgrabung des späthallstattzeitlichen Tores im archäologischen Befund angetroffen wurde. Bei den genannten Verbindungen handelt es sich um Altwege, die aufgrund der korrespondierenden archäologischen Befunde vermutlich mit den späthallstattzeitlichen Bauphasen der Heuneburg in Verbindung stehen.

Im Übergangsbereich zur regionalen Untersuchungsebene wurden Hinweise auf heute nicht mehr vorhandene vorgeschichtliche Grabhügel ausgewertet. Die früheste bildliche Quelle stellt in diesem Zusammenhang die Landtafel des Malers Philipp Renlin aus dem Jahr 1589 dar, die einige heute verschwundene oder weitgehend verebnete Großgrabhügel im Umfeld der Heuneburg zeigt. Diese Zerstörung der Grabhügel hängt vor allem mit der landwirtschaftlichen

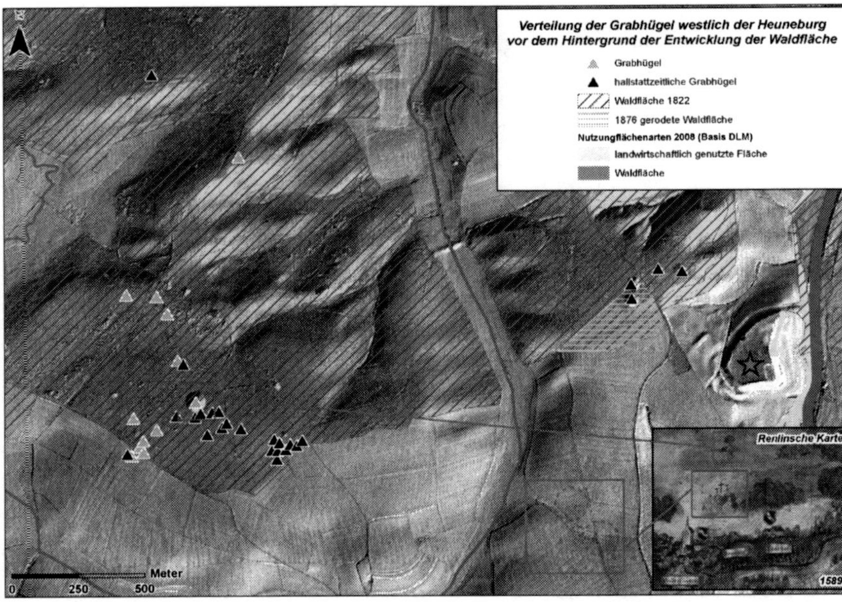

Abb. 6*: Verteilung der Grabhügel westlich der Heuneburg vor dem Hintergrund der Entwicklung der Waldfläche (Kartengrundlage LiDAR-Geländemodell, Basis-DLM © Landesamt für Geoinformation und Landesentwicklung Baden-Württemberg) mit einem Ausschnitt aus der Karte von Philipp Renlin von 1589 (© Landesmuseum Württemberg)

Nutzung zusammen, wie die Kartierung der heute bekannten Grabhügel im westlichen Umfeld der Heuneburg vor dem Hintergrund der Waldverteilung in den Jahren 1822 und 2006 zeigt (Abb. 6). Es wird deutlich, dass nahezu alle heute bekannten Grabhügel in diesem Bereich bereits 1822 unter Wald lagen. Ein möglicher Zusammenhang zwischen der Verteilung der Grabhügel und der Bodenart ließ sich nicht feststellen. Folglich kann angenommen werden, dass in diesem Gebiet ehemals noch weitere vorgeschichtliche Grabhügel vorhanden waren, die durch landwirtschaftliche Tätigkeit im Laufe der Zeit, sicherlich verstärkt in den letzten 200 Jahren, eingeebnet wurden. Einen Hinweis auf eine ehemalige Grabhügelgruppe südwestlich der Heuneburg in der Flur „Kreuzbühl", wo sich auch in den LiDAR-Daten zwei Erhebungen erkennen lassen, liefert die erwähnte Landtafel von 1589 (siehe Abb. 6). Dies ist ein Beleg für die große Bedeutung, die der Waldbedeckung als archäologischem Quellenfilter zukommt.

Eine Nutzung der Flüsse als Transportwege in der Späthallstattzeit ist sehr wahrscheinlich, da auf diese Weise der Aufwand, verglichen mit dem Landtransport, erheblich vermindert werden konnte. Die Frage der Schiffbarkeit der Donau auf Höhe der Heuneburg konnte bislang jedoch nicht ausreichend geklärt werden, da keine entsprechenden archäologischen Funde aus dem oberen Donautal im Umfeld der Heuneburg vorliegen, die eine Nutzung dieses Donauabschnitts als Transportweg in frühkeltischer Zeit nachweisen. Die bislang ältesten Bootsfunde an der oberen Donau – allerdings etwa 170 Kilometer weiter flussabwärts – stammen aus der Zeit der Wende des ersten zum zweiten Jahrhunderts nach Christus und wurden beim römischen Kastell Oberstimm nahe Ingolstadt gemacht. Von der Flussmorphologie und Wasserführung her betrachtet kann die Donau auf Höhe der Heuneburg zumindest für flache Lastkähne mit einer geschätzten Länge von etwa 10 Metern, einer Breite von 1,5 bis 2 Metern und einem Tiefgang von etwa 40 Zentimetern als schiffbar gelten (Wieland 1999, 75). Allerdings ist das Bild der Donau nach ihrer Begradigung in der zweiten Hälfte des 19. und zu Beginn des 20. Jahrhunderts nicht vergleichbar mit dem stark mäandrierenden, zahlreiche Nebenarme ausbildenden und ständig sein Bett wechselnden Strom der Späthallstattzeit. In diesem Zusammenhang geben zwei historische Ansichten (Abb. 7) wertvolle Hinweise: Sie zeigen eine Befahrung der Donau in der ersten Hälfte des 19. Jahrhunderts mit flachen Lastkähnen, sogenannten Zillen, auf der Höhe von Sigmaringen und Hausen (im Tal) (ca. 20 bzw. ca. 35 Kilometer donauaufwärts). Auch auf einem Plan zur Donaukorrektion zwischen Binzwangen und Riedlingen (etwa 5 Kilometer donauabwärts) findet sich ein skizziertes Boot dieses Typs, das mithilfe von Stechpaddeln auch stromaufwärts bewegt wurde. Zwei gekreuzte Stechpaddel sind heute noch im Wappen der Stadt Riedlingen zu finden.

Einen weiteren Beleg für die Schiffbarkeit der Donau vor den größeren wasserbaulichen Eingriffen des 19. und frühen 20. Jahrhunderts liefert ein Bericht zur geplanten Schiffbarmachung der Donau für größere Binnenschiffe zwischen Riedlingen und Ulm. Zu diesem Zweck wurde der Flussabschnitt im Jahr 1844 befahren und die Wassertiefe in regelmäßigen Abständen gemessen. Dabei wurde trotz des erwähnten niedrigen Wasserstandes zum Zeitpunkt des Unternehmens die Wassertiefe von einem Meter an keiner Stelle unterschritten, was zur Befahrung mit flachen Lastkähnen, deren Bauweise sich seit den ersten Bootsfunden nicht wesentlich verändert hat, völlig ausreichend ist. Daher kann die Donau auch in vorgeschichtlicher Zeit auf Höhe der Heuneburg und vermutlich auch noch weiter stromaufwärts grundsätzlich als schiffbar angesehen werden. Der archäologische Beweis, etwa in Form eines hallstattzeitlichen Bootsfundes im Donautal oder einer Schifflände unterhalb der Heuneburg, ist allerdings noch zu erbringen.

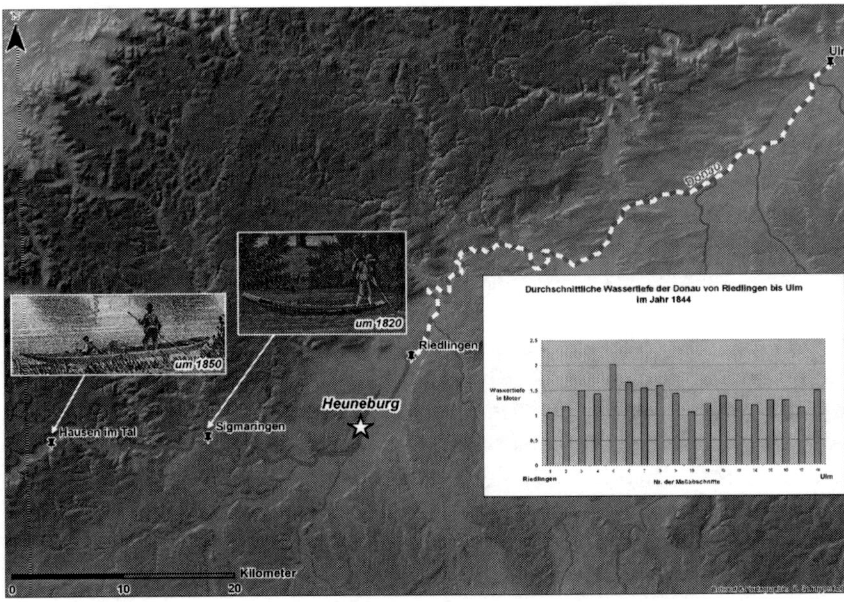

Abb. 7*: Historische Belege für die Schiffbarkeit der oberen Donau; links: Ausschnitte historischer Ansichten von Hausen (im Tal) um 1850 und Sigmaringen um 1820 (Weber et al. 2009, Abb. 23 und 78); rechts: Diagramm mit durchschnittlicher Wassertiefe der Donau von Riedlingen bis Ulm im Jahr 1844 (StAL E 166 Bü 4932)

5.2 Glauberg

Der Glauberg, der sich etwa 30 Kilometer nordöstlich von Frankfurt am Main am Ostrand der klimatisch und naturräumlich begünstigten Wetterau befindet, stellt den letzten südwestlichen Basaltausläufer des Vogelsbergs dar. Er erhebt sich rund 150 Meter über Flussauen von Nidder und Seemenbach. Seine Bedeutung in der frühen Eisenzeit konnte bis heute nicht hinreichend geklärt werden. Am südwestlichen Fuß des Glaubergs wurde in den 1980er-Jahren anhand von Luftbildbefunden ein großer Kreisgraben mit 50 Metern Durchmesser entdeckt, der sich bei Ausgrabungen in den Jahren 1994 bis 1997 als Grab eines frühkeltischen Fürsten herausstellte. Bei den Ausgrabungen des unberaubten Grabhügels aus der Frühlatènezeit kamen bemerkenswerte Funde zutage, darunter Bruchstücke von vier lebensgroßen, vollplastischen Sandsteinstatuen, von denen eine fast komplett erhalten im Kreisgraben liegend aufgefunden wurde. Weitere Untersuchungen zeigten, dass der Fürstengrabhügel von einem planmäßig angelegten Wall-Graben-System umgeben wird, dessen Bedeutung bis heute nicht eindeutig geklärt ist (vgl. Hansen 2008; Hansen & Pare 2008). Eine Grabenstruktur, die vom Fürstengrabhügel Richtung Südosten verläuft, wird im

Hinblick auf eine mögliche kultische Bedeutung der Anlage als „Prozessionsstraße" bezeichnet (HERRMANN 2005).

Bei Archivrecherchen zum Glauberg wurde eine bislang unbeachtete Karte aus dem Jahr 1730 entdeckt, die im Zuge von Grenzstreitigkeiten entstand. Auf dieser Karte ist der Fürstengrabhügel verzeichnet, der damals noch im Gelände sichtbar war. Bemerkenswerter ist jedoch die Beschriftung eines benachbarten Weges, der in der Kartenlegende als „Bethweg" bezeichnet wird. Dabei handelt es sich offenbar um einen Strang des Bettenweges, einem alten Fernhandelsweg vom Rhein-Main-Gebiet in das Fuldaer Becken, dessen Verlauf direkt am Südhang des Glaubergs entlang zwar vermutet wurde, bislang jedoch nicht hatte nachgewiesen werden können. Auch in Flurkarten der benachbarten Gemeinde Düdelsheim aus den 1830er-Jahren taucht die Bezeichnung ‚Bettenweg' mehrfach auf. Zahlreiche Grabhügelgruppen entlang des Bettenweges deuten auf dessen vorgeschichtliche Nutzung hin.

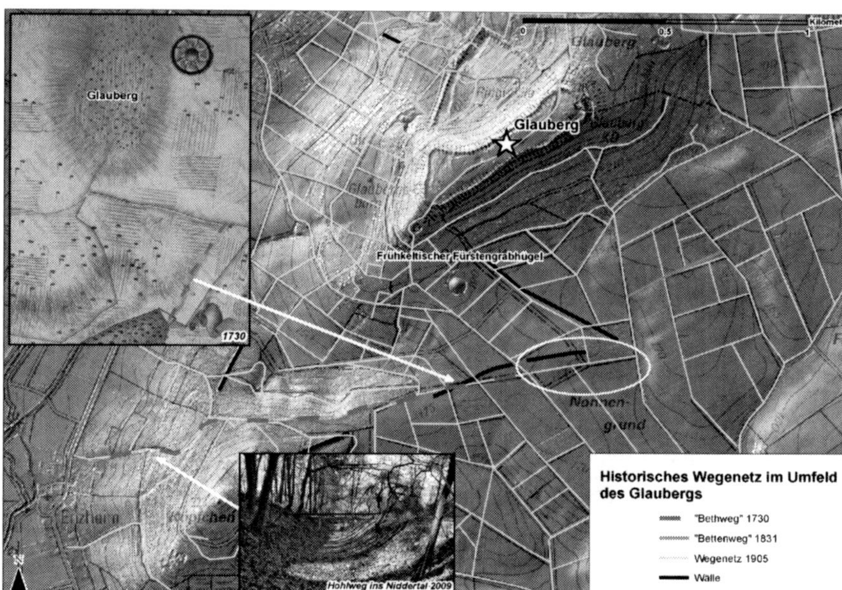

Abb. 8*: Historisches Wegenetz im Umfeld des Glaubergs
Kartengrundlage LiDAR-Daten (© Römisch-Germanische Kommission, DFG-Projekt „Fürstensitze & Umland") und DTK25 (© Bundesamt für Kartographie und Geodäsie); oben links: Ausschnitt aus historischer Karte von 1730 (© Hessisches Staatsarchiv Marburg); unten: Hohlweg ins Niddertal (Foto: C. Schuppert)

Über weite Strecken ist der alte Straßenverlauf im digitalen LiDAR-Geländemodell und teilweise auch vor Ort im Gelände noch erkennbar (Abb. 8). So konnte bei einer Geländebegehung im Wald südwestlich des Glaubergs ein heute ungenutzter Hohlweg mit dem alten Straßenverlauf in Verbindung gebracht werden (siehe Abb. 8, Foto). Ein Wegabschnitt auf einer georeferenzierten topographischen Karte im Maßstab 1: 25000 von 1905 (Abb. 8, dunkles Wegenetz; das heutige Wegenetz ist in grau dargestellt), der heute aufgrund von Flurbereinigungsmaßnahmen nicht mehr vorhanden ist, folgte ebenfalls der Richtung des besagten Wegeabschnittes aus der Karte von 1730 (der Bereich ist in Abb. 8 mit einem weißen Kreis markiert). Die Zusammenstellung dieser Quellen macht deutlich, dass der Glauberg direkt an einem alten Fernweg liegt, der zumindest zeitweise unmittelbar an der Wall-Graben-Anlage auf der Südseite des Berges entlangführte.

Im Umfeld des Glaubergs finden sich zahlreiche historische Flurnamen, die Hinweise auf Eisenerzabbau und -verarbeitung liefern. Im Bereich des Glaubergs finden sich Sandsteine, die Eisen in Form des Basalteisensteins enthalten. Potenziell vorgeschichtliche Abbauspuren in Form von Pingen sind bislang jedoch in der näheren Umgebung des Glaubergs nur in der Flur „Eisenkaute" bekannt. Eine Urkunde des Klosters Fulda, die auf um 785 datiert ist, liefert den ersten historischen Hinweis darauf, dass in dieser Region Eisenerz abgebaut wurde. Mit sogenannten Bergakten konnte belegt werden, dass bis etwa 1900 an einigen Stellen in der direkten Umgebung des Glaubergs Erzabbau stattfand, was darauf hindeutet, dass es sich hier um relativ ergiebige Vorkommen handelte. Diese Abbauflächen konnten durch die Georeferenzierung beiliegender Detailkarten genau verortet werden. Bislang fehlt allerdings ein Nachweis auf eine keltische Eisenverhüttung am Glauberg. Um dieser Frage nachzugehen, sind intensive montanarchäologische Untersuchungen notwendig – Erfahrungen aus anderen Regionen haben gezeigt, wie schwer diese Hinterlassenschaften der vorgeschichtlichen Eisenverarbeitung aufgrund ihrer schlechten Erhaltung – bedingt durch den späteren Abbau – aufzufinden sind (Wieland & Gassmann 2009). Als Ausgangspunkte weiterer Untersuchungen können hier die historischen Belege für Abbau und Verhüttung der Eisenvorkommen dienen, die in Abbildung 9 kartiert sind. Ebenso unbefriedigend ist die Forschungslage bezüglich der Nutzung der nahen Solequellen in Selters und Büdingen, an denen nachweislich bereits im Mittelalter Salz gesiedet wurde (siehe Abb. 9).

6 Fazit und Ausblick

Die GIS-gestützte Auswertung historisch-geographischer Quellen, die durch Archivrecherchen erhoben wurden, kann einen Beitrag zur Rekonstruktion vorgeschichtlicher Raumstrukturen leisten und somit für Fragestellungen aus der Vorgeschichtsforschung herangezogen werden. Um archäologische und naturwissenschaftliche Quellen sinnvoll zu ergänzen, ist eine intensive inter-

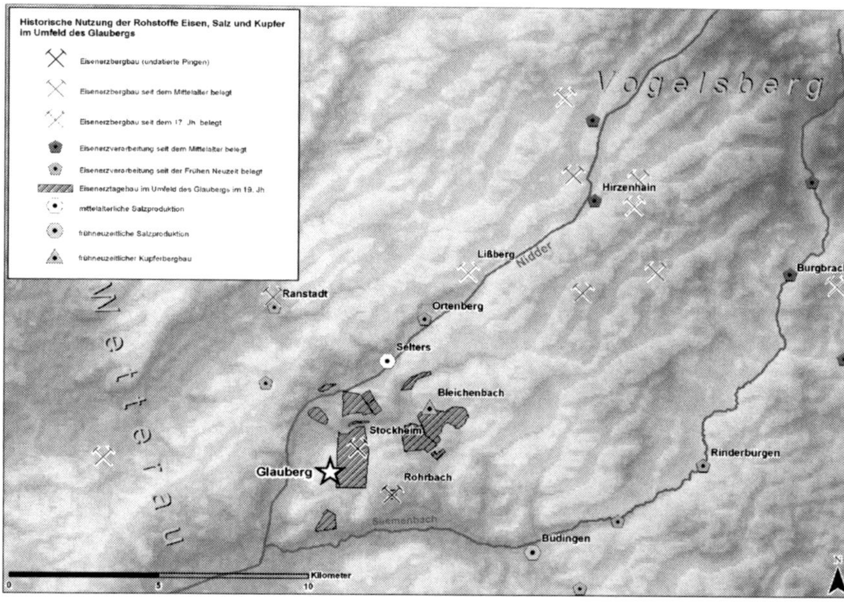

Abb. 9*: Historisch belegte Nutzung von Eisen, Salz und Kupfer im regionalen Umfeld des Glaubergs

disziplinäre Zusammenarbeit notwendig, die durch die Nutzung eines GIS erleichtert wird. Auch die Auswertung von Informationen aus historischen Quellen, insbesondere aus Altkarten, wird durch die Verwendung eines GIS vereinfacht. Hierbei nehmen hoch aufgelöste digitale Geländemodelle eine wichtige Rolle ein, die den aktuellen Zustand der Kulturlandschaft bis hin zu Strukturen des Mikroreliefs detailgenau abbilden und somit eine ideale Basis für die Rekonstruktion historischer und prähistorischer Kulturlandschaftselemente darstellen.

Der Zugang zu Altkarten (zumindest zu großen Kartenwerken) wird dank zahlreicher Digitalisierungsprojekte zunehmend erleichtert. Teilweise sind bereits heute in den Geoportalen, die im Zuge des Aufbaus von Geodateninfrastrukturen auf Landes-, Kreis- oder kommunaler Ebene eingerichtet werden, georeferenzierte historische Kartenwerke flächendeckend online verfügbar und teilweise auch in Desktop- bzw. WebGIS per WebMapService im räumlichen Zusammenhang mit weiteren Geodaten einsehbar, deren Menge und Qualität in allen Bereichen stark zunehmen wird. Eine Vorreiterrolle bei der Bündelung digitaler historischer Rauminformationen können insbesondere die im Aufbau befindlichen digitalen Kulturlandschaftskataster auf Länderebene einnehmen. Auch die Recherchemöglichkeiten für schriftliche Quellen werden sich durch die digitale Erfassung der Archivrepertorien weiter verbessern. Das erspart meist nicht den Gang ins Archiv, trägt aber zu einer gezielteren und systematischeren Suche bei. Durch diese verbesserte Verfügbarkeit der historisch-geographischen Quellen werden diese in Zukunft verstärkt für Forschungsthemen der archäologischen Wissenschaften herangezogen werden können.

Literatur

Beineke D. (2001): Verfahren zur Genauigkeitsanalyse für Altkarten. München. (= Schriftenreihe des Studienganges Geodäsie und Geoinformation der Universität der Bundeswehr München, Heft 71)

Bender O. (2007): Analyse der Kulturlandschaftsentwicklung der Nördlichen Fränkischen Alb anhand eines katasterbasierten Geoinformationssystems. Leipzig. (= Forschungen zur Deutschen Landeskunde, Bd. 255)

Bender O., Böhmer H.-J., Jens D. & Schumacher K. (2005): Using GIS to analyse longterm cultural landscape change in Southern Germany. In: Landscape and Urban Planning (70): 111 – 125.

Biel J. & Krausse D. (2005): Frühkeltische Fürstensitze. Älteste Städte und Herrschaftszentren nördlich der Alpen? Internationaler Workshop zur keltischen Archäologie in Eberdingen-Hochdorf, 12. und 13. September 2003. Esslingen. (= Archäologische Informationen aus Baden-Württemberg, Heft 51)

Bofinger J. (2007): Flugzeug, Laser, Sonder, Spaten – Fernerkundung und archäologische Feldforschung am Beispiel der frühkeltischen Fürstensitze. Esslingen.

Bofinger J. & Goldner-Bofinger A. (2008): Terrassen und Gräben – Siedlungsstrukturen und Befestigungssysteme der Heuneburg-Vorburg. In: Krausse D. (Hrsg.): Frühe Zentralisierungs- und Urbanisierungsprozesse – Zur Genese und Entwicklung frühkeltischer Fürstensitze und ihres territorialen Umlandes. Kolloquium des DFG-Schwerpunktprogramms 1171 in Blaubeuren, 9.–11. Oktober 2006. Esslingen, 209 – 227. (= Forschungen und Berichte zur Vor- und Frühgeschichte in Baden-Württemberg, Band 101)

Bofinger J., Kurz S. & Schmidt S. (2006): Ancient Maps – modern data sets: different investigative techniques in the landscape of the Early Iron Age princely hill fort Heuneburg, Baden- Württemberg. In: Campana S. & Forte M. (eds.): From Space to Place. 2nd International Conference on Remote Sensing in Archaeology (Proceedings 2nd Internat. Workshop Rome, Italy 2006). Oxford, 87 – 92. (= BAR Internat. Ser., 1568)

Boos S., Hornung S., Patrick J. & Müller H. (2008): Erfassung und Analyse von Laserscandaten zur Unterstützung der Landschaftsarchäologie. In: Seyfert E. (Hrsg.): Vom Erdapfel zum 3D-Modell. Münster, 161 – 170. (= Deutsche Gesellschaft für Photogrammetrie, Fernerkundung und Geoinformation: Publikationen der Deutschen Gesellschaft für Photogrammetrie, Fernerkundung und Geoinformation e.V.; Bd. 17)

Burggraaff P. & Kleefeld K.-D. (1998): Historische Kulturlandschaft und Kulturlandschaftselemente. Bonn-Bad Godesberg. (= Angewandte Landschaftsökologie, Heft 20)

Chapman H. (2006): Landscape Archaeology and GIS. Stroud.

Denecke D. (2005): Wege der Historischen Geographie und Kulturlandschaftsforschung. Ausgewählte Beiträge. Stuttgart.

Dix A. & Kleefeld K.-D. (2005): Historisch-geographische Kulturlandschaftsforschung im DFG-Projekt RheinLUCIFS. In: Kulturlandschaft – Zeitschrift für Angewandte Historische Geographie, (14): 319 – 330. (= Fundberichte aus Hessen, Beiheft 4)

Domaas S. T. (2005): Structural analyses of features in cultural landscapes based on historical cadastral maps and GIS. (= Acta Universitatis agriculturae Sueciae, 100)

SLU: http://diss-epsilon.slu.se/archive/00000900/ (22.11.2010)

Dross K. (2006): Zum Einsatz von Geoinformationssystemen in Geschichte und Archäologie. In: Historical Social Research (31)3: 279 – 287.

SSOAR: http://nbn-resolving.de/urn:nbn:de:0168-ssoar-49997 (22.11.2010)

Egli H.-R., Flury P., Frey T. & Schiedt H.-U. (2005): GIS-Dufour – Verkehrs- und Raumanalyse auf historischer Grundlage. In: Geomatik Schweiz (103)5: 246 – 249.

Geomatik Schweiz: http://www.geomatik.ch/fileadmin/download/2005/Fach/FA_5_2005_7.pdf (22.11.2010)

Fichtinger A. (2005): Historische Flurkarten als Landschaftsarchiv. GIS-gestützte raumzeitliche Analysen in der Kulturlandschaftsforschung. Diplomarbeit an der TU München, Fachgebiet Geoinformationssysteme. München.

Gersbach E. (1989): Ausgrabungsmethodik und Stratigraphie der Heuneburg. Mainz. (= Heuneburgstudien, Band VI; = Römisch-Germanische Forschungen, Band 45)

Gregory I. N. (2003): A Place in History. A Guide to using GIS in Historical Research. Oxford.

Gregory I. N. & Ell P. S. (2007): Historical GIS. Technologies, Methodologies and Scholarship. Cambridge. (= Cambridge Studies in Historical Geography, Band 39)

Grosse B. (2003): Bedeutung digitaler Altkarten für GIS-Anwendungen in der Landschaftsforschung – Möglichkeiten und Probleme der digitalen Aufbereitung und Nutzung von Altkarten. Freiburg.

Hansen L. (2008): Neue Grabungen und Forschungen am Glauberg. In: Hessisches Landesmuseum Darmstadt & Landesamt für Denkmalpflege Hessen Archäologie und Paläontologie (Hrsg.): Der Glauberg in keltischer Zeit. Zum neuesten Stand der Forschung. Öffentliches Symposium 14.–16. September 2006. Darmstadt, 21 – 34. (= Fundberichte Hessen, Beiheft 6)

Hansen L. & Pare C. (2008): Der Glauberg in seinem mikro- und makroregionalen Kontext. In: Krausse D. (Hrsg.): Frühe Zentralisierungs- und Urbanisierungsprozesse – Zur Genese und Entwicklung frühkeltischer Fürstensitze und ihres territorialen Umlandes. Kolloquium des DFG-Schwerpunktprogramms 1171 in Blaubeuren, 9.–11. Oktober 2006. Esslingen, 57 – 96. (= Forschungen und Berichte zur Vor- und Frühgeschichte in Baden-Württemberg, Band 101)

Herrmann F.-R. (2005): Glauberg – Olympia des Nordens oder unvollendete Stadtgründung? In: Biel J. & Krausse D. (Hrsg.): Frühkeltische Fürstensitze – Älteste Städte und Herrschaftszentren nördlich der Alpen? Internationaler Workshop zur keltischen Archäologie in Eberdingen-Hochdorf, 12. und 13. September 2003. Esslingen, 18 – 27. (= Archäologische Informationen aus Baden-Württemberg, Heft 51)

Hesse R. (2010): LiDAR-derived Local Relief Models (LRM) – a new tool for archaeological prospection. In: Archaeological Prospection 17: 67 – 72.

Jenny B., Weber A. & Hurni L. (2007): Visualizing the Planimetric Accuracy of Historical Maps with MapAnalyst. In: Cartographica Helvetica (42)1: 89–94.
ETHZ: http://e-citations.ethbib.ethz.ch/view/pub:13939 (22.11.2010)
Kimmig W. (1969): Zum Problem späthallstättischer Adelssitze. In: Otto K.-H. & Herrmann J. (Hrsg.): Siedlung, Burg und Stadt. Studien zu ihren Anfängen. Festschrift P. Grimm. Berlin, 95–113. (= Deutsche Akad. Wiss. Berlin, Schriften Sektion Vor- u. Frühgeschichte, Band 25)
Krausse D. (2008): Das DFG-Schwerpunktprogramm „Frühkeltische Fürstensitze“ – Fragestellungen, Methoden, erste Ergebnisse. In: Krausse D. (Hrsg.): Frühe Zentralisierungs- und Urbanisierungsprozesse – Zur Genese und Entwicklung frühkeltischer Fürstensitze und ihres territorialen Umlandes. Kolloquium des DFG-Schwerpunktprogramms 1171 in Blaubeuren, 9.–11. Oktober 2006. Esslingen, 1–8. (= Forschungen und Berichte zur Vor- und Frühgeschichte in Baden-Württemberg, Band 101)
Krausse D. (2009): Im Fokus der Forschung – Frühe Kelten, ein Schwerpunktprogramm der DFG. In: Staatsanzeiger Verlag (Hrsg.): Die Kelten – Auf den Spuren der Keltenfürsten. Frühkeltische Denkmäler in Südwestdeutschland. Stuttgart, 32–36.
Kreßner L. (2009): Digitale Analyse der Genauigkeit sowie der Erfassungs- und Darstellungsqualität von Altkarten aus Mecklenburg-Vorpommern – dargestellt an den Kartenwerken von Wiebeking (ca. 1786) und Schmettau (ca. 1788).
RosDok: http://rosdok.uni-rostock.de/resolve?urn=urn:nbn:de:gbv:28-diss2009-0183-3 (22.11.2010)
Kurz G. (2008): Ein Stadttor und Siedlungen bei der Heuneburg (Gemeinde Herbertingen-Hundersingen, Kreis Sigmaringen). Zu den Grabungen in der Vorburg von 2000 bis 2006. In: Krausse D. (Hrsg.): Frühe Zentralisierungs- und Urbanisierungsprozesse – Zur Genese und Entwicklung frühkeltischer Fürstensitze und ihres territorialen Umlandes. Kolloquium des DFG-Schwerpunktprogramms 1171 in Blaubeuren, 9.–11. Oktober 2006. Esslingen, 185–208. (= Forschungen und Berichte zur Vor- und Frühgeschichte in Baden-Württemberg, Band 101)
Kurz S. (2007): Untersuchungen zur Entstehung der Heuneburg in der späten Hallstattzeit. Stuttgart. (= Forschungen und Berichte zur Vor- und Frühgeschichte in Baden-Württemberg, Band 105)
Madry S. (2006): The Integration of Historical Cartographic Data within the GIS Environment. In: Archer S. N. & Bartoy K. M. (eds.): Between Dirt and Discussion: Methods, Materials and Interpretation in Historical Archaeology. New York, 33–60.
Müller M. (2002): Management historischer Geodaten. In: Hochschule für Technik und Wirtschaft Dresden (FH), Fachbereich Vermessungswesen, Kartographie (Hrsg.): 10 Jahre Fachhochschulausbildung in den Studiengängen Vermessungswesen und Kartographie an der HTW Dresden (FH) und 50 Jahre Ausbildung von Vermessungs- und Kartographeningenieuren in Dresden. Dresden, 99–106. (= Dresdner kartographische Schriften, Band 4)
Plöger R. (2009): Inventarisation der Kulturlandschaft mit Hilfe von Geographischen Informationssystemen (GIS). Methodische Untersuchungen für historisch-geographische Forschungsaufgaben und für ein Kulturlandschaftskataster. Saarbrücken.
ULB: http://hss.ulb.uni-bonn.de/2003/0156/0156.htm (22.11.2010)
Posluschny A. (2008a): Wer wird denn gleich in die Luft gehen – archäologische Prospektion mittels Laserscanning. In: Archäologische und Paläontologische Denkmal-

pflege des Landesamtes für Denkmalpflege Hessen (Hrsg.): Hessen Archäologie – Jahrbuch für Archäologie und Paläontologie in Hessen. Stuttgart, 69 – 71.

POSLUSCHNY A. (2008b): Archäologie ohne Spaten – Computergestützte Untersuchungen zur Bedeutung des Glaubergs in seinem Umfeld. In: Hessisches Landesmuseum Darmstadt & Landesamt für Denkmalpflege Hessen Archäologie und Paläontologie (Hrsg.): Der Glauberg in keltischer Zeit. Zum neuesten Stand der Forschung. Öffentliches Symposium 14.–16. September 2006. Darmstadt, 259 – 277. (= Fundberichte Hessen, Beiheft 6)

SCHUHMACHER K. (2006): Landschaftswandel im Kaiserstuhl seit 1770: Analyse und Bilanzierung. Freiburg. (= Culterra – Schriftenreihe des Instituts für Landespflege der Albert-Ludwigs-Universität Freiburg, Band 47)

SCHULZ M. (2005): Zur Verwendung von historischen sächsischen Karten in Informationssystemen. In: Mitteilungsblatt Deutscher Verein für Vermessungswesen, Landesverein Sachsen (15)2: 38 – 62.

SCHUPPERT C. & DIX A. (2009): Reconstructing Former Features of the Cultural Landscape near Early Celtic Princely Seats in Southern Germany: A GIS-based Application of Large-scale Historical Maps and Archival Sources as a Contribution to Archaeological Research. In: Social Science Computer Review (27)3: 420 – 436.

WALZ U. & BERGER A. (2003): Georeferenzierung und Mosaikherstellung historischer Kartenwerke – Grundlage für digitale Zeitreihen zur Landschaftsanalyse. In: Photogrammetrie – Fernerkundung – Geoinformation (2)3: 213 – 219.

WEBER E. E., SCHUSTER H.-J. & HEIM A. (Hrsg.) (2009): Das Obere Donautal in alten Ansichten. Malerei – Grafik – Fotografie. Meßkirch.

WIELAND G. (2000): Keltische Fluss-Schifffahrt in Südwestdeutschland. In: Archäologisches Landesmuseum Baden-Württemberg (Hrsg.): Einbaum – Lastensegler – Dampfschiff. Frühe Schifffahrt in Südwestdeutschland. Stuttgart, 77 – 92. (= ALManach 5 / 6)

WIELAND G. & GASSMANN G. (2009): Weitere Untersuchungen zur frühkeltischen Stahlproduktion im Montanrevier von Neuenbürg, Enzkreis. In: Archäologische Ausgrabungen in Baden-Württemberg 2008: 94 – 97.

WITSCHAS S. (2006): Exploration historischer Karten – leicht gemacht? In: Institut für Kartographie (Hrsg.): 13. Kartographiehistorisches Colloquium und 9. Dresdner Sommerschule für Kartographie, 20.–23. September 2006 in Dresden, Vorträge und Berichte. Dresden, in Vorbereitung. (= Kartographische Bausteine, Band 34)

IÖR: http://www2.ioer.de/recherche/pdf/2006_witschas_khc_exploration_hist_karten.pdf (22.11.10)

Andreas Lang

Elektronen, Spektrometer und Umweltwandel: neue Technologien der Zeitmessung

1 Zeit und Umweltsystem

Um Umweltwandel verstehen zu können, ist akkurate Zeitmessung unerlässlich. Dabei ist nicht nur die eher akademische Fragestellung nach der Geschichte und dem Ursprung eines Systems von Bedeutung, sondern auch angewandte Fragen erfordern Zeitmessung als Basis für die richtige Entscheidung bei Planung und Management: Ob sich ein Umweltsystem einer externen Veränderung anpassen kann oder aber kollabiert und von anderen Systemen verdrängt wird, hängt vor allem von der Geschwindigkeit der Veränderung und der Geschwindigkeit der Anpassung des Systems ab. Daher werden für solide Vorhersagen längerfristige Zeitreihen benötigt: Nur Daten aus Vergangenheit und Gegenwart erlauben die Kalibration und Validierung prädiktiver Modelle. Abbildung 1 gibt eine Übersicht über die charakteristischen Zeiträume, in denen Veränderungen in der Umwelt ablaufen, und über die Methoden, die für die Entschlüsselung dieser Zeiträume zur Verfügung stehen. Entsprechend der Fragestellung und den beteiligten Prozessen müssen Untersuchungsmethoden gewählt werden, die die kritischen Zeiträume erschließen können.

Hinzu kommt eine räumliche Dimension: Messreihen und historische Dokumente sind nicht überall verfügbar, wo sie für Umweltanalysen benötigt werden. Messreihen und historische Aufzeichnungen stehen in größerem Ausmaß nur in Europa und China zur Verfügung. In vielen Fällen bleibt als einzige Möglichkeit, Kenngrößen von Umweltsystemen mittels naturwissenschaftlicher Methoden aus ehemaligen Umweltzuständen zu rekonstruieren. Und selbst in Gebieten mit großer Aufzeichnungsdichte und langen Messreihen ist die räumliche Dichte von Beobachtungen nicht immer ausreichend. Die Reaktion eines Schwemmfächers auf Niederschlagsereignisse und damit die potenzielle Gefährdung von Anwohnern lässt sich nicht allein aus der Klimamessreihe der nächstgelegenen Wetterstation ableiten. Dafür sind natürliche Systeme aus zu vielen Einzelelementen zusammengesetzt und die Interaktion der Elemente kann jederzeit und überall zu komplexem Verhalten führen.

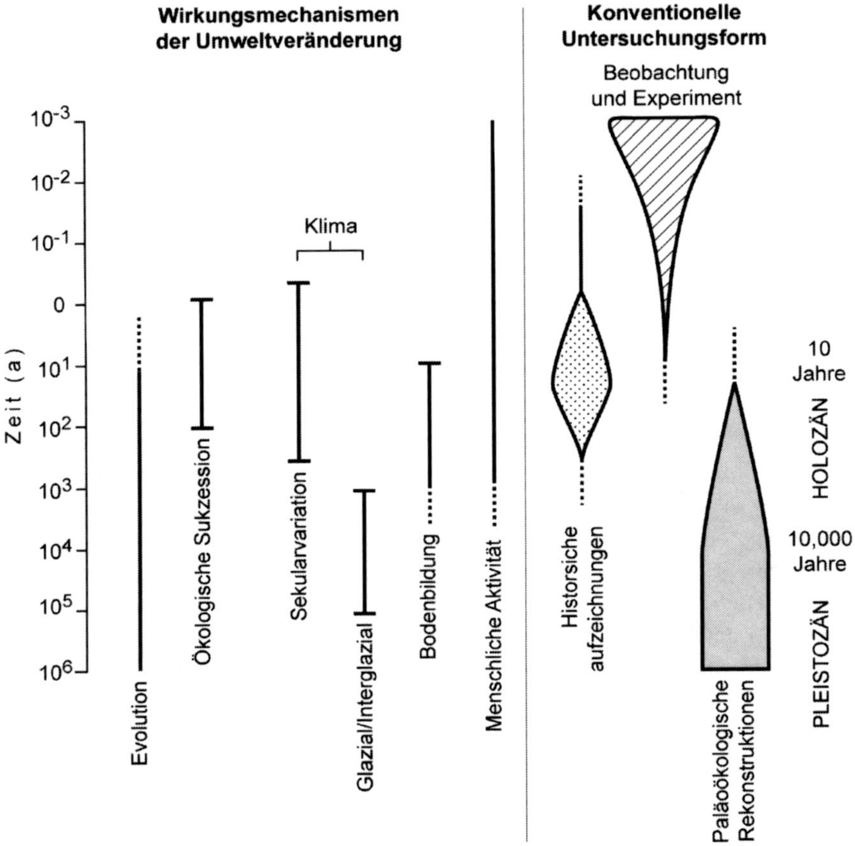

Abb. 1*: Mechanismen des Umweltwandels und Untersuchungsmethoden (nach Oldfield 2005).

Unterschiedliche Reaktionszeiten von Umweltsystemen sind ebenfalls zu berücksichtigen. Manche Systeme reagieren direkt und ohne Verzögerung, während andere erst verspätet auf einen externen Einfluss reagieren. Dies ist in Abbildung 2 dargestellt: hier geht ein System nur mit Verzögerung von einem Gleichgewichtszustand in den nächsten über. Um solche Sachverhalte aufklären zu können, ist eine präzise Zeitbestimmung notwendig. Anders können verzögernd reagierende Systeme nicht erkannt und z. B. eine verzögerte Systemerholung nicht in Planungsentscheidungen einbezogen werden.

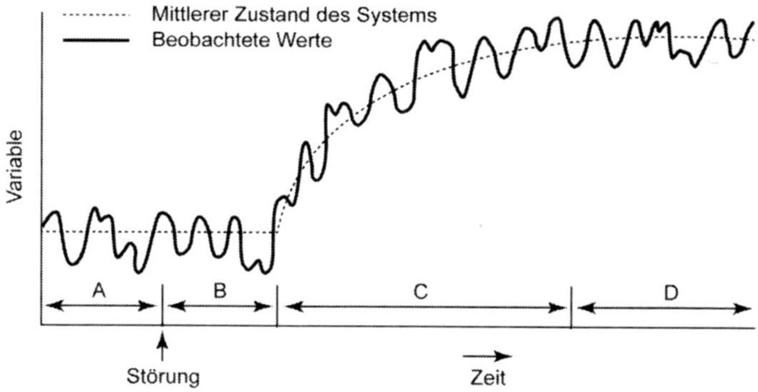

Abb. 2*: Beispiel einer Systemveränderung zwischen zwei Gleichgewichtszuständen. Die vertikale Achse repräsentiert eine typische Systemvariable wie z. B. Gerinnebreite. Die unterbrochene Linie ist der mittlere Zustand des Systems. Die durchgezogene Linie repräsentiert Messwerte. A und D sind Phasen von Gleichgewicht; B ist die Reaktionszeit, C ist die Relaxationszeit (nach GRAF 1988).

Zeitliche Komplexität

Es kommt hinzu, dass die externen Faktoren, die Veränderung im Umweltsystem bewirken, auf unterschiedlichen Zeitskalen ablaufen: Langfristige tektonische Prozesse verändern Randbedingungen der Systeme auf einer Zeitskala von Millionen von Jahren. Verwitterung und Bodenbildung laufen auf Skalen von Jahrhunderten oder Jahrtausenden ab. Klimaänderungen oder Landnutzungsänderung dagegen passieren sehr viel schneller. Die Reaktion des Umweltsystems wird jedoch von der längerfristigen Entwicklung abhängen (Abb. 3). Wie Klimaveränderungen ähnlicher Magnitude zu Systemreaktionen von sehr unterschiedlicher Größe führen können, wurde von SCHUMM (1991) veranschaulicht. Letztlich ist entscheidend, wie sensitiv ein System zum Zeitpunkt einer Störung ist.

Nur wenn wir die Entwicklung eines Umweltsystems kennen, können wir zukünftiges Systemverhalten vorhersagen. Für komplexe Systeme – worum es sich bei vielen Umweltsystemen handelt – können Vorhersagen nur auf der Basis der Entwicklungstrajektorie entwickelt werden, auf der sich das System befindet. Dies wiederum erfordert die Rekonstruktion und Datierung vergangener Zustände. Eine weitere Notwendigkeit, vergangene Umwelten zeitgenau rekonstruieren zu können, ergibt sich aus begrenzten Zeiträumen und limitierten finanziellen Budgets, die für Umweltmonitoring zur Verfügung stehen. Entscheidungen im Umweltschutz und Landschaftsmanagement müssen schnell und effizient gefällt werden. Oft sind wir jedoch durch mangelndes Verständnis der Landschaftsdynamik limitiert. Gegenüber der langfristigen Ökosystem-Beobachtung kann die Untersuchung von Sediment-Archiven eine kürzere und oft auch preiswertere Alternative bieten (BRADSHAW 2005).

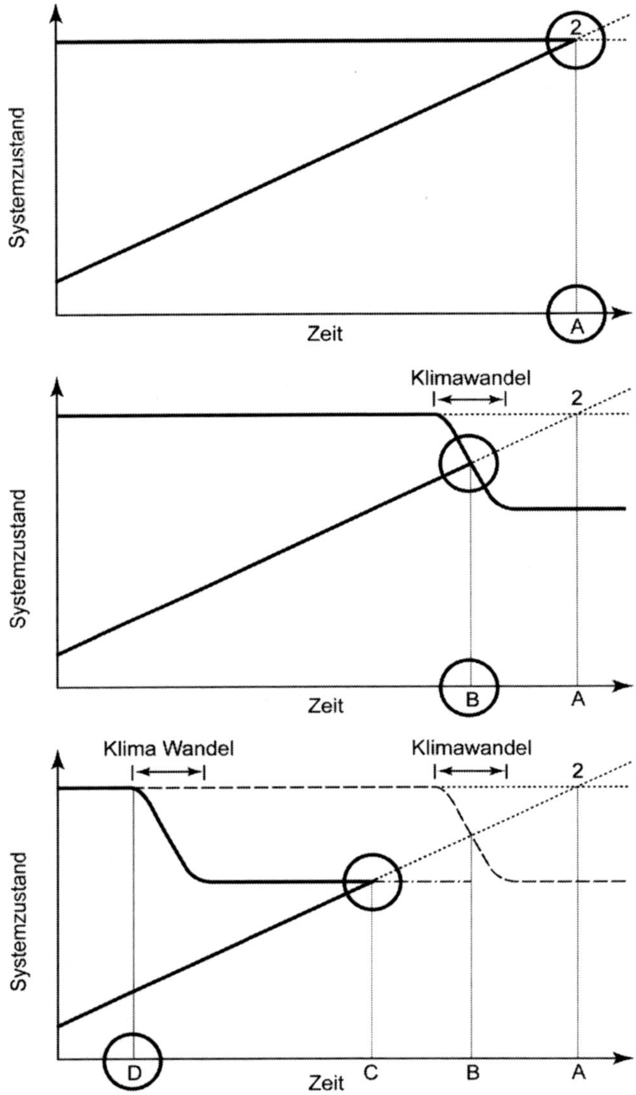

Abb. 3*: Der Effekt einer Klimaänderung auf den Zeitpunkt der Systemreaktion (SCHUMM 1991):
A: Systemreaktion ohne Klimaänderung durch Systementwicklung bis zu einem kritischen Zustand zum Zeitpunkt A (Line 2);
B: Zeitpunkt der Reaktion, wenn das System sensitiv für eine Veränderung des Klimas ist;
C: Zeitpunkt der Reaktion, wenn das System nicht sensitiv für eine Veränderung des Klimas ist. Die Reaktion C erfolgt erst verspätet auf den Klimawandel D.

Der IGBP (International Geo-Biosphere Programme) hat diese Zusammenhänge in seiner Initiative PAGES (Past Global Changes) vereinfachend so zusammengefasst:

> The past is the key to the present and the future.

2 Neue Technologien der Zeitmessung

Verschiedene Techniken stehen zur Zeitmessung in der Umwelt zur Verfügung. Allen gemeinsam ist, in Analogie zu einer konventionellen Uhr, dass (1) ein *verlässlicher Antriebsmechanismus* vorhanden sein muss, (2) der *Start-Knopf* bekannt sein sollte und (3) *Ziffernblatt und Zeiger* oder eine andere Art, die Uhr abzulesen, vorhanden sind.

Für die Zeitmessung in Umweltsystemen haben sich folgende Technikbereiche etabliert:

- Radiometrische Techniken – bei denen der Antriebsmechanismus auf der Radioaktivität beruht;
- Dosimetrische Techniken – bei denen der Antriebsmechanismus auf der Strahlenschädigung verursacht durch radioaktive Strahlung beruht;
- Inkrement- und Ereignis-Techniken – bei denen ein regelhafter Zuwachs (z. B. Baumringe) oder außergewöhnliche Ereignisse, welche weit verbreitete Spuren in der Umwelt hinterlassen (z. B. Vulkanausbrüche oder anthropogene Freisetzung von Radionukliden) als Messgrundlage dienen;
- Archäologische Techniken sind dort einsetzbar, wo identifizierbare Artefakte Teil von Umweltarchiven sind;
- Biologische Techniken beruhen auf der Korrelation von Veränderungsmustern der Biosphäre mit Mustern, die bereits an anderer Stelle zeitlich erfasst wurden;
- Chemische Techniken nutzen chemische Umbildungen, die als Funktion der Temperatur und der Zeit ablaufen.

Jede dieser Techniken hat spezifische Voraussetzungen und in den meisten Umweltsystemen werden jeweils nur wenige Techniken anwendbar sein. Eine Übersicht der Materialien und Techniken, die heute für die Altersbestimmung zur Verfügung stehen, gibt Wagner (1998). Während bei Inkrement- und Ereignis-Techniken, archäologischen und biologischen Techniken die Methodik seit Jahren etabliert ist, verläuft die momentane Entwicklung bei radiometrischen, dosimetrischen und chemischen Techniken rasant. Im Weiteren werden nur diese Neuerungen betrachtet.

Der allgemeine technische Fortschritt in den letzten Jahren hat auch bei der

Altersbestimmung zu entscheidenden Veränderungen geführt. Dabei wurden sowohl Verbesserungen bei etablierten Techniken erreicht als auch neue Techniken entwickelt und bislang nicht verwendbare Materialien zugänglich gemacht. Die wohl entscheidenden technischen Neuerungen sind Folgen der Verbesserung der Lasertechnik und der Beschleunigermassenspektrometrie. Dies hat vor allem zu höherer Präzision bei gleichzeitig kleineren Probenmengen geführt und erstmals auch den Ausschluss von Verunreinigungen erlaubt. Im Folgenden werden die Techniken behandelt, bei denen sich in den letzten Jahren einschneidende Veränderungen ergeben haben. Die Grundlagen der Techniken sind ausführlich in AITKEN (1990), WAGNER (1998), LOWE & WALKER (2005) und LANG (2008) dargestellt.

Konventionen zur Zeitmessung: Die SI-Maßeinheit der Zeit ist die Sekunde (s). Für Umweltveränderungen, die auf langen Zeitskalen ablaufen, ist diese Einheit eher unhandlich, sodass über längere Zeiträume meist das Jahr als Zeiteinheit verwendet wird. In Anlehnung an das SI-System wird als Symbol [a] ‚annum' empfohlen, das mit Vorsilben wie kilo- (k: 10^3) oder mega- (M: 10^6) versehen werden kann.

Der Gebrauch von ‚absolut' für Datierungsergebnisse wurde in der Datierungsgemeinschaft heftig diskutiert und schließlich abgelehnt. Die Verwendung von ‚chronometrisch' wird empfohlen (im Gegensatz zu ‚stratigraphisch'), da die allermeisten Techniken im strengen Sinne keine absoluten Messungen darstellen, sondern auf Vergleichsmessungen (etwa der Kalibration von Detektoren) beruhen.

2.1 Radiometrische Techniken

Abhängig von der Herkunft der Radionuklide unterscheidet man Techniken, die auf primordialen, kosmogenen oder anthropogenen Isotopen beruhen.

2.1.1 Primordiale Isotope

Hierbei handelt es sich um langlebige Radionuklide in der Erdkruste, die bereits vor der Aggregation unseres Sonnensystems gebildet wurden. Dazu gehören ^{238}U, ^{235}Th und ^{40}K.

Die *Uran/Thorium-Datierung* gehört schon länger zu den wichtigsten Altersbestimmungstechniken für die Quartärforschung. Stark vereinfacht sind die Grundlagen in Abbildung 4 dargestellt. Uranreihendatierungen haben sich besonders bei der Datierung von Karbonaten bewährt: Korallen, Mollusken, Knochen, Höhlenkalke, Kalkkrusten oder auch Travertin gehören zu den am häufigsten verwendeten Objekten.

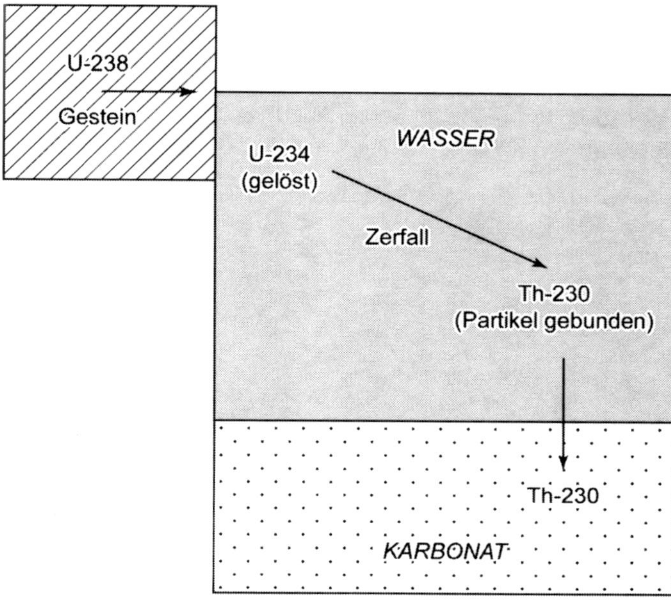

Abb. 4*: U-Th-Datierung. Funktionsprinzipien sind stark vereinfacht dargestellt. Uran ist wasserlöslich, während Thorium nicht löslich ist und schnell partikelgebunden aus dem Wasser ausfällt. Material, das im Wasser gebildet wird (z. B. Karbonat), nimmt daher lediglich U auf und die radioaktive Tochter ^{230}Th ist zum Bildungszeitpunkt nicht vorhanden. Das Verhältnis zwischen Uran und Thorium kann zur Altersbestimmung herangezogen werden. Komplikationen ergeben sich unter anderem dadurch, dass detritisches Thorium eingebaut werden kann und dass das Verhältnis zwischen Mutternuklid ^{238}U und dem Tochternuklid ^{234}U variieren kann.

Entscheidende Weiterentwicklungen basieren auf modernen massenspektrometrischen Verfahren: TIMS (Thermal Ionisation Mass Spectrometry) sowie MC ICPMS (Multicollector-Inductivelly Coupled Plasma Mass Spectrometry). Mit TIMS lässt sich eine sehr hohe Präzision erzielen bei gleichzeitiger Reduktion der Probenmenge auf wenige mg. Im Vergleich mit der ursprünglich verwendeten α-Spektrometrie lässt sich dadurch die Gefahr von Verunreinigung weitgehend ausschließen. Außerdem kann mit TIMS-Analytik, dank der niedrigen Nachweisgrenze, der Altersbereich bis in das letzte Millennium ausgedehnt (>1000 a) werden. Neuerdings wird auch MC ICPMS eingesetzt, das eine ähnlich hohe Präzision bietet. In Verbindung mit laser ablation (LA MC ICPMS) (Eggins et al. 2005) bietet diese Technik den Vorteil, dass die aufwendige Probenaufbereitung reduziert wird, sie hat allerdings den Nachteil, dass die Präzision zu gering ist, um Anwendung an Proben holozänen Alters zu erlauben. Eine weitere Folge der verbesserten Technologie ist die Möglichkeit der Beschränkung auf Materialkomponenten, die die Voraussetzung des geschlossenen Systems für die Uranzerfallsreihe besser erfüllen. Von vielen der früher verwendeten Materialien weiß man heute, dass sie offenes Systemverhalten zeigen, was die konventionellen Altersbestimmungen unsicher macht.

Ein weiteres Beispiel der Nutzung der ^{238}U-Zerfallsreihe ist die Blei-210-Datierung. Hierbei wird die Tochter (Abb. 5) des radioaktiven Gases Radon (^{222}Rn), eines Zwischengliedes der Uran-Kette, aus der Atmosphäre ausgewaschen.

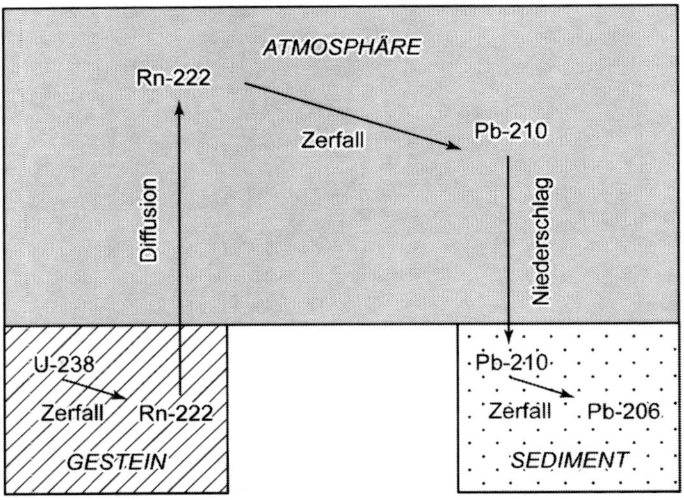

Abb. 5*: Blei-210-Datierung. Funktionsprinzipien sind stark vereinfacht dargestellt. Ebenfalls aus der ^{238}U-Zerfallsreihe stammt ^{222}Rn, ein Edelgas, das aus dem Gestein in die Atmosphäre entweicht. Sein Zerfallsprodukt ^{210}Pb wird mit dem Niederschlag aus der Atmosphäre ausgewaschen und in Sediment eingelagert. Ist der ^{210}Pb-Fluss konstant, kann aus der Aktivität von ^{210}Pb im Sediment das Ablagerungsalter bestimmt werden.

Aus der Konzentration von ^{210}Pb kann das Alter einer Ablagerung bestimmt werden, wenn die Sedimentzufuhr konstant ist. ^{210}Pb hat mit 22,3 Jahren eine relativ kurze Halbwertszeit, die den Zeitraum der letzten 150 Jahre erschließt. In vielen Ablagerungen ist die Annahme konstanter Sedimentzufuhr nicht möglich, weshalb ^{210}Pb vor allem für die Datierung von Seesedimenten eingesetzt wurde. Durch verfeinerte Probenaufbereitung (selektives Auslaugen; α-spektrometrische Bestimmung der ^{210}Po-Tochter) hat sich neuerdings die Anwendung dieser Technik auch in Flusssedimenten bewährt (Aalto et al. 2002).

Ein weiteres wichtiges Beispiel für den Einsatz primordialer Radionuklide stellt die Kalium-Argon-Datierung (K-Ar, Ar-Ar) dar. Technologische Innovation erlaubt inzwischen eine solch hohe Präzision, dass selbst ein System mit einer Halbwertszeit von 10^9 Jahren erfolgreich für die Datierung holozäner Vulkanaschen eingesetzt werden kann.

2.1.2 Kosmogene Isotope

Kosmogene Isotope sind Radionuklide, die durch den Einfluss kosmischer Strahlung in der Atmosphäre und an der Erdoberfläche gebildet werden. Dazu gehören ^{3}H (Tritium), ^{36}Cl, ^{7}Be, ^{10}Be, … ^{14}C (die wichtigsten für die Datierung verwendeten kosmogenen Nuklide sind in Tabelle 1 aufgelistet). Die Erde wird kontinuierlich von hochenergetischer kosmischer Strahlung bombardiert, die ihren Ursprung hauptsächlich in Supernovaexplosionen innerhalb unserer Galaxie hat. Durch Interaktionen dieser hochenergetischen primären kosmischen Strahlung mit Atomen der Atmosphäre wird sekundäre kosmische Strahlung produziert, zu der auch Neutronen und Myonen gehören. Vor allem Wechselwirkungen dieser Teilchen mit Atomkernen der Luft und der Erdoberfläche erzeugen neue (kosmogene) Nuklide (Tabelle 1).

Atmosphärische Produktion

Die Radiokohlenstoffdatierung ist sicherlich die am weitesten verbreitete Datierungstechnik. Ursprünglich von Libby in den 1950er-Jahren entwickelt und durch den Einsatz der Beschleunigermassenspektrometrie revolutioniert, stellt die Technik heute eine effiziente und präzise Möglichkeit zur Altersbestimmung organischer (und einiger inorganischer) Objekte dar. Wichtige Neuerungen haben sich vor allem bei der Kalibration der Radiokohlenstoffdaten ergeben. ^{14}C-Daten müssen aus zwei Gründen kalibriert werden: (1) die Halbwertszeit von ^{14}C ist nicht exakt so wie ursprünglich von Libby bestimmt – dennoch wird aus Konsistenzgründen immer noch der ursprüngliche Wert verwendet; (2) entgegen der ursprünglichen Annahme ist die atmosphärische Konzentration von ^{14}C nicht konstant, sondern hat in der Vergangenheit erheblich geschwankt. Beide Faktoren sollen mit der Kalibration der Radiokohlenstoff-Daten korrigiert werden. Die Kalibration wird durch zwei Faktoren erschwert: Zum einen ist die ^{14}C-Messung nur mit einer gewissen Präzision möglich. Zum anderen lässt die Art der Konzentrationsschwankungen des atmosphärischen ^{14}C oft Schlüsse auf mehrere mögliche Altersbereiche zu. Signifikante Verbesserungen wurden in den letzten Jahren durch immer präzisere Kalibrierungsdatensätze erzielt. Neben genaueren Altersangaben wird durch die erhöhte Präzision auch die Anzahl der Uneindeutigkeiten verringert. Der momentan gültige Datensatz ist die INTCAL 09 (Reimer et al. 2009). Wichtig ist, dass bei der Kalibrierung immer nur der neueste Datensatz verwendet wird.

Eine weitere Neuerung ist die Möglichkeit, mittels Flüssigkeits-Chromatographie komponentenspezifische ^{14}C-Analysen von Fettsäuren durchzuführen. Dies hat das Verständnis der Aufenthaltsdauer organischer Substanz in der Umwelt erheblich verbessert.

In-situ produzierte kosmogene Nuklide

An der Erdoberfläche kann kosmische Strahlung metertief in Sedimente und Gesteine eindringen. Wechselwirkungen der Strahlung mit Atomen in Boden, Sedimenten und Gesteinen in der Form von nuklearen Reaktionen produzieren langlebige Radionuklide und stabile Nuklide. Die meistverwendeten sind in Tabelle 1 aufgelistet. Auf der Erde in-situ produzierte kosmogene Nuklide werden auch häufig als terrestrial cosmogenic nuclides (TCN) bezeichnet.

Tabelle 1: Für die Datierung verwendete kosmogene Nuklide, ihre Halbwertszeit und die Elemente, aus denen sie durch Wechselwirkung mit der kosmischen Strahlung entstehen.

Nuklid	Halbwertszeit (a)	Wichtige Ziele in terrestrischen Gesteinen
^{14}C	5,730	O
^{41}Ca	1.04×10^5	Ca, Ti, Fe
^{36}Cl	3.01×10^5	Cl, K, Ca, Fe
^{26}Al	7.05×10^5	Si
^{10}Be	1.5×10^6	O
^{53}Mn	3.7×10^6	Fe
^{129}I	1.56×10^7	Te, Seltene Erden
^{3}He	stabil	O, Mg, Si, Fe
^{21}Ne	stabil	Mg, Al, Si
$^{36,38}Ar$	stabil	Cl, K, Ca, Fe

Dank moderner, hoch-präziser AMS-Techniken werden in-situ produzierte kosmogene Nuklide immer häufiger eingesetzt für (1) die Datierung von Gesteinsoberflächen (Expositions-Alter), (2) die Bestimmung von punktuellem Oberflächenabtrag (Erosions-Raten) und (3) die Bestimmung mittlerer Abtragsraten in Flusseinzugsgebieten (Denudations-Raten).

Ein Beispiel für den Einsatz des Expositionsalters zur Datierung glazialer Ablagerungen aus Tibet zeigt die Arbeit von Heyman et al. (2011). Die Autoren stellen eine hohe Streuung der Expositionsalter fest, die sowohl auf Ererbung (bereits vor der glazialen Erosion haben die Sedimentpartikel kosmogene Nuklide angesammelt) oder auf Exhumation / Erosion (die beprobten Sedimente waren zunächst durch andere Sedimente überdeckt und wurden erst später durch Erosion freigelegt) zurückgehen kann.

Heyman et al. (2011) analysieren die Verteilung der Alter und die Altersunschärfe von 869 TCN-Daten, gewonnen aus individuellen Blöcken, und 227 Block-Gruppen, die an 31 Standorten entnommen wurden, und schließen, dass die Muster in der Altersverteilung nur durch Exhumation / Erosion erklärt werden können. Vererbung könnte die Altersverteilung nur mithilfe extremer und unrealistischer Annahmen erklären. Daraus ergibt sich für die Interpreta-

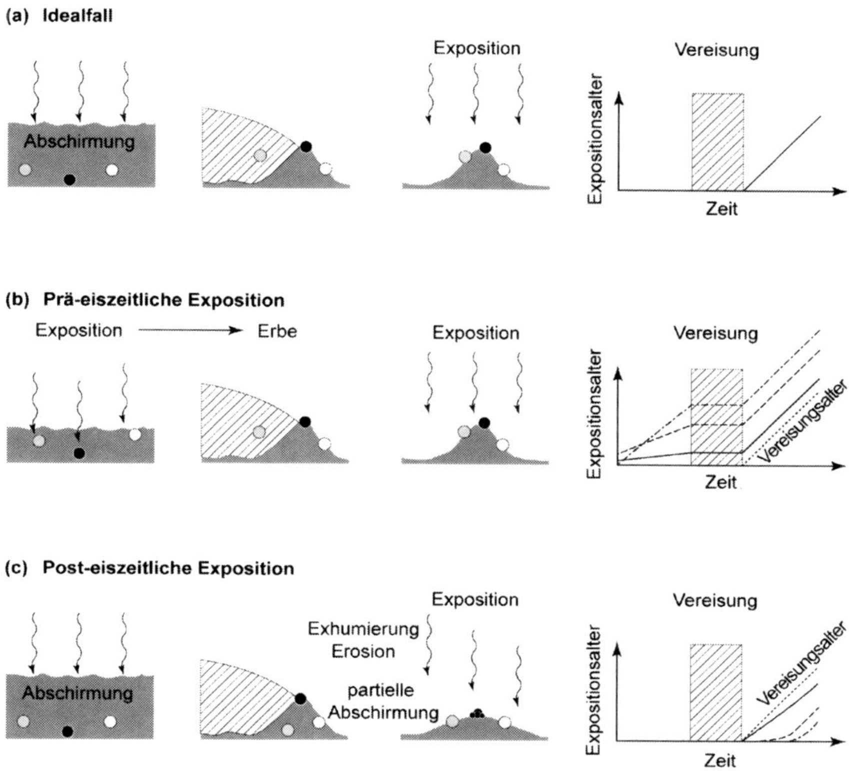

Abb. 6*: In situ produzierte kosmogene Nuklide bei der Bestimmung von Expositionsaltern. Im Idealfall (a) werden die Gesteinsoberflächen bei der Ablagerung der Moräne erstmals an die kosmogene Strahlung exponiert. Aus der Konzentration der kosmogenen Nuklide kann das Alter der Moräne bestimmt werden. Schwierigkeiten entstehen, wenn (b) kosmogene Nuklide bereits vor der Vereisung in den Sedimenten gebildet wurden und damit eine Altersüberschätzung auftritt oder wenn (c) durch Sedimentüberdeckung und spätere Exhumation die heutigen Oberflächensedimente zunächst abgeschirmt waren und daher ein zu geringes Alter bestimmt wird (nach HEYMAN 2011).

tion der Verteilungen, dass das höchste Alter, das für eine Block-Gruppe bestimmt wurde, ein Minimum-Alter für die Vereisung darstellt.

Bei der Bestimmung von Denudationsraten wird stationäres Verhalten in einem Einzugsgebiet vorausgesetzt, außerdem muss die TCN Produktionsrate im Gleichgewicht mit den durchschnittlichen Erosionsraten sein. Eine Übersicht der Techniken und Anwendungen gibt VON BLANKENBURG (2005). Wichtig für Umweltsysteme ist die Möglichkeit, langfristige Erosionsraten zu ermitteln, um anthropogen erhöhte Erosionsraten natürlichen Hintergrundsraten gegenüberstellen zu können.

2.1.3 Anthropogene Radioisotope

Die radioaktiven Isotope ^{134}Cs und ^{137}Cs wurden vor allem durch atmosphärische Zündung von Nuklearwaffen und von nukleartechnischen Anlagen freigesetzt. Sie werden häufig als Prozess-tracer eingesetzt, können aber auch zur Bestimmung von Altersinformationen über die letzten 60 Jahre benutzt werden.

2.2 Dosimetrische Techniken

Der Antriebsmechanismus aller bislang betrachteten Techniken basiert auf radioaktivem Zerfall. Techniken, die auf der Strahlenschädigung aufbauen, welche von der natürlichen Radioaktivität verursacht wird, nennt man dosimetrisch. Mit fortschreitender Zeit nimmt die Strahlenschädigung zu. Für die Datierung werden vor allem Lumineszenz-Techniken (Thermolumineszenz (TL), optisch stimulierte Lumineszenz (OSL)) und Elektronen Spinn Resonanz (ESR) eingesetzt. Die wichtigsten Fortschritte wurden mit OSL erzielt. Besonders die Möglichkeit der Datierung der letzten Exposition an das Tageslicht klastischer Sedimente ist für die Umweltforschung interessant, da damit die Ablagerung eines Sediments datierbar wird. Ein Problem, das den Einsatz dieser Technik für lange Zeit eingeschränkt hat, war das der ausreichenden Lichtexposition bei Ablagerung, um die OSL-Uhr vollständig zurückzustellen. Hier hat die Möglichkeit, einzelne Sandkorn-große Quarze (100 – 300 µm; Abb. 7) zu messen, den entscheidenden Durchbruch gebracht. Altersüberschätzung aufgrund einer unzureichend zurückgestellten OSL-Uhr lässt sich nun erkennen und mittels robuster statistischer Methoden (Baily & Arnold 2006) kann die vollständig zurückgestellte Komponente aus einer Mischung isoliert werden.

2.3 Chemische Techniken

Aminosäuren, die Bausteine von Proteinen, werden von allen Lebewesen nur in ganz bestimmten chiralen Formen als L-Aminosäuren (*laevo-Aminosäuren*) synthetisiert. Datierungen mittels Aminosäuren-Razemisierung basieren auf der Umwandlung von L-Aminosäuren in eine Mischung aus L- und D-Formen (*dextro-Formen*) im Rahmen des Proteinabbaus. Im Gleichgewicht existieren gleich viele L- und D-Formen (*razemisch*). Die relative Zunahme von D-Aminosäuren ist eine Funktion von Zeit und Temperatur.

Probenverunreinigung und instabile Komponenten waren bislang die Hauptprobleme der Aminosäuren-Razemisierungsdatierung. Außerdem war eine Kalibration der Razemisierungs-Verhältnisse zu Proben bekannten Alters

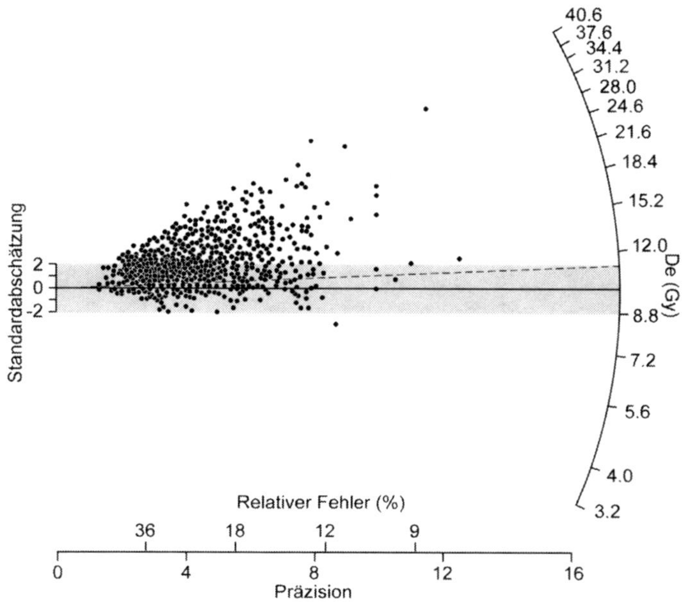

Abb. 7*: Lumineszenzdatierung von einzelnen Sandkörnern. Bei der OSL-Datierung kann eine Altersbestimmung an einzelnen Sandkörnern erfolgen. In der Abbildung sind Einzelwerte (Äquivalenzdosis, D_e; Punkt-Symbole) gegen ihre Unsicherheit aufgetragen. Mit statistischen Verfahren lässt sich die Streuung analysieren und die bestgeeignete Population isolieren.

notwendig. Beides konnte in den letzten Jahren entscheidend verbessert werden: kritische Probenauswahl und chemische Vorbehandlung haben die analytische Präzision enorm verbessert: (1) Man verwendet heute fast ausschließlich robuste kalzitische Strukturen (Opercula von Bithynia, Süßwasserschnecke; Penkman et al. 2007). Auch der Einsatz neuer Chromatographie-Techniken (reverse-phase–high-pressure liquid chromatography RP–HPLC), der die Isolation von intrakristallinen Aminosäuren und die gleichzeitige Analysis mehrere Aminosäuren erlaubt, hat die Zuverlässigkeit der Technik deutlich erhöht. Dank dem heute viel besseren Verständnis vergangener Temperaturregime kann in vielen Fällen selbst die Kalibration umgangen werden. Aminosäuren-Razemisierungs-Datierung ist in vielen Sedimenten einsetzbar und kann einen Altersbereich von 10^2 bis 10^6 Jahren abdecken.

3 Resümee

Der rasante technische Fortschritt hat auch für die Altersbestimmung in Umweltsystemen erhebliche Verbesserungen erbracht. Neue Materialien wurden für die Datierung erschlossen, die Zeitbereiche, für die Datierungstechniken einsetzbar sind, wurden ausgedehnt und die Altersdaten sind sehr viel präziser und weniger durch Kontamination gefährdet.

Dennoch hat jede Technik ihre Begrenzung: Nur die wenigsten Techniken erlauben die direkte Datierung von Sedimenten und oft können nur Minimal- bzw. Maximal-Alter für den Ablagerungszeitraum ermittelt werden. Und wie jede Messung ist auch die Altersbestimmung nur mit einer begrenzten Präzision möglich. Die Ermittlung des Unsicherheitsbereichs einer Datierung (Unschärfe, Fehler) ist aufwendiger als die Ermittlung des Alters selbst. Zwar sind die Unsicherheiten von Altersdaten meist klein im Vergleich zu den Unsicherheiten, mit denen viele Umweltdaten (Sediment Budgets, Abfluss, Vegetationszusammensetzung etc.) behaftet sind, dennoch müssen sie unbedingt bei der Interpretation der Daten berücksichtigt werden. Wie bei der Probenauswahl und Analytik hat sich auch die statistische Auswertung von Altersdaten in den vergangenen Jahren entscheidend verändert. Besonders die Erstellung von Altersmodellen mittels Wahrscheinlichkeitsrechnung (Theorem von Bayes) hat signifikante Fortschritte erbracht (Millard 2006; Chiverrell et al. 2008). Diese Techniken, die neben den numerischen Werten auch die ‚Qualität' des Altersdatums (handelt es sich um eine direkte Datierung des Ereignisses oder lediglich um ein Minimal- oder Maximal-Alter für den gesuchten Event) einbezieht, wurden zunächst nur für ^{14}C-Daten und kontinuierliche Sedimentabfolgen entwickelt. Heute sind neben stratigraphischen Informationen auch räumliche Informationen verwertbar, neben Radiokohlenstoffdatierungen sind auch andere chronometrische Daten verwendbar und selbst zeitlich diskontinuierliche Sequenzen (in denen Bereiche mit Nicht-Deposition oder Erosion vorkommen) können analysiert werden.

Gerade für den Bereich der Altersbestimmung gilt Freeman Dysons Analyse „*Scientific advance is more often driven by the development of a new tool than a new concept*" (Wissenschaftlicher Fortschritt ist häufiger von der Entwicklung einer neuen Technologie als von der eines neuen Konzepts angeregt). Dies bedeutet aber auch, dass die Umweltwissenschaften aktiv an der Technikentwicklung mitarbeiten müssen. Sie dürfen nicht darauf vertrauen, dass Innovationen aus anderen Disziplinen irgendwann die Lösung von Umweltfragen erlauben werden.

Trotz der enormen Fortschritte bei den Altersbestimmungen und im Umgang mit Altersdaten müssen sich Umweltwissenschaftler immer im Klaren sein, dass Altersdaten nur helfen können, die Gleichzeitigkeit von Ereignissen festzustellen. Zu oft wird ‚Gleichzeitigkeit' mit ‚kausalem Zusammenhang' verwechselt. Auch ist für die Interpretation von Altersdaten ein fundiertes Prozessverständnis unabdingbar. Telfer et al. (2010) zeigen am Beispiel der Dünendynamik, dass die Verteilung von Altersdaten in einer stratigraphische Abfolge wenig mit der zeitlichen Abfolge klimatischer Veränderung zu tun hat und vor allem von der Erhaltungschance eines Sediments und der Beprobungsstrategie abhängig ist.

Literatur

Aalto R., Lauer J. W. & Dietrich W. E. (2008): Spatial and temporal dynamics of sediment accumulation and exchange along Strickland River flood plains (Papua New Guinea) over decadal-to-centennial timescales. In: J. Geophys. Res. 113, doi: 10.1029/2006JF000627.

Aitken M. J. (1990): Science-Based Dating in Archaeology. London, UK.

Arnold L. J., Balley R. M. & Tucker G. E. (2007): Statistical treatment of fluvial dose distributions from southern Colorado arroyo deposits. In: Quatern. Geochronology 2: 162 – 167.

von Blanckenburg F. (2005): The control mechanisms of erosion and weathering at basin scale from cosmogenic nuclides in river sediment. Earth & Planetary Sci. Let. 237: 462 – 479.

Chiverrell R. C., Foster G. C., Thomas G. S. P., Marshall P. & Hamilton D. (2009): Robust chronologies for landform development in fluvial environments. Earth Surf. Processes Landf. 34, 2: 319 – 328.

Dyson F. (1993): George Green and Physics; Physics World 6: 33 – 38.

Eggins S. M., Grün R., McCulloch M. T., Pike A. W. G., Chappell J., Kinsley L., Mortimer G., Shelley M., Murray-Wallace C. V., Spötl C. & Taylor L. (2005): In situ U-series dating by laser-ablation multi-collector ICPMS: new prospects for Quaternary geochronology. In: Quatern. Sci. Rev. 24: 2523 – 2538.

Goldstein S. J. & Stirling C. H. (2003): Techniques for measuring uranium series nuclides: 1992 – 2002. In: Rev. Mineralogy and Geochemistry 52: 23 – 57.

Graf W. L. (1988): Fluvial processes in dryland rivers. Berlin.

Heyman J., Stroeven A. P., Harbor J. M. & Caffee M. W. (2011): Too young or too old: Evaluating cosmogenic exposure dating based on an analysis of compiled boulder exposure ages. In: Earth and Planetary Science Letters 302: 71 – 80.

Lang A. (2008): Recent advances in dating and source tracing of fluvial deposits. In: Schmidt J., Cochrane T., Phillips C., Elliott S., Davies T. & Basher L. (eds.): Sediment Dynamics in Changing Environments, 3 – 12. (= IAHS Publ. 325)

Lowe J. J. & Walker M. (2005): Reconstructing Quaternary Environments. New Jersey, USA.

Millard A. R. (2006): Bayesian analysis of Pleistocene chronometric methods. In: Archaeometry 48: 359 – 375.

Oldfield F. (2005): Environmental Change. Cambridge.

PENKMAN, K. E. H., PREECE R. C., KEEN D. H., MADDY D., SCHREVE D. S. & COLLINS M. J. (2007): Testing the aminostratigraphy of fluvial archives: the evidence from intra-crystalline proteins within freshwater shells. In: Quatern. Sci. Rev. 26, 2958 – 2969.

REIMER P. J, BAILLIE M. G. L., BARD E., BAYLISS A., BECK J. W., BLACKWELL P. G., RAMSEY C. B., BUCK C. E., BURR G. S., EDWARDS R. L., FRIEDRICH M., GROOTES P. M., GUILDERSON T. P., HAJDAS I., HEATON T. J., HOGG A. G., HUGHEN K. A., KAISER K. F., KROMER B., MCCORMAC F. G., MANNING S. W., REIMER R. W., RICHARDS D. A., SOUTHON J. R., TALAMO S., TURNEY C. S. M., VAN DER PLICHT J., WEYHENMEYER C. E. (2009): IntCal09 and Marine09 radiocarbon age calibration curves, 0 – 50,000 years CAL BP. In: Radiocarbon 51, 4: 1111 – 1150.

RODNIGHT H., DULLER G. A. T., TOOTH S. & WINTLE A. G. (2005): Optical dating of a scroll-bar sequence on the Klip River, South Africa, to derive the lateral migration rate of a meander bend. In: The Holocene 15: 802 – 811.

SCHUMM S. A. (1991): To interpret the earth: ten ways to be wrong. Cambridge, 144pp.

TELFER M. W., BAILEY R. M., BURROUGH S. L., STONE A. E. S., THOMAS D. S. G. & WIGGS G. S. F. (2010): Understanding linear dune chronologies: Insights from a simple accumulation model. In: Geomorphology 120, 195 – 208.

TELFORD R. J., HEEGAARD E. & BIRKS H. J. B. (2004): All age-depth models are wrong: but how badly? In: Quatern. Sci. Rev. 23, 1 – 5.

WAGNER G. A. (1998): Age Determination of Young Rocks and Artifacts. Heidelberg.

Cyrus Samimi / Johan Le Roux / Hendrik Wagenseil / Tanja Kraus

Quantifizierung von Ökosystemparametern in Afrika mit Satellitenfernerkundung. Möglichkeiten, Probleme und Limitierungen

1 Hintergrund

Den Beginn der Fernerkundung der Erde mit Satelliten markiert der Start des ersten militärischen Corona-Satelliten durch die CIA und das US-Militär im Jahr 1959. Ihm sollten bis 1972 weitere folgen (Campbell 2006). Die Satelliten des Corona-Programms lieferten panchromatische Fotos, also keine Multispektraldaten und vor allem keine kontinuierlichen Daten. 1960 folgte mit TIROS-1 der erste, noch experimentelle Wettersatellit, aus dem die NOAA-AVHRR-Satelliten hervorgingen. Im Jahr 1973 beginnt mit dem Satelliten ERTS-1 (ab 1975 Landsat-1) die Ära der hoch aufgelösten Erdbeobachtung mit Multispektralsensoren. ERTS-1 hatte zwar nur vier Kanäle und eine Auflösung von 79 m x 79 m, aber die Entwicklung ging über Landsat-TM mit 7 Kanälen und einer Auflösung von 30 m x 30 m im nicht-thermalen Spektrum dann insbesondere ab den 90er-Jahren des letzten Jahrhunderts rasant weiter, beispielsweise mit Systemen wie MODIS und ENVISAT. Gegenwärtig sind etwa 90 Erdbeobachtungssatelliten im Einsatz, Wettersatelliten mit einer vergleichsweise schlechten räumlichen, aber einer hohen zeitlichen und spektralen Auflösung, kommerzielle, sehr hoch auflösende Satelliten und Radarsatelliten. Einen gewissen Einblick in die kaum überschaubare Datenmenge liefert eine Datenbankabfrage mit dem Warehouse Inventory Search Tool (WIST) der NASA (NASA o. J.), über das Rohdaten und Satellitenprodukte gesucht werden können. Für eine Teilregion im südlichen Afrika (siehe Abb. 1) konnten allein in dieser Datenbank fast 5000 Landsat-ETM-Szenen für den Zeitraum Juni 1999 bis Mai 2003 und etwa 4000 ASTER-Szenen für April 2000 bis März 2001 ermittelt werden.

Aus den Rohdaten der Satelliten erstellen Betreiber und Nutzer höherwertige Produkte für bestimmte Fragestellungen. Die bekanntesten sind wahrscheinlich die Zeitreihen des Normalized Differenced Vegetation Index (NDVI) des Systems NOAA-AVHRR, die seit den 1980er-Jahren vorliegen, aber auch das digitale Geländemodell SRTM, das auf Radardaten basiert. Der Vorteil dieser Produkte liegt darin, dass sie nicht nur von Fernerkundungsexperten, sondern auch von

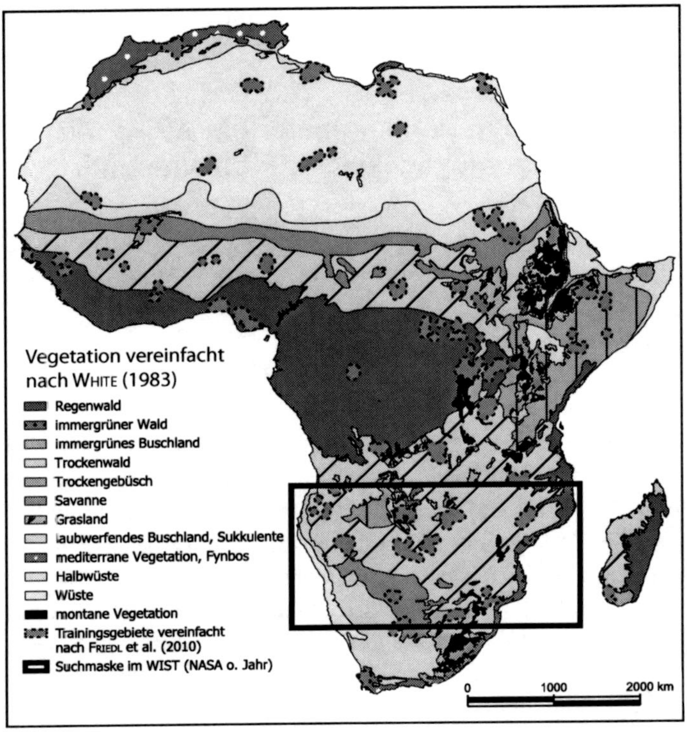

Abb. 1*: Trainingsflächen zur Klassifizierung der Landklassen des MODIS-Produkts v05 in Afrika (nach FRIEDL et al. 2010) und Beispielsuchmaske im WIST

Wissenschaftlern anderer Disziplinen, von Behörden und anderen Nutzern interpretiert und weiterverwendet werden können. Besonders in den letzten Jahren nahm dabei die kostenfreie Verfügbarkeit von Satellitenbildprodukten rapide zu, wobei nicht mehr einfache Berechnungen wie der NDVI, sondern die systematische Ableitung von Ökosystemparametern eine zunehmende Rolle spielen. Insgesamt werden beispielsweise aus MODIS-Daten derzeit 66 Produkte erstellt, die eine räumliche Auflösung von 250 m bis 6000 m haben und in Zeitschritten von fünf Minuten bis zu einem Jahr verfügbar sind. Erwähnt seien etwa der Blattflächenindex (LAI), das Land Cover und das Active Fire Product (LP DAAC 2009). Genannt sei zudem noch das GLOBCOVER 2009-Produkt, das auf dem MERIS-Sensor des ENVISAT-Satelliten basiert (ESA 2011).

Die inzwischen verfügbaren Zeitreihen von Rohdaten und Satellitenbildprodukten machen es möglich, für zahlreiche Regionen der Erde rezente und historische Veränderungen der Landoberfläche zu erfassen. Die schnelle Entwicklung neuer Sensoren führt aber auch dazu, dass ständig neue Produkte entwickelt und verstärkt Fragestellungen mit den neuen Daten bearbeitet werden und weniger auf Archive zurückgegriffen wird. Neue Produkte erfordern dabei neue Algorithmen, die entwickelt und validiert werden müssen. Da die meisten Produkte den Anspruch haben, möglichst große Regionen abzudecken, sind Testgebiete zur Validierung der Algorithmen auch weltweit nötig. Der Validierungsstatus von MODIS-Produkten zeigt allerdings, dass eine global homogene Abdeckung kaum gegeben ist. Zwar sind auf allen Kontinenten und in allen Biomen Testflächen vorhanden, allerdings in sehr unterschiedlicher Dichte und zudem räumlich konzentriert (siehe Abb. 1, 2a). Betrachtet man die Anzahl der Testflächen und die Zahl der Pixel bezogen auf die Gesamtflächen der jeweiligen Landbedeckungsklassen, besteht ebenfalls ein Ungleichgewicht (siehe Abb. 2b). In Afrika fällt auf, dass einige Landbedeckungsklassen deutlich unterrepräsentiert sind (siehe Abb. 1). Dies gilt vor allem für tropischen Regenwald, aber auch für Savannenökosysteme und dabei insbesondere auch für Trockenwälder. Bei letzteren konzentrieren sich die Testgebiete im Norden Botswanas, im Süden und Westen Zambias und im Süden der DR Kongo. Die trockenen Varianten des Trockenwaldes, die in Namibia und Zimbabwe ausgebildet sind (Samimi & Krüger 2006), sind kaum repräsentiert. In Namibia, das in diesem Artikel näher betrachtet wird, liegen die Testgebiete im Norden der Etosha-Pfanne. Dieser Raum ist nach White (1983) zwar als Trockenwald ausgewiesen, zeichnet sich aber durch eine ausgesprochene Heterogenität der Oberflächenklassen aus, mit landwirtschaftlich genutzten Flächen, Trockenwaldresten und Grasland, was eine repräsentative Validierung zusätzlich erschwert. Dazu kommen saisonal wasserführende Tiefenlinien, die sogenannten Oshanas. Deshalb stellt sich die Frage, ob die Region als Testgebiet für ein Produkt in MODIS-Auflösung geeignet ist.

Trotz der diskutierten Probleme ist die Entwicklung neuer Systeme notwendig, und es ist auch eine ständige Verbesserung und Anpassung der Algorithmen zu beobachten, sodass die Qualität der Produkte stetig verbessert wird (Friedl et al. 2010). Friedl et al. (2010) diskutieren allerdings auch die bestehenden Probleme. So liegt nach der Fehlermatrix für das neueste MODIS Land Cover-Product (v05) die Gesamtgüte bei 74,8 %, aber einige Klassen haben deutlich schlechtere Werte (Friedl et al. 2010, 177). Der Kappa-Koeffizient beträgt zwar 0,72, aber die Producer's Accuracies für Savannenklassen, Busch- und Grasland betragen nur zwischen 34,2 % und 74,2 %, mit einem mittleren Fehler von 50,1 %. Zudem ist nicht klar, ob die Fehlermatrix auf unabhängigen Testflächen basiert. Der Vorschlag von Friedl et al. (2010, 180), zur Verbesserung des Klassifikationsergebnisses beispielsweise die Klasse Woody Savanna und Savanna zusammenzufassen, würde zu einem bedeutenden Informationsverlust führen und ist deshalb als Lösung nicht akzeptabel.

Umweltveränderungen im subsaharischen Afrika gehen nämlich signifikant mit Veränderungen der Gehölzbestände einher und ökologische Funktionen

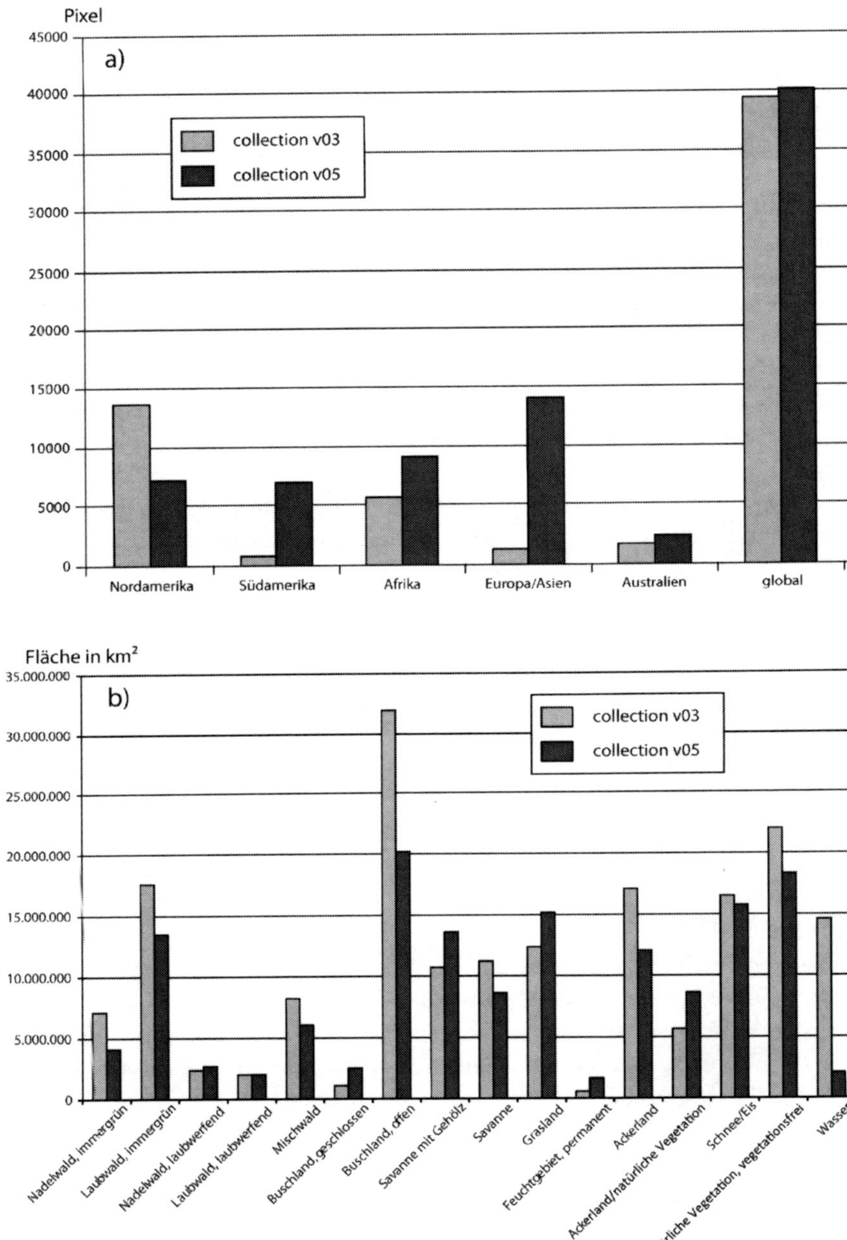

Abb. 2: Trainingsflächen zur Klassifizierung der Landklassen aus MODIS, bezogen auf die globale Verteilung (a) und auf die IGBP-Landklassen (b) (nach Friedl et al. 2010). v03 und v05 bezeichnen die Version des verwendeten Algorithmus.

und Ökosystemdienstleistungen hängen von der Gehölzdichte bzw. Gehölzstruktur ab (Samimi & Krüger 2006). Auf der einen Seite gehen die Gehölzbestände in den Regenwäldern und Savannenökosystemen teilweise dramatisch zurück (FAO 2003; Kraus 2008; Samimi & Krüger 2006), im südlichen Afrika kommt es hingegen durch Übernutzung zu starken Verbuschungserscheinungen (de Klerk 2004). Gründe für den Umweltwandel sind vor allem die Feuerholznutzung und Holzkohleproduktion, sowohl für den Eigenbedarf als auch den regionalen und globalen Markt, die Ausdehnung landwirtschaftlicher Nutzflächen, Überweidung, die Abholzung des Regenwaldes und eine anthropogene Erhöhung der Feuerfrequenz (FAO 2003; Samimi 2007; UNEP 2006).

Die Notwendigkeit des Monitorings von Veränderungen bzw. der Quantifizierung von Ökosystemparametern ist damit von entscheidender Bedeutung für Fragen des Landmanagements, der nachhaltigen Ressourcennutzung und als Eingabeparameter in ökologische Modelle. Nach den oben diskutierten Validierungen haben Produkte auf globaler Maßstabsebene nur eine teilweise akzeptable Qualität. Vor diesem Hintergrund soll anhand von drei Beispielen aus zwei Regionen im subsaharischen Afrika gezeigt werden, wie mit Fernerkundungsdaten Ökosystemparameter auf regionaler Maßstabsebene quantifiziert werden. Ausgehend von diesen Resultaten erfolgte eine Bewertung von Satellitenbildprodukten auf regionalem Maßstab.

2 Verbuschung und Feuer in Nordwestnamibia

2.1 Verbuschung

Grundlage für die Modellierung der Verbuschung sind ausgedehnte Geländearbeiten in einem Gebiet, das von der Grenze des Skeleton Coast Nationalparks im Westen bis an die Ostgrenze des Etosha-Nationalparks reicht (Wagenseil 2008). Neben NOAA-AVHRR- und SPOT VEGETATION-Daten standen drei Landsat-ETM-Szenen aus dem Jahr der Geländearbeiten zur Verfügung. Die Landsat-Daten dienten zum Upscaling der Geländedaten auf die Auflösung von AVHRR und SPOT VEGETATION. Da es bei den Untersuchungen nur um die Frage der Verbuschungsdynamik ging, erfolgte auf den Testflächen, die eine Größe von 100 m x 100 m hatten und von gleichartiger Vegetation umschlossen waren, eine Einteilung der Gehölzdeckung in diskrete Prozentschritte von 15 %. Mit einer Partial Least Squares Regression (PLS) mit den Landsat-Daten, unter Einbeziehung von sechs Bändern, dem NDVI und Tasseled Cap Greenness sowie Brightness, ergab sich ein hoch signifikantes R^2 von 0,87 für den Zusammenhang zwischen den PLS-Faktoren und der Gehölzdichte. Das Ergebnis wurde mit der Leave-One-Out-Methode kreuzvalidiert und ist statistisch gut abgesichert

(Wagenseil & Samimi 2007). Damit steht für die weiteren, auf niedriger auflösenden Daten beruhenden Analysen ein Modell zur Bewertung der Ergebnisse zur Verfügung.

Ein Versuch, über die häufig verwendete Fourier-Transformation von AVHRR NDVIs zu einer Klassifikation der Vegetation im Etosha-Nationalpark zu kommen, schlug fehl (Wagenseil & Samimi 2006). Die Variabilität der Niederschläge der Regensaisons 1993 / 94 und 1994 / 95 war so groß, dass die Vegetation völlig gegensätzlichen Klassen zugeordnet wurde. So gab es weite Bereiche im Nationalpark, die 1993 / 94 als Shrub Savanna klassifiziert waren und ein Jahr später als Tree Savanna (Wagenseil & Samimi 2006, 3466). Betrachtet man die NDVIs für verschiedene Oberflächenklassen, liegt der für blanken Boden im Jahr 1993 / 94 nahe dem des Graslands im Jahr 1994 / 95 und der für Grasland im Jahr 1993 / 94 höher als der NDVI für Strauch- und Baumsavanne in der Saison 1994 / 95 (Wagenseil & Samimi 2006, 3463). Ein Vergleich mit einer für den Etosha-Nationalpark existierenden Karte bestätigt das unbefriedigende Klassifikationsergebnis.

Bei der Betrachtung des NDVI-Verlaufs fällt aber auf, dass die Gehölzdichte einen maßgeblichen Einfluss auf die Charakteristik der Kurvenparameter hat (siehe Abb. 3). Bei Vegetationseinheiten mit höherer Gehölzdichte liegen die Kurvenminima und -maxima enger zusammen. Dies ist auf die Tatsache zurückzuführen, dass Gehölze schon vor dem Einsetzten der Niederschläge ergrünen und auch nach dem Ende der Regenzeit ihr Laub noch einige Zeit behalten bzw. es sogar nicht komplett abwerfen (Scholes & Walker 1993). Das letzte Phänomen ist auch dafür verantwortlich, dass das Minimum des NDVI bei Gehölzvegetation höher liegt als bei Flächen mit einer niedrigen Gehölzdeckung (siehe Abb. 3). Die Eigenschaften der NDVI-Kurven sind mit einem Polynom 2. Ordnung beschreibbar (siehe Gleichung 1). Die aus dem Polynom abgeleiteten Parameter a, b und c gehen in eine multiple Regression ein, wobei nur die Parabelbreite b und das Minimum des NDVI a als Prädiktoren in die multiple Regression eingehen. Die Kreuzvalidierung des Modells ergibt ein hoch signifikantes R^2 von 0,76, die Gehölzdeckung ist also mit dem Modell statistisch abgesichert modellierbar (Wagenseil & Samimi 2006).

Gleichung 1: $y = a + b*(x + c)^2$

Vergleicht man nun die Klassifikation der Gehölzdichte für den Zeitabschnitt 1998 – 2003 nach Wagenseil & Samimi (2006) und Wagenseil (2008) mit dem MODIS Landcover Product v05 für das Jahr 2008 und dem GLOBCOVER 2009, fallen beträchtliche Unterschiede auf (siehe Abb. 4). Die Gehölzdichte nimmt mit dem zunehmenden Niederschlag von der Küste nach Nordosten zu (siehe Abb. 4, a). Im Nordosten Namibias und im südlichen Angola ist ein halbim-

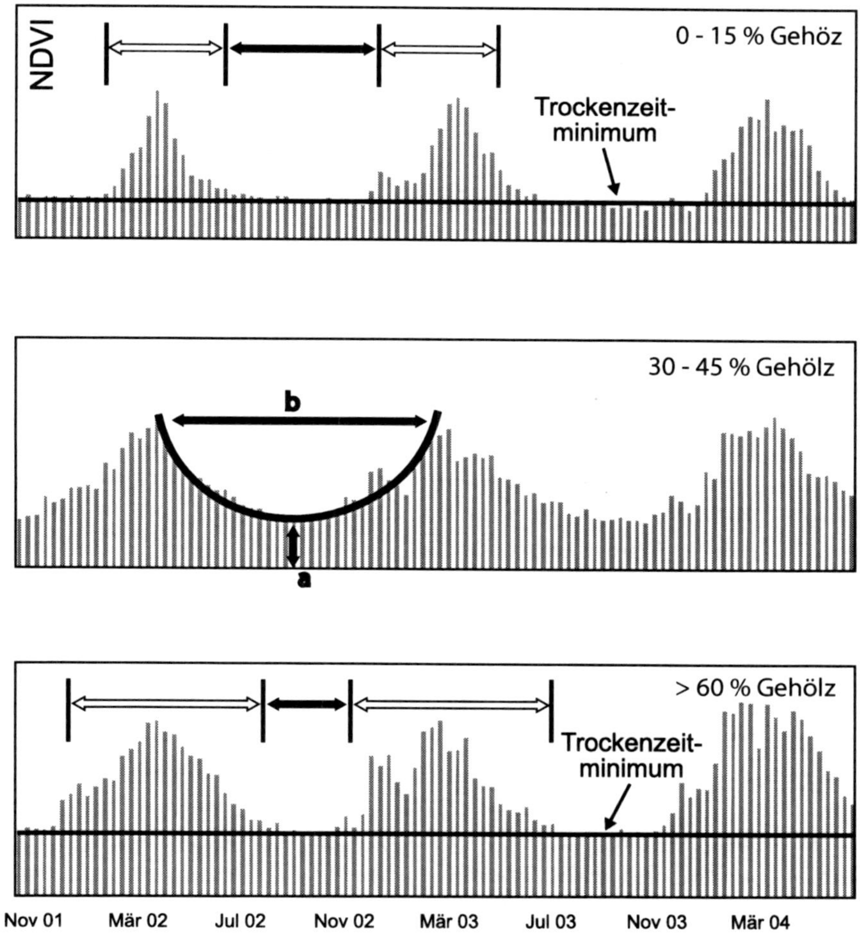

Abb. 3*: Charakteristik des saisonalen Verlaufs des NDVI für Savannen mit unterschiedlichen Gehölzdeckungen in Nordnamibia und Parameter zur Beschreibung der NDVI-Kurven

mergrüner Trockenwald ausgebildet (Gehölzdichte > 60 %), der neben *Brachystegia*-Arten auch *Baikiaea plurijuga* (Zambeziteak) und *Pterocarpus angolensis* beheimatet. Sowohl im MODIS-Produkt als auch in GLOBCOVER 2009 ist dieser Trockenwald als Savanne falsch klassifiziert. Insgesamt fällt in beiden Klassifikationen das Übergewicht an Grasland und Savanne auf. Dies widerspricht den Ergebnissen von WAGENSEIL & SAMIMI (2006) und WAGENSEIL (2008) und auch der Tatsache der für Namibia beschriebenen Verbuschungsproblematik (DE KLERK 2004). Neben der Überrepräsentanz von Grasland/Savanne fällt als gravierende Fehlklassifikationen noch das Buschland im Südosten des Bildausschnitts auf (siehe Abb. 4, b). In dieser Region liegen die Niederschläge schon teilweise bei unter 100 mm und damit im Bereich von Wüsten und Halbwüstenvegetation mit fehlender bis sehr geringer Gehölzdeckung. In GLOBCOVER 2009 ist der Ostteil der Etosha-Pfanne nicht klassifiziert worden (siehe Abb. 4, c). Diskutiert sind nur die gravierenden Fehlklassifikationen, wobei bei guter Kenntnis der Region im Detail weitere Unstimmigkeiten angeführt werden können.

2.2 Feuer

Auch für das MODIS-Feuerprodukt liegen aus dem Jahr 2003 für Nordnamibia Validierungen im Gelände vor. Sie zeigen, dass große in MODIS ausgewiesene Feuerflächen falsch klassifiziert wurden (siehe Abb. 5). Insbesondere zwei ausgedehnte Flächen nördlich und südwestlich der Etosha-Pfanne haben nicht gebrannt, wie Geländebegehungen zeigen konnten. Auch kleinere Gebiete südlich und östlich der Pfanne waren 2003 nicht von Feuer betroffen. Alle anderen Gebiete wurden hingegen richtig klassifiziert.

3 Blattflächenindex in Ostafrika

Der Blattflächenindex (LAI) ist eine ökologische Schlüsselgröße, da die Blattfläche bei Stoffflüssen in Vegetationsbeständen eine zentrale Rolle spielt (Kraus 2008). Saisonale, aber auch strukturelle Veränderungen sind wiederum in Veränderungen des LAI ablesbar. Daher ist für das Verständnis vieler ökophysiologischer Prozesse und der Dynamik von Vegetationsbeständen die Kenntnis der raum-zeitlichen Veränderung des LAI wichtig. Die exakte Erfassung des LAI im Gelände stellt eine große Herausforderung dar und als Konsequenz davon auch die Quantifizierung des LAI mittels Fernerkundungsdaten und die Validierung dieser Daten (Kraus 2008).

Wegen des rasanten Verlusts und der gravierenden Veränderungen von tropischen Regenwäldern sowie ihrer globalen ökologischen Bedeutung liegt ein großes Augenmerk auf der Erfassung von Regenwaldstrukturen. In Ostafrika sind nur noch Reste der ehemals weiter verbreiteten halbimmergrünen Regenwälder erhalten (Kraus 2008). Durch den starken anthropogenen Einfluss und ihrer Lage in intensiv landwirtschaftlich genutzten Regionen sind sie besonders gefährdet und zeichnen sich deshalb auch durch eine große Heterogenität aus. Neben Primärwaldresten finden sich verschiedene Stadien von Sekundärwäldern, aber auch Auflichtungen und ein starkes Auftreten von Neophyten (Kraus 2008). Sie sind deshalb auch gut geeignet, das MODIS LAI-Produkt (v05) zu validieren. Die Untersuchungen fanden im Budongo Forest (Uganda) und Kagamega Forest (Kenia) statt.

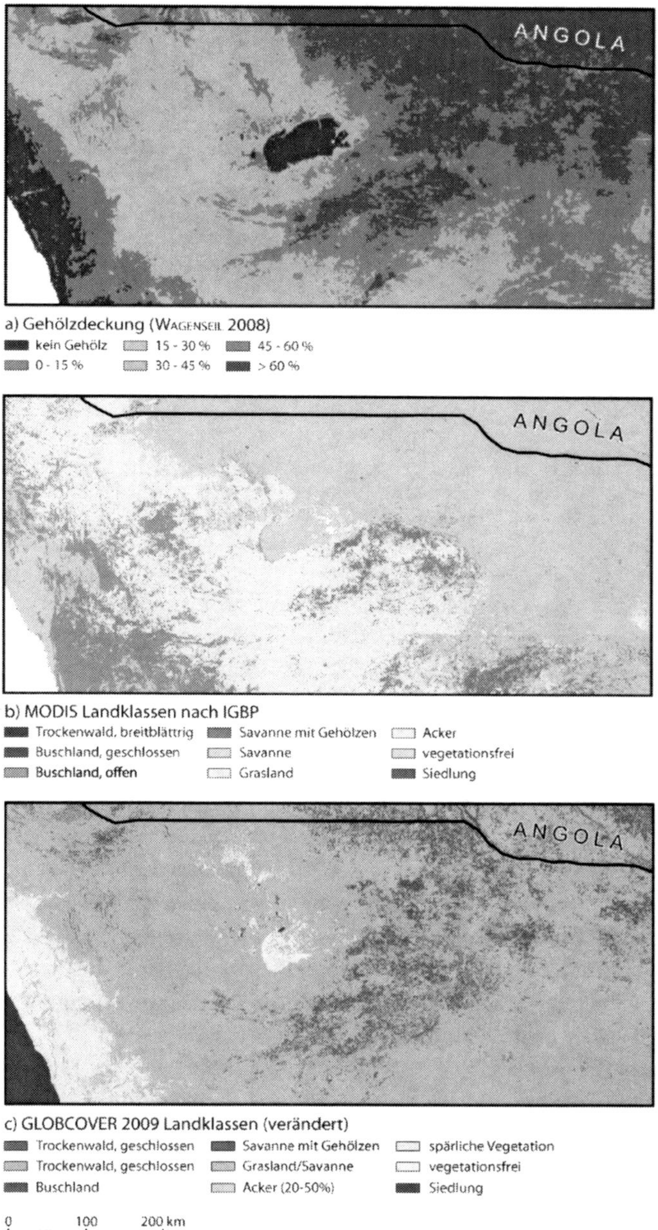

Abb. 4*: Vergleich von Klassifikationen der Landbedeckung in Nordnamibia

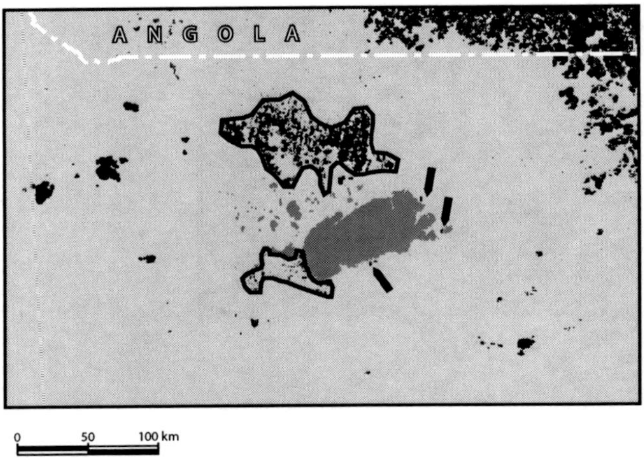

Abb. 5*: Vergleich von Brandflächen gemäß des MODIS-Feuerprodukts im Jahr 2003 und tatsächliche Brandflächen. Gelbe Umrahmungen und Pfeile markieren Flächen, die 2003 nicht gebrannt haben, aber im MODIS-Feuerprodukt als Brandflächen ausgewiesen sind.

Wie in Namibia basiert die Validierung auf ausgedehnten Geländearbeiten, bei denen der LAI mithilfe von Kronenfotos und Messungen mit dem Licor LAI-2000 erfasst wurde und die Ergebnisse statistisch abgesichert wurden (Kraus 2008, Kraus et al. 2009). Um die MODIS-Daten mit den Geländebefunden zu verknüpfen, ist ein Upscaling notwendig. Hierzu standen SPOT-4- und ASTER-Daten zur Verfügung.

Wie oben geschildert sind die Wälder durch unterschiedliche Degradations- / Regenerationsstadien charakterisiert, die sich in drei Kategorien – frühe und mittlere Regenerationsphase und ungestört – einteilen lassen. Der Mittelwert des LAI der mittleren Phase (Kagamega: 5,1; Budongo: 6,3) und des ungestörten Waldes (Kagamega: 5,9; Budongo: 6,1) unterscheiden sich kaum. Der ungestörte Wald zeichnet sich aber durch eine deutlich höhere Variabilität des LAI aus. Dies ist auf die im Vergleich zur mittleren Phase heterogenere Kronenstruktur des Primärwaldes zurückzuführen (Kraus 2008). Die frühe Regenerationsphase hat mit 2,7 (Kakamega) und 3,4 (Budongo) einen signifikant niedrigeren LAI. Statistisch abgesicherte Zusammenhänge zwischen den Geländewerten des LAI und den hoch auflösenden Satellitendaten ergaben sich mit spektralen Indizes und Texturparametern. Die deutlichsten Zusammenhänge ergeben sich mit der einfachen Ratio des roten und nahen Infrarotkanals (siehe Abb. 6). Die Theil-Sen-Regression kam zum Einsatz, da sie robuster gegen Ausreißer ist als die OLS-Regression. LAI-Werte über 5 sind mit der Ratio nicht sauber trennbar, vor allem lassen sich wegen der geringen Unterschiede der Mittelwerte der mittleren Regressionsphase und des ungestörten Waldes diese beiden Kategorien nicht trennen (siehe Abb. 6 a). Die oben schon diskutierte größere Varianz der ungestörten

Wälder hat aber eine höhere Textur, also eine größere Grauwertvarianz im Satellitenbild zur Folge. Diese Tatsache ist über die Varianz in der Grey Level Co-Occurrence Matrix (GLCM) erfassbar (siehe Abb. 6 b). Über die Kombination der beiden Regressionen lässt sich aus den hoch auflösenden Satellitenbildern der LAI nun für alle Regenwaldstadien ableiten. Die errechneten LAI-Werte haben einen Root Mean Square Error (RMSE) von 0,64 im Budongo Forest und 0,83 im Kagamega Forest. Diese RMSE bedeuten einen Fehler von 11 % bzw. 16 %. Mit den hoch aufgelösten LAI-Datensätzen lässt sich im Weiteren das MODIS LAI-Produkt validieren. Für den Budongo Forest liegt die relative Genauigkeit bei 9 % (RMSE = 0,53) und für den Kakamega Forest bei 25 % (RMSE = 1,5). Damit kann das MODIS-Produkt als valide eingestuft werden.

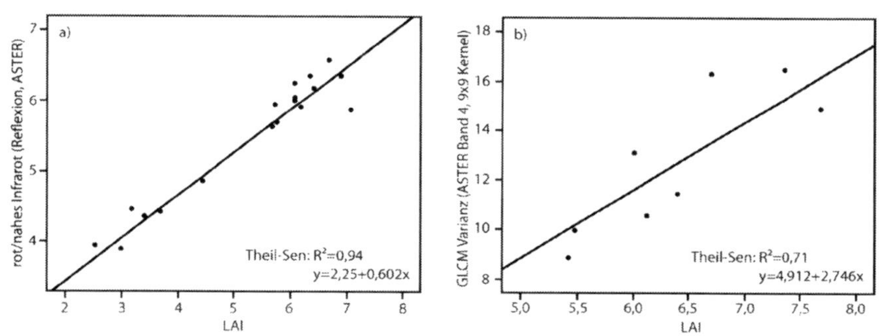

Abb. 6: Regressionen zur Quantifizierung des LAI über ASTER Daten

4 Fazit

Satellitendaten und daraus abgeleitete Produkte sind für das Monitoring ökologischer Dynamik und bei der Quantifizierung von Ökosystemparametern unabdingbar. Wie anhand aufwendiger Validierungen auf regionaler Maßstabsebene gezeigt werden konnte, haben die abgeleiteten Parameter, seien es Landbedeckungsklassen oder LAI-Werte, sehr unterschiedliche Qualitäten und genügen trotz verstärkter Bemühungen um die Weiterentwicklung der Algorithmen auf einer lokalen oder regionalen Maßstabsebene oft nicht den notwendigen Ansprüchen an die Genauigkeit. Die Konsequenz müssen weitere Validierungen und ein vorsichtiger Umgang mit Standardprodukten sein. Da die Inhalte verschiedener Produkte neben der fehlerhaften Klassifikation teilweise erheblich voneinander abweichen, ist ein Vergleich verschiedener Produkte dringend angeraten.

Weiterhin müssen nach einer Weiterentwicklung von Algorithmen auch Archivdaten reprozessiert werden. Positive Beispiele sind in diesem Kontext das

MODIS-Programm und die derzeit laufende ESA-Initiative zu essenziellen Klimavariablen (Essential Climate Variables der ESA Climate Change Initiative). Nur so können Zeitserien von Produkten auch wissenschaftlich sinnvoll eingesetzt werden.

Literatur

Campbell J.B. (2006): Introduction to Remote Sensing. London / New York.

ESA (2011): Ionia GlobCover. http://ionia1.esrin.esa.int (07.01.2011)

FAO (2003): State of the World's Forests 2003. Rom.

Friedl M. A., Sulla-Menashe D., Tan B., Schneider A., Ramankutty N., Sibley A. & Huang X. (2010): MODIS Collection 5 global land cover: Algorithm refinements and characterization of new datasets. In: Remote Sensing of Environment 114: 168 – 182.

de Klerk J. (2004): Bush Encroachment in Namibia. Report on Phase 1 of the Bush Encroachment Research, Monitoring and Management Project. Windhoek.

Kraus T. (2008): Ground-based Validation of the MODIS Leaf Area Index Product for East African Rain Forest Ecosystems. Dissertation an der naturwissenschaftlichen Fakultät der Friedrich-Alexander-Universität Erlangen-Nürnberg. Erlangen.

Kraus T., Schmidt M., Dech S. & Samimi C. (2009): Combination of remote sensing and in situ measurements for a detailed assessment of biophysical properties of East African rainforests: A case study for Kakamega Forest, Kenya, and Budongo Forest, Uganda. 2009 IEEE International Geoscience & Remote Sensing Symposium, July 12 – 17, 2009, Cape Town (South Africa), Symposium Proceedings, III: 326 – 329. (online and CD-ROM)

LP DAAC (2009): MODIS Products Table. https://lpdaac.usgs.gov/lpdaac/products/modis_products_table (7. 1. 2011)

NASA (o. J.): Warehouse Inventory Search Tool (WIST). https://wist.echo.nasa.gov (11. 12. 2010)

Samimi C. & Krüger F. (2006): Miombo – ökologische und soziale Veränderungen im größten Trockenwald der Erde. Geographische Rundschau 58(10): 40 – 47.

Samimi C. (2007): Umweltdegradation und Ressourcenschutz im südlichen Afrika. In: Hüser, K. & H. Popp (Hrsg): Ökolgie der Tropen. Bayreuther Kontaktstudium Geographie, Bd. 4, 45 – 59.

Scholes R. & Walker B. (1993): An African Savanna: Synthesis of the Nylsvley Study. Cambridge.

UNEP (2006): Africa Environment Outlook 2. Nairobi.

Wagenseil H. (2008): Savannen im Satellitenbild: Ein Ansatz zur Modellierung von Gehölzdichte und Verbuschung in Namibia. Dissertation an der naturwissenschaftlichen Fakultät der Friedrich-Alexander-Universität Erlangen-Nürnberg. Erlangen.

Wagenseil H. & Samimi C. (2006): Assessing spatio-temporal variations in plant phenology using Fourier analysis on NDVI time series: Results from a dry savannah environment in Namibia. International Journal of Remote Sensing 27(16): 3455 – 3471.

Wagenseil H. & Samimi C. (2007): Woody Vegetation Cover in Namibian Savannahs: A Modelling Approach Based on Remote Sensing. Erdkunde 61(4): 325 – 334.

White F. (1983): The vegetation of Africa. Paris.

Autorinnen und Autoren

Dipl.-Polit. Dr. Steffen Angenendt: Senior Associate der Stiftung Wissenschaft und Politik (SWP), 10719 Berlin, Ludwigkirchplatz 3 – 4.
steffen.angenendt@swp-berlin.org, http:// www.swp-berlin.org/de/wissenschaftler-detail/profile/steffen_angenendt.html

Dipl. Geogr. Christina Benighaus: DIALOGIK gemeinnützige Gesellschaft für Kommunikations- und Kooperationsforschung mbH, D-70176 Stuttgart, Lerchenstraße 22.
benighaus@dialogik-expert.de, http://www.dialogik-expert.de/de/dialogik/benighaus.htm

Univ.-Prof. Dr. Axel Borsdorf: Institut für Geographie an der Universität Innsbruck, A – 6020 Innsbruck, Innrain 52.
axel.borsdorf@uibk.ac.at, http://www.uibk.ac.at/geographie/personal/borsdorf/

Dr. Tobias Chilla: Fakultät für Sprachwissenschaften und Literatur, Geisteswissenschaften, Kunst und Erziehungswissenschaften an der Universität Luxemburg, Identités. Politiques, Sociétés, Espace (IPSE), L-7220 Walferdange, Route de Diekirch.
tobias.chilla@uni.lu, http://wwwde.uni.lu/

Univ.-Prof. Dr. Heinz Fassmann: Institut für Geographie und Regionalforschung der Universität Wien, A-1010 Wien, Universitätsstraße 7 / 5.
heinz.fassmann@univie.ac.at, http://homepage.univie.ac.at/heinz.fassmann/

Prof. Dr. Gerhard Gerold: Geographisches Institut, Abteilung Landschaftsökologie an der Universität Göttingen, D-37077 Göttingen, Goldschmidtstr. 5.
ggerold@gwdg.de, http://www.uni-goettingen.de/en/76617.html

Univ.-Prof. Dr. Thomas Glade: Institut für Geographie und Regionalforschung der Universität Wien, A-1010 Wien, Universitätsstraße 7 / 5.
thomas.glade@univie.ac.at, http://homepage.univie.ac.at/thomas.glade/

Prof. Dr. Dr. Johann-Bernhard Haversath: Institut für Geographie an der Justus-Liebig-Universität Gießen, Bereich Geographiedidaktik 1, D-35394 Gießen, Karl-Glöckner-Str. 21 G.
johann-bernhard.haversath@geogr.uni-giessen.de, http://www.uni-giessen.de/

Karl W. Hoffmann, Stud. Dir.: Geographisches Institut an der Johannes Gutenberg-Universität Mainz, Fachleiter für Erdkunde am Staatlichen Studienseminar für das Lehramt an Gymnasien in Mainz, D-55116 Mainz, Rheinstraße 105 – 107.
kwh.hoffmann@gmx.de, http://www.geo.uni-mainz.de/hoffmann/

Eva Hohlfeldt: Neustätterstraße 2, 80636 München.
eva.hohlfeldt@gmx.net

Prof. Dr. Jucundus Jacobeit: Institut für Geographie an der Universität Augsburg, D-86159 Augsburg, Universitätsstr. 10.
jucundus.jacobeit@geo.uni-augsburg.de, http://www.geo.uni-augsburg.de/

Mag. Mag. Dr. Andreas Kellerer-Pirklbauer: Institut für Geographie und Raumforschung an der Karl-Franzens-Universität Graz, A-8010 Graz, Heinrichstraße 36 sowie Institut für Fernerkundung und Photogrammetrie der Technischen Universität Graz, A-8010 Graz, Steyrergasse 30.
andreas.kellerer@uni-graz.at, http://www.uni-graz.at/geowww/

Dr. Tanja Kraus: Deutsches Zentrum für Luft- und Raumfahrt (DLR), (DFD), Oberpfaffenhofen, D-82234 Weßling.
http://www.dlr.de/eoc

Andreas Lang: Professor of Physical Geography, School of Environmental Sciences, University of Liverpool, Liverpool L69 7ZT, UK.
lang@liv.ac.uk, http://www.liv.ac.uk/geography/

Johan LeRoux, M.Sc.: Chief Forester am Directorate of Forestry, Ministry of Agriculture, Water and Forestry, Government Office Park, Private Bag 13184, Windhoek, Namibia.
LeRouxJ@mawf.gov.na, http://www.mawf.gov.na/

ao. Univ. Prof. Mag. Dr. Gerhard Karl Lieb: Institut für Geographie und Raumforschung an der Karl-Franzens-Universität Graz, A-8010 Graz, Heinrichstraße 36.
gerhard.lieb@uni-graz.at, http://www.uni-graz.at/geowww/

Dr. Marten Lößner: z. Zt. Lehrer im Vorbereitungsdienst an der Altkönigschule in Kronberg, Le-Lavandou-Str. 4, 61476 Kronberg.
Marten.Loessner@geogr.uni-giessen.de, http://cultdoc.uni-giessen.de/wps/pgn/ep/cultdoc/martenloessner/marten-lner.

Dr. Leif Mönter: Geographisches Institut an der Ruhr-Universität Bochum, D-44780 Bochum, Universitätsstraße 150.
Leif.O.Moenter@rub.de, http://www.ruhr-uni-bochum.de/

Dr. Anja Reichert-Schick: Institut für Wirtschafts- und Sozialgeographie an der Universität Trier, D-54286 Trier, Universitätsring 15.
anja.reichert@uni-trier.de, http://www.uni-trier.de/

Prof. Dr. Dr. h.c. Ortwin Renn: Institut für Sozialwissenschaften, Abteilung für Technik- und Umweltsoziologie an der Universität Stuttgart, D-70174 Stuttgart, Seidenstr. 36.
E-Mail via Website: http://www.uni-stuttgart.de/soz/tu/

Univ.-Prof. Dr. Cyrus Samimi: Institut für Geographie und Regionalforschung der Universität Wien, A-1090 Wien, Althanstraße 14.
cyrus.samimi@univie.ac.at, http://geooekologie.univie.ac.at/

Dipl.-Geogr. Christof Schuppert M.Sc. GIS: Institut für Geographie der Otto-Friedrich-Universität Bamberg, D-96045 Bamberg, Am Kranen 12.
christof.schuppert@gdke.rlp.de, http://www.uni-bamberg.de/

Univ. Prof. Dr. Ulrich Strasser: Institut für Geographie und Raumforschung an der Karl-Franzens-Universität Graz, A-8010 Graz, Heinrichstraße 36.
ulrich.strasser@uni-graz.at, http://www.uni-graz.at/geowww/

Heather A Viles: Professor of Biogeomorphology and Heritage Conservation, University of Oxford, South Parks Road, Oxford OX1 3QY, UK.
heather.viles@ouce.ox.ac.uk, http://www.geog.ox.ac.uk/

Dipl. Geogr. Dr. Luisa Vogt: Institut für Green Technology & Ländliche Entwicklung, Fachhochschule Südwestfalen, D-59494 Soest, Lübecker Ring 2.
vogt@fh-swf.de, http://www.igreen.fh-swf.de

Dr. Hendrik Wagenseil: Hendrik.Wagenseil@web.de; Kontaktadresse: Univ.-Prof. Dr. Cyrus Samimi: Institut für Geographie und Regionalforschung der Universität Wien, A-1090 Wien, Althanstraße 14.
http://geooekologie.univie.ac.at/

Univ.-Prof. Dr. Peter Weichhart: Institut für Geographie und Regionalforschung der Universität Wien, A-1010 Wien, Universitätsstraße 7/5.
peter.weichhart@univie.ac.at, http://homepage.univie.ac.at/peter.weichhart/

Prof. Dr. Hans-Martin Zademach: Professor für Wirtschaftsgeographie an der Katholischen Universität Eichstätt-Ingolstadt, D-85072 Eichstätt, Ostenstraße 18.
zademach@ku-eichstaett.de, http://www.ku-eichstaett.de/